微积分 I

Calculus

经济管理类课程教材

主编 ◎ 苏继红　符才冠　许　明

暨南大学出版社
JINAN UNIVERSITY PRESS

中国 · 广州

图书在版编目（CIP）数据

微积分Ⅰ/苏继红，符才冠，许明主编．—广州：暨南大学出版社，2013.8
ISBN 978－7－5668－0673－4

Ⅰ.①微…　Ⅱ.①苏…②符…③许…　Ⅲ.①微积分—高等学校—教材　Ⅳ.①O172

中国版本图书馆 CIP 数据核字(2013)第 166582 号

出版发行：暨南大学出版社

地　址：中国广州暨南大学
电　话：总编室（8620）85221601
营销部（8620）85225284　85228291　85228292（邮购）
传　真：（8620）85221583（办公室）　85223774（营销部）
邮　编：510630
网　址：http：//www.jnupress.com　http：//press.jnu.edu.cn

排　版：广州市天河星辰文化发展部照排中心
印　刷：广东昊盛彩印有限公司

开　本：787mm×960mm　1/16
印　张：15.5
字　数：368 千
版　次：2013 年 8 月第 1 版
印　次：2013 年 8 月第 1 次
印　数：1—3000 册

定　价：32.00 元

前　言

数学是抽象的，又是具体的．在当今社会，数学不仅是一种工具，也是一种文化，更是一种信息．数学是反映客观世界的一门科学，是对客观世界的定性把握和定量描述，进而逐渐抽象概括形成方法和理论，并且进行广泛应用的科学．数学可以帮助人们探求客观世界的规律，并对现代社会中大量繁杂的信息作出最佳的判断和选择，同时为人们交流信息提供了一种有效而简捷的手段，从而达到解决问题的目的，直接为社会创造价值．数学又是经济管理工作必不可少的基础，经济管理工作中的计划、预测、优化、评估、组织、控制、决策等问题都需要运用数学进行分析研究、计算求解．

在现代文科综合院校中，“高等数学”课程是经济、管理类各专业的一门必修公共基础课，其中，“微积分”是一门最基础的重要课程，它将为学生学习后续专业课程中的数学概念、理论方法、运算技能打下基础，并能提高其分析问题、解决问题的能力．

1．教材主要内容

本教材由四章组成：第一章预备知识，第二章极限与连续，第三章导数与微分，第四章中值定理与导数的应用．第一章主要是复习初等数学的基本内容，这是后续学习高等数学所必需的基础，第二章至第四章的内容融汇微积分的主要基本内容．

2．教材面对的主要对象及目的

本教材根据本科高等院校经济管理类专业微积分课程的教学大纲组织编写，编入的知识都是微积分最基本的内容，强调掌握重要的基本概念、运算，同时又注重理论知识的应用．编写从港、澳、台及海外华侨学生的特点、基础和知识体系结构出发，遵循“教材适应学生”的原则，主要目的是希望读者在课后通过本教材轻松自学，做到无师自通，巩固课堂所学内容，从而学到自然、常用、经典的微积分内容，为学习后继课程提供必要的基础知识．

3．教材主要特点

本教材吸收国内外教材的优点，在保持经典微积分内容的系统性和完整性的前提下，力求通俗简明．在对极限理论的叙述上，从概念到运用上都比传统教科书的编排更加循序渐进．每个概念的引入尽量从描述性入手，在感性认识的基础上，归纳概括出精确定义．教材采用大量的几何图解，直观明了地给读者带来数形结合的空间想象，便于发现数学思想的本质，有利于提高读者对数学实质的理解．在纯理论的学习中，适当降低了某些理论的深度．例如，在极限定义部分，先采用描述性定义通俗地说明，再用分析性定义精确地叙述．除了在极限定义中的几何解释时，用了“$\varepsilon-N$”与“$\varepsilon-\delta$”的语言外，其他部分尽量避免这类语言求证定理和做题，和传统教材不同的是，书中采用大量的图形，从直观上给出常用的数列及基本初等函数在某些极限过程中的结论，为后续丰富的极限计算提供依据，而无须再证明这些结论，这样就避开了极限学习的难点．书中贯彻“学、练反复，适当结合”的原则，每给出一个重要常用的概念，都列举相应的例题，同时给出【即学即练】及其答案，以便读者举一反三，即时检查巩固所学内容．在例题及习题的编排配备上，注意使读者能掌握基本内容，而不过分追求技巧及难度．同时，编排突出层次性，除设置了通俗易懂的巩固性问题外，还配备拓展性、探索性等问题，以满足那些有意深入学习的读者的需要．每章中配有相应的实际应用例题和习题，既为学生理解数学的抽象概念提供了认识基础，也加强了与后续专业课程的联系．总之，本书力求读者系统而又轻松地获得经典的微积分基础理论和常用的运算方法并将其应用于现代实际．另外，在第一章中，考虑到读者是来自世界各地的学生，对初等数学基础程度要求不尽相同，为方便学生自学参考的需要，复习中学数学知识的内容较多，教师授课时可酌情删减．书中最后给出两套第一章至第四章综合测试练习题及其答案，以方便学生了解自己对知识内容掌握的程度．书后的附录列出“初等数学常用公式”、“数学术语中英文对照及希腊字母表”，以方便学生学习参考．

本书也可供经济管理类各专业的广大自学者作为教材或自学参考书，对全日制文科类专业的大学生来说，本书也是一本适合的参考书．

本书由苏继红、符才冠、许明共同编写．我们力求能编出适合实际教学需要的教材，但由于水平和时间有限，又因教材是初版，书中难免有不足或错误之处，在此恳请各位读者、同仁指证并提供宝贵意见，以使本书更加完善．

最后，我们非常感谢暨南大学教务处的大力支持以及暨南大学出版社的热情帮助和辛勤工作，使得本书顺利出版．

编　者

2013 年 7 月

目录
CONTENTS

第一章　预备知识

要掌握微积分的基本概念、基本原理和基本方法，复习好初等数学是非常重要的. 本章主要复习实数、方程、不等式、集合、区间、函数等一些主要的概念、性质及运算方法，介绍学习微积分所需要的有关预备知识，为后续各章节的学习打好基础.

§1.1　集合与不等式

一、集合

1. 集合及集合与元素的关系

通常将一定范围内某些确定的、具有某种共同属性(确切含义)的事物的全体称为集合，将构成集合的每一事物称为集合的元素. 集合无所不包，大到宇宙，小到粒子，无论是物质，还是精神，世间的万物，均可以成为集合中的元素.

集合元素有三个特征：①确定性；②互异性；③无序性.

确定性：某一个具体对象，它或者是一个给定的集合的元素，或者不是该集合的元素，两种情况必有一种且只有一种成立.

例如，“所有接近 1 的数”就不是集合，因为“接近 1 的数”是不确定的.

互异性：同一集合中不应重复出现同一元素.

无序性：集合中的元素没有顺序.

一般我们用大写字母 A，B，C，D 等来表示集合，用小写字母 a，b，c，d 等来表示集合的元素.

非负整数集(自然数集)：全体非负整数组成的集合，记作 $\mathbf{N}$；

正整数集：所有正整数的集合，记作 $\mathbf{N}^*$ 或 $\mathbf{N}^+$；

整数集：全体整数的集合，记作 $\mathbf{Z}$；

有理数集：全体有理数的集合，记作 $\mathbf{Q}$；

实数集：全体实数的集合，记作 $\mathbf{R}$.

若 a 是集合 A 中的元素，则称 a 属于 A，记作 $a \in A$；

若 a 不是集合 A 中的元素，则称 a 不属于 A，记作 $a \notin A$；

例如，1 是自然数，所以 $1 \in \mathbf{N}$；而 -1 不是自然数，所以 $-1 \notin \mathbf{N}$.

2. 集合的表示方法

集合的表示方法通常有列举法和描述法.

列举法——将集合中的所有元素按任意顺序一一列出，并用花括号括起来。

例 1　所有非负整数(自然数)的全体是一个集合 $\mathbf{N}=\{0, 1, 2, 3, \cdots, n, \cdots\}$.

所有整数的全体也是一个集合，记为 $\mathbf{Z}$，即 $\mathbf{Z}=\{\cdots, -n, \cdots, -2, -1, 0, 1, 2, \cdots, n, \cdots\}$.

注意：不必考虑顺序，用“,”隔开；集合中的元素是不同的，同一集合中不能重复出现同一元素，集合中的元素是无序的，可以任意列出. 因此在用列举法表示集合时，必须列出集合中所有的元素，不得遗漏和重复.

描述法——用集合所含元素的共同特征表示集合的方法称为**描述法**，一般形式为 $A=\{x \mid x$ 具有的特征$\}=\{x \mid P(x)\}$.

其中 x 代表元素，$P(x)$ 为某个与 x 有关的条件或法则，A 为满足 $P(x)$ 的一切 x 构成的集合.

例如，方程 $x^2-1=0$ 的实数解集表示为 $A=\{x \mid x^2-1=0$ 且 $x\in\mathbf{R}\}$.

例 2　单位圆周 $x^2+y^2=1$ 上的所有点是一个集合，记为 $\{(x, y) \mid x^2+y^2=1\}$.

例 3　参加 2010 年在南非举行的世界杯足球赛的所有球员也是一个集合，可用列举法表示.

注：列举法与描述法各有优点，应该根据具体问题确定采用哪种表示法，一般集合中元素较多或有无限个元素时，不宜采用列举法.

【即学即练】

1. 用集合表示所有大于 0 且小于 10 的奇数组成的数.

(答案：$\{1, 3, 5, 7, 9\}$).

2. 下列问题中，哪些能构成集合（若构成集合用适当的方法表示出来）?

①不等式 $x-1>0$ 的解；②方程 $x^2-2x+1=0$ 的解；③a, b, c, d；

④中国古代四大发明；⑤地球上的七大洲；⑥地球上的小河流

(答案：能构成集合的有①②③④⑤).

①$A=\{x \mid x-1>0\}$；②$C=\{1\}$；③$D=\{a, b, c, d\}$；

④$E=\{$造纸，印刷，火药，指南针$\}$；

⑤$F=\{$亚洲、非洲、北美洲、南美洲、南极洲、欧洲、大洋洲$\}$.

3. 分别用集合的描述法与列表法表示方程 $x^2-3x+2=0$ 的解集.

(答案：$A=\{x \mid x^2-3x+2=0\}=\{1, 2\}$).

---

3. 集合的分类

集合由含有元素的量的多少可分为**有限集、无限集、全集、空集**.

由有限个元素构成的集合，称为有限集；例如某专业全体学生的集合为有限集. 由无限多个元素构成的集合，称为无限集；例如，有理数集合是无限集. 在一个具体问题中，如果所涉及的集合都是某个集合的子集，则将某个集合称为全集，记为 U，即全集就是一个集合含有我们所研究问题中所涉及的所有元素的集合(注：全集是相对的，一个集合在一定的条件下是全集，在另一个条件下就可能不是全集. 例如，讨论的问题仅限于有理数，则全体有理数集合就是全集；讨论的问题包括有理数和无理数，则全体有理数的集合就不是全集）；不含任何元素的集合称为空集，记作 Φ.

例如，自然数集是无限集，则$\{1, 2, 3\}$是有限集.

又例如，$B=\{x \mid x^2+1=0, x\in\mathbf{R}\}$，即方程 $x^2+1=0$ 的实数根集合为空集.

4. 子集；真子集；两个集合相等（集合与集合之间的关系）

设 A，B 为两个集合，若 B 中的每个元素都是 A 中元素，那么将 B 称为 A 的子集，记作 $B\subseteq A$；若 $B\subseteq A$ 且 $B\neq A$，则称 B 为 A 的真子集，记作 $B\subset A$，读作："B 包含于 A 或 A 包含 B"；若 B 不是 A 真子集，记作 $B\not\subset A$. 若 $B\subseteq A$ 且 $A\subseteq B$，则 A 等于 B，记为 $A=B$.

例如，$\mathbf{N}\subseteq\mathbf{R}$，$\mathbf{Q}\subseteq\mathbf{R}$，但 $\mathbf{R}\not\subseteq\mathbf{Q}$.

由此我们有数集之间的关系：$\mathbf{N}\subset\mathbf{Z}$，$\mathbf{Z}\subset\mathbf{Q}$，$\mathbf{Q}\subset\mathbf{R}$.

空集是所有集合的子集.

集合以及集合之间的关系可由文氏（Venn）图直观表示. 如图 1－1 所示，文氏图是用简单的平面区域表示的一个集合，集合内的元素由区域内的点表示.

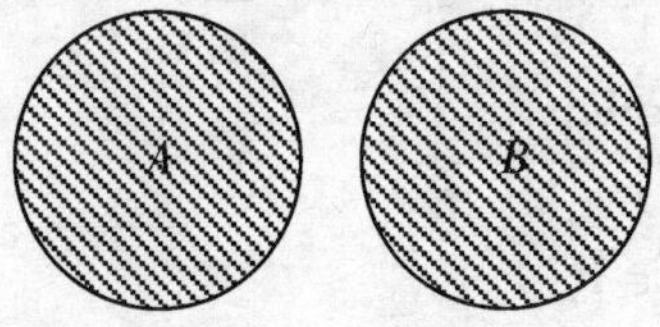

集合相等文氏图

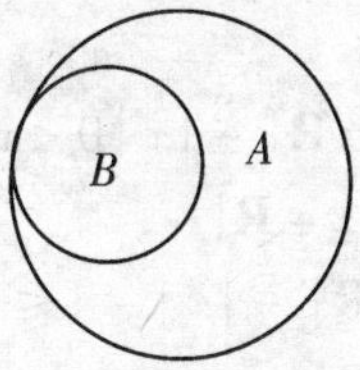

包含文氏图

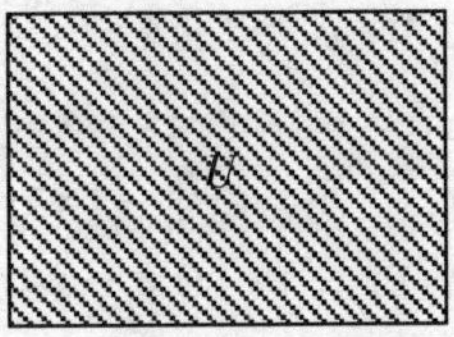

全集文氏图

图1－1

5. 集合的运算

集合的运算主要有交、并、差、补运算及集合的笛卡尔乘积.

（1）并集

设 A，B 是两个任意集合，所有属于 A 或属于 B 的元素组成的集合，称为集合 A 与 B 的并集，记作 $A\cup B$，读作："A 并 B". 用描述法表示为：$A\cup B=\{x \mid x\in A, 或 x\in B\}$.

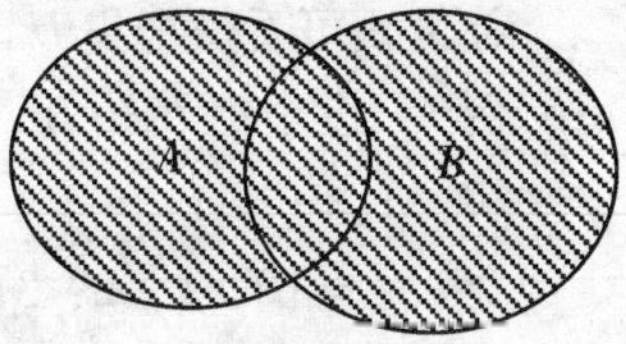

图1－2

如文氏图 1－2 所示，图中阴影部分为 $A\cup B$.

（2）交集

设 A，B 是两个任意集合，既属于 A 又属于 B 的所有元素组成的集合称为集合 A 与 B 的交集，记作 $A\cap B$，读作："A 交 B".

用描述法表示为：$A\cap B=\{x \mid x\in A, 且 x\in B\}$.

如文氏图 1－3 所示.

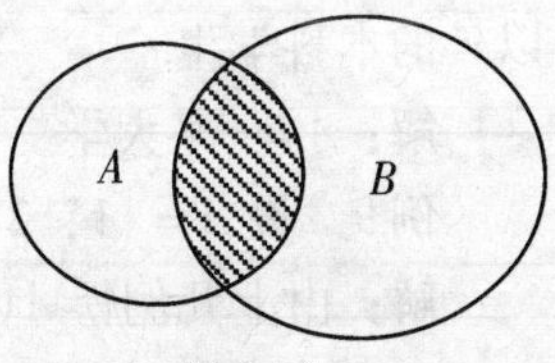

图1－3

如果两个集合 A 和 B 没有公共元素，即 $A\cap B=\Phi$，集合 A 与 B 叫做不相交集.

例 4 设集合 $A=\{x \mid -2<x<2, x\in\mathbf{R}\}$，$B=\{x \mid 0\leqslant x\leqslant 4, x\in\mathbf{R}\}$，求 $A\cup B$，$A\cap B$.

解： $A\cup B=\{x \mid -2<x<2, x\in\mathbf{R}\}\cup\{x \mid 0\leqslant x\leqslant 4, x\in\mathbf{R}\}$

$=\{x \mid -2<x\leqslant 4, x\in\mathbf{R}\}$

$A\cap B=\{x \mid -2<x<2, x\in\mathbf{R}\}\cap\{x \mid 0\leqslant x\leqslant 4, x\in\mathbf{R}\}$

$=\{x \mid 0 \leqslant x<2,\ x \in \mathbf{R}\}$.

例 5 设 A 为奇数集合，B 为偶数集合，求 $A \cup B$，$A \cap B$.

解：$A \cup B=\{x \mid x$ 为奇数或偶数$\}=\{x \mid x \in \mathbf{Z}\}$

（①因为当 $x \in A$ 时，x 为奇数；当 $x \in B$ 时，x 为偶数. 所以 $A \cup B$ 中的元素或者是奇数，或者是偶数，从而是一切整数）；

$A \cap B=\{x \mid x$ 既是奇数，又是偶数$\}=\Phi$

（②因为当 $x \in A$ 时，x 为奇数；当 $x \in B$ 时，x 为偶数. 所以 $A \cap B$ 中的元素既是奇数，又是偶数，这样的数不存在，从而是空集）.

（3）差集

设 A，B 是两个任意集合，属于 A 而不属于 B 的所有元素组成的集合，称为集合 A 与 B 的差集，记作 $A-B$. 即 $A-B=\{x \mid x \in A$，且 $x \notin B\}$，如文氏图 1－4 表示的阴影部分.

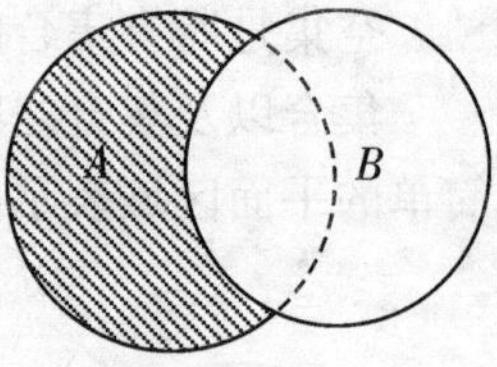

图 1－4

例 6 设集合 $A=\{x \mid -1 \leqslant x<2,\ x \in \mathbf{R}\}$，$B=\{x \mid 0<x \leqslant 3,\ x \in \mathbf{R}\}$，求 $A-B$，$B-A$.

解：$A-B=\{x \mid -1 \leqslant x<2,\ x \in \mathbf{R}\}-\{x \mid 0<x \leqslant 3,\ x \in \mathbf{R}\}$

$=\{x \mid -1 \leqslant x \leqslant 0,\ x \in \mathbf{R}\}$

$B-A=\{x \mid 0<x \leqslant 3,\ x \in \mathbf{R}\}-\{x \mid -1 \leqslant x<2,\ x \in \mathbf{R}\}$

$=\{x \mid 2 \leqslant x \leqslant 3,\ x \in \mathbf{R}\}$.

（4）补集

设 U 为全集，$A \subseteq U$. 由 U 中所有不属于 A 的元素组成的集合，称为集合 A 的补集，记作 $\overline{A}$，读作："A 在 U 中的补集"，即 $\overline{A}=\{x \mid x \in U$，且 $x \notin A\}$. 如文氏图 1－5 表示的阴影部分.

补集 $\overline{A}$ 可看做全集 U 与集合 A 的差集，$\overline{A}=U-A$.

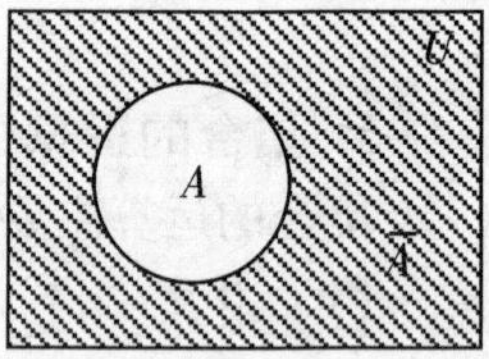

图 1－5

例 7 设全集 $U=\{0,1,2,3,4,5\}$，$A=\{0,1,2\}$，求 $\overline{A}$.

解：$\overline{A}=U-A$

$=\{0,1,2,3,4,5\}-\{0,1,2\}=\{3,4,5\}$.

例 8 设全集 $U=\{$某大学的全体本科学生$\}$，$A=\{$某大学本科全体一年级学生$\}$，求 $\overline{A}$.

解题分析：补集是全集 U 中所有不属于 A 的元素组成的集合，应该是本科中除一年级以外的本科学生.

解：$\overline{A}=\{$某大学二、三、四年级的本科学生$\}$.

例 9 设 $A=\{1,2,3\}$，$B=\{2,5\}$，求 $A \cup B$，$A \cap B$，$A-B$.

解：由上几例得 $A \cup B=\{1,2,3,5\}$，$A \cap B=\{2\}$，$A-B=\{1,3\}$.

（5）集合的笛卡尔乘积

设 A，B 是两个任意集合，$x \in A$，$y \in B$，所有二元有序数组 (x,y) 构成的集合，称为集合 A 与 B 的笛卡尔乘积，记为 $A \times B$.

即 $A \times B=\{(x,y) \mid x \in A,\ y \in B\}$.

当 A，B 是有限集合时，$A \times B$ 中的元素个数是集合 A 的元素个数乘以 B 的元素个数.

例 10 设 $A=\{1,2,3,4\}$，$B=\{2,3\}$，求 $A \times B$.

解题分析：$A\times B$ 中的元素个数是集合 A 的元素个数乘以 B 的元素个数．因此所得结果中应有 $4\times2=8$ 个元素．

解：$A\times B=\{(x, y)\mid x\in A, y\in B\}$

$=\{(1, 2), (1, 3), (2, 2), (2, 3), (3, 2), (3, 3), (4, 2), (4, 3)\}$.

注：如果 A 与 B 中至少有一个是无限集，那么 $A\times B$ 必然也是无限集．

类似可推广得 $A\times B\times C=\{(x, y, z)\mid x\in A, y\in B, z\in C\}$.

例 11 设 $A=\{1\}$，$B=\{2, 3\}$，$C=\{0, 4, 5\}$，求 $A\times B\times C$.

解：$A\times B\times C=\{(1, 2, 0), (1, 3, 0), (1, 2, 4), (1, 3, 4), (1, 2, 5), (1, 3, 5)\}$.

当 A，B，C 是有限集时，$A\times B\times C$ 中的元素个数是集合 A 的元素个数乘以 B 的元素个数再乘以 C 的元素个数．以此可类推．

【即学即练】

1. 设 $A=\{2, 3, 5, 7\}$，$B=\{0, 3, 7, 9\}$，求 $A\cup B$，$A\cap B$.

（答案：$A\cup B=\{0, 2, 3, 5, 7, 9\}$，$A\cap B=\{3, 7\}$）.

2. 设 $A=\{1, 2, 3\}$，$B=\{2, 5\}$，求 $A\times B$.

（答案：$A\times B=\{(1, 2), (1, 5), (2, 2), (2, 5), (3, 2), (3, 5)\}$）.

---

6. 集合的运算规律

（1）交换律：$A\cup B=B\cup A$，$A\cap B=B\cap A$.

（2）结合律：$(A\cup B)\cup C=A\cup(B\cup C)$，

$(A\cap B)\cap C=A\cap(B\cap C)$.

（3）分配律：$A\cup(B\cap C)=(A\cup B)\cap(A\cup C)$，

$A\cap(B\cup C)=(A\cap B)\cup(A\cap C)$.

（4）吸收律：$(A\cup B)\cap A=A$，$(A\cap B)\cup A=A$.

（5）摩根律：$\overline{A\cup B}=\overline{A}\cap\overline{B}$，$\overline{A\cap B}=\overline{A}\cup\overline{B}$.

以上定律可以通过文氏(Venn)示意图来直接验证．

二、实数集

1. 实数与数轴

全体实数的集合记为 **R**.

实数集 **R** 是一类数学上非常重要的数集，微积分就是建立在实数集上的．实数包含有理数与无理数，有理数就是可以表示成分数的数或者无限循环小数，而无理数就可以定义为无限不循环小数．

例如，1 是有理数，同时 $1=0.999\,9\cdots=0.\dot{9}$．而 π 就是无理数．在数学的发展历史上，首先认知了整数集 **Z**，然后是有理数，对于无理数的认知是后来的发展成果．现代数学分析理论告诉我们，“任何两个不同的有理数之间都有无理数，同样任何两个不同的无理数之间都存在有理数”.

实数又分为正数与负数，人类首先认识了正数，后来人类发现在加减法运算中，减法运算可以通过引入负数称为加法运算. 如设 $a>0$，$a-a=a+(-a)$，这里 $-a$ 就是负数.

通过数轴，我们可以找到任何实数的位置，如图 1－6 所示.

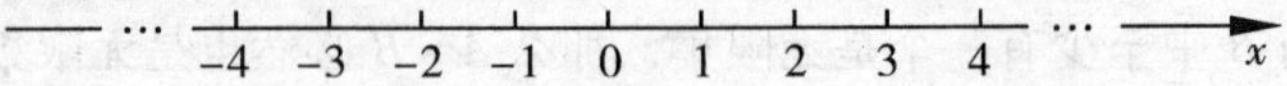

图 1－6

2. **实数的运算规则**

(1) 加法、乘法运算规则

加法交换律 $a+b=b+a$；　加法结合律 $(a+b)+c=a+(b+c)$；

乘法交换律 $a\cdot b=b\cdot a$；　乘法结合律 $(a\cdot b)\cdot c=a\cdot(b\cdot c)$；

分配律 $a(b+c)=ab+ac$.

(2) 括号规则

$a+(b-c)=a+b-c$；　$a-(b-c)=a-b+c$；

$a+b-c=a+(b-c)$；　$a-b+c=a-(b-c)$.

(3) 正负规则

$a(-b)=-(ab)$；　$(-a)b=-(ab)$；

$(-a)(-b)=ab$.

(4) 比例规则

$\frac{a}{b}=a\cdot\frac{1}{b}(b\neq0)$；　$\frac{a}{b}+\frac{d}{c}=\frac{ac+bd}{bc}(b\neq0,\ c\neq0)$；

$\frac{a}{b}\cdot\frac{c}{d}=\frac{a\cdot c}{b\cdot d}(b\neq0,\ d\neq0)$；　$\frac{a}{b}\div\frac{c}{d}=\frac{a}{b}\cdot\frac{d}{c}=\frac{ad}{bc}(b\neq0,\ c\neq0,\ d\neq0)$.

(5) 乘方规则

n 个数 a 相乘 $a\cdot a\cdots a=a^n$ 称为 a 的 n 次方（或 a 的 n 次幂）；

正数的非 0 次幂是正数；

负数的非 0 偶次幂是正数，奇次幂是负数；

0 的正数次幂等于 0，非 0 数的 0 次幂等于 1.

例如，$2^5=32$，$(-4)^3=-64$，$(-1.3)^2=1.69$，$0^{100}=0$，$a^0=1(a\neq0)$.

(6) 开方规则

数 a 的 n 次方根是指求一个数，它的 n 次方恰好等于 a. a 的 n 次方根记为 $\sqrt[n]{a}$（n 为大于 1 的自然数）.

$(\sqrt[n]{a})^m=\sqrt[n]{a^m}$ $(a\geqslant0)$；$(\sqrt[n]{a})^n=a$；$\sqrt[n]{ab}=\sqrt[n]{a}\cdot\sqrt[n]{b}$ $(a\geqslant0,\ b\geqslant0)$；$\sqrt[n]{\frac{a}{b}}=\frac{\sqrt[n]{a}}{\sqrt[n]{b}}$ $(a\geqslant0,\ b>0)$；

正数的奇次方根是一个正数；正数的偶次方根有两个互为相反的数；0 的 n（n 为正整数）次方根是 0；

负数的奇次方根是一个负数，在实数范围内，负数没有偶次方根.

例如，$\sqrt[3]{125}=5$，$\sqrt[3]{-8}=-2$，$\sqrt{\frac{9}{25}}=\frac{3}{5}$，$\sqrt[n]{0}=0$（$n$ 为正整数），

如果 $x^2=a$，那么，x 叫做 a 的平方根.

一个正数 $a(a>0)$ 的平方根，是两个互为相反的数 $\pm\sqrt{a}$，其中正的平方根 $\sqrt{a}$ 叫做 a 的**算术平方根**（或算术根）.

如果 $x^3=a$，那么，x 叫做 a 的立方根.

按照实数运算顺序规则是，在没有括号的算式中，先计算乘方、开方，再计算乘法、除法，最后计算加法、减法；如果算式中有括号，先计算小括号内的算式，然后计算中括号内的算式，最后计算大括号内的算式.

3. 一个数的绝对值

（1）一个数的绝对值就是数轴上表示这个数的点到原点的距离，记为 $|a|$.

正数的绝对值是它本身，负数的绝对值是它的相反数，0 的绝对值是 0.

即 $|a|=\begin{cases}a & a>0\\0 & a=0\\-a & a<0\end{cases}$

（2）绝对值有以下性质：

①任何实数都有唯一的绝对值，且绝对值非负，即 $|a|\geqslant 0$.

②任何一个实数都不大于它的绝对值，且不小于它的绝对值的相反数，

即 $-|a|\leqslant a\leqslant |a|$.

③互为相反的一对数，其绝对值相等，即 $|-a|=|a|$.

④两个实数乘积的绝对值等于两个实数绝对值的乘积，即 $|ab|=|a|\cdot|b|$.

⑤两个实数和的绝对值不大于两个实数绝对值之和，即 $|a+b|\leqslant |a|+|b|$.

⑥两个实数差的绝对值不小于两个实数绝对值之差，即 $|a-b|\geqslant |a|-|b|$.

⑦任何一个实数的绝对值等于该实数平方后的算术平方根，即 $|a|=\sqrt{a^2}$.

以上性质可由不等式的性质、绝对值定义和已有性质推得，例如，对于性质⑤ $|a+b|\leqslant |a|+|b|$，由性质②得 $-|a|\leqslant a\leqslant |a|$，$-|b|\leqslant b\leqslant |b|$，由不等式性质两式相加得 $-(|a|+|b|)\leqslant a+b\leqslant |a|+|b|$，即由性质②得 $|a+b|\leqslant |a|+|b|$.

例 12　去掉绝对值 $|2x-3|$ 符号.

解题分析：按照 $|a|=\begin{cases}a & a>0\\0 & a=0\\-a & a<0\end{cases}$ 确定使 $2x-3=0$ 的值，即 $x=\frac{3}{2}$；

然后分别讨论 $x>\frac{3}{2}$，$x=\frac{3}{2}$，$x<\frac{3}{2}$ 时的 $2x-3$ 取值情况.

解：因为当 $x>\frac{3}{2}$ 时，$2x-3>0$，即 $|2x-3|=2x-3$；

当 $x=\frac{3}{2}$ 时，$2x-3=0$，则 $|2x-3|=0$；

当 $x<\frac{3}{2}$ 时，$2x-3<0$，则 $|2x-3|=-(2x-3)=3-2x$.

所以综上所述，得 $|2x-3|=\begin{cases}2x-3 & x>\dfrac{3}{2}\\ 0 & x=\dfrac{3}{2}.\\ 3-2x & x<\dfrac{3}{2}\end{cases}$

【即学即练】

去掉式子 $|2x+5|-|x-3|\ (-2<x<2)$ 的绝对值符号.

（答案：$x+8$）.

---

4. **区间与邻域**

区间是常用的一类数集，分为开区间、闭区间、半开半闭区间. 设 a，b 是实数，且 $a<b$.

（1）开区间　　$(a,\ b)=\{x\in\mathbf{R}\mid a<x<b\}$.

（2）闭区间　　$[a,\ b]=\{x\in\mathbf{R}\mid a\leqslant x\leqslant b\}$.

（3）半开半闭区间　　$(a,\ b]=\{x\in\mathbf{R}\mid a<x\leqslant b\}$；$[a,\ b)=\{x\in\mathbf{R}\mid a\leqslant x<b\}$.

用数轴表示三类区间，如图 1－7 所示.

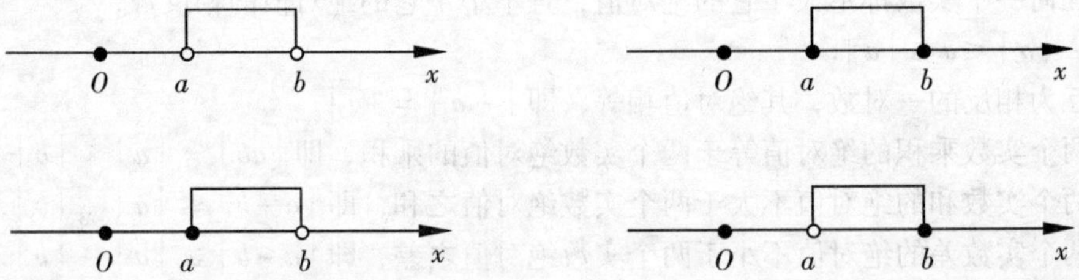

图 1－7

以上区间称为有限区间，因为区间长度为 $b-a$.

将满足不等式 $a<x<+\infty$ 或 $-\infty<x<b$ 或 $a\leqslant x<+\infty$ 或 $-\infty<x\leqslant b$ 或 $-\infty<x<+\infty$ 的所有实数组成的集合，我们称此类区间为无限区间，此时区间长度为无穷大，如：$\{x\in\mathbf{R}\mid x>a\}$，或者 $\{x\in\mathbf{R}\mid x<b\}$. 为简单起见，引进符号 $+\infty$，读作："正无穷大"；引进符号 $-\infty$，读作："负无穷大". 那么无限区间有：

（1）$(a,\ +\infty)=\{x\in\mathbf{R}\mid a<x<+\infty\}$，$(-\infty,\ b)=\{x\in\mathbf{R}\mid -\infty<x<b\}$. 如图 1－8(a)、(b)所示.

（2）$[a,\ +\infty)=\{x\in\mathbf{R}\mid a\leqslant x<+\infty\}$，$(-\infty,\ b]=\{x\in\mathbf{R}\mid -\infty<x\leqslant b\}$. 如图 1－8(c)、(d)所示.

（3）$\mathbf{R}=(-\infty,\ +\infty)=\{x\in\mathbf{R}\mid -\infty<x<+\infty\}$. 如图 1－8(e)所示.

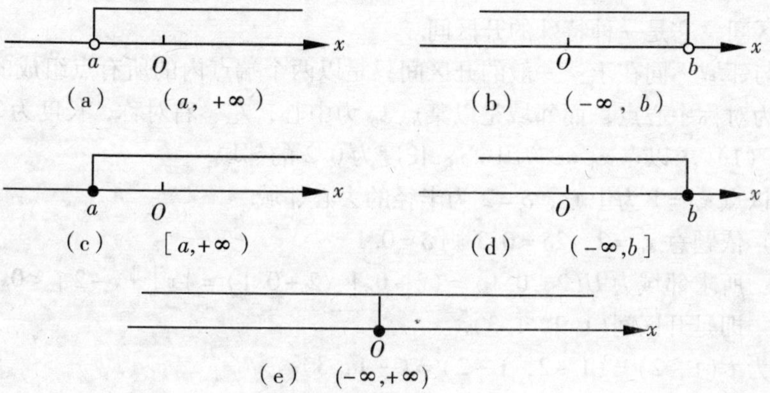

图 1－8

邻域是一类重要的区间，也是一种集合.

设 $x_0 \in \mathbf{R}$，$\delta > 0$，在数轴上以点 x_0 为中心，长度为 2δ 的开区间$(x_0-\delta,\ x_0+\delta)=\{x \mid |x-x_0|<\delta,\ \delta>0\}$称为以点 x_0 为中心 δ 为半径的邻域，简称**点 x_0 的邻域**，记为 $U(x_0,\ \delta)=(x_0-\delta,\ x_0+\delta)$. 如图 1－9 所示，一般 δ 是很小的正数.

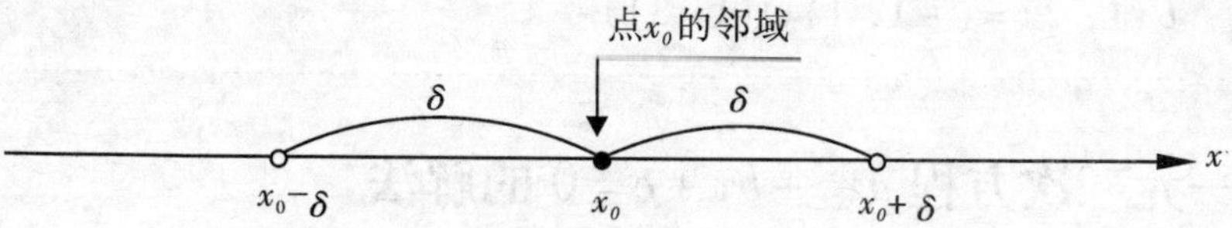

图 1－9

在微积分中还常用到**去心邻域**，就是邻域 $U(x_0,\ \delta)$去掉中心 x_0 后的集合.

$\{x \mid 0<|x-x_0|<\delta,\ \delta>0\}=(x_0-\delta,\ x_0)\cup(x_0,\ x_0+\delta)$，记为 $\mathring{U}(x_0,\ \delta)$，如图 1－10 所示.

将$(x_0-\delta,\ x_0)$和$(x_0,\ x_0+\delta)$分别称为左邻域和右邻域，分别记为 $\mathring{U}_-(x_0,\ \delta)$和 $\mathring{U}_+(x_0,\ \delta)$.

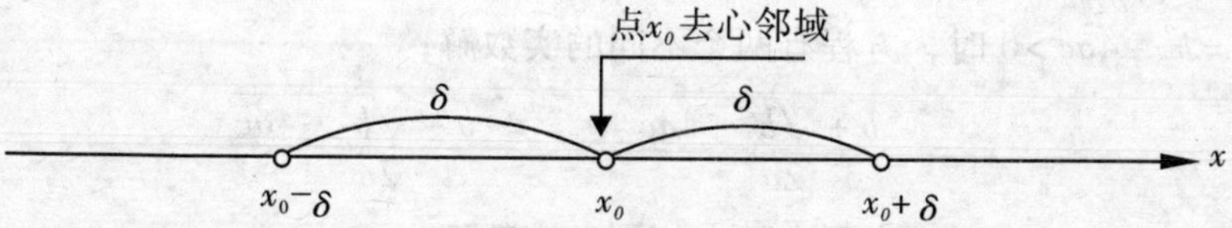

$\mathring{U}(x_0,\ \delta)=(x_0-\delta,\ x_0)\cup(x_0,\ x_0+\delta)$

图 1－10

换句话说，某点的邻域是实数轴上以该点为中心，左右对称的、长度为一个很小正数的2倍的开区间，它是一种特殊的开区间.

开区间与邻域不同在于：一般的开区间只是以两个端点内的所有点组成的集合，它不规定哪一点为对称中心点，而邻域是以某点 x_0 为中心，左、右对称，长度为 2δ 的开区间.

例 13 （1）求以点 $x_0=2$ 为中心，长度为0.2的邻域.

（2）求以点 $x_0=1$ 为中心，$\delta=2$ 为半径的去心邻域.

解：（1）依题意 $x_0=2$，$2\delta=0.2$ 则 $\delta=0.1$

所求邻域为 $U(2, 0.1)=(2-0.1, 2+0.1)=\{x \mid |x-2|<0.1\}$

即是开区间$(1.9, 1.3)$.

（2）因为 $U(1, 2)=(1-2, 1+2)=(-1, 3)$

所以 $\mathring{U}(1, 2)=(-1, 1)\cup(1, 3)$.

【即学即练】

1. 求以点 $x_0=5$ 为中心，$\delta=0.5$ 为半径的邻域.

（答案：$U(5, 0.5)=\{x \mid |x-5|<0.5\}$ 或$(4.5, 5.5)$）.

2. 求以点 $x_0=1$ 为中心，$\delta=2$ 为半径的去心邻域.

（答案：$\mathring{U}(1, 2)=(-1, 1)\cup(1, 3)$）.

三、一元二次方程 $ax^2+bx+c=0$ 的解法

一元二次方程最基本的解法是公式法，有时也可以用配方法或因式分解法求解，下面将一元二次方程 $ax^2+bx+c=0(a\neq0)$ 几种解法方法复习如下.

1. **公式法**

用公式法解一元二次方程 $ax^2+bx+c=0(a\neq0)$ 参考步骤如下：

第一步，把方程化为一般形式 $ax^2+bx+c=0$，确定 a，b，c 的值；然后用判别式 $\Delta=b^2-4ac$ 判断方程解的情况；

第二步，根据第一步的判别情况，若 $b^2-4ac\geqslant0$，则方程有解，再把 a，b，c 及 b^2-4ac 的值代入一元二次方程的求根公式①、②中之一，求出方程的根，作为方程的解；若 $b^2-4ac<0$，此时方程无实数解.

由判别式可得方程根的情况如下：

①当 $\Delta=b^2-4ac>0$ 时，方程有两个不同的实数解；

$$x_1=\frac{-b+\sqrt{b^2-4ac}}{2a},\ x_2=\frac{-b-\sqrt{b^2-4ac}}{2a}$$

②当 $\Delta=b^2-4ac=0$ 时，方程有两个相同的实数解；

$$x_1=-\frac{b}{2a}=x_2$$

③当 $\Delta=b^2-4ac<0$ 时，方程无实数解.

由于一元二次方程的解在图形上表示的是与 x 轴相交的点，因此，以上的解可用图

1－11 表示如下（$ax^2+bx+c=0$ 的图像为抛物线）：

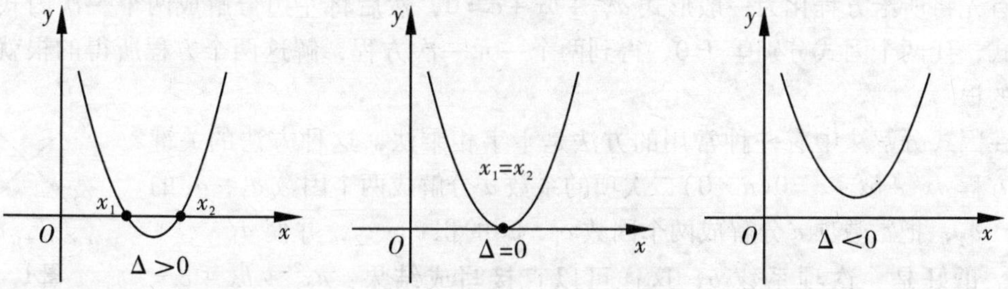

图 1－11

例 14 用公式法解方程 $2x^2-7x-15=0$.

解： 第一步

因为 $a=2$，$b=-7$，$c=-15$，且 $\Delta=b^2-4ac=(-7)^2-4\times2\times(-15)=169>0$

所以方程有两个不同的实数解；

第二步

由求根公式①得

$$x=\frac{7\pm\sqrt{169}}{4}=\frac{7\pm13}{4}$$

所以原方程有两个不同的根：$x_1=5$，$x_2=-1.5$.

2. 配方法

用配方法解一元二次方程 $a_1x^2+b_1x+c_1=0(a_1\neq0)$ 参考步骤如下：

第一步，将所给方程化为 $x^2+bx+c=0$ 形式（化二次项系数为 1），然后将常数项移到等号右边（移项）；

第二步，配方即在等号的两边分别加上一次项系数一半的平方；

第三步，若等号右边的常数项大于等于 0，则再开方（直接开平），求得方程的解；否则无解.

例 15 解方程 $4x^2-8x-5=0$.

解： 第一步

方程两边同除以 4，得

$x^2-2x-1.25=0$ 将常数项移到等号右边，得

$x^2-2x=1.25$

第二步

配方得：$x^2-2x+1^2=1.25+1^2$

在等号的两边分别加上一次项系数“2”的一半的平方“1^2”，进行配方.

第三步

因为 $(x-1)^2=2.25$ 的等号右边的常数大于 0，所以可开方得

$x-1=\pm\sqrt{2.25}=\pm1.5.$

方程的根为 $x_1=2.5$，$x_2=-0.5$.

3. **因式分解法**

首先将所给方程化为一般形式 $ax^2+bx+c=0$，然后将左边分解成两个一次因式的积的形式，让两个因式分别等于 0，得到两个一元一次方程，解这两个方程所得的根就是原方程的根.

在因式分解法中有一种常用的方法是十字相乘法，这种方法的关键是把方程 $ax^2+bx+c=0(a\neq0)$ 二次项的系数 a 分解成两个因数 a_1，a_2 的积 $a_1\cdot a_2$，把常数项 c 分解成两个因数 c_1，c_2 的积 $c_1\cdot c_2$，并使 $a_1\cdot c_2+a_2\cdot c_1$ 正好是一次项系数 b，这样可以直接写成结果：$ax^2+bx+c=(a_1x+c_1)(a_2x+c_2)$. 在运用这种方法分解因式时，要注意观察，当首项系数不是 1 时，往往需要多次试验，务必注意各项系数的符号.

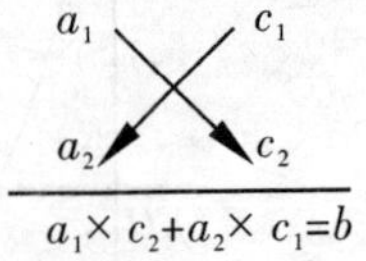

图 I

十字相乘法的方法简单点来讲就是：十字左边相乘等于二次项系数，右边相乘等于常数项，交叉相乘再相加等于一次项系数.

如图 I 所示.

另外，一些特别的方程左边能分解成一个完全平方的形式，如 $(x-m)^2=n(n\geqslant0)$，则方程的解为 $x=m\pm\sqrt{n}$.

例 16 解方程 $x^2-39=-10x$

解：$x^2+10x=39$，配方得 $x^2+10x+5^2=39+5^2$，

$(x+5)^2=64$ 两边开平方得

$x+5=\pm8$，$x=3$ 或 $x=-13$.

例 17 用因式分解法解方程 $6x^2+7x-3=0$.

解题分析：此方程可用十字相乘法.

解：其中 $a=6$，$b=7$，$c=-3$，

其中 6 可分解为 2×3，-3 可分解为 $3\times(-1)$，如图Ⅱ所示，则

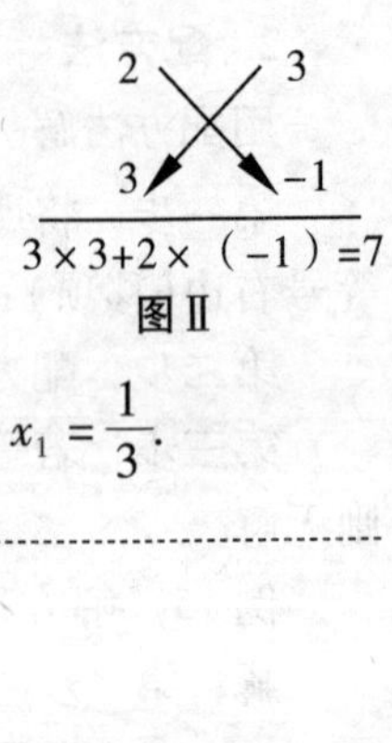

图Ⅱ

原方程化为 $(2x+3)(3x-1)=0$，由此解得原方程的两个根为 $x_1=-\frac{3}{2}$，$x_1=\frac{1}{3}$.

【即学即练】

1. 用公式法解下列方程.

(1) $6x^2-13x-5=0$；　　(2) $x(x+8)=16$

(答案：(1) $x_1=\frac{5}{2}$，$x_2=-\frac{1}{3}$；(2) $x_1=4\sqrt{2}-4$，$x_2=-4\sqrt{2}+4$).

2. 用配方法解方程 $2x^2+3=5x$.（答案：$x_1=\frac{3}{2}$，$x_2=1$).

3. 用因式分解法解方程.

(1) $x^2+2x-15=0$；　　(2) $3x^2+6x-7=2x^2$

(答案：(1) $x_1=-5$，$x_2=3$；(2) $x_1=1$，$x_2=-7$).

4. 用因式分解法解方程 $x^2+3x-10=0$.（答案：$x_1=-5$，$x_2=2$).

四、不等式

1. **不等式的性质**

（1）对称性　$a>b\Leftrightarrow b<a$.

（2）传递性　$a>b$，$b>c\Rightarrow a>c$.

（3）等量可加性　$a>b\Rightarrow a+c>b+c$.

（4）数乘性质　$a>b$，$c>0\Rightarrow ac>bc$；$a>b$，$c<0\Rightarrow ac<bc$.

（5）可加性　$a>b$，$c>d\Rightarrow a+c>b+d$.

$a>b$，$c<d\Rightarrow a-c>b-d$.

（6）取倒数　$a>b$，$ab>0\Rightarrow \frac{1}{a}<\frac{1}{b}$.

（7）三角不等式　$|a+b|\leqslant|a|+|b|$；$|a-b|\leqslant|a-c|+|c-b|$.

$|a+b|\geqslant|a|-|b|$；$|a|-|b|\leqslant|a-b|$.

（8）其他一些有用的不等式

$a>b>0\Rightarrow a^n>b^n$，$n\in\mathbf{N}$，$n\geqslant1$.

$a>b>0\Rightarrow \sqrt[n]{a}>\sqrt[n]{b}$，$n\in\mathbf{N}$，$n\geqslant1$.

a，$b\in\mathbf{R}\Rightarrow a^2+b^2\geqslant2ab$，当且仅当 $a=b$ 等号成立.

$\sqrt{ab}\leqslant\frac{a+b}{2}$，（$a$，$b\geqslant0$）.

2. **不等式的解集**

（1）不等式 $|x|>a$ 的解集是 $\{x\mid x>a$ 或 $x<-a\}$ $(a>0)$.

（2）不等式 $|x|<a$ 的解集是 $\{x\mid -a<x<a\}$ $(a>0)$.

（3）一元一次不等式：含有一个未知量，并且未知量的最高次幂是一次的不等式称为**一元一次不等式**.

一元一次不等式组：含有相同未知量的几个一元一次不等式所组成的不等式组.

（4）一元一次不等式组的解：同时满足不等式组中每一个不等式的解.

注意：解一元一次不等式的步骤与解一元一次方程的步骤类似；一元一次不等式不一定有解，例如，不等式 $x-3>x+2$ 就没有解.

在不等式组的求解过程中，一般利用数轴确定它们的解，是一种比较常用直观的方法.

下面举例说明.

例 18　解下列不等式 $x-\frac{3x-8}{2}\leqslant\frac{2(10-x)}{7}-1$.

解：去分母，即不等号两边同乘 14，得

$14x-7(3x-8)\leqslant4(10-x)-14$

去括号，得 $14x-21x+56\leqslant40-4x-14$

合并同类项，即将未知量的项移到不等号的一边，常数项移到不等号的另一边，然后合并，得 $-3x\leqslant-30$；

不等号两边同除 -3，由性质（3）得 $x\geqslant 10$.

注：求解一元一次不等式组时，首先要分别求出每个不等式的解，然后找出它们的公共部分，即满足各个不等式的公共解，这个公共解就是不等式组的解.

例 19 解不等式组 $\begin{cases}5x+3>3(2x+3)\\5x-10<3(x-1)\end{cases}$.

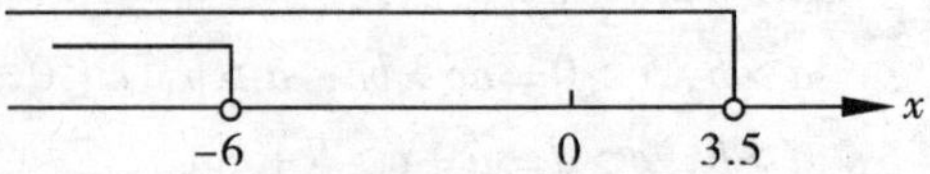

图 1－12

解：去掉第一个不等式中的括号，合并同类项，得 $x<-6$. 去掉第二个不等式中的括号，得 $5x-10<3x-3$ 合并同类项，得 $x<3.5$. 由图 1－12 可知，不等式组的解，即同时满足不等式组中二个不等式的解为 $x<-6$.

例 20 解绝对值不等式 $|2x-3|\geqslant 5$.

解题分析：解带有绝对值符号的不等式，关键判断绝对值符号内的式子去掉绝对值后的符号，因此需要由绝对值不等式的性质将所求不等式化为不带有绝对值的不等式从而求得结果。

解：由 $|2x-3|\geqslant 5$，得

$2x-3\geqslant 5$ 或 $2x-3\leqslant -5$（注：由 $|x|>a$ 的解集是 $\{x\mid x>a$ 或 $x<-a\}$ $(a>0)$）. 先将不等号左边的 -3 移到右边，并相加；然后在不等号的两边同时除以 2，得到该绝对值不等式的解，即 $x\geqslant 4$ 或 $x\leqslant -1$. 不等式的解如下图 1－13 所示.

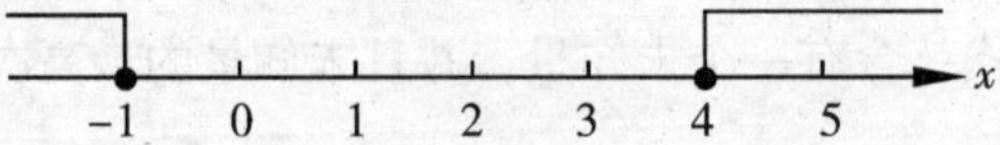

图 1－13

例 21 求不等式 $|x+1|<|x|$ 的解集.

解：根据绝对值不等式的性质，$-|x|<x+1<|x|$. 如果 $x\geqslant 0$，则有 $|x|=x$，从而 $-x<x+1<x$. 由 $x+1<x\Rightarrow 1<0\Rightarrow$ 矛盾，故解集是空集.

如果 $x<0$，则有 $|x|=-x$

于是 $x<x+1<-x$,

解得 $x<-\frac{1}{2}$（由 $x<x+1<-x\Rightarrow x<-\frac{1}{2}$ 且 $1>0\Rightarrow x<-\frac{1}{2}$），

综上所述，不等式的解集为 $\{x\mid x<-\frac{1}{2}\}$. 如图1－14 所示.

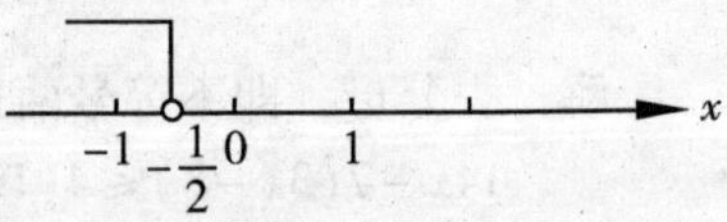

图 1－14

例 22 求 $\{x\mid |3x-2|<1\}$ 和 $\{x\mid |x|\geqslant\frac{1}{2}\}$ 的交集.

解：根据不等式的性质，求解

$$\{x \mid |3x-2|<1\}=\{x \mid -1<3x-2<1\}=\{x \mid \frac{1}{3}<x<1\}$$

而$\{x \mid |x| \geqslant \frac{1}{2}\}=\{x \mid x \geqslant \frac{1}{2}$或$x \leqslant -\frac{1}{2}\}$，所以它们的交集为$\{x \mid \frac{1}{2} \leqslant x<1\}$. 如图1－15所示.

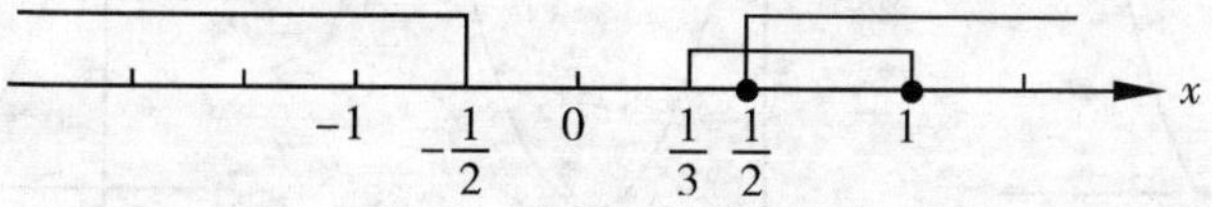

图1－15

【即学即练】

解下列不等式，并用数轴表示它们的解.

（1）$|x+2| \leqslant 2$；（2）解不等式组$\begin{cases}7x-3 \geqslant 5x+1 \\ \frac{x}{2}>x+\frac{1}{2}\end{cases}$

（答案：（1）$-4 \leqslant x \leqslant 0$， 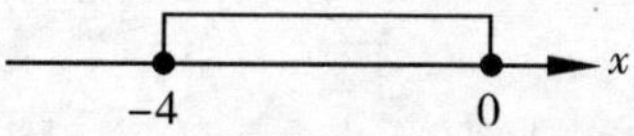

；（2）无解）.

（5）一元二次不等式$ax^2+bx+c>$（或$<$）$0(a>0)$的解集

一元二次不等式：含有一个未知量，并且未知量的最高次幂是二次的不等式称为一元二次不等式.

任何一个一元二次不等式，总可以写成下列两种形式的其中一种形式：

$ax^2+bx+c \geqslant 0$或$ax^2+bx+c \leqslant 0$.（$a \neq 0$），我们通过下面的例子介绍其求解法.

例23 解不等式$x^2-3x-10>0$.

解：将不等式左边分解因式，得

$(x+2)(x-5)>0$

上式相当于下列不等式组

$\begin{cases}x+2>0 \\ x-5>0\end{cases}$或$\begin{cases}x+2<0 \\ x-5<0\end{cases}$

由第一个不等式组得$x>-2$且$x>5$

所以第一个不等式组的解为$x>5$.

由第二个不等式组得$x<-2$且$x<5$

所以第二个不等式组的解为$x<-2$.

由此可得原不等式的解为$x>5$或$x<-2$，如图1－16所示.

图1－16

一般来说，一元二次不等式$ax^2+bx+c>$（或$<$）$0(a>0)$的解集可用图像法（$ax^2+bx+c=0$的图像为抛物线）.

讨论$\Delta=b^2-4ac$，在不等式$ax^2+bx+c>$（或$<$）$0(a>0)$左边经过配方，可得

$$ax^2+bx+c=a\left(x+\frac{b}{2a}\right)^2-\frac{b^2-4ac}{4a}.$$

ax^2+bx+c 的图像依据 $\Delta=b^2-4ac$ 的取值如图 1－17 所示.

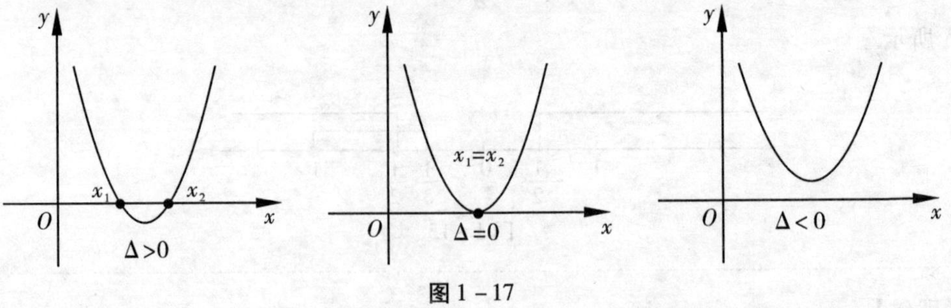

图 1－17

其中 x_1，x_2 分别是 $ax^2+bx+c=0$ 的解. 知道了它们的图像，我们也可以写出解集. 例如，当 $\Delta=b^2-4ac>0$，$ax^2+bx+c=0$ 有两个不同的解 x_1，x_2，那么

$ax^2+bx+c>0$ 的解集就是

$$\{x \mid x>x_2 \text{ 或 } x<x_1\}.$$

$ax^2+bx+c<0$ 的解集就是

$$\{x \mid x_1<x<x_2\}.$$

注：对于 $ax^2+bx+c>$(或$<$)$0(a<0)$的情形，我们只要将不等式两边同时乘以 -1，变号后成为前一种情形一样加以讨论即可.

例 24　解不等式 $x^2-3x-10>0$.

解：因为 $\Delta=b^2-4ac=(-3)^2-4\times1\times(-10)=49>0$，所以方程 $x^2-3x-10=0$ 有两个不同的实数解 $x_1=-2$，$x_2=5$，

则 $x^2-3x-10>0$ 的解为 $x>5$ 或 $x<-2$.

例 25　求 $-x^2+x+3\geqslant0$ 的解集.

解题分析：二次项系数小于零，首先将其变形为二次项系数大于零的情形，然后求解.

解：因为有 $x^2-x-3\leqslant0$，$\Delta=b^2-4ac=13>0$，方程有两个解

$x_1=\dfrac{1+\sqrt{13}}{2}$，$x_2=\dfrac{1-\sqrt{13}}{2}$

所以不等式的解为

$$\left\{x \,\middle|\, \frac{1-\sqrt{13}}{2}\leqslant x\leqslant\frac{1+\sqrt{13}}{2}\right\}.$$

【即学即练】

解不等式 $-3x^2+6x>2$.（答案：$1-\dfrac{\sqrt{3}}{3}<x<1+\dfrac{\sqrt{3}}{3}$）.

（6）二元一次不等式

二元一次不等式——含有两个未知量，并且未知量的最高次幂是一次的不等式．其一般形式是

$ax+by+c\geqslant 0$ 或 $ax+by+c\leqslant 0$.

其中 a，b，c 为常数，且 $a\neq 0$，$b\neq 0$.

二元一次不等式组——由几个二元一次不等式组成的不等式组.

求解二元一次不等式或二元一次不等式组的常用方法之一有图解法，下面通过例子介绍.

例 26 用图解法解不等式 $2x+3y\geqslant 0$.

解：首先在直角坐标系中画直线（见图 1－18） l：$2x+3y=0$. 由右图可知，直线 l 将坐标平面分成左下、右上两个半平面．然后在右上半平面中任取一点，如(1，1)，代入不等式，得

$$2x+3y=2\times 1+3\times 1=5>0$$

由此可知，右上半平面内的所有点都是不等式 $2x+3y\geqslant 0$ 的解．显然，直线 l 上的点也是 $2x+3y\geqslant 0$ 的解．所以，原不等式的解是包含直线 l 的右上半平面内的全部点，如图 1－18 所示的阴影部分.

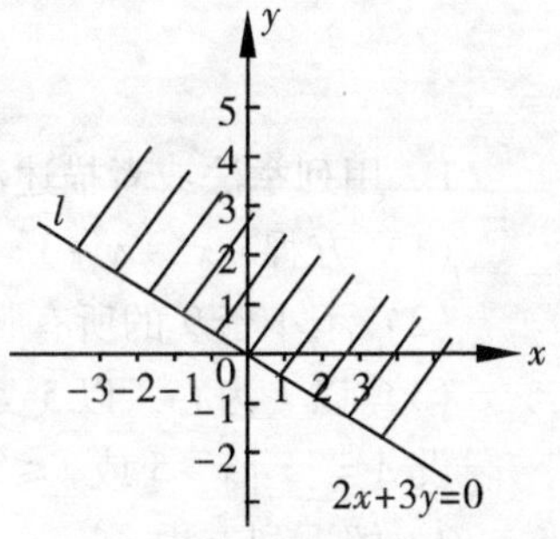

图 1－18

注意：二元一次不等式的解是直角坐标系中的半个平面．当不等号是"≤"或"≥"时，解的半平面包含直线，而当不等号是"＜"或"＞"时，解的半平面不含直线，在图中用虚线表示.

例 27 用图解法求解不等式组 $\begin{cases}2x-y+4<0\\2x+y+1\geqslant 0\end{cases}$.

解：在直角坐标系中画直线（图 1－19）

l_1：$2x-y+4=0$

取点(0，0)，代入直线方程得

$2\times 0-0+4=4>0$，

即点(0，0)不在 $2x-y+4<0$ 表示的半平面内，因此 $2x-y+4<0$ 的解是直线 l_1 的左上半平面．再画直线

l_2：$2x+y+1=0$

取点(0，0)，代入直线方程得

$2\times 0+0+1>0$

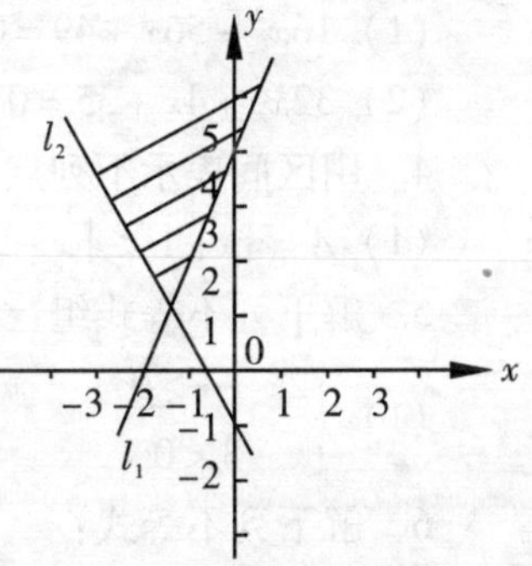

图 1－19

即点(0，0)在 $2x+y+1\geqslant 0$ 表示的半平面内，因此 $2x+y+1\geqslant 0$ 的解是直线 l_2 的右上半平面．取两个半平面的重叠部分（在图 1－19 中用阴影表示），得到原不等式组的解.

注：由上例可知，求二元一次不等式组的解，就是在直角坐标系中分别画出不等式组中每一个不等式所对应的半平面．如果这些半平面有重叠的区域，不等式组就有解，且解的区域可能是无界区域，也可能是有界区域．如果这些半平面没有重叠的部分，则不等式组无解.

用图解法求解二元一次不等式或二元一次不等式组的参考步骤：

第一步，将二元一次不等式改写为直线方程，即将不等号改成等号，并在直角坐标系中画出直线，若原不等号是“>”或“<”号，则直线用虚线表示；若是“⩾”或“⩽”，则直线用实线表示.

第二步，在某个半平面中(除直线外)任取一点，代入原不等式，若满足不等式，则该点所在半平面就是不等式的解．否则，不等式的解是另一半平面.

注：一条直线将坐标平面分成两个半平面. 当直线外一点不满足不等式，即该点不是不等式的一个解时，那么该点所在的半平面上的点都不是不等式的解，故不等式的解是直线的另一半平面上的点.

§1.1 练习题

1. 用列举法或者描述法表示下列集合：

(1) 方程 $-x^2+x+3=0$ 的根的集合.

(2) 不小于9的所有整数.

(3) 以1为心，以5为半径的去心邻域.

设 $A=\{x\mid x>5 \text{ 或 } x\leqslant 3\}$，$B=\{x\mid x>2\}$，求 $A\cup B$，$A\cap B$，$A-B$.

2. 解下列方程：

(1) $5(y+9)=3(9+y)$

(2) $(2x-5)^2=9$

(3) $4x^2-3x-1=0$

3. 不解方程，只判别根的情况：

(1) $16x^2-56x+49=0$

(2) $32x^2+4x+35=0$

4. 用区间表示下列点集，并在数轴上表示出来：

(1) $A=\{x\mid 1<|x-2|<3\}$；(2) $B=\{x\mid x\in\mathbf{R},\ x\neq -2\}$

5. 解下列不等式组：

(1) $\begin{cases}2x+4>0\\ x-3<0\end{cases}$　　(2) $\begin{cases}2x>4x+6\\ 4x+3<2x+1\end{cases}$

6. 解下列不等式：

(1) $x^2-5x+6\leqslant 0$　　(2) $-3x^2-8x+3<0$

7. 解不等式：

(1) $|x+1|<2$

(2) $\sqrt{x^2}<2$

(3) $0<|2x-1|<2$

(4) $|x-1|<\varepsilon(\varepsilon>0)$

8. 设 $A=\{x\mid x+y>1\}$，$B=\{x\mid 2x+y-1>0\}$，在坐标面上标出 $A\cap B$ 的区域.

§1.2 函　数

一、平面直角坐标系

讨论函数之前，先复习直角坐标系．在一平面上，两条数轴成直角相交，构成一个直角坐标系．规定水平方向的数轴叫做横轴或 x 轴，垂直方向的数轴叫做纵轴或 y 轴，两条数轴的交点叫做坐标原点(记为 O)，x 轴的原点右方为正方向，y 轴的原点上方为正方向．平面内的每一个点都可用一有序实数对来表示，称为笛卡尔坐标．如果经过点 P 的竖直直线和水平直线分别交 x 轴、y 轴于 a，b 两点，那么点 P 的坐标就是 $(a,\ b)$，第一个数 a 叫点 P 的横坐标，第二个数 b 叫点 P 的纵坐标，如图 1－20 所示．坐标平面分为四个象限，每一个象限中点的横坐标和纵坐标的符号如下：

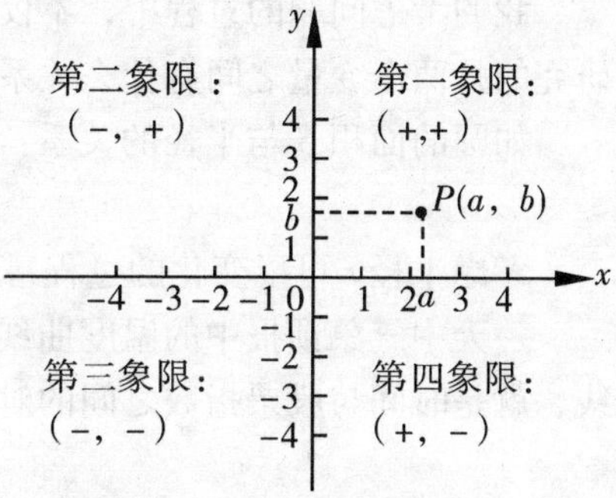

图 1－20

第一象限：(＋，＋)；第二象限：(－，＋)；第三象限：(－，－)；第四象限：(＋，－)．

平面中取定直角坐标系之后，平面上的点 P 与有序实数对 $(x,\ y)$ 是一一对应的，在 x 轴上的点的纵坐标为 0，即 $(x,\ 0)$；在 y 轴上的点的横坐标为 0，即 $(0,\ y)$．

在直角坐标系中，设点 P_1 的坐标为 $(x_1,\ y_1)$，点 P_2 的坐标为 $(x_2,\ y_2)$，则 P_1，P_2 两点之间的距离设为 D 的计算公式为

$$D = |P_1P_2| = \sqrt{(x_2 - x_1)^2 + (y_2 - y_1)^2}$$

两点之间的距离非负，而且只有在这两点位置相同的情况下，它们之间的距离才等于 0.

二、变量与常量

在实际生活中，我们会遇到各种各样的量，如自然现象中的温度、重量，几何应用中的角度、面积、体积以及经济应用中的成本、利润等.

自然界一切事物都在不断地变化，变化是绝对的，不变是相对的．在研究问题的过程中有些量保持不变，例如，观察在含有一定量盐的盐水中，逐渐加入水，则在加入水的过程中，盐水的含水量及浓度均在逐渐改变，像这种变化的量我们称为变量；也有些量在观察的过程中是保持不变的，例如，在上述的过程中，含盐量不会变化，又例如，解方程或方程组，求得的解都是固定不变的，像这种相对不变的量我们称为常量.

一个变量所能取的数值的集合叫做这个变量的变动区域，简称变域.

注意下面几点：

(1) 常量和变量依赖于所研究的过程．同一个量，在某一过程中可以认为是常量，而在另一过程中则可能是变量；反过来也是同样的。这说明常量和变量具有相对性.

（2）从几何意义上讲，常量对应着数轴上的定点，变量则对应数轴上的动点.

（3）有一类变量，可以取介于两个实数之间的任意实数值，叫做连续变量，连续变量的变动区域常用区间表示.

三、函数的概念

我们考虑问题的过程中，不仅出现一个变量，还可能出现几个变量．如两个变量，要研究的是两个变量之间有什么关系，什么性质.

如圆的面积 S 与半径的关系：

$$S=\pi r^2$$

考虑半径 r 可以变化的过程，面积和半径叫做变量.

一天中气象预报中的温度曲线，就是时间与温度之间的对应关系．股市中的股指曲线，就是时间与股票指数之间的对应关系．又如银行中的利率表：

存期	六个月	一年	二年	三年	五年
年利率(%)	5.40	7.47	7.92	8.28	9.00

它反映的是存款存期与存款利率之间的对应关系.

以上这几个例子反映的都是两个变量之间的变化，它们之间的变化不是孤立的，而是存在着一种确定的依赖关系．这种关系给出了一种对应法则；并且，两个变量中，当有一个变量在一定的范围内取定某一数值时，按照这种法则，另一个变量必有唯一的数值与之对应．这一特征抽象到数学上就得到函数的定义.

定义 1.1 设 D 是一非空实数集，在一变化过程中变量 $y\in\mathbf{R}$ 随着变量 $x\in D$ 而变化，对每个 $x\in D$，按照一定的对应法则 f，总有唯一且确定的 y 与其对应，则称 y 是 x 的函数，记作 $y=f(x)$，$x\in D$，其中 x 称为自变量，y 称为因变量，D 称为定义域，也可记为 $D(f)$，f 称为对应法则，全体函数值的集合 $f(D)=\{y\mid y=f(x),\ x\in D\}$ 称为函数 $y=f(x)$ 的值域，记为 Z 或 $Z\ (f)$.

按照定义，当自变量 x 在其定义域内取定某确定值 x_0 时，因变量 y 按照所给函数关系 $y=f(x)$ 求出的对应值 y_0 叫做当 $x=x_0$ 时函数值，记作 $y\mid_{x=x_0}$ 或 $f(x_0)$。

在函数的定义中我们要注意的是：

（1）在定义中记号 $y=f(x)$ 是函数的抽象记号，字母 f 表示了对应的法则，$f(x)$ 表示与 x 对应的函数值而不是 f 乘 x。"$y=f(x)$" 是函数符号，可以用任意的字母表示，如 "$y=g(x)$"，也可用其他字母如 φ，ψ，F 来表示．相应地，函数也就记成 $y=\varphi(x)$，$y=\psi(x)$，$y=F(x)$，在同一题的讨论中，对于不同函数的对应法则，一般最好使用不同的字母，以免混淆．当然，仅代表了定义域和值域中的元素也可换成其他字母，另外，函数与自变量及因变量所选用的字母无关。例如，$y=f(x)$ 与 $y=f(u)$，$F=f(u)$，$y=f(v)$ 是同一函数.

（2）由定义我们可得知函数的实质是变量之间的对应关系，确定函数的要素是定义域和对应关系．因此我们得两个函数是相同的充分必要条件是：这两个函数的定义域相同且对应规则相等．例如，函数 $y=\frac{x^2-4}{x+2}$ 的定义域是 $\{x \mid x\in\mathbf{R},\ x\neq -2\}$，但是，如果约去分子分母的公因子 $x+2$，变成 $y=x-2$，此时函数的定义域是 $\{x \mid x\in\mathbf{R}\}$．由于定义域不同，所以 $y=\frac{x^2-4}{x+2}$ 与 $y=x-2$ 是两个不同的函数．

（3）因为在函数定义中，对于某个 $x\in D$，变量 y 按照一定的法则有唯一的 y 值与 x 对应（从图形上看，在定义域中给定一个 x 的值，在 x 轴上的这个点作 y 轴的平行线，则平行线与曲线只有一个相交点），但有时会有这样的数学问题：对于某个 $x\in D$，变量 y 按照一定的法则有两个或两个以上的 y 值与 x 对应．这样的问题和函数定义有对应法则上的区别，为区别起见，我们将前者称为单值函数，将后者称为多值函数，如 $y^2=x$ 就是多值函数，因为某个 $x\in D$，变量 y 按照法则 $y^2=x$ 对应着两个单值分支 $y=\pm\sqrt{x}$，又如：对于某个 $x\in D$，变量 y 按照法则 $x^2+y^2=1$ 对应着两个单值分支 $y=\sqrt{1-x^2}$ 与 $y=-\sqrt{1-x^2}$，因此 $x^2+y^2=1$ 也是多值函数，从几何图形上单值函数与多值函数，如图 1－21 所示．

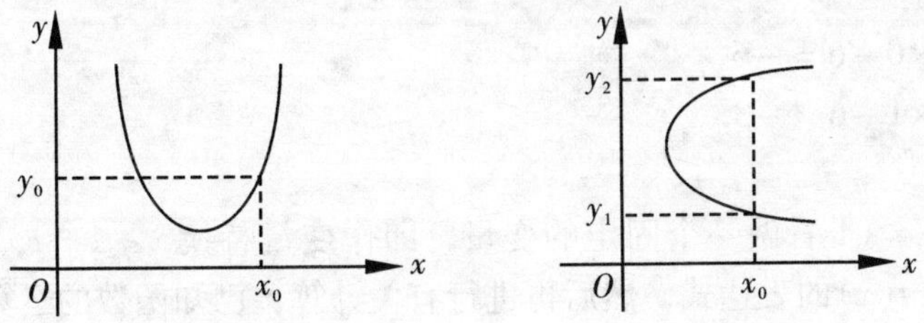

（单值函数图形）　　（多值函数图形）

图 1－21

本书只讨论单值函数．

用 $y=f(x)$ 表示的函数一般称为函数的显式表达．有些函数利用显式表达不出来，只能写成方程 $F(x,\ y)=0$ 的形式，也表达的是自变量 x 与因变量 y 的函数关系，此时称 $F(x,\ y)=0$ 为函数的隐式表达，简称**隐函数**．如 $xy-e^y\ln x+2=0$．

（4）利用函数的记号计算函数值．当函数 $f(x)$ 由解析式给出时，在计算函数值的过程中，用相同的数值或表达式替代函数表达式中的所有 x．

在考虑一个问题的过程中，f 表示一个确定的对应关系，在之后考虑这个问题的过程中，f 始终表示同样的对应关系．比如：

$$f=x^2+2x-1$$

它反映的就是这样一种对应关系：

$$f(\quad)=(\quad)^2+2(\quad)-1$$

等式左端的函数括号中带入一个量，表示要对其进行等式右端的运算．如当（　）中代入 2 时 $f(\quad)=(\quad)^2+2(\quad)-1$ 成为

$$f(2)=2^2+2\times 2-1=-1$$

又如（　）中代入 x^2 时 $f(\quad)=(\quad)^2+2(\quad)-1$ 成为

$$f(x^2)=(x^2)^2+2(x^2)-1=x^4+2x^2-1$$

即无论左端带入什么值，都对它进行同样的运算.

例 1 已知函数 $f(x+1)=x^2+4x-3$，求 $f(x)$，$f(\frac{1}{x})$，$f(0)$，$f(1)$.

解：方法一：

解题分析：已知函数的运算关系为：

$$f((\quad)+1)=(\quad)^2+4(\quad)-3$$

因此将 $x-1$ 代入上式两端的小括号内得解

$$\begin{aligned}f(x)&=f((x-1)+1)=(x-1)^2+4(x-1)-3\\&=x^2-2x+1+4x-4-3\\&=x^2+2x-6\end{aligned}$$

即 $f(x)=x^2+2x-6$

将 x 分别等于 $\frac{1}{x}$，0，1 代入 $f(x)=x^2+2x-6$ 则得

$$f(\frac{1}{x})=(\frac{1}{x})^2+2(\frac{1}{x})-6=\frac{1}{x^2}+\frac{2}{x}-6=\frac{1+2x-6x^2}{x^2}$$

$$f(0)=0^2+2\times0-6=-6$$

$$f(1)=1^2+2\times1-6=-3.$$

方法二：

解题分析：将 $x+1$ 看做一个固定的变量，即作变量替换 $x+1=t$，这样得 $x=t-1$，从而直接得出函数 $f(x)$ 的表达式，然后再进行有关计算，已知函数的运算关系为：

$$f((\quad)+1)=(\quad)^2+4(\quad)-3$$

解：作变量替换 $x+1=t$，得 $x=t-1$，将其代入函数表达式 $f(x+1)=x^2+4x-3$ 两端得

$$\begin{aligned}f(t)&=(t-1)^2+4(t-1)-3\\&=t^2-2t+1+4t-4-3\\&=t^2+2t-6\end{aligned}$$

因函数关系与表示自变量的符号无关，故得函数表达式 $f(x)=x^2+2x-6$

从而

$$f(\frac{1}{x})=(\frac{1}{x})^2+2(\frac{1}{x})-6=\frac{1}{x^2}+\frac{2}{x}-6=\frac{1+2x-6x^2}{x^2}$$

$$f(0)=0^2+2\times0-6=-6$$

$$f(1)=1^2+2\times1-6=-3.$$

在函数类中，有一些称为基本的初等函数是微积分的重要研究对象，主要有：

常数函数 $y=c$，其中 c 是常数.

幂函数 $y=x^{\alpha}$，其中 $\alpha\in\mathbf{R}$，$\alpha\neq0$.

指数函数 $y=a^x$，其中 $a>0$，$a\neq1$.

对数函数 $y=\log_a x$，其中 $a>0$，$a\neq1$.

三角函数 $y=\sin x$（正弦函数），$y=\cos x$（余弦函数），

$y=\tan x$（正切函数），$y=\cot x$（余切函数），

$y=\sec x$（正割函数），$y=\csc x$（余割函数）.

反三角函数　$y=\arcsin x$，$y=\arccos x$.

$y=\arctan x$，$y=\text{arccot}\,x$.

关于基本初等函数的性质与特性，我们将在下一节中一一列举.

例 2　判断 $y=\sqrt{-x^2-1}$ 是否是函数.

解：由于 $y=\sqrt{-x^2-1}=\sqrt{-(x^2+1)}$ 的定义域是空集，不符合函数定义，所以它不是函数.

例 3　判断 $x>y$ 是否为函数.

解：由于对应着每个 x，有很多 y 与其对应，所以按照函数定义，其不是函数.

函数的表示方法一般有**表格法**、**图像法**和**解析法（公式法）**.

例 4　某城市居民某年 1 月份至 6 月份的用水量（单位：万立方米）如下表所示：

月份	1	2	3	4	5	6
用水量	350	360	340	400	420	450

上表就是某城市居民的用水量随时间变化的数据，其实就是一个函数，自变量是月份，上面的函数关系就是用表格法建立的.

用函数的图像表示函数关系的方法就是图像法，如图 1－22 所示，分别是函数 $y=x$ 与 $y=\frac{x^2}{x}$. 公式法是用数学式子来表示函数，例如，$y=x^2$ 与 $f(x)=\begin{cases}x & x\geqslant 0\\ -x & x<0\end{cases}$.

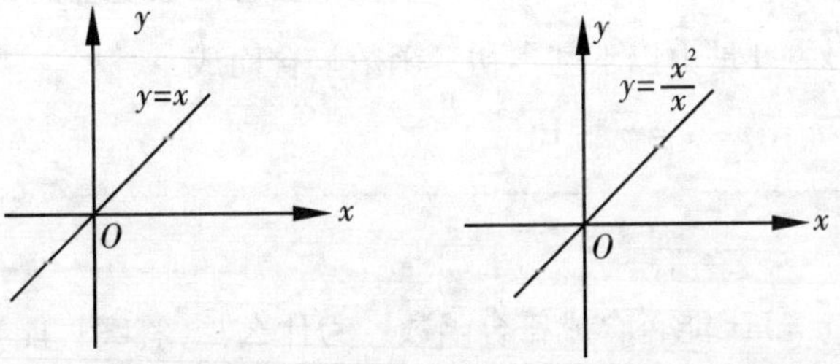

图 1－22

【即学即练】

判断下列函数 $f(x)$ 与 $g(x)$ 是否表示同一个函数，说明理由？

① $f(x)=(x-1)^0$ 定义域为 $\mathbf{R}$；$g(x)=1$ 定义域为 $\mathbf{R}$（答案：是同一个函数）.

② $f(x)=x$；$g(x)=\sqrt{x^2}$.（答案：不是同一个函数）.

四、复合函数与反函数

函数的运算除了加、减、乘、除运算外，还有一种复合运算. 所谓复合运算，就是指如果 y 是 u 的函数，u 是 x 的函数，u 作为中间媒介 y 就成为 x 的函数，这就是函数的复合运算. 如下面这个例子所示：

$y=\sqrt{u}$, $\quad u=\sin x$, $\quad y=\sqrt{\sin x}$

一般我们有下列定义：

定义 1.2 设有函数 $y=f(u)$ 与 $u=\varphi(x)$，如果函数 $y=f(u)$ 的定义域与函数 $u=\varphi(x)$ 的值域交集不为空集，那么 $y=f[\varphi(x)]$ 就称为复合函数，其中 x 是自变量，y 是因变量，u 称为中间变量.

例如 $y=\ln u$，$u=\sin x-1$ 就不能复合成一个复合函数. 因为 $y=\ln u$ 的定义域是 $(0, +\infty)$. 而 $u=\sin x-1$ 的值域是 $(-\infty, 0]$，显然两者交集为空集不符合定义 1.2.

学习复合函数经常有两方面的要求：一方面，需要把几个作为中间变量的函数复合成一个函数，这个复合过程实际上是把中间变量依次代入的过程；另一方面，需要把一个复合函数分解为几个较简单的函数(这些较简单的函数，往往是通过基本初等函数或是基本初等函数与常数的四则运算来求得)，这对我们后续学习复合函数的导数及不定积分等都是非常重要的.

初等函数都可以分解为基本初等函数的四则运算或复合运算. 方法是先从最外层考察，如果是四则运算，就将运算的每一项设为一个中间变量，然后再考察每个中间变量；如果不是四则运算，那么最外层就是某类基本初等函数，此时将这个基本初等函数自变量位置处的表达式设为一个中间变量，然后再考察这个中间变量. 将这种方法向内层反复使用. 分解到基本初等函数或基本初等函数的四则运算为止.

例 5 判断函数 $y=\arctan\sqrt{x^2-1}$ 是由哪些基本初等函数复合而成.

解： $y=\arctan\sqrt{x^2-1}$ 是由以下基本初等函数复合而成

$y=\arctan u$, $u=\sqrt{v}$, $v=x^2-1$.

【即学即练】

1. 函数 $y=\sqrt{u}$，$u=\ln x$ 能否合成符合函数，为什么？(答案：能).
2. 指出下列复合函数的复合过程.

(1) $y=\sin^2 x$； (2) $y=\arcsin(\ln x)$

(答案：(1) $y=\sin^2 x$ 是由 $y=u^2$，和 $u=\sin x$ 复合而成的.

(2) $y=\arcsin(\ln x)$ 是由 $y=\arcsin u$ 和 $u=\ln x$ 复合而成的).

例 6 设 $f(x)=\dfrac{x}{1-x}$，求 $f[f(x)]$.

解： 把 $f(x)=\dfrac{x}{1-x}$ 中的 x 换为 $f(x)$，得

$$f[f(x)]=\frac{f(x)}{1-f(x)},$$

再将$\frac{x}{1-x}$代替上式等号右边的$f(x)$，得

$$f[f(x)]=\frac{f(x)}{1-f(x)}=\frac{\frac{x}{1-x}}{1-\frac{x}{1-x}}=\frac{x}{1-2x}.$$

在讨论函数的运算中经常会遇到复合函数中的一种特别结构$[f(x)]^{g(x)}$，既不是指数函数又不是幂函数的函数，为方便叙述我们称为**幂指函数**．此函数通常应用公式$a^{\log_a x}=x$将其转换成指数函数的复合形式$[f(x)]^{g(x)}=a^{g(x)\log_a[f(x)]}$或$[f(x)]^{g(x)}=e^{g(x)\ln[f(x)]}$进行讨论.

如$(\sin x)^{x+2}=e^{(x+2)\ln\sin x}$

由基本初等函数经过有限次复合和有限次四则运算得到的并可用一个解析式子表示的函数，统称为**初等函数**.

例 7 下列函数中,哪些是基本初等函数？哪些是初等函数？

(1) $y=\frac{1}{x}$；(2) $y=e^x$；(3) $y=\sin a$；(4) $y=2x^2$；(5) $y=\sin^2 x$；

(6) $y=\begin{cases}\sqrt{x} & x\geqslant 0\\ x+1 & x<0\end{cases}$；(7) $y=\begin{cases}x & x\geqslant 0\\ -x & x<0\end{cases}$；(8) $y=1+x+x^2+x^3+\cdots$；

(9) $y=\begin{cases}x+1 & x>1\\ 1 & x=1\\ x-1 & x<1\end{cases}$；(10) $y=\sin\sqrt{x-1}$；(11) $y=\frac{\ln(1+\sqrt{x})}{x^2}$；

(12) $y=\lg(x+\sqrt{x^2+1})$.

解：(1) $y=\frac{1}{x}$；(2) $y=e^x$；(3) $y=\sin a$ 是基本初等函数.

(4) $y=2x^2$；(5) $y=\sin^2 x$；(7) $y=\begin{cases}x & x\geqslant 0\\ -x & x<0\end{cases}$；(10) $y=\sin\sqrt{x-1}$；

(11) $y=\frac{\ln(1+\sqrt{x})}{x^2}$；(12) $y=\lg(x+\sqrt{x^2+1})$以上都是初等函数.

而 (6) $y=\begin{cases}\sqrt{x} & x\geqslant 0\\ x+1 & x<0\end{cases}$；(8) $y=1+x+x^2+x^3+\cdots$；

(9) $y=\begin{cases}x+1 & x>1\\ 1 & x=1\\ x-1 & x<1\end{cases}$不是初等函数.

注：$y=\begin{cases}x & x\geqslant 0\\ -x & x<0\end{cases}=|x|=\sqrt{x^2}$；（🡐：因为可表示为一个式子所以是初等函数）

$y=1+x+x^2+x^3+\cdots$.（🡐：因是无限次的和所以不是初等函数）

定义 1.3 设函数$y=f(x)$的定义域为D_f，值域为R_f．如果对值域R_f中每一个y都有

定义域中唯一确定的且满足 $y=f(x)$ 的 x 与其对应，此时对应法则记为 f^{-1}，那么这样确定的函数 $x=f^{-1}(y)$ 称为 $y=f(x)$ 的反函数.

$x=f^{-1}(y)$，$y\in R_f$.

注 1：函数 $x=f^{-1}(y)$ 中 y 是自变量，其定义域是原函数 $y=f(x)$ 的值域 R_f；x 为因变量，其值域是原函数 $y=f(x)$ 的定义域 D_f.

注 2：函数 $x=f^{-1}(y)$ 与 $y=f(x)$ 互为反函数.

注 3：习惯上，用 x 表示自变量，y 表示因变量，因此，反函数 $x=f^{-1}(y)$ 记为 $y=f^{-1}(x)$. 这样 $y=f(x)$ 与其反函数 $y=f^{-1}(x)$ 的图像是关于 $y=x$ 对称的.

观察一个函数 $y=f(x)$ 是否有反函数，一定要注意对应法则是否保证 x 与 y 是一一对应的，然后在 $y=f(x)$ 中把 y 看做是已知的，而把 x 看做是未知量，从 $y=f(x)$ 中解出 x，得到 $x=f^{-1}(y)$ 的形式，最后把 y 与 x 互换，$y=f^{-1}(x)$ 就是 $y=f(x)$ 的反函数. 如指数函数 $y=a^x$，从中可以解出 $x=\log_a y$，再把 y 与 x 互换得 $y=\log_a x$，我们发现对数函数 $y=\log_a x$ 是指数函数 $y=a^x$ 的反函数.

另外，有些函数在定义域中 x 与 y 并不是一一对应的，那么这时可以选取一段，讨论其反函数.

例如，$y=\sin x$ 在定义域上并不是一一对应的，但在其一个周期内选取包含原点而且单调的定义区间 $[-\frac{\pi}{2},\frac{\pi}{2}]$ 是一一对应的，可以作出其反函数 $y=\arcsin x$.

$y=\arcsin x$ 的定义域是 $[-1,1]$，值域是 $[-\frac{\pi}{2},\frac{\pi}{2}]$.

求反函数法的参考步骤：

①确定函数 $y=f(x)$ 的定义域和值域；

②判断 $x=f^{-1}(y)$ 中的 x 与 y 是否是一一对应的；

③视 $y=f(x)$ 为关于 x 的方程，解方程得 $x=f^{-1}(y)$；

④若一个 y 对应唯一一个 x，则将其 x 换为 y，y 换为 x，即得函数 $y=f(x)$ 的反函数；

⑤写出反函数的定义域(原函数的值域)；

⑥若求分段函数的反函数，应分别求出各段的反函数，然后综合起来，得出原分段函数的反函数.

例 8 设 $y=3x^3+1$，求反函数.

解：①定义函数 $y=3x^3+1$ 定义域是 $\mathbf{R}$，值域是 $\mathbf{R}$；②且是一一对应，这可以从其图像中看出(具体内容下节另述)；③从 $y=3x^3+1$ 中解出 $x=\sqrt[3]{(y-1)/3}$；④再把 y 与 x 互换就得到反函数也就是 $y=\sqrt[3]{(x-1)/3}$；⑤其定义域也是 $\mathbf{R}$，值域是 $\mathbf{R}$.

注：熟练后不必写出①—⑤步骤.

例 9 设 $y=3^x+1$，求反函数.

解：函数 $y=3^x+1$ 的定义域是 $\mathbf{R}$，值域是 $(1,+\infty)$，且 x 与 y 一一对应，这可以从指数函数的图像中看出(具体内容下节另述).

由 $y=3^x+1$，得 $3^x=y-1$，再两边取对数，得

$x=\log_3(y-1)$，

再把 y 与 x 互换就得到反函数 $y=\log_3(x-1)$. 其定义域是$(1, +\infty)$，值域是 $\mathbf{R}$.

【即学即练】

求下列函数的反函数：(1) $y=3x-1(x\in\mathbf{R})$；(2) $y=x^3+1$，$x\in\mathbf{R}$). (答案：(1) $y=f^{-1}(x)=\dfrac{x+1}{3}$；(2) $y=f^{-1}(x)=\sqrt[3]{x-1}$).

五、函数的定义域

确定函数的定义域 D 在讨论函数的性质时具有重要意义. 函数的定义域分为自然(数学解析式)定义域与实际(实际问题构成的数学解析式)定义域。函数的定义域是使函数有意义的自变量的取值的范围. 在求函数的定义域时，要注意下面几点：

(1) 含有分式的函数中分母不能为0.

(2) 含有开平方或者偶次方式子的函数中，被开偶次方的式子必须大于(或等于)0.

(3) 对数函数中真数部分必须大于0.

(4) 如果一个函数是若干项式子的代数和，则应在分别求出每一项式子的取值范围后，再取它们的交集就得到该函数的定义域.

(5) 用两个或两个以上的解析式联立表示的函数(即分段函数)的定义域就是其各定义区间的并集合.

(6) 三角函数与反三角函数的定义域与值域要根据具体情况具体讨论.

例 10 求函数 $y=\sqrt{x-2}$的定义域.

解：因为函数 $y=\sqrt{x-2}$中含有开平方的式子 $\sqrt{x-2}$，所以要使原函数有意义，必须被开方式 $x-2\geqslant 0$. 即 $x\geqslant 2$，因此，函数 $y=\sqrt{x-2}$的定义域是$\{x\mid x\geqslant 2\}$.

例 11 求函数 $y=\tan(x+\dfrac{\pi}{4})$的定义域.

解：函数 $y=\tan x$ 的定义域是$\{x\in\mathbf{R}\mid x\neq k\pi+\dfrac{\pi}{2}, k\in\mathbf{Z}\}$. 要使原函数有意义，必须

$$x+\frac{\pi}{4}\neq k\pi+\frac{\pi}{2},\ k\in\mathbf{Z},$$

即 $x\neq k\pi+\dfrac{\pi}{4}$，$k\in\mathbf{Z}$.

因此，函数 $y=\tan(x+\dfrac{\pi}{4})$的定义域是$\{x\in\mathbf{R}\mid x\neq k\pi+\dfrac{\pi}{4}, k\in\mathbf{Z}\}$.

例 12 求函数 $y=\log_3(x^2-x-2)$的定义域.

解：由于对数函数的真数必须大于0，所以要使原函数有意义，必须

$$x^2-x-2=(x-2)(x+1)>0,$$

解上面不等式，得 $x>2$ 或 $x<-1$.

因此，$y=\log_3(x^2-x-2)$的定义域是$\{x\mid x>2 \text{ 或 } x<-1\}$.

注：从上面的例子可以看出，在讨论定义域的时候，一定要清楚一些基本函数的定义域与值域．如幂函数、指数函数、对数函数、三角函数等．我们将在下节一一列出来．

§1.2 练习题

1. 设$f(x)=2^{x-2}$，求$f(2)$，$f(-2)$，$f(\frac{5}{2})$.

2. 设$f(\sqrt{x}+1)=x+2\sqrt{x}$，求$f(x)$.

3. 判断下列各组函数中的两个函数是否相同，并写出理由.

(1) $f(x)=x^2$；$g(x)=(x+1)^2$

(2) $f(x)=|x|$；$g(x)=\sqrt{x^2}$

(3) $f(x)=\ln x^2$ 与 $g(x)=2\ln x$

(4) $f(x)=\dfrac{x^2-9}{x+3}$与$g(x)=x-3$

(5) $f(x)=\sqrt{\cos^2 x}$与$g(x)=\cos x$

(6) $f(x)=\sec^2 x-\tan^2 x$ 与 $g(x)=1$

(7) $f(x)=\ln(\sqrt{x^2+3}-x)$；$g(x)=-\ln(\sqrt{x^2+3}+3)$

(8) $f(x)=\sqrt[3]{x^5-2x^3}$；$g(x)=x\sqrt[3]{x^2-2}$

4. 求下列函数的定义域.

(1) $y=\sqrt{x^2-6}$　　(2) $y=\arcsin\dfrac{1}{x+2}$

(3) $y=\log(1-2^x)$　　(4) $y=\log[\log(\log x)]$

(5) $y=\sqrt{x^2+6}+\tan(x-\pi)$　　(6) $y=\cos\dfrac{1}{\sqrt{x+6}}$

5. 求下列函数的反函数.

(1) $y=\sqrt{x}$　　(2) $y=\dfrac{1+2x}{4-x}$

(3) $y=\sin 2x(-\dfrac{\pi}{4}<x<\dfrac{\pi}{4})$　　(4) $y=2-\log_3(x-2)$

6. 下列函数是由哪些基本初等函数复合而成?

(1) $y=\arctan\sqrt{x^2}$　　(2) $y=x^x$

(3) $y=2^{\log|x|}$　　(4) $y=2^{\sin^2\frac{1}{x}}$

7. 如果函数$f(x)$的定义域是(1, 2)，求函数$f(x^2-5)$的定义域.

8. 设$f(x)=\begin{cases}1+x & x\leqslant 0\\ 2^x & x>0\end{cases}$；求$f(-2)$，$f(0)$及$f(2)$的值.

9. 设$f(x)=\begin{cases}2x+1 & x\geqslant 0\\ x^2+4 & x<0\end{cases}$；求$f(x-1)$.

10. 在下列各题中，求由所给函数构成的复合函数，并求这函数分别对应于给定自变量值 x_1 和 x_2 的函数值.

(1) $y=e^u$，$u=x^2+1$，当 $x_1=0$，$x_2=2$ 时；

(2) $y=u^2+1$，$u=e^v-1$，$v=x+1$，当 $x_1=1$，$x_2=-1$ 时.

§1.3 函数特性与基本初等函数性态

对于函数的讨论，研究它的特性是掌握函数性质的重要手段．函数的特性主要指**有界性**、**周期性**、**奇偶性**和**单调性**．通过讨论函数的特性，我们可以深入了解此类函数，并据此作出有用的判断，所以对于函数特性的研究是非常重要的.

一、函数的特性

1. 有界性

设函数 $y=f(x)$ 的定义区间是 I，如果存在实数 M，对于任意 $x\in I$，使得

$f(x)\leqslant M$，

则称函数 $f(x)$ 在 I 上有上界，其中 M 是函数的一个上界．

如果存在实数 m，对于任意 $x\in I$，使得

$f(x)\geqslant m$，

则称函数 $f(x)$ 在 I 上有下界，其中 m 是函数的一个下界.

如果函数 $y=f(x)$ 既有上界，也有下界，则称函数有界．如果函数不是有界的，也就是可能无上界，或者无下界，称函数为无界的.

定理 1.1 函数 $y=f(x)$，$x\in I$ 有界 $\Leftrightarrow$ 存在 $M>0$，使 $|f(x)|<M$，$x\in I$.

例如，函数 $f(x)=\dfrac{1}{x}$ 在区间 $(1,2)$ 内是有界的.

事实上，若取 $M=1$，则对于任何 $x\in(1,2)$ 都有 $|f(x)|=\left|\dfrac{1}{x}\right|\leqslant 1$，如图 1－23 所示.

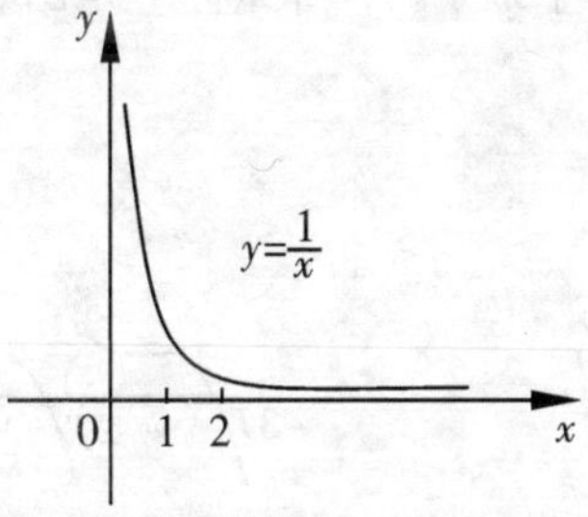

图 1－23

注：讨论函数的有界性，不仅仅要注意函数的特点，还要注意自变量的变化范围，x 一般是在定义域的某个区间中展开的，函数在整个定义域内可能无界，但在某个定义区间里可能是有界的．如 $y=\dfrac{1}{x}$，$x\in(0,+\infty)$，如图 1－23 所示．从上图可以看到：尽管在 $(0,+\infty)$ 上，$y=\dfrac{1}{x}$ 无界，但是 $y=\dfrac{1}{x}$ 在 $(0,1)$ 上有下界，即 $y=\dfrac{1}{x}>1$；而在 $(1,+\infty)$ 上有上界 1，即 $y=\dfrac{1}{x}<1$. 因此，函数是否有界，一般要指出相应的定义区间．如果一个函数在整个定义域上有界时，可以不须指出区间，这时称函数是有界函数.

例 1 函数 $y=\cos x$ 在整个定义域 $(-\infty,+\infty)$ 内有界．因为对任意 $x\in(-\infty,+\infty)$，都有 $|\cos x|\leqslant 1$.

函数 $y=\ln x$ 在整个定义域 $(0,\ +\infty)$ 内无界．因为找不到一个正数 $M\in(0,\ +\infty)$，使得对于任意 $x\in(0,\ +\infty)$，$|\ln x|\leqslant M$，这一点可以直观地从 $y=\ln x$ 的图像中看出.

问题：有界函数的界是否唯一？

答案：不唯一．如正数 M 是函数 $f(x)$ 的一个界，显然有 $|f(x)|\leqslant M\leqslant M+1$．按照定义，$M+1$ 显然也是函数 $f(x)$ 的一个界．依此类推，可知任意大于 M 的正数都是函数 $f(x)$ 的界．

例如，函数 $y=\sin x$ 在 $(-\infty,\ +\infty)$ 内是有界的．这是因为对于任意的 $x\in(-\infty,\ +\infty)$，都有 $|\sin x|\leqslant 1$ 成立，这里取 $M=1$．函数 $y=\sin x$ 的图形位于直线 $y=1$ 与 $y=-1$ 之间，如图 1－41 所示.

【即学即练】

证明：函数 $y=\dfrac{1}{1+e^{x}}$ 是有界函数.

---

2. 周期性

设函数 $y=f(x)$ 的定义区间是 I，如果对于任意 $x\in I$，存在正数 T，使得

$$x+T\in I \quad 且 \quad f(x+T)=f(x)$$

我们称函数为周期函数，其中 T 是函数的一个周期．从图形上反映，这个函数在相隔为 T 的任意两点上函数值都是一样的．也可以这样看，从任意一点出发，以长度 T 为间隔划分区间，在每个区间上的函数图形都是可以完全重合的，如图 1－24 所示，如果 T 是所有周期中最小的，那么称 T 是函数的一个最小正周期，我们经常谈论的周期就是指最小正周期.

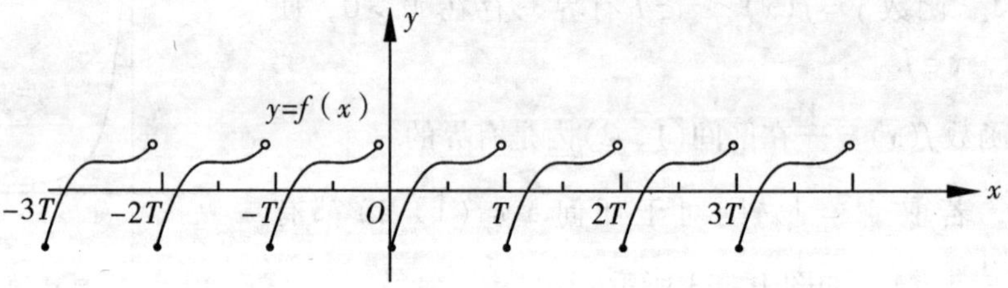

图 1－24

三角函数是常见的周期函数，例如，$y=\sin x$ 的最小正周期是 2π，而 $y=\tan x$ 的最小正周期是 π.

例 2　求函数 $f(x)=\sin(2x+\dfrac{\pi}{2})$ 的最小正周期.

解：因为 $y=\sin x$ 的最小正周期是 2π，从而得

$$f(x)=\sin(2x+\frac{\pi}{2})=\sin\left[(2x+\frac{\pi}{2})+2\pi\right]=\sin\left[2(x+\pi)+\frac{\pi}{2}\right]=f(x+\pi),$$

所以 $f(x)=\sin(2x+\dfrac{\pi}{2})$ 的最小正周期是 π.

例 3　求函数 $y=\sin(2x+3)$ 的最小周期.

解：因为 $\sin x$ 是以 2π 为周期，

$y=\sin(2x+3)=\sin[(2x+3)+2\pi]=\sin[2(x+\pi)+3]$.

由定义 $\sin[2(x+T)+3]=\sin(2x+3)$ 的最小正数是 $T=\pi$，所以 $y=\sin(2x+3)$ 的周期是 π.

【即学即练】

已知 $y=\sin x$ 是以 2π 为周期的周期函数，问 $g(x)=\sin 2x$ 是否是周期函数，若是求出周期.（答案：是以 π 为周期的周期函数）.

---

3. **奇偶性**

设函数 $y=f(x)$ 的定义区间 I 是关于原点对称的数集．如果对于任意 $x\in I$，使得 $f(-x)=f(x)$，则称函数 $f(x)$ 为偶函数；如果对于任意 $x\in I$，使得 $f(-x)=-f(x)$，则称函数 $f(x)$ 为奇函数.

在偶函数 $y=f(x)=x^3$ 曲线上任一点，如 $(-1,-1)$，关于原点对称点 $(1,1)$ 也在曲线上，因此，图形是关于原点对称，如图 1－25 左图所示.

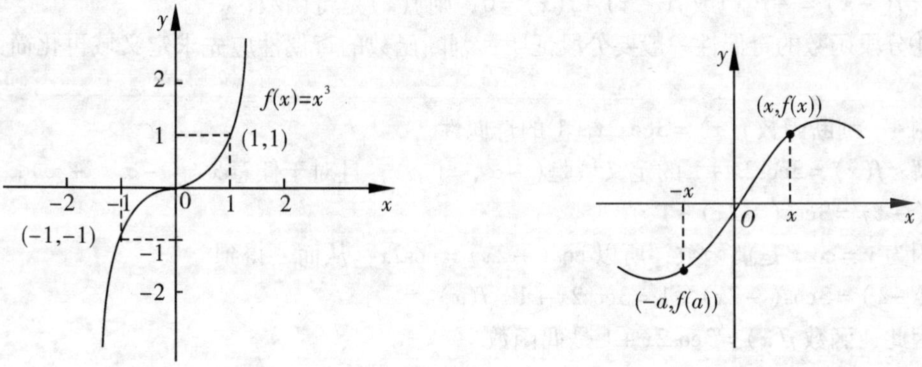

图 1－25

一般在奇函数曲线上任一点，如 $(x, f(x))$，关于原点的对称点（ x，$f(-x)$）也在曲线上面，因此，奇函数的图像关于原点对称，如图 1－25 右图所示.

在偶函数 $y=f(x)=x^2$ 曲线上的任一点，如 $(2,4)$，关于 y 轴的对称点 $(-2,4)$ 也在曲线上，因此，图形是关于 y 轴对称，如图 1－26 左图所示.

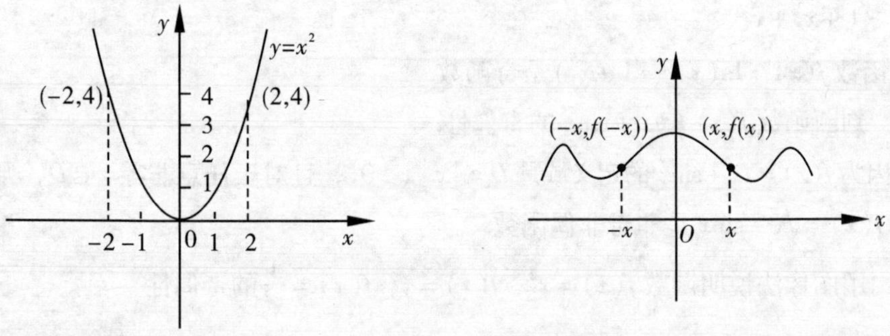

图 1－26

一般对偶函数若点$(x, f(x))$在函数图像上，则相应的点$(-x, f(-x))$也在函数图像上，如图 1-26 右图所示，即函数图像上横坐标互为相反数的点，它们的纵坐标一定相等. 因此，偶函数的图像关于y轴对称. 我们从图形上来分析，也可用几何的方法判断函数的奇偶性：

(1) 奇函数的图像关于原点对称，反过来，若一个函数的图像关于原点对称，则这个函数是奇函数；

(2) 偶函数的图像关于y轴对称，反过来，若一个函数的图像关于y轴对称，则这个函数是偶函数.

如$y=x^2$，$y=\cos x$是偶函数，而$y=x^3$，$y=\sin x$是奇函数. 判断函数的奇偶性，首先判断定义域是否关于原点对称，然后验证定义，也可以从图像直接判断.

利用定义判断函数奇偶性的参考步骤：

①首先确定函数的定义域，并判断其定义域是否关于原点对称；

②确定$f(-x)$与$f(x)$的关系；

③作出相应结论：

若$f(-x)=f(x)$或$f(-x)-f(x)=0$，则$f(x)$是偶函数；

若$f(-x)=-f(x)$或$f(-x)+f(x)=0$，则$f(x)$是奇函数；

④分段函数的奇偶性一般要分段证明；判断函数的奇偶性应先求定义域再化简函数解析式.

例 4 判断函数$f(x)=3\cos 2x+1$的奇偶性.

解：$f(x)=3\cos 2x+1$的定义域是$(-\infty, +\infty)$，且对于任意$x\in(-\infty, +\infty)$，有

$f(-x)=3\cos(-2x)+1$，

因为$y=\cos x$是偶函数，所以$\cos(-2x)=\cos 2x$，从而，得到

$f(-x)=3\cos(-2x)+1=3\cos 2x+1=f(x)$，

因此，函数$f(x)=3\cos 2x+1$是偶函数.

例 5 判断函数$f(x)=\ln(x+\sqrt{1+x^2})$的奇偶性.

解：$f(x)=\ln(x+\sqrt{1+x^2})$的定义域是$(-\infty, +\infty)$，且对于任意$x\in(-\infty, +\infty)$，有

$$f(-x)=\ln\left[-x+\sqrt{1+(-x)^2}\right]=\ln(\sqrt{1+x^2}-x)=\ln\frac{(\sqrt{1+x^2}-x)(\sqrt{1+x^2}+x)}{\sqrt{1+x^2}+x}$$

$$=\ln\frac{1}{\sqrt{1+x^2}+x}=\ln 1-\ln(x+\sqrt{1+x^2})=-\ln(x+\sqrt{1+x^2})=-f(x).$$

所以函数$f(x)=\ln(x+\sqrt{1+x^2})$是奇函数.

例 6 判断函数$f(x)=\sqrt{x}+\sin x$的奇偶性.

解：因为$f(x)=\sqrt{x}+\sin x$的定义域是$D=\{x\mid x\geqslant 0\}$，且对于任意非零$x\in D$，则$-x\notin D$，所以函数$f(x)=\sqrt{x}+\sin x$是非奇非偶函数.

例 7 用图像法说明函数$f(x)=x^2$，$f(x)=x$，$f(x)=\frac{1}{x^2}$的奇偶性.

解：如图 1-27 中(a)、(c)所示，两个函数都关于y轴对称，所以是偶函数，图(b)

关于原点对称，所以是奇函数.

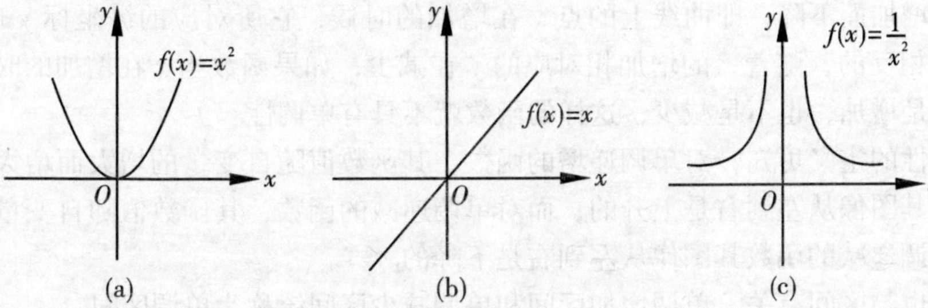

图 1-27

【即学即练】

1. 已知函数 $f(x)=2x^2-1$，用定义证明 $f(x)$ 是偶函数.
2. 用图像法说明函数，$f(x)=|x|-1$ 的奇偶性.

4. **单调性**

设函数 $y=f(x)$ 的定义区间是 I，如果对于区间 I 上的任意两点 x_1 与 x_2，当 $x_1<x_2$ 时，总有

$f(x_1)<f(x_2)$，

则称函数 $y=f(x)$ 在 I 上单调递增，也称 $f(x)$ 在这个区间上是增函数，如图 1-28 (a)、(a_1) 所示；如果对于区间 I 上的任意两点 x_1 与 x_2，当 $x_1<x_2$ 时，总有

$f(x_1)>f(x_2)$，

则称函数 $y=f(x)$ 在 I 上单调递减，也称 $f(x)$ 在这个区间上是减函数，如图 1-28 (b)、(b_1) 所示.

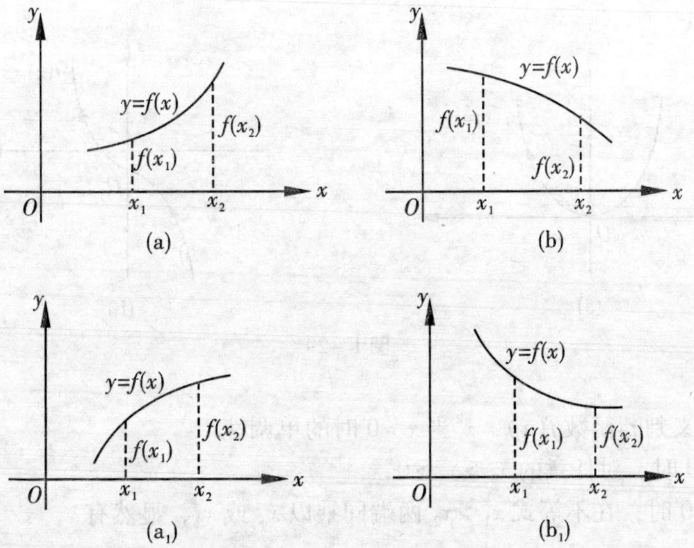

图 1-28

注： 从图形上看这条曲线，单调增加函数的图形随 x 的增加而上升，单调减少函数的图形随 x 的增加而下降，即曲线上的点 x 在增加的时候，它所对应的纵坐标 y 也在增加，单调减少是相反的，随着 x 的增加相对应的 y 在减少，如果函数当 x 在增加的时候，它所对应的 y 不是增加，也不是减少，这样的函数就不具有单调性.

由单调性的定义可知，对单调递增的函数，其函数值随自变量的增大而增大，即单调递增的函数其图像从左到右是上升的；而对单调递减的函数，其函数值随自变量的增大而减小，即单调递减的函数其图像从左到右是下降的.

单调性也与区间有关. 单调增加区间和单调减少区间统称为单调区间.

若函数 $y=f(x)$ 在某个区间是增函数或减函数，则说函数 $y=f(x)$ 在这一区间具有(严格的)单调性，这一区间叫做函数 $y=f(x)$ 的单调区间. 此时也称函数是这一区间上的单调函数. 在单调区间上，增函数的图像是上升的，减函数的图像是下降的.

注： ①函数的单调区间是其定义域的子集.

②说明函数递增还是递减时，应明确指出在哪一个区间上，因为同一个函数在不同的区间上单调性可能不同，如函数 $f(x)=x^2$.

③当一个函数在其定义域上均单调递增(或递减)时，称该函数为单调函数. 如 $f(x)=x^3$ 是单调函数.

④除了严格单调函数外，还有不严格单调函数，它的定义类似上述的定义，只要将上述定义中的"$f(x_1)<f(x_2)$ 或 $f(x_1)>f(x_2)$"改为"$f(x_1)\leqslant f(x_2)$ 或 $f(x_1)\geqslant f(x_2)$"即可.

应注意的是，大部分函数在定义域内不是单调的. 同时，在讨论函数的单调性时，应明确指出在哪一个定义区间上，因为同一个函数在不同的定义区间上单调性可能不同. 例如，函数 $f(x)=x^2$ 在区间 $(0,+\infty)$ 上单调递增，在区间 $(-\infty,0)$ 上单调递减，但在 $(-\infty,+\infty)$ 内是非单调的；而函数 $f(x)=x^3$ 在定义域 $(-\infty,+\infty)$ 上均单调递增. 如图 1－29 所示：

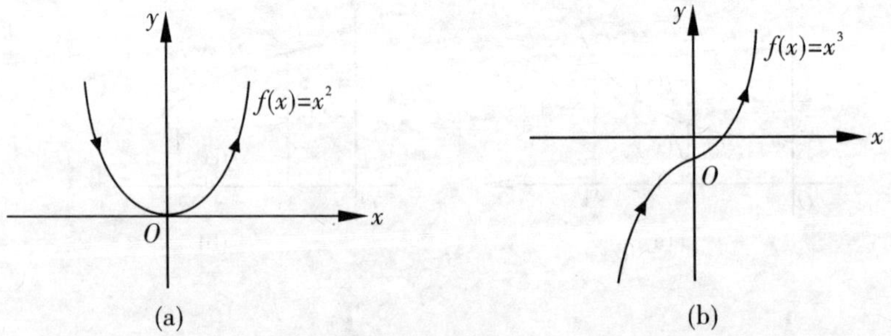

图 1－29

例 8 用定义判断函数 $f(x)=x^2$ 当 $x>0$ 时的单调性.

解： 当 $x>0$ 时，对任意的 $x_1>x_2>0$，

当 $x_1>x_2>0$ 时，在不等式 $x_1>x_2$ 两端同乘以 x_1 或 x_2，显然有

$$x_1^2>x_1x_2,\quad x_1x_2>x_2^2$$

由不等式的传递性就得到 $x_1^2 > x_2^2$.

从而由定义可知 $f(x) = x^2$ 当 $x > 0$ 时是单调增加的.

【即学即练】

已知函数 $f(x) = 2x^2 - 1$，用定义证明 $f(x)$ 在 $(-\infty, 0]$ 上是减函数.

二、基本初等函数的图像与性质

1. 常数函数 $y = c$，其中 c 是常数

常数函数的定义域都是 $(-\infty, +\infty)$，值域是 $\{c\}$，图像是平行于 x 轴且过点 $(0, c)$ 的直线. 如果 $c > 0$，直线 $y = c$ 在 x 轴上方（如图 1－30 左图所示）；如果 $c < 0$，直线 $y = c$ 在 x 轴下方（如图 1－30 右图所示）；$y = 0$ 即 x 轴.

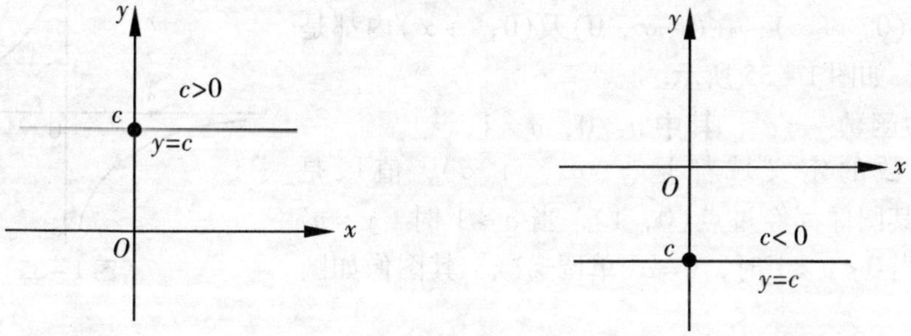

图 1－30

2. 幂函数 $y = x^\alpha$，其中 $\alpha \in \mathbf{R}$

幂函数的定义域随 α 的值不同而不同. 但无论 α 的值如何，其图像都经过点 $(1, 1)$. 当 $\alpha > 0$ 时，例如，$y = x^2$ 与 $y = x^3$ 的定义域都是 $(-\infty, +\infty)$，$y = x^2$ 在 $(-\infty, 0)$ 内是单调减少的，而在 $(0, +\infty)$ 内是单调增加的，如图 1－31 所示；$y = x^3$ 在整个定义域 $(-\infty, +\infty)$ 都是单调增加的，如图 1－32 所示.

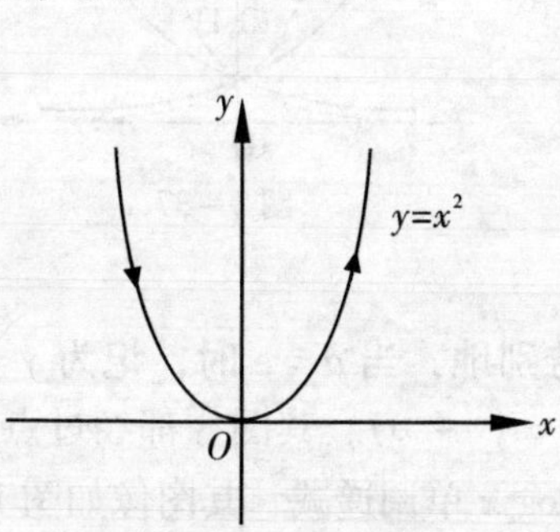

图 1－31

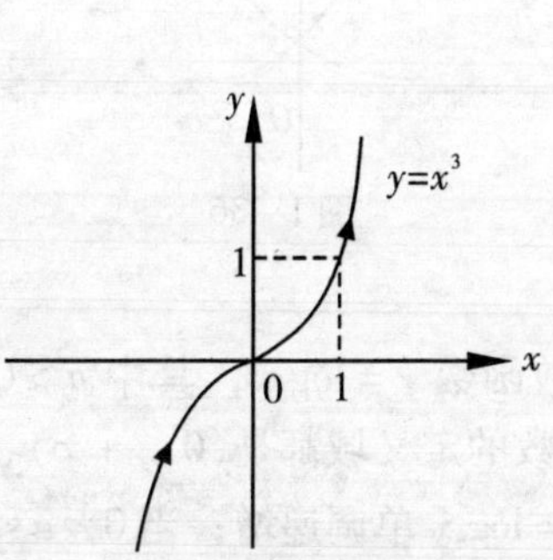

图 1－32

又如 $y=\sqrt{x}=x^{\frac{1}{2}}$ 的定义域是 $(0,\ +\infty)$，在定义域 $(0,\ +\infty)$ 内是单调增加的，如图 1－33 所示；而 $y=\sqrt[3]{x}=x^{\frac{1}{3}}$ 的定义域是 $(-\infty,\ +\infty)$，它在定义域内也是单调增加的，如图 1－34 所示.

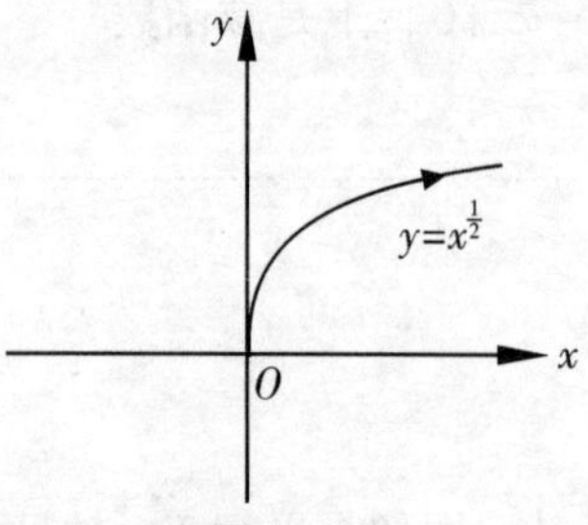

图 1－33

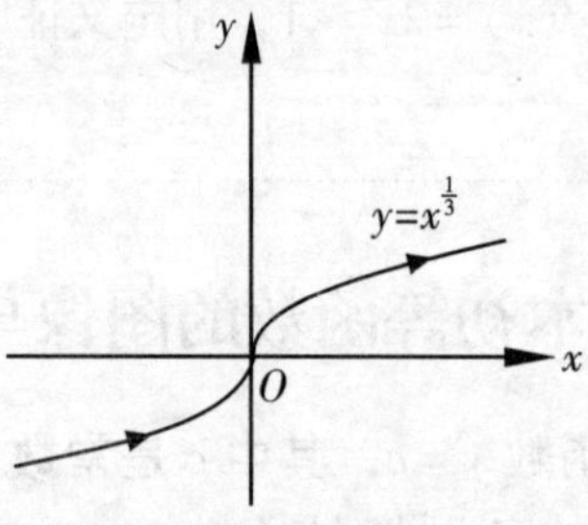

图 1－34

当 $\alpha<0$ 时，例如，$y=\dfrac{1}{x}$ 为奇函数，定义域是 $(-\infty,\ 0)\cup(0,\ +\infty)$；在 $(-\infty,\ 0)$ 及 $(0,\ +\infty)$ 内都是单调减少的；如图 1－35 所示.

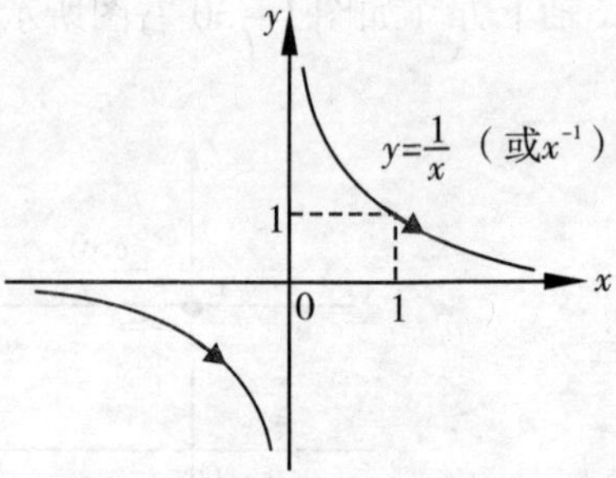

图 1－35

3. **指数函数 $y=a^x$，其中 $a>0$，$a\neq1$**

指数函数的定义域都是 $(-\infty,\ +\infty)$，值域是 $(0,\ +\infty)$，其图像都经过点 $(0,\ 1)$．当 $a>1$ 时，$y=a^x$ 单调递增；当 $0<a<1$ 时，$y=a^x$ 单调递减．其图像如图 1－36 所示.

例如，指数函数 $y=(\frac{1}{3})^x$；$y=(\frac{1}{10})^x$；$y=10^x$；$y=3^x$，如图 1－37 所示：

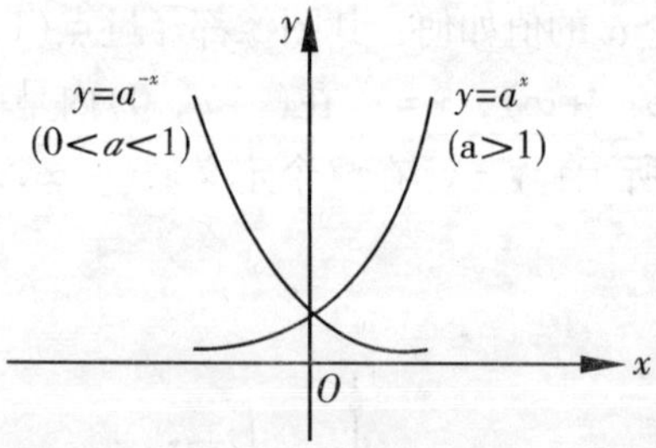

图 1－36

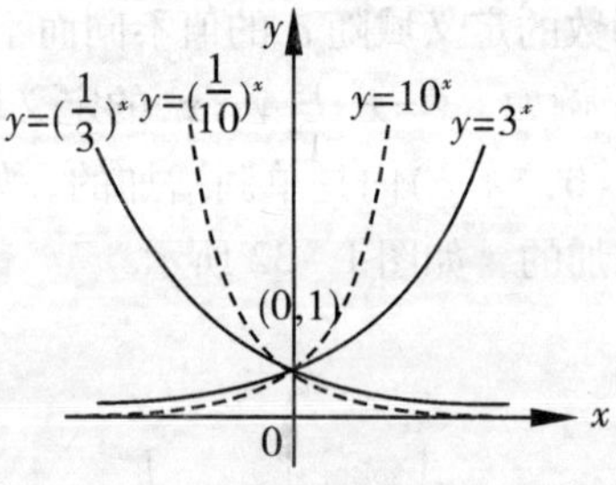

图 1－37

4. **对数函数 $y=\log_a x$，其中 $a>0$，$a\neq1$．特别地，当 $a=\mathrm{e}$ 时，记为 $y=\ln x$**

对数函数的定义域都是 $(0,\ +\infty)$，值域是 $(-\infty,\ +\infty)$，其图像都经过点 $(1,\ 0)$．当 $a>1$ 时，$y=\log_a x$ 单调递增；当 $0<a<1$ 时，$y=\log_a x$ 单调递减．其图像如图 1－38 所示.

例如，对数函数 $y=\log_3 x$；$y=\log_{10} x$；$y=\log_{\frac{1}{10}} x$；$y=\log_{\frac{1}{3}} x$，如图 1－39 所示.

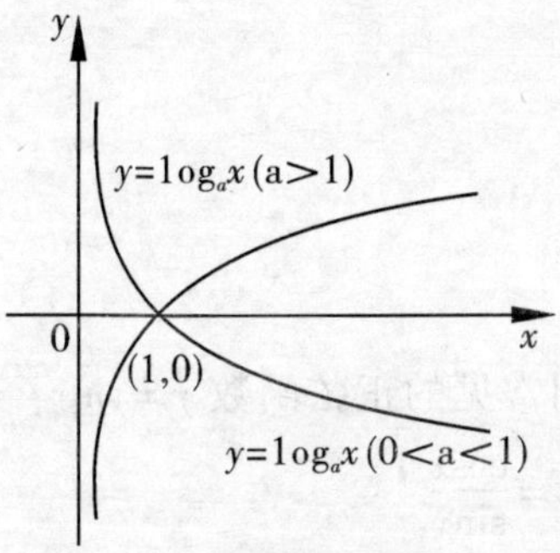

图 1－38

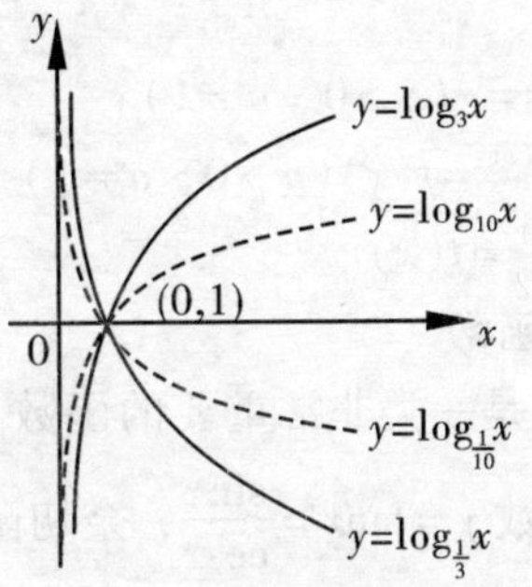

图 1－39

指数函数 $y=a^x$ 与对数函数 $y=\log_a x$ 互为反函数，它们的图像关于直线 $y=x$ 对称(如图 1－40 所示)，同时它们的单调性一致．当 $a>1$ 时，两者都是单调递增函数，如图 1－40(a)所示；当 $0<a<1$ 时，两者都是单调递减函数，如图 1－40(b)所示.

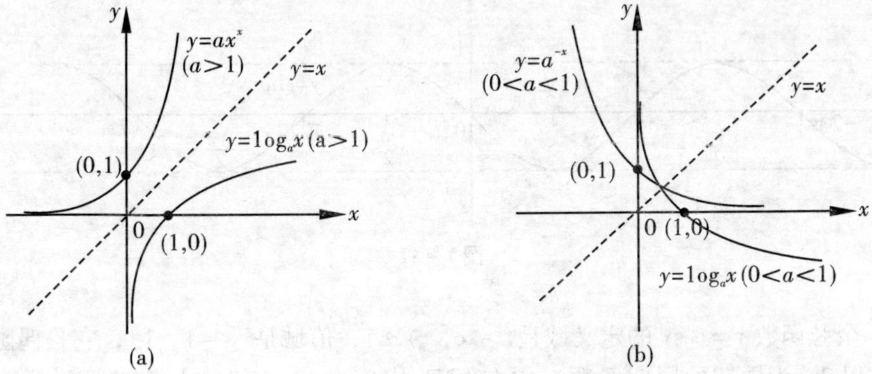

图 1－40

在微积分中，我们经常遇到指数函数 $y=\mathrm{e}^x$ 及自然对数函数 $y=\log_{\mathrm{e}}x=\ln x$，其中 $\mathrm{e}\approx 2.718\,281$是无理数，它们互为反函数.

对数函数的性质及常用恒等式：

运算法则

（1）$\log_a(xy)=\log_a x+\log_a y$ (1.3.1)

（2）$\log_a \dfrac{x}{y}=\log_a x-\log_a y$ (1.3.2)

（3）$\log_a x^b=b\cdot\log_a x$ (1.3.3)

换底公式

（4）$\log_a x=\dfrac{\log_b x}{\log_b a}(b>0,\ b\neq 1)$ (1.3.4)

（5）$\log_a x=\dfrac{\ln x}{\ln a}$ (1.3.5)

恒等式

(6) $a^{\log_a x}=x(a>0,\ a\neq 1)$ (1.3.6)

(7) $a^{\log_a f(x)}=f(x)(a>0,\ a\neq 1)$ (1.3.7)

(8) $e^{\ln f(x)}=f(x)$ (1.3.8)

5. 三角函数

三角函数是一类非常重要的函数，现在介绍常见的正弦函数 $y=\sin x$，余弦函数 $y=\cos x$，正切函数 $y=\tan x=\dfrac{\sin x}{\cos x}$，余切函数 $y=\cot x=\dfrac{\cos x}{\sin x}$.

(1) 正弦函数 $y=\sin x$ 的定义域是$(-\infty,\ +\infty)$，值域是 $[-1,\ 1]$，它是奇函数、有界函数、以 2π 为周期的周期函数. 它在区间 $\left[2k\pi-\dfrac{\pi}{2},\ 2k\pi+\dfrac{\pi}{2}\right]$ 上单调递增，在区间 $\left[2k\pi+\dfrac{\pi}{2},\ 2k\pi+\dfrac{3\pi}{2}\right]$ 上单调递减$(k\in\mathbf{Z})$. 其图像如图 1-41 所示.

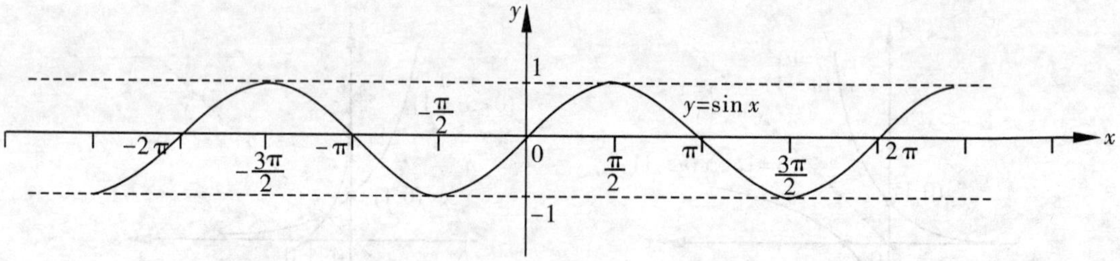

图 1-41

(2) 余弦函数 $y=\cos x$ 的定义域是$(-\infty,\ +\infty)$，值域是 $[-1,\ 1]$，它是偶函数、有界函数、以 2π 为周期的周期函数. 它在区间 $[(2k-1)\pi,\ 2k\pi]$ 上单调递增，在区间 $[2k\pi,\ (2k+1)\pi]$ 上单调递减$(k\in\mathbf{Z})$. 其图像如图 1-42 所示.

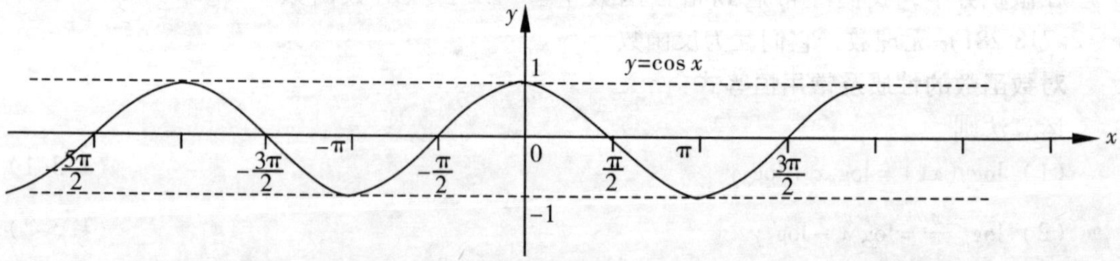

图 1-42

(3) 正切函数 $y=\tan x=\dfrac{\sin x}{\cos x}$ 的定义域是 $\left(k\pi-\dfrac{\pi}{2},\ k\pi+\dfrac{\pi}{2}\right)(k\in\mathbf{Z})$，值域是 $(-\infty,\ +\infty)$，它在定义域内是奇函数、以 π 为周期的周期函数. 它在定义域内单调递增，其图像如图 1-43 中的实线.

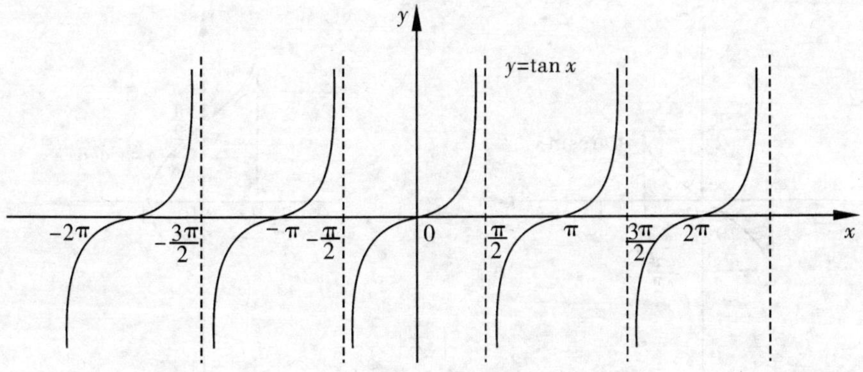

图 1 - 43

(4) 余切函数 $y=\cot x=\frac{\cos x}{\sin x}$的定义域是$(k\pi,\ (k+1)\pi)(k\in\mathbf{Z})$，值域是$(-\infty,\ +\infty)$，它在定义域内是奇函数、以 π 为周期的周期函数．它在定义域上单调递减，其图像如图 1 - 44 中的实线.

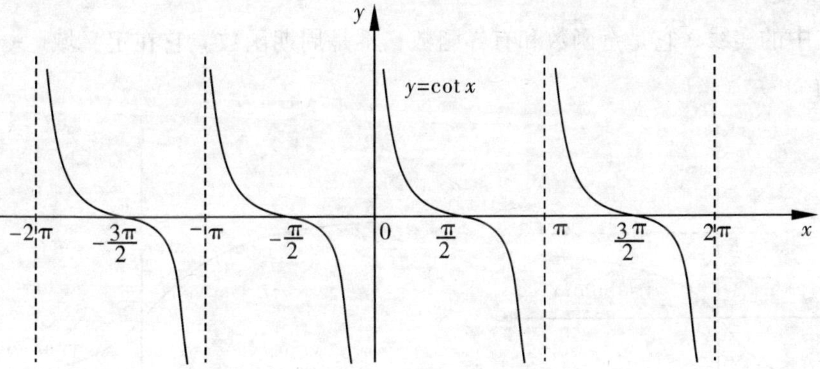

图 1 - 44

上述函数只给出了周期函数的片段，但已经足够了解三角函数的性质，关于 $y=\sec x=\frac{1}{\cos x}$与 $y=\csc x=\frac{1}{\sin x}$的图像在此不再给出，可以通过正弦函数与余弦函数了解它们的性质. 同时应注意关于 x 的取值，我们是用弧度来表示的，一圆周的角度是360°相当于弧度 2π，这样表示是因为计算中的变量取值基本都是实数，用弧度表示角度省去了转换的步骤.

6. 反三角函数

(1) 反正弦函数 $y=\arcsin x$ 的定义域是 $[-1,\ 1]$，值域是 $[-\frac{\pi}{2},\ \frac{\pi}{2}]$，其图像如图 1 - 45 中的实线部分．它是奇函数和有界函数，不是周期函数．它在定义域 $[-1,\ 1]$ 上单调递增.

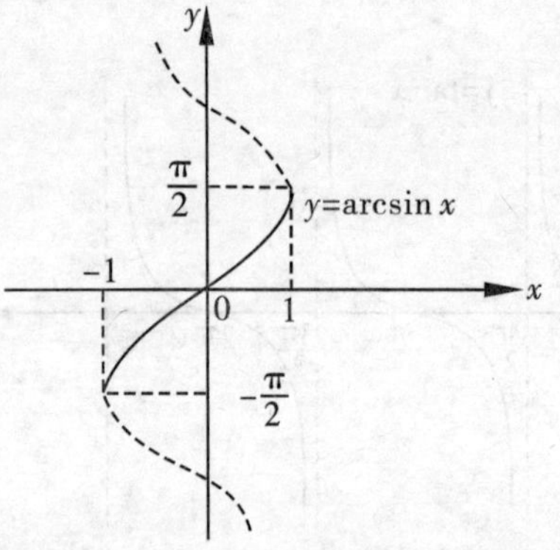

图 1 - 45

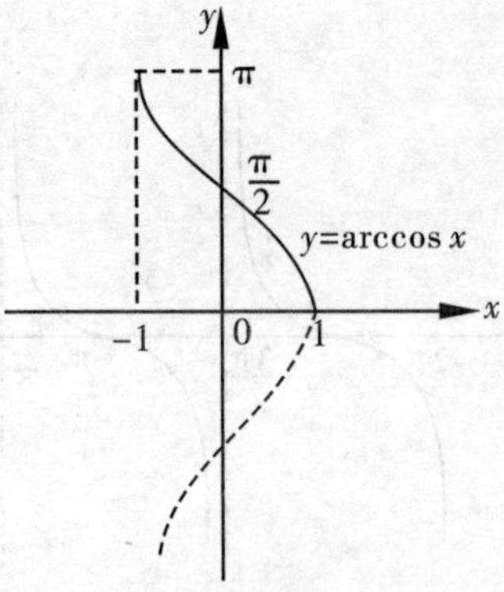

图 1 - 46

（2）反余弦函数 $y = \arccos x$ 的定义域是 $[-1, 1]$，值域是 $[0, \pi]$，其图像如图 1 - 46 中的实线．它是有界函数，非奇非偶函数，不是周期函数．它在定义域 $[-1, 1]$ 上单调递减．

（3）反正切函数 $y = \arctan x$ 的定义域是$(-\infty, +\infty)$，值域是$\left(-\frac{\pi}{2}, \frac{\pi}{2}\right)$，其图像如图 1 - 47 中的实线．它是奇函数和有界函数，不是周期函数．它在定义域$(-\infty, +\infty)$上单调递增．

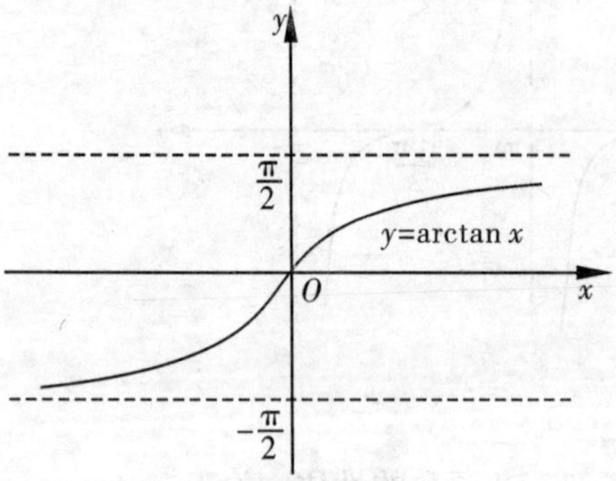

图 1 - 47

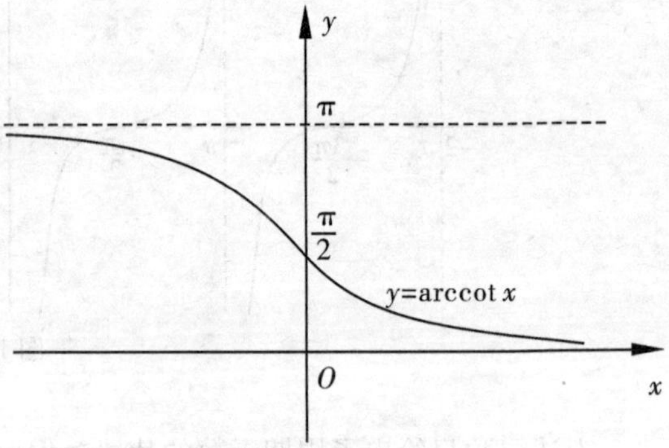

图 1 - 48

（4）反余切函数 $y = \operatorname{arccot} x$ 的定义域是$(-\infty, +\infty)$，值域是$(0, \pi)$，其图像如图 1 - 48中的实线．它是有界函数，非奇非偶函数，不是周期函数．它在定义域$(-\infty, +\infty)$上单调递减．

三角函数运算常用公式：

（1）$1 = \cos^2 x + \sin^2 x$；

（2）$\cos 2x = \cos^2 x - \sin^2 x = 1 - 2\sin^2 x = 2\cos^2 x - 1$；

（3）$\sin 2x = 2\sin x \cos x$；

（4）$\sec^2 x = 1 + \tan^2 x$；

（5）$\csc^2 x = 1 + \cot^2 x$.

三、非初等函数

并不是所有的函数都是初等函数，我们在这里举几个非初等函数的例子．首先有一种函数，不能用单一表达式表达出来，这时我们分段给出函数的形式，这种函数称为分段函数(如例9至例15)，它是一个函数，而不是几个函数．定义域是各段函数定义域的并集，值域也是各段函数值域的并集．其中定义域分成的有限个区间称分段区间的公共端点(一个表达式到另一个表达式的过渡点)为分界点．计算分段函数的函数值时，解决办法是分段处理，应该先观察自变量的取值属于哪个分段区间，然后再用该分段区间上的数学表达式来计算讨论函数值．求分段函数的反函数时，应先分段解，再合并得到原函数的反函数．

分段函数的图像由几条曲线组成，作图的关键就是根据每段函数的定义区间和表达式在同一坐标系中作出其图像，作图时要注意每段曲线端点的虚实，而且横坐标相同的地方不能有两个以上的点．

例9　符号函数$f(x)=\operatorname{sgn}x=\begin{cases}-1 & x<0\\ 0 & x=0\\ 1 & x>0\end{cases}$，如图1－49所示．

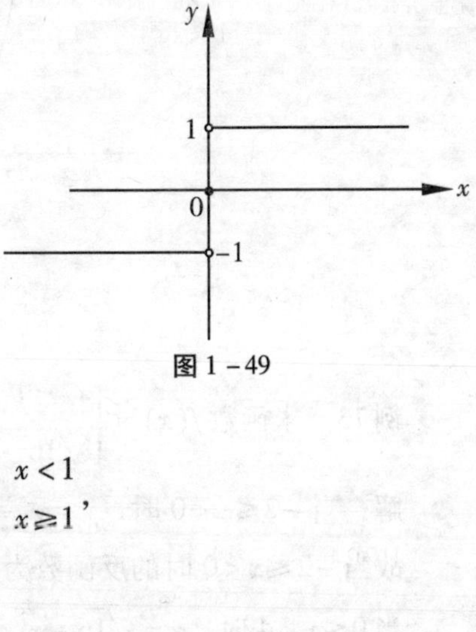

图1－49

符号函数是分段函数，但不是初等函数．要注意的是并不是说分段函数就不是初等函数，例如$y=|x|=\sqrt{x^2}=\begin{cases}x & x\geqslant 0\\ -x & x<0\end{cases}$，尽管绝对值函数也可以写成分段函数的形式，但是它是初等函数．

例10　用分段函数表示函数$y=3-|x-1|$．

解：当$x-1<0$即$x<1$时，

$|x-1|=-(x-1)$；

当$x-1\geqslant 0$即$x\geqslant 1$时，$|x-1|=x-1$．因此

$$y=3-|x-1|=\begin{cases}3-[-(x-1)] & x<1\\ 3-(x-1) & x\geqslant 1\end{cases}=\begin{cases}2+x & x<1\\ 4-x & x\geqslant 1\end{cases},$$

即$y=\begin{cases}2+x & x<1\\ 4-x & x\geqslant 1\end{cases}$．

例11　求函数$f(x)=\begin{cases}2x-3 & x<0\\ 2x^2+5 & 0<x\leqslant 2\end{cases}$的定义域．

函数在两个区间$(-\infty,0)$和$(0,2)$上由不同的表达式给出，先求在每个区间上使表达式有意义的x的集合，然后求这两个集合的并集合，便得到所求函数的定义域．

解：分段函数的定义域是自变量x取值的各个区间的并集，即

$\{x\mid x<0\}\cup\{x\mid 0<x\leqslant 2\}$

亦即$D=\{x\mid x\leqslant 2且x\neq 0\}$．

例 12 设函数$f(x)=\begin{cases}x^2 & -2\leqslant x<0\\ 2 & x=0\\ 1+x & 0<x\leqslant 3\end{cases}$，求函数的定义域；并求

(1) 求$f(-2)$，$f(-1)$，$f(0)$，$f(1)$；

(2) 作出函数的图形.

解：函数的定义域是

$[-2,0)\cup(0,0)\cup(0,3]=[-2,3]$（←：它的定义域是各部分的自变量取值集合的并集）

(1) 由于$-2\in[-2,0)$，$f(x)=x^2$

故$f(-2)=(-2)^2=4$；

同理$f(-1)=(-1)^2=1$；$f(0)=2$；$f(1)=1+1=2$.

(2) 函数的图形如图 1-50 所示：

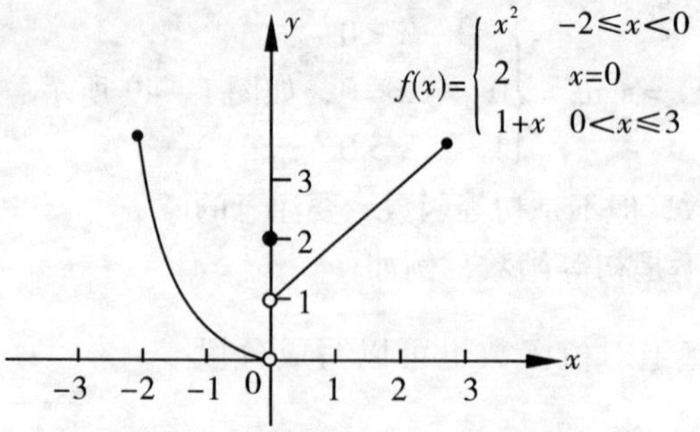

图 1-50

例 13 求函数$f(x)=\begin{cases}x^2-4 & -2\leqslant x<0\\ \sqrt{16-x^2} & 0\leqslant x<4\end{cases}$的反函数.

解：当$-2\leqslant x<0$时，$y=x^2-4\in(-4,0]$，由$y=x^2-4$反解得$x=-\sqrt{y+2}$，

故当$-2\leqslant x<0$时的反函数为$y=-\sqrt{x+2}\,(-4<x\leqslant 0)$，

当$0\leqslant x<4$时，$y=\sqrt{16-x^2}\in(0,4]$，由$y=\sqrt{16-x^2}$反解得$x=\sqrt{16-y^2}$，

故当$0\leqslant x<4$时的反函数为$y=\sqrt{16-x^2}\,(0<x\leqslant 4)$，

所以函数$f(x)$的反函数为$f^{-1}(x)=\begin{cases}-\sqrt{x+2} & (-4<x\leqslant 0)\\ \sqrt{16-x^2} & 0<x\leqslant 4\end{cases}$.

注：求分段函数的反函数应先求出各个区间上的反函数及其定义域，再合并得到分段函数的反函数，分段函数的反函数仍是一个分段函数，是原分段函数各区间上的反函数的合并.

例 14 取整函数

$f(x)=[x]=n,\ n\leqslant x<n+1(n\in\mathbf{Z})$

$[x]$ 表示不超过 x 的最大整数，是分段函数，但不是初等函数，如图 1-51 所示.

即 $y=[x]=$ “整数”

$x=$ “整数” + “正的小数” 或 “零”

例如：$\sqrt{3}=1+0.732\cdots$，则$[\sqrt{3}]=1$

$0=0+0$ 则 $[0]=0$；$-0.5=-1+0.5$ 则$[-0.5]=-1$；

$-2.7=-3+0.3$ 则$[-2.7]=-3$；$3=3+0$ 则$[3]=3$；$-8=-8+0$ 则$[-8]=-8$

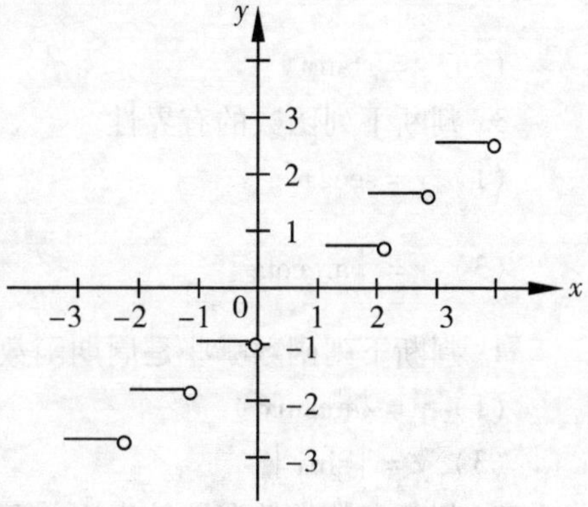

图 1-51

【即学即练】

1. 已知函数 $y=\begin{cases}x^2+1 & x\leqslant 0\\ -2x & x>0\end{cases}$，求使函数值为 5 的 x 的值.（答案：-2）.

2. 设$f(x)=\begin{cases}1+x & x\leqslant 0\\ 2^x & x>0\end{cases}$，求$f(-2)$，$f(0)$及$f(2)$的值.

（答案：$f(-2)=-1$；$f(0)=1$；$f(2)=4$）.

3. 求（1）$[\sqrt{2}]$；（2）$[-0.4]$；（3）$[1.5]$；（4）$[-5.4]$.

（答案：（1）1；（2）-1；（3）1；（4）-6）.

例 15 设国际航空信件的邮资 f 与重量 x 的关系是

$$f(x)=\begin{cases}4 & 0<x\leqslant 10\\ 4+0.3(x-1) & 10<x\leqslant 200\end{cases}$$

求 $f(3)$，$f(8)$，$f(20)$.

解：$f(x)=\begin{cases}4 & 0<x\leqslant 10\\ 4+0.3(x-1) & 10<x\leqslant 200\end{cases}$

x 用 3 替代，因为 $0<3<10$，所以由第一个关系式表示，得到 $f(3)=4$，同样可以得到 $f(8)=4$. x 用 20 替代，由第二个关系式表示，得到 $f(20)=9.7$.

§1.3 练习题

1. 判断下列函数是否是偶函数.

（1）$f(x)=x^2\quad x\in[-1,2]$

（2）$f(x)=\dfrac{x^3-x^2}{x-1}$

2. 判断下列函数的奇偶性.

（1）$y=x^2-\arcsin x$ （2）$y=|\sin x|$

(3) $y=\cos 2x-1$　　(4) $y=\frac{e^x-e^{-x}}{3}$

(5) $y=x\tan x$

3. 判断下列函数的有界性.

(1) $y=\sec 2x$　　(2) $y=\ln(x^2+1)$

(3) $y=|\operatorname{arccot}x|$　　(4) $y=\sqrt{\frac{1-x^2}{2+x^2}}$

4. 判断下列函数哪些是周期函数？如果是，求出其周期.

(1) $y=2\arcsin x$　　(2) $y=\tan 4x$

(3) $y=|\sin x|$　　(4) $y=x\sin x$

5. 判断函数的单调性并指出单调区间.

(1) $y=x^2-\arcsin x$　　(2) $y=-\frac{1}{x}$　　(3) $f(x)=\log_{0.5}(x^2+1)$

(4) $y=\sqrt{2x-x^2}$　　(5) $y=\ln\frac{1}{x}$　　(6) $y=(\frac{1}{2})^{x^2}$

6. 设 $f(x)=\begin{cases}1 & x<0\\ 0 & x=0\\ -1 & x>0\end{cases}$，求 $f(x^2-1)$.

7. 设 $f(x)=\begin{cases}1-x^2 & x<0\\ -\sqrt{x} & x\geqslant 0\end{cases}$，求：(1) $f(x)$的定义域；(2) $f(2)$及$f(a^2)$(a为常数).

8. 设$f(x)$是定义在$(-a, a)$上的函数$(a>0)$，证明：

(1) $f(x)+f(-x)$是偶函数.

(2) $f(x)-f(-x)$是奇函数.

(3) $f(x)$总可以表示为偶函数与奇函数的和.

§1.4　线性函数图形与函数图形的简单变换

一、线性函数的图形

线性函数在经济学中显得相当重要，在数学中，线性函数在几何图形中其实就是一条直线，下面介绍线性函数方程.

1. 直线的斜截式方程 $y=kx+b$

$k=\tan\alpha$ 称为直线的斜率，α 是直线向上方向与 x 轴正向之间的夹角(称为倾斜角)；当 $x=0$ 时，$y=b$，b 就是直线在 y 轴上的截距. 因为该方程由直线的斜率 k 及它在 y 轴上的截距 b 确定，所以它称为直线的斜截式方程. 其图像如图 1－52 所示. 在线性函数中，有两类比较特别的函数，分别对应两类特殊的直线. 一类是 $x=a$，其图像是一条平行于 y 轴并且在 x 轴上的截距为 a 的直线，如图 1－53 所示.

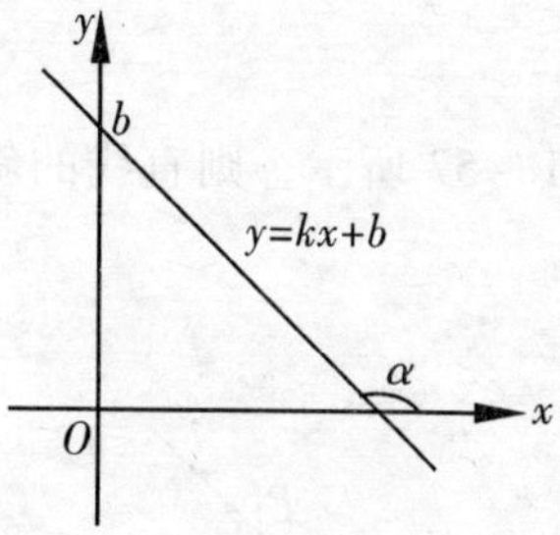

图 1－52

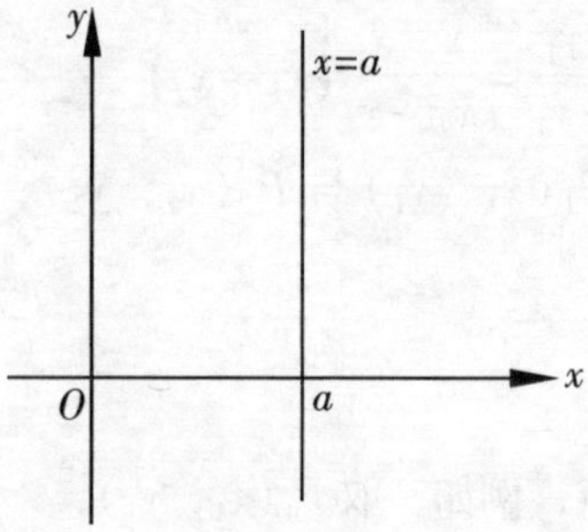

图 1－53

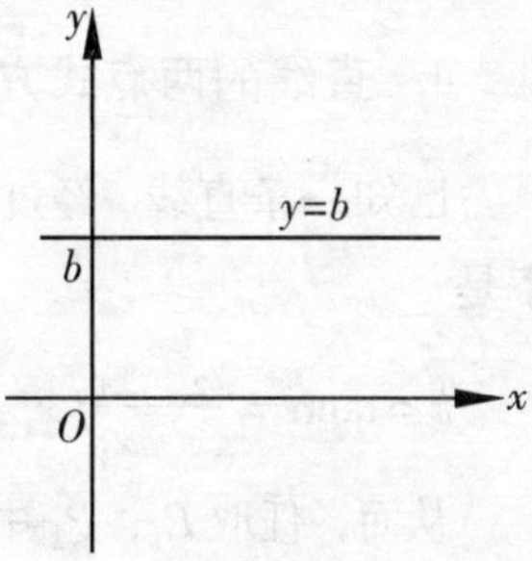

图 1－54

另一类是 $y=b$. 其图像是一条平行于 x 轴并且在 y 轴上的截距为 b 的直线，如图 1－54 所示.

例 1 求过点 $(-1, 2)$ 并且斜率为 3 的直线方程.

解：因为直线的斜率为 3，所以，可设直线方程为

$y=3x+b$,

又因为直线过点 $(-1, 2)$，将 $x=-1$，$y=2$ 代入上式，得 $2=-3+b$，所以 $b=5$，因此，所求直线的方程为 $y=3x-5$.

2. **直线的点斜式方程** $y-y_0=k(x-x_0)$

方程中，$k=\tan\alpha$ 是直线的斜率，点 $P_0(x_0, y_0)$ 是直线上的一已知点．其图像如图 1－55 所示．因为该方程由直线的斜率 k 及其上一已知点 $P_0(x_0, y_0)$ 确定，所以称它为直线的点斜式方程.

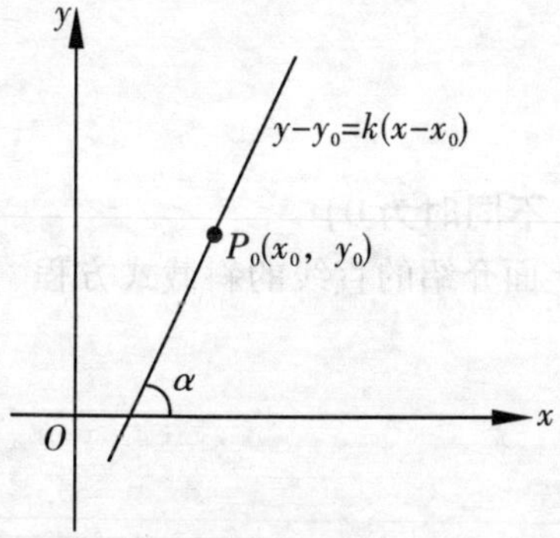

图 1－55

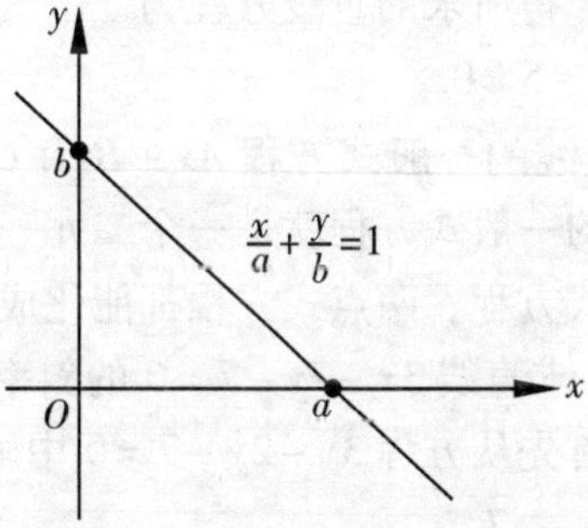

图 1－56

3. **直线的截距式方程** $\frac{x}{a}+\frac{y}{b}=1$

方程中，a 是直线在 x 轴上的截距，b 是直线在 y 轴上的截距．其图像如图 1－56 所示．因为该方程由直线在 x 轴上的截距 a 及它在 y 轴上的截距 b 确定，所以称它为直线的截距式方程.

4. 直线的两点式方程 $\frac{y-y_1}{y_2-y_1}=\frac{x-x_1}{x_2-x_1}(x_1\neq x_2)$

已知一条直线 l 经过两点 $P_1(x_1, y_1)$ 与 $P_2(x_2, y_2)$，如图 1－57 所示，则直线的斜率是

$$k=\tan\alpha=\frac{y_2-y_1}{x_2-x_1}(x_1\neq x_2).$$

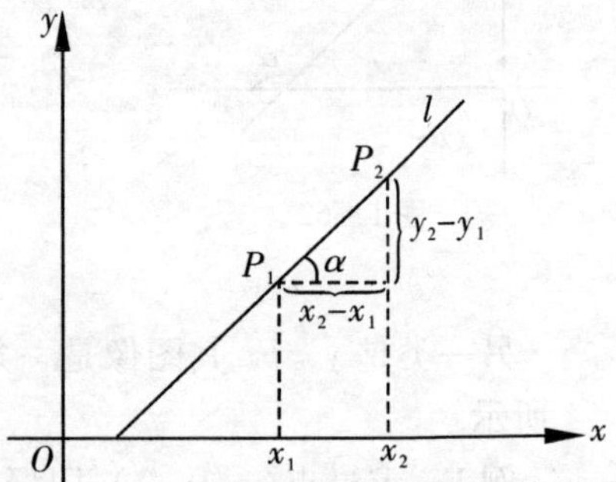

图 1－57

从而，任取 P_1，P_2 中的一点，例如，取 $P_1(x_1, y_1)$，由直线的点斜式方程，得

$$y-y_1=\frac{y_2-y_1}{x_2-x_1}(x-x_1),$$

当 $y_1\neq y_2$ 时，可写为

$$\frac{y-y_1}{y_2-y_1}=\frac{x-x_1}{x_2-x_1}.$$

上式就是经过两点 $P_1(x_1, y_1)$ 与 $P_2(x_2, y_2)$ 的直线方程，因为该方程由直线上的两点确定，所以它称为直线的两点式方程.

当 $x_1=x_2$ 时，直线 P_1P_2 没有两点式方程．这时，直线 P_1P_2 平行于 y 轴，直线方程为 $x-x_1=0$，或 $x=x_1$；同理，当 $y_1=y_2$ 时，直线 P_1P_2 也没有两点式方程．这时，直线 P_1P_2 平行于 x 轴，直线方程为 $y-y_1=0$，或 $y=y_1$.

例 2 求经过两点 $(1, 3)$ 与 $(-2, 9)$ 的直线方程.

解： 由直线的两点式方程，得

$$\frac{y-3}{9-3}=\frac{x-1}{-2-1}，即\frac{y-3}{6}=\frac{x-1}{-3},$$

整理，得所求的直线方程为

$$2x+y-5=0.$$

5. 直线的一般式方程 $Ax+By+C=0$ **（A、B 不同时为 0）**

直线的一般式方程就是一个二元一次方程，上面介绍的直线的斜截式方程、点斜式方程、截距式方程、两点式方程都能化成一般式方程.

例 3 求直线 $3x-2y-7=0$ 的斜率与截距.

解： 首先从方程 $3x-2y-7=0$ 中解出 y，得

$$y=\frac{3}{2}x-\frac{7}{2},$$

根据直线的斜截式方程，我们知道斜率 $k=\frac{3}{2}$.

再将方程写成截距式方程，得

$$\frac{3x}{7}-\frac{2y}{7}=1，即\frac{x}{\frac{7}{3}}+\frac{y}{-\frac{7}{2}}=1,$$

因此，直线在 x 轴的截距为 $\frac{7}{3}$，y 轴的截距为 $-\frac{7}{2}$.

例 4 已知直线经过点(1，e)并且斜率为 2，求直线的点斜式方程和一般式方程.

解： 经过点(1，e)，斜率等于 2 的直线的点斜式方程是

$$y-e=2(x-1).$$

化成一般式，得 $2x-y+e-2=0.$

同时我们应注意，如果两条直线平行(或重合)，那么它们的斜率相等，反过来，斜率相等的两条直线也必平行(或重合).

二、函数图形的简单变换

在数学中，由已知函数的图形作有关函数的图形以便研究函数的性质是我们常采用的方法。简单常用的图形变换一般有平移(水平与竖直)、伸缩、翻转、迭加.

(1) 平移

已知 $y=f(x)$ 的图形，作 $y=f(x)+c$ 的图形(c 为常数). 当 $c>0$ 时，将 $f(x)$ 图形的向上平行移动距离 c；当 $c<0$ 时，将 $f(x)$ 图形的向下平行移动距离 $|c|$.

例 5 已知 $y=x^3$ 的图形，作 $y=x^3+1$ 和 $y=x^3-2$ 的图形.

解： 将 $y=x^3$ 的图像向上平移 1 个单位，即得到 $y=x^3+1$ 的图像，如图 1－58 所示；

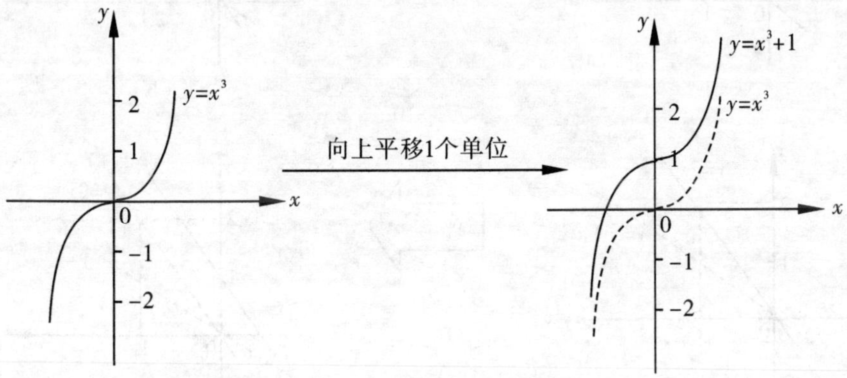

图 1－58

将 $y=x^3$ 的图像向下平移 2 个单位，即得到 $y=x^3-2$ 的图像，如图 1－59.

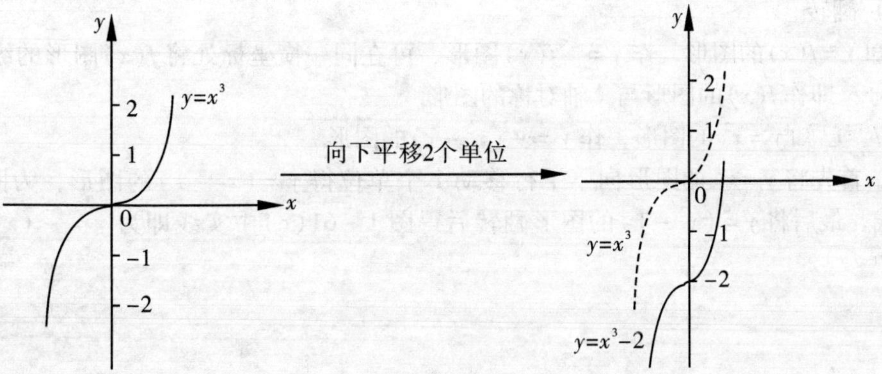

图 1－59

(2) 伸缩

已知 $y=f(x)$ 的图形，作 $y=kf(x)$ 的图形（k 为不等于 0 的常数）．当 $k>0$ 时，在同一横坐标处将 $f(x)$ 图形的纵坐标放大 k 倍；当 $0<k<1$ 时，将 $f(x)$ 图形的纵坐标缩小 $\frac{1}{k}$；当 $k<0$ 时，既放缩又翻转．

例 6　说明函数 $y=x$ 如何通过图形变换成为 $y=2x+1$．

解：首先作出 $y=f(x)=x$ 图像，如图 1-60(a)．

其次，图 1-60(a) 中的实线作伸缩变换，即将 $y=x$ 的纵坐标放大到 2 倍得到图 1-60(b) 中实线即为 $y=2x$ 的图形．

最后，作平移变换，将 $y=2x$ 的图像向上平移 1 个单位，即得到 $y=2x+1$ 的图像，如图 1-60(d) 中的实线．

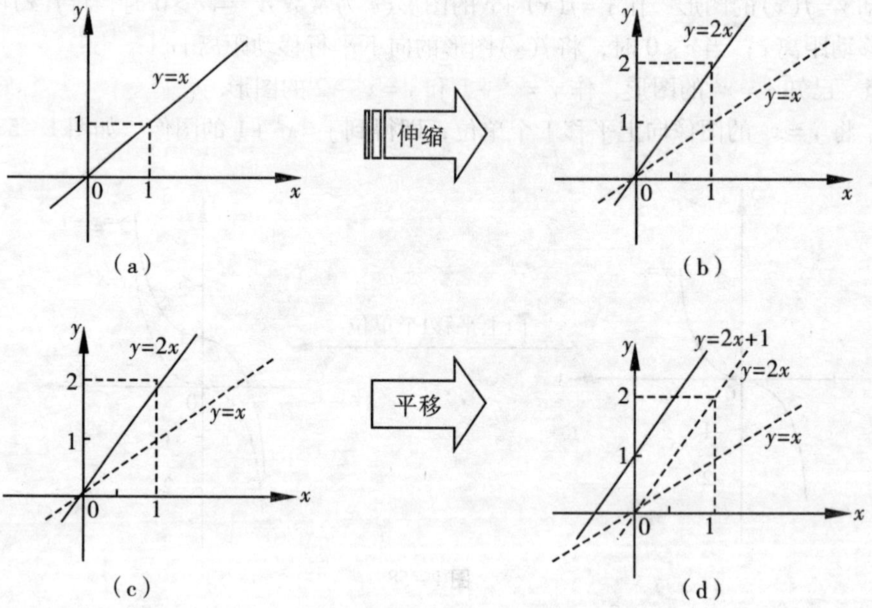

图 1-60

(3) 翻转

已知 $y=f(x)$ 的图形，作 $y=-f(x)$ 图形，可在同一横坐标处将 $f(x)$ 图形的纵坐标改变正负号，即作 $f(x)$ 的图形与 x 轴对称的图形．

例 7　已知 $y=x^2$ 的图形，作 $y=-(x^2-1)$ 的图形．

解：首先将 $y=x^2$ 的图形向下平行移动 1 个单位得 $y=(x^2-1)$ 的图形，为图 1-61(b) 实线，最后将 $y=(x^2-1)$ 的图形翻转后得图 1-61(c) 中实线即为 $y=-(x^2-1)$ 的图形．

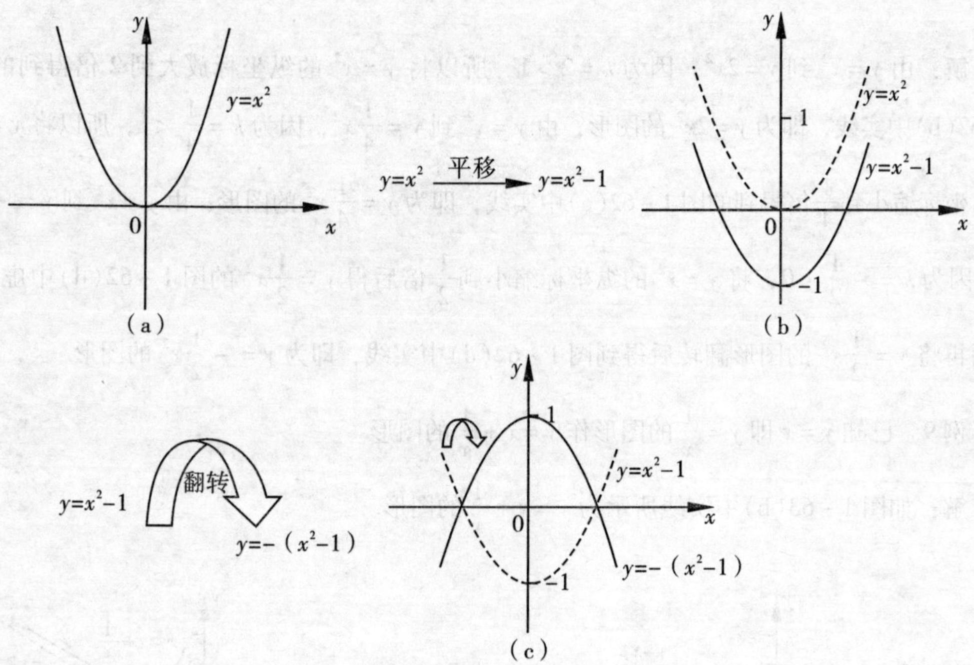

图 1-61

(4) 迭加

已知 $y=f(x)$ 和 $y=g(x)$ 的图形，作 $y=f(x)+g(x)$ 的图形，只要在同一横坐标处将两图形的纵坐标迭加起来即可.

例 8 已知 $y=x^2$ 的图形作 $y=2x^2$；$y=\frac{1}{4}x^2$；$y=-\frac{1}{2}x^2$ 的图形，如图 1-62 所示.

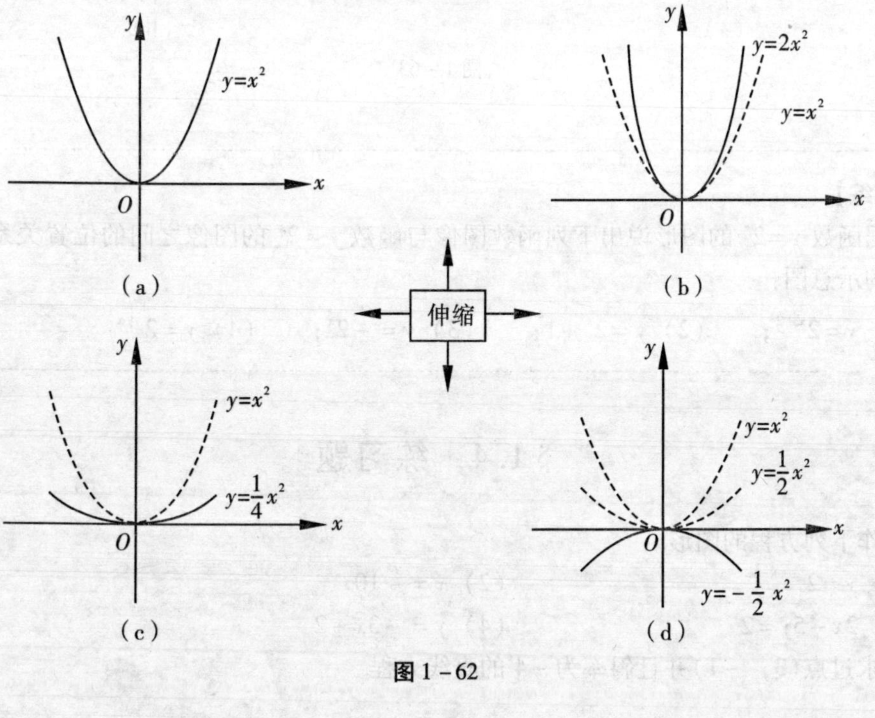

图 1-62

解：由 $y=x^2$ 到 $y=2x^2$，因为 $k=2>1$，所以将 $y=x^2$ 的纵坐标放大到 2 倍得到的图 1－62(b) 中实线，即为 $y=2x^2$ 的图形；由 $y=x^2$ 到 $y=\frac{1}{4}x^2$，因为 $k=\frac{1}{4}<1$，所以将 $y=x^2$ 的纵坐标缩小到$\frac{1}{4}$倍得到的图 1－62(c) 中实线，即为 $y=\frac{1}{4}x^2$ 的图形；由 $y=x^2$ 到 $y=-\frac{1}{2}x^2$，因为 $k=-\frac{1}{2}<0$，将 $y=x^2$ 的纵坐标缩小到$\frac{1}{2}$倍后得 $y=\frac{1}{2}x^2$ 的图 1－62(d) 中虚线，然后再将 $y=\frac{1}{2}x^2$ 的图形翻转后得到图 1－62(d) 中实线，即为 $y=-\frac{1}{2}x^2$ 的图形.

例 9　已知 $y=x$ 即 $y=\frac{1}{x}$的图形作 $y=x+\frac{1}{x}$的图形.

解：如图 1－63(b) 中实线所示为 $y=x+\frac{1}{x}$的图形.

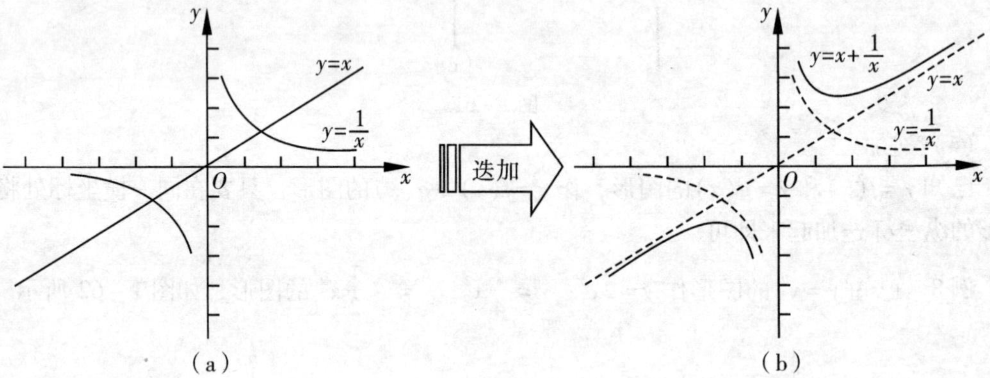

图 1－63

【即学即练】

根据函数 $y=2^x$ 的图形说出下列函数图像与函数 $y=2^x$ 的图像之间的位置关系，并画出它们的示意图：

（1）$y=2^{x+2}$；　（2）$y=2^x+1$；　（3）$y=-2^x$；　（4）$y=2^{|x|}$

§1.4　练习题

1. 作下列方程的图形.

（1）$y=2$　　　（2）$x=-10$

（3）$2x-5y=2$　　　（4）$y=-3x+2$

2. 求过点 $(3,-1)$ 并且斜率为 -4 的直线方程.

3. 求过点(-2, 4), (4, 9)的直线方程.

4. 说明直线 $y=x$ 如何通过图形变换得到 $2y-3x+1=0$.

§1.5 函数关系及经济学常用函数

函数关系的建立在经济学、管理学等社会科学的研究中具有重要意义. 建立模型就是建立经济变量之间的函数关系. 本节仅介绍几个与经济活动有关的常见函数，为以后的学习做好准备.

经济分析中最常见的五种函数：**成本函数、收益函数、利润函数、需求函数、供给函数**.

一、成本、收益、利润函数

在经济学中，厂商为生产一定种类和数量的产品所支出的各项费用总和称为总成本.

一般情况下，总成本是由固定成本与变动成本构成的，即

总成本 = 固定成本 + 变动成本

固定成本是不受产量变化影响的成本，如房租费、折旧费、借款利息等，设为 C_0；变动成本是随着产量的变化而变化的成本，如直接工人的工资、直接材料费等，设为 $C_1(Q)$. **总成本函数**设为 $C(Q)$有时记为 $TC(Q)$，则

$$C(Q)=C_0+C_1(Q) \text{或} TC(x)=C_0+C_1(Q)$$

这就是成本函数. 其中总成本 $C(Q)$是产量 Q 的函数，C_0 与产量无关，变动成本 $C_1(Q)$也是产量 Q 的函数.

平均成本：是指厂商生产一定数量的产品时，每一单位产品分摊的成本. 它表示生产单位产量所需要的成本，将总成本除以产量就是平均成本，因此，平均成本函数为

$$\overline{C}(x)=\frac{TC(Q)}{Q}$$

总收益：是指厂商销售一定数量产品时所得到的货币收入，收益函数设为 $R(Q)$有时记为 $TR(Q)$，它是价格函数 $P(Q)$及产量 Q 的乘积，表示为

$$R(Q)-P(Q)\cdot Q \text{或} TR(Q)=P(Q)\cdot Q$$

它等于销售量与销售价格的乘积.

平均收益：是指厂商出售一定数量的产品时，卖出每一单位的产品所获得的货币收入，它表示为

$$\overline{R}(Q)=\frac{R(Q)}{Q}=\frac{P(Q)\cdot Q}{Q}=P(Q)$$

利润函数：如果某商品的产量(或销售量或需求量)为 Q 单位时利润函数设为 $L(Q)$，它是收入函数 $R(Q)$与成本函数 $C(Q)$之差，表示为

$$L(Q)=R(Q)-C(Q) \text{或} L(x)=TR(x)-TC(x)$$

当 $L(Q)>0$ 时，厂商是盈利的；当 $L(Q)=0$ 时，厂商是保本的，即厂商不盈不亏，此时的产量称为盈亏平衡点产量；当 $L(Q)<0$ 时，厂商是亏本的. 对 $L(Q)$的分析也就是

常说的盈亏分析.

平均利润：是指厂商生产(或销售)一定数量的产品时，每一单位产品获得的利润．它表示生产(或销售)单位产品所获得的利润，将总利润除以产量(或销售量)就是平均利润，因此，平均利润函数为

$$\overline{L}(Q)=\frac{L(Q)}{Q}$$

例 1 某市旅游公司举办市内一日游活动，举办此活动一周的固定成本是 20 000 元，每接待一位游客增加成本 10 元. 根据市场预测，如果票价定为每人 40 元，则一周的游客为 1 000 人；而如果票价定为 30 元，则一周的游客为 1 400 人．假定游客人数 x 与票价 p 之间是线性函数关系，求该公司一周的成本函数、收益函数和利润函数.

解：由已知条件，可得固定成本 $C_0=20\ 000$，变动成本 $C_1(x)=10x$，因此，公司一周的成本函数是

$$C(x)=C_0+C_1(x)=20\ 000+10x.$$

由于游客人数 x 与票价 p 之间是线性函数关系，可设

$$x=b+ap.$$

分别将 $p=40$，$x=1\ 000$ 与 $p=30$，$x=1\ 400$ 代入上式，得

$$\begin{cases}1\ 000=b+40a\\1\ 400=b+30a\end{cases}$$

解上面的方程组，可得 $a=-40$，$b=2\ 600$. 从而，得 $x=2\ 600-40p$，即

$$p=65-\frac{1}{40}x,$$

所以，收益函数是

$$R(x)=xp=x(65-\frac{1}{40}x)=65x-\frac{1}{40}x^2.$$

利润函数是

$$L(x)=R(x)-C(x)=(65x-\frac{1}{40}x^2)-(20\ 000+10x)=-\frac{1}{40}x^2+55x-20\ 000.$$

例 2 设生产某产品 Q(件)时的总成本是 $C(Q)=20+2Q+0.5Q^2$(万元)，若每售出一件产品的收入是 20 万元，求：(1) 生产 20 件产品的总利润和平均利润；(2) 此经济活动中的保本点产量.

解：(1) 因为单位产品售价为 $P=20$ 万元，生产的产品数 $Q=20$ 件，所以总收入为

$$R=PQ=20\times 20=400(\text{万元}),$$

总成本为

$$C(20)=20+2\times 20+0.5\times 20^2=260(\text{万元}),$$

从而，得总利润是

$$L=R-C(20)=400-260=140(\text{万元});$$

而平均利润也就是

$$\overline{L}=\frac{L}{Q}=\frac{140}{20}=7(\text{万元/件}).$$

(2) 生产 Q 件产品的总收益函数是

$$R(Q)=PQ=20Q(\text{万元}),$$

总成本函数是

$$C(Q)=20+2Q+0.5Q^2(\text{万元}),$$

从而，得利润函数是

$$L(Q)=R(Q)-C(Q)=20Q-(20+2Q+0.5Q^2)=-20+18Q-0.5Q^2.$$

如果要保本，那么 $L(Q)=0$，即

$$-20+18Q-0.5Q^2=0，即 Q^2-36Q+40=0.$$

利用一元二次方程的求解公式(3)，可得方程的两个根为

$Q_1=1.15\approx1$，$Q_2=34.85\approx35$，

由于产量应为整数，所以生产 1 件或者 35 件时，可以保本.

二、需求函数与供给函数

在实际的经济管理中，很多情况下需要考虑商品的需求量与供给量，这两个量与价格、收入水平和消费者的消费倾向等因素有直接关系. 简化一下，我们只考虑商品的需求量、供给量与价格相关，记某商品的需求量是 Q_D，供给量是 Q_S，价格为 P，那么需求量 Q_D 是价格 P 的函数(称为需求函数，经济学中也称为需求曲线)，即

$$Q_D=Q_D(P);$$

同理，供给量 Q_S 是价格 P 的函数(称为供给函数，经济学中也称为供给曲线)，即

$$Q_S=Q_S(P).$$

一般来说，商品的价格下降会使需求量增加，而商品的价格上涨会使需求量减少，因此，需求函数应是价格 P 的递减函数；相反，商品的价格下降会使供给量减少，而商品的价格上涨会使供给量增加，因此，供给函数是价格 P 的递增函数.

根据统计规律，常用以下函数来分别表示需求函数与供给函数：

(1) 线性函数类型

需求函数可表示为 $Q_D=a-bP$，a，$b>0$(递减函数)，

供给函数可表示为 $Q_S=-c+dP$，c，$d>0$(递增函数).

(2) 幂函数类型

需求函数可表示为 $Q_D=aP^{-b}$，a，$b>0$(递减函数)，

供给函数可表示为 $Q_S=cP^d$，c，$d>0$(递增函数).

(3) 指数函数类型

需求函数可表示为 $Q_D=a\mathrm{e}^{-bP}$，a，$b>0$(递减函数)，

供给函数可表示为 $Q_S=c\mathrm{e}^{dP}$，c，$d>0$(递增函数).

需求函数与供给函数，这两个函数的具体结构要具体问题具体分析得出，某商品在需求量与供给量一致时需求函数与供给函数根据曲线中的价格变化影响着市场行为的变化，产生一个特别的价格称为**均衡价格**，记为 P_0，**均衡价格**是市场上需求量与供给量相等即 $Q_D=Q_S$ 时的价格. 在需求曲线 D 与供给曲线 S 的交点 E 处的横坐标 $P=P_0$，此时供给量

与需求量相等的量，称**均衡商品量**，记为 Q_{P_0}，此时市场处于均衡状态如图 1－64(a)所示，此时消费者能买到他们所需要的商品，厂商也能销售完他们所生产的商品，买卖双方都满意.

应该注意的是，市场的均衡是暂时的，当条件发生变化时，原有的均衡状态就被破坏，从而需要在新的条件下建立新的均衡.

如当 $P=P_1<P_0$ 时，需求量 Q_D 大于供给量 Q_S，供不应求，有些消费者买不到商品，就会提高商品的价格，会形成抢购黑市等，将导致价格上涨，P 增加；如图 1－64(b)所示.

当 $P=P_2>P_0$ 时，需求量 Q_D 小于供给量 Q_S，供大于求；商品滞销，有些厂商的商品卖不出去，就会降低商品的价格，必然导致价格下跌，P 减小，如图 1－64(c)所示.

总之，市场上商品价格将围绕均衡价格摆动.

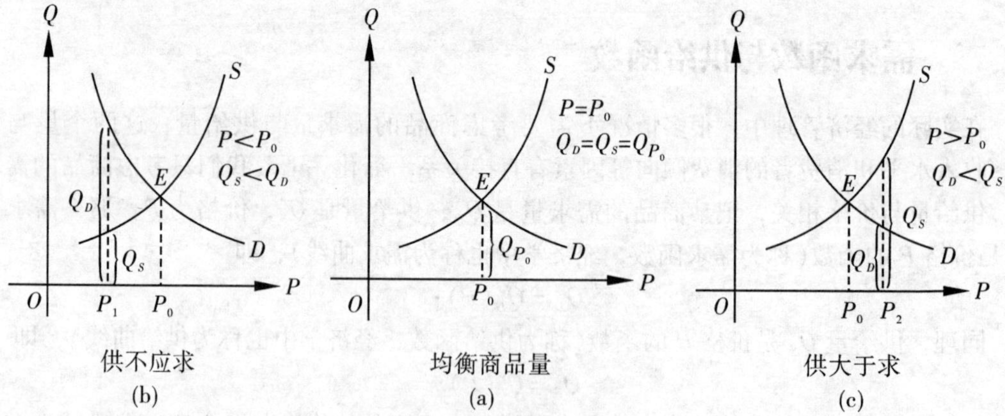

图 1－64

例 3 已知某商品的需求函数与供给函数分别为

$Q_D=100-3P$ 与 $Q_S=-20+7P$，

求该商品的市场均衡价格.

解：根据均衡价格的意义，即 $Q_D=Q_S$，也即

$$100-3P=-20+7P.$$

由上式，解得 $P=12$. 即均衡价格 $P_0=12$.

例 4 当蔬菜的收购价格为 4.5 元/kg 时，某收购站每月能收购 5 000kg. 若收购价提高 0.1 元/kg，则收购量可增加 400kg，求蔬菜的线性供给函数.

解：设蔬菜的线性供给函数为

$Q_S=-c+dP$，c，$d>0$

由题意有

$$\begin{cases}5\,000=-c+4.5d\\5\,400=-c+4.6d\end{cases},$$

解得 $d=4\,000$，$c=13\,000$，所求供给函数为

$Q_S=-13\,000+4\,000P$.

【即学即练】

1. 设生产与销售某产品的总收益 R 是产量 x 的二次函数，经统计得知：当产量 $x=0$，2，4，总收益 $R=0$，6，8，试确定总收益 R 与产量 x 之间的关系.

（答案：$R=-\frac{1}{2}x^2+4x$）.

2. 已知下列需求函数和供给函数，求影响的市场均衡价格 P_0

$Q_D=\frac{100}{3}-\frac{2}{3}P$，$Q_S=-20+10P$.（答案：$P_0=5$）.

§1.5　练习题

1. 设某商品的需求函数 $Q=ae^{-bP}(a, b>0)$，求 $P=0$ 时的需求量和需求量 $Q=0$ 时的价格，并解释其经济意义.

2. 某商品的供给量与价格之间是线性函数关系，当该商品价格 $P=1\,000$，供给为 10 000；价格 $P=1\,000$，供给为 15 000，求供给函数.

3. 设需求函数 $Q=20-2P$，供给函数 $Q=4P-10$，求均衡价格，并解释经济意义.

4. 工厂生产一批产品，固定成本为 200 万元，每生产单位产品成本为 4 元，单位售价为 8 元，求总成本函数、单位成本函数、总收益函数与利润函数.

5. 某产品总成本为年产量的函数，且为二次函数，已知固定成本为 200 万元，且当年产量为 10 吨时，总成本为 203 万元；年产量为 100 吨时，总成本为 500 万元，求平均成本.

6. 设生产与销售某产品的总收益 R 是产量 x 的二次函数，经统计得知：当产量 $x=0$，2，4，总收益 $R=0$，6，8，试确定总收益 R 与产量 x 之间的关系.

总习题一

1. 单项选择题

（1）集合 $A=\{x \mid x=\frac{1}{4}+\frac{k}{2}, k\in\mathbf{Z}\}$，$B=\{x \mid x=\frac{1}{2}+\frac{k}{4}, k\in\mathbf{Z}\}$ 之间的关系为(　　).

A. $A\subset B$　　B. $A\supset B$　　C. $A=B$　　D. $A\neq B$

（2）对于集合 A，B，使 $A\cap B=B$ 成立的一个充分非必要条件是(　　).

A. $A\subset B$　　B. $A\supset B$　　C. $A=B$　　D. $A\neq B$

（3）关于 x 的一元二次方程 $k(x^2-2x+1)-2x^2+x=0$ 有两个实数根，则 k 的取值范围是(　　).

A. $k>-\frac{1}{4}$　　B. $k\geqslant-\frac{1}{4}$　　C. $k>-\frac{1}{4}$且$k\neq2$　D. $k\geqslant-\frac{1}{4}$且$k\neq2$

(4) 下列选项中表示函数图像的是 (　　)

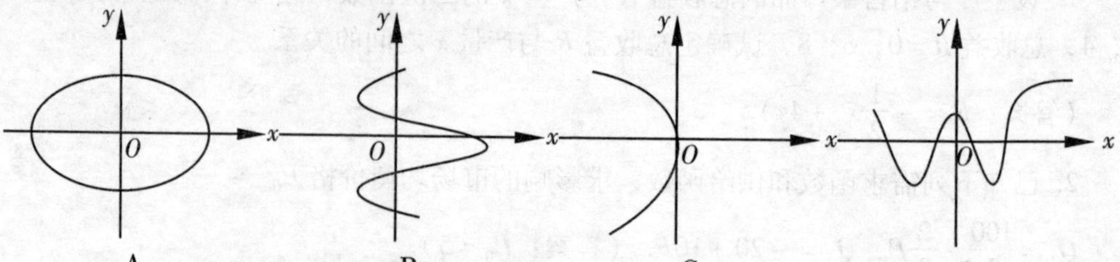

A.　　B.　　C.　　D.

(5) 下列各组函数中，表示同一函数的是(　　).

A. $y=x$与$y=|x|$　　B. $y=x$与$y=(\sqrt[3]{x})^3$

C. $y=\frac{x}{|x|}$与$y=1$　　D. $y=\frac{(x-1)(x+1)}{x-1}$与$y=x+1$

(6) 下列函数中是同一函数的是(　　).

A. $f(x)=\ln x^2$，$g(x)=2\ln x$　　B. $f(x)=1$，$g(x)=\sin^2x+\cos^2x$

C. $f(x)=|x|$，$g(x)=(\sqrt{x})^2$　　D. $f(x)=\frac{x^2-1}{x+1}$，$g(x)=x+1$

(7) 已知$f(x)=\begin{cases}-x-1 & x\leqslant0\\ \sqrt{3-x} & 0<x<2\end{cases}$ 则$f(1)=$(　　).

A. $\sqrt{2}$　　B. -1　　C. $-\sqrt{2}$　　D. 1

(8) 右图中的曲线是对数函数$y=\log_a x$的图像，已知a的取值为$\sqrt{2}$，$\frac{4}{3}$，$\frac{2}{5}$，$\frac{1}{6}$，则对应于曲线C_1，C_2，C_3，C_4的a的取值依次为(　　).

A. $\sqrt{2}$，$\frac{4}{3}$，$\frac{2}{5}$，$\frac{1}{6}$

B. $\frac{4}{3}$，$\sqrt{2}$，$\frac{1}{6}$，$\frac{2}{5}$

C. $\sqrt{2}$，$\frac{4}{3}$，$\frac{1}{6}$，$\frac{2}{5}$

D. $\frac{4}{3}$，$\sqrt{2}$，$\frac{2}{5}$，$\frac{1}{6}$

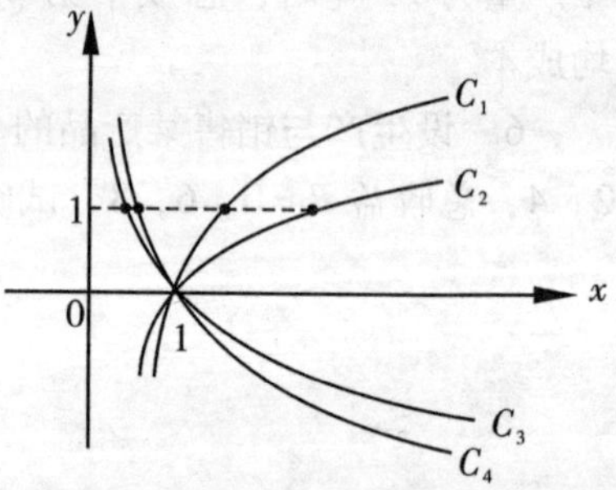

(9) 已知$f(x)=\begin{cases}2x-1 & x\geqslant2\\ -x^2+3x & x<2\end{cases}$，则$f(-1)+f(-4)$的值为(　　).

A. -7　　B. 3　　C. -8　　D. 4

(10) 要得到函数$y=\cos(\frac{x}{2}-\frac{\pi}{4})$的图像，只需要将$y=\sin\frac{x}{2}$的图像(　　).

A. 向左平移$\frac{\pi}{2}$个单位　　B. 向右平移$\frac{\pi}{2}$个单位

C. 向左平移$\frac{\pi}{4}$个单位　　D. 向右平移$\frac{\pi}{4}$个单位

(11) 下列函数中，定义域为 $[0, \infty)$ 的函数是(　　).

A. $y=\sqrt{x}$　　B. $y=-2x^2$　　C. $y=3x+1$　　D. $y=(x-1)^2$

(12) 函数 $f(x)=\dfrac{\sqrt{2-x^2}}{x}+\ln(x^2-x)$ 的定义域(　　).

A. $(-\infty, 5]\cup(6, +\infty)$　　B. $(-\infty, 6)\cup(6, +\infty)$

C. $(-\infty, 4)\cup(4, +\infty)$　　D. $(-\sqrt{2}, 0)\cup(1, \sqrt{2})$

(13) 函数 $y=\dfrac{1}{\ln|x-5|}$ 的定义域是(　　).

A. $(-\infty, 5]\cup(6, +\infty)$

B. $(-\infty, 6)\cup(6, +\infty)$

C. $(-\infty, 4)\cup(4, +\infty)$

D. $(-\infty, 4)\cup(4, 5)\cup(5, 6)\cup(6, +\infty)$

(14) 右图是函数 $y=f(x)=A\sin(\omega x+\varphi)$ 的部分图像，则其表达式为(　　).

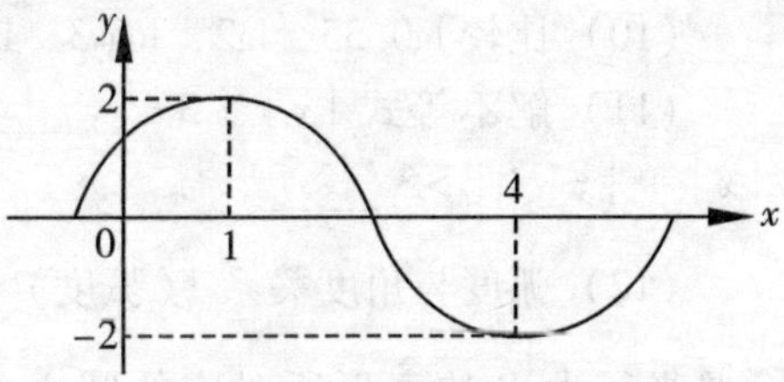

A. $y=2\sin(\dfrac{1}{3}x+\dfrac{\pi}{6})$

B. $y=2\sin(\dfrac{\pi}{3}x+\dfrac{\pi}{6})$

C. $y=2\sin(\dfrac{1}{3}x+\dfrac{5\pi}{6})$

D. $y=2\sin(\dfrac{\pi}{3}x+\dfrac{5\pi}{6})$

(15) 已知函数 $f(x+1)=3x+2$，则 $f(x)$ 的解析式是(　　).

A. $3x+2$　　B. $3x+1$

C. $3x-1$　　D. $3x+4$

(16) 设 $f(x)=\begin{cases}1 & |x|\leqslant 1\\ 0 & |x|>1\end{cases}$，则 $f\{f[f(x)]\}=$(　　).

A. 0　　B. 1　　C. $\begin{cases}1 & |x|\leqslant 1\\ 0 & |x|>1\end{cases}$　　D. $\begin{cases}0 & |x|\leqslant 1\\ 1 & |x|>1\end{cases}$

(17) $f(x)=x(e^x+e^{-x})$ 在其定义域 $(-\infty, +\infty)$ 上是(　　).

A. 有界函数　　B. 奇函数　　C. 偶函数　　D. 周期函数

(18) $f(x)=|\sin x|$ 在其定义域 $(-\infty, +\infty)$ 上是(　　).

A. 奇函数　　B. 非奇函数又非偶函数

C. 最小正周期为 2π 的周期函数　　D. 最小正周期为 π 的周期函数

2. 填空题

(1) 集合 A 中有 m 个元素，若在 A 中增加一个元素，则它的所有子集个数增加多少个？______.

(2) 已知 $f(\dfrac{1+x}{x})=\dfrac{x^2+1}{x^2}+\dfrac{1}{x}$，则 $f(x)=$______.

(3) 已知函数$f(x)=\frac{x^2}{1+x^2}$，则$f(x)+f(\frac{1}{x})=$________.

(4) 已知$f(x^3)=3^x(1-\ln x)$，则$f(x)=$________.

(5) 已知$f(x)$的定义域是$[1, 2]$，则$f(x^2+1)$的定义域是________.

(6) 设$f(x)=\frac{2x}{1+x}$，$f(x)$的定义域是______，值域是________.

(7) 函数$f(x)=\frac{f(x)+f(-x)}{2}+\frac{f(x)-f(-x)}{2}$定义域是对称区间，那么$\frac{f(x)+f(-x)}{2}$是偶函数还是奇函数？________，$\frac{f(x)-f(-x)}{2}$是偶函数还是奇函数？________.

(8) 若函数$y=\frac{ax+1}{4x+5}(a\neq\frac{4}{5})$的图像关于直线$y=x$对称，则$a=$______.

(9) 比较$(\frac{1}{3})^{\frac{2}{3}}$，$(\frac{1}{3})^{\frac{1}{3}}$，$(\frac{1}{5})^{\frac{2}{3}}$的大小：____________________.

(10) 比较$\lg 0.35$，$\lg 2$，$\log_2 3$，$\ln 10$，$\ln 0.0001$的大小：____________.

(11) 解不等式$|x|>3$ __________；解不等式$|x-1|\leqslant 3$ __________，解不等式$|x|+|x-1|>3$ ________.

(12) 弧度与角度关系 1(弧度) $=\frac{180}{\pi}$(度)，弧长公式$l=\alpha R$(其中α是半径为R的扇形所对应的圆心角，如右图所示)，扇形面积公式$S=\frac{1}{2}\alpha R^2$，公式中的α都是以弧度为单位，利用以上关系计算一扇形的面积和对应弧长(其中$R=20\text{cm}$，圆心角为20°)________.

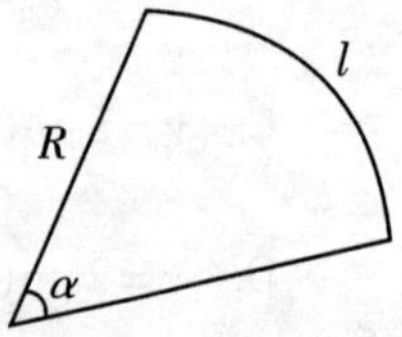

(13) 已知$\beta\in(\pi, \frac{3}{2}\pi)$，$\cos\beta=-\frac{3}{5}$，$\tan\frac{\alpha}{2}=\frac{1}{3}$，那么$\cos(2\alpha)=$______；$\sin(2\alpha)=$______；$\cos(2\alpha-\frac{\beta}{2})=$______.

3. 设$f(x)=\begin{cases}0 & -1\leqslant x<0\\ x & 0\leqslant x<1\\ 2-x & 1\leqslant x<2\end{cases}$，$F(x)=f(1-2x)$，

(1) 求$F(x)$的表达式和定义域；

(2) 画出$F(x)$的图形.

4. 设$f(x)=\begin{cases}1 & |x|<1\\ 0 & |x|=1\\ -1 & |x|>1\end{cases}$，$g(x)=2^x$，求$f(g(x))$与$g(f(x))$，并作出函数图形.

*5. 作出下列函数图形：

(1) $y=|x+2|$　　(2) $y=\tan\frac{x}{2}$　　(3) $y=\log_{0.5}x^2$

6. 下图是定义在区间$[-6, 4]$上的函数$y=f(x)$，根据图像说出函数的单调区间，以及在每一单调区间上，它是增函数还是减函数？

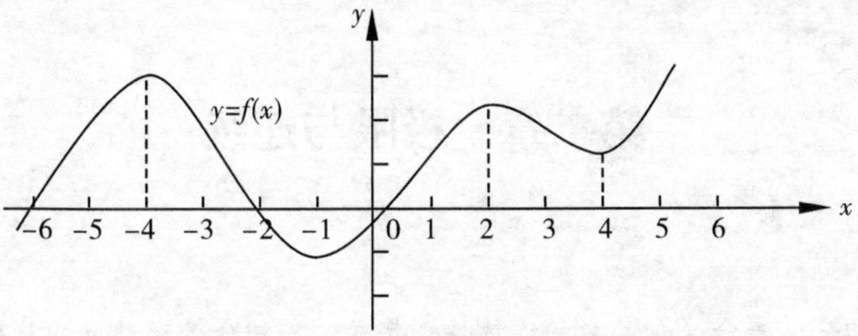

7. 求函数 $y=\dfrac{e^x}{1+e^x}$ 的反函数，并指出其定义域.

8. 证明：$y=-x^3+1$ 在定义域内是单调减函数.

9. 在一圆柱形容器内倒进某种溶液，该容器的底半径为 r，高为 H. 当倒进溶液后液面的高度为 h 时，溶液的体积为 V. 试把 h 表示为 V 的函数，并指出其定义区间.

10. 已知生产某种商品的成本函数和收入函数分别为

$$C=1-8Q+Q^2,\ R=4Q(\text{万元})$$

(1) 求该商品的利润函数及销量为 6 台时的总利润；

(2) 确定该商品销量为 7 台时是否盈利.

11. 已知某厂生产某种产品的成本函数为 $C(Q)=500+2Q$(元)，其中 Q 为该产品的产量，如果该产品的售价定为每件 6 元，试求：生产 200 件该产品时的利润和平均利润.

12. 某工厂生产某产品 1 000 吨，每吨定价为 130 元，销售量在 700 吨以内时，按原价出售，超过 700 吨时的部分需要打九折出售，试将销售总收益与总销售量的函数关系用数学表达式标出.

13. 某城市在保证居民正常用水需要的前提下，为了节约用水，管理部门制定了如下收费方法：每户居民每月用水量不超过 4.5 吨时，水费按 0.64 元/吨计算．超过部分每吨以 5 倍价格收费．试建立每月用水费用与用水数量之间的函数关系．并计算用水量分别为 3.5 吨、4.5 吨、5.5 吨时的用水费用．

第二章　极限与连续

本章是微积分学概念（如函数的连续性、导数、定积分等）建立的基础，在本章中将介绍极限的基本概念和方法，并用极限讨论函数的连续性.

§2.1　数列的极限

为了进一步讨论一般数列的极限，我们先复习中学已学过的数列的概念及其有关性质.

一、数列的概念及其性质

1. 数列的概念

如果按照某一法则，使得对任何一个正整数 n，有一个确定的数 x_n，则得到一列有次序的数，一般形式 x_1，x_2，x_3，…，x_n，…，简记为 $\{x_n\}$. 为讨论数列的极限，根据函数的记号，数列又可记为 $f(n)=y_n$，$n\in\mathbf{N}^+$ 或 $f(n)=\{y_n\}$，一般形式为：y_1，y_2，y_3，…，y_n，…，下标 $n(n=1, 2, 3, \cdots)$ 称为数列的项数.

注：（1）由数列定义知：数列中的数是有序的，且可以重复出现，这与数集中的数的无序性、互异性是不同的.

（2）数列的通项公式：如果数列 $\{y_n\}$ 的通项 y_n 可以用一个关于 n 的公式来表示，即是 y_n 与 n 之间的函数关系式，这个公式就叫做数列的通项公式.

从函数的角度来看，数列可以看成是自变量为正整数 n 的函数，定义域为正整数集 $\mathbf{N}^+$（或它的有限子集 $\{n=1, 2, \cdots, n\}$，也称为整标函数 $y_n=f(n)\,(n=1, 2, \cdots)$）. 当自变量顺次从小到大依次取值时，所对应的是一列函数值，而数列的通项公式则是相应的解析式. 由于数列的项是函数值，序号是自变量，所以数列的几何图像是以序号 n 为横坐标，相应的项为纵坐标 y_n 画出的图像，图像是一些孤立的点列.

（3）数列分为：递增数列、递减数列、常数列、摆动数列、有穷数列、无穷数列.

例如：

①正整数构成的数列：1，2，3，4，…，n，…

② -1 的正整数次幂构成的数列：-1，1，-1，1，…

③正整数的倒数构成的数列：1，$\frac{1}{2}$，$\frac{1}{3}$，$\frac{1}{4}$，$\frac{1}{5}$，…

④$\sqrt{2}$精确到1，0.1，0.001，…的不足近似值构成的数列：1，1.4，1.41，1.414，…

⑤1，$\frac{5}{2}$，$\frac{5}{3}$，$\frac{9}{4}$，$\frac{9}{5}$，$\frac{13}{6}$，$\frac{13}{7}$，…

⑥ $-2, 4, -6, 8, \cdots$

⑦ $\frac{1}{2}, \frac{1}{2^2}, \frac{1}{2^3}, \cdots, \frac{1}{2^n}, \cdots$都是数列

在数列的讨论中我们经常将已知数列的具体形式写出通项公式，反过来，已知通项公式可写出数列的任一项数.

例1 将上面①－⑦数列中能用通项公式表示的，用通项公式的形式表示出来.

解：① $\{y_n\}=\{n\}$ 或 $y_n=n$

② $\{y_n\}=\{(-1)^n\}, n\in\mathbf{N}^+$ 或 $y_n=(-1)^n, n\in\mathbf{N}^+$

③ $\{y_n\}=\{\frac{1}{n}\}$ 或 $y_n=\frac{1}{n}$

⑤ $\{y_n\}=\{\frac{2n+(-1)^n}{n}\}$ 或 $y_n=\frac{2n+(-1)^n}{n}$

⑥ $\{y_n\}=\{(-1)^n 2n\}$ 或 $y_n=(-1)^n 2n$

⑦ $\{y_n\}=\{\frac{1}{2^n}\}$ 或 $y_n=\frac{1}{2^n}$

不是每一个数列都能写出其通项公式(如数列④).

数列的通项公式的表示不是唯一的，如数列②可写成 $y_n=(-1)^n$ 和

$$y_n=\begin{cases}-1 & n=2k-1 \quad k\in\mathbf{N}^+\\ 1 & n=2k \quad k\in\mathbf{N}^+\end{cases}$$

2. 数列的性质

类似函数的性质的讨论，可得数列有下列性质：

(1) 有界性

若存在某一个正整数 M，使得数列 $\{y_n\}$ 中的每一项 y_n 的绝对值都不大于 M，即对于一切 n，都有 $|y_n|\leqslant M$，则称数列 $\{y_n\}$ 是有界的；否则，若不存在这样的正数 M，则称数列 $\{y_n\}$ 是无界的.

(2) 单调性

若数列 $\{y_n\}$ 的项 y_n 随着项数 n 的增大而增大,即满足

$$y_1<y_2<y_3<\cdots<y_n<y_{n+1}<\cdots$$

则称数列是单调增加的；

若数列 $\{y_n\}$ 的项 y_n 随着项数 n 的增大而减少，即满足

$$y_1>y_2>y_3>\cdots>y_n>y_{n+1}>\cdots$$

则称数列是单调减少的.

【即学即练】

写出以下数列的通项.

(1) $\frac{1}{2}, -\frac{1}{4}, \frac{1}{6}, -\frac{1}{8}, \frac{1}{10}, \cdots$

(2) $\frac{3}{2}, \frac{5}{4}, \frac{7}{6}, \frac{9}{8}, \frac{11}{10}, \cdots$

(3) 0，$\frac{1}{2}$，0，$\frac{1}{3}$，0，…

（答案：(1) $y_n=(-1)^{n-1}\frac{1}{2n}$；(2) $y_n=\frac{2n+1}{2n}$；(3) $y_n=\begin{cases}0 & n\text{为奇数}\\ \frac{1}{n} & n\text{为偶数}\end{cases}$）.

二、数列极限的概念

我们观察前面所列举的①至⑦数列，当项数 n 无限增大时，数列$\{y_n\}$有各自变化的趋势，数列$\{\frac{1}{n}\}$的趋势如图2-1(a)所示，随着 n 的增大，它的一般项 $y_n=\frac{1}{n}$越来越趋近于0. 又如数列$\{\frac{2n+(-1)^n}{n}\}$的趋势如图2-1(b)中随着 n 的增大，它的一般项 $y_n=\frac{2n+(-1)^n}{n}=2+\frac{(-1)^n}{n}$越来越趋近于2.

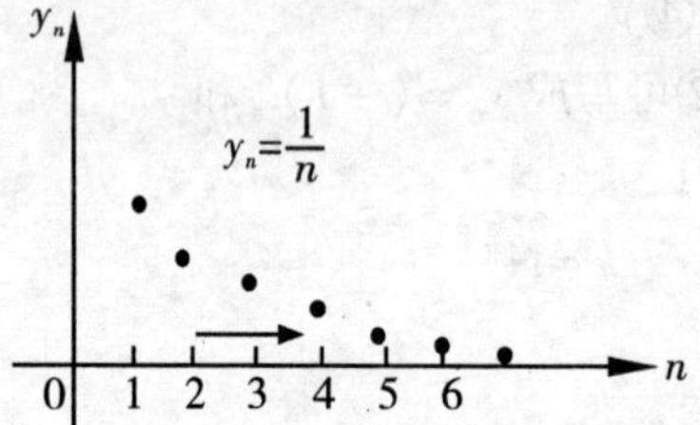

(a)

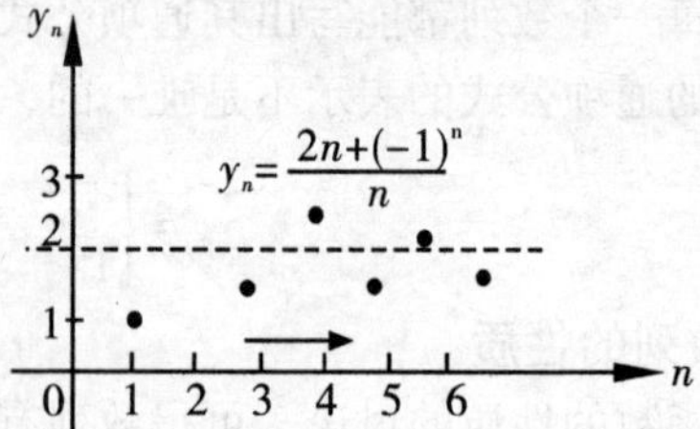

(b)

图2-1

数列$\{(-1)^n\}$，当 n 无限增大时，它的一般项 $y_n=(-1)^n$ 有时等于-1，有时等于1，如图2-2所示，因此一般项不接近于任何确定的常数.

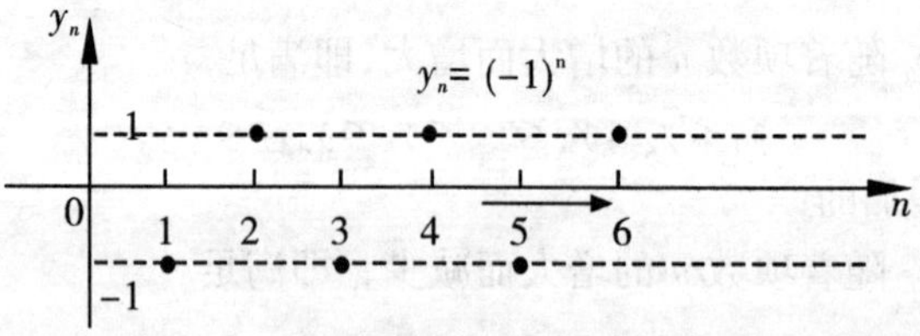

图2-2

数列$\{n\}$和$\{(-1)^n 2n\}$，当 n 无限增大时它们的一般项 $y_n=n$，$y_n=(-1)^n 2n$ 的绝对值$|y_n|=n$，$|y_n|=2n$ 也无限增大，如图2-3（a）与（b），因此一般项不接近于任何确定的常数.

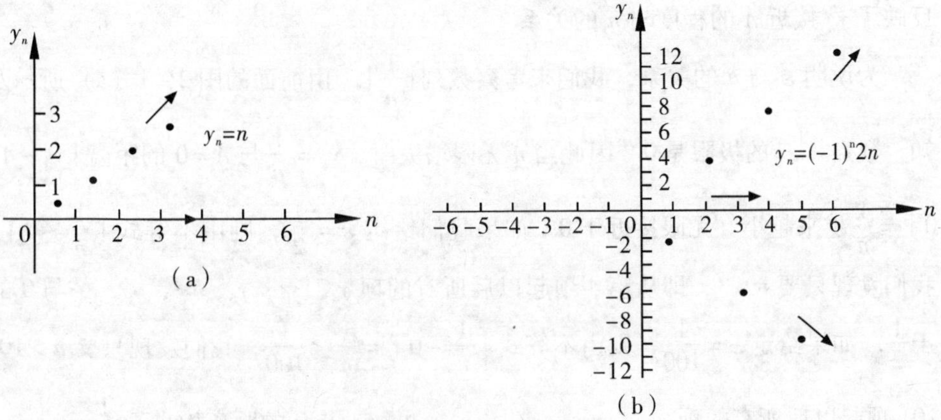

图 2-3

数列$\{\sqrt{2}$精确到 1，0.1，0.01，0.001，…的不足近似值$\}$：1，1.4，1.41，1.414，…虽然写不出其通项但观察后得出当 n 无限增大时此数列不接近于任何确定的常数.

由上几个例子我们可以看到，数列的一般项的变化趋势只有两种情形，一种是无限接近于某个确定的常数，另一种是不接近于任何确定的常数.

上面的两种情形就是所谓的极限现象，下面给出这种极限现象的描述性定义.

定义 2.1 对于数列$\{y_n\}$，如果随着 n 的增大，y_n 无限趋近于某个常数 A，这个常数称为数列$\{y_n\}$的极限，此时也称数列收敛，记作

$$\lim_{n\to\infty} y_n = A,\ \text{或者}\ y_n \to A(n\to\infty);$$

反之，如果数列没有极限，那么我们称此数列发散或者不收敛.

注： 对于数列，$n\to\infty$意味着 $n\to+\infty$.

例如，自然数列 $y_n=\{n\}$，随着 n 的增大，y_n 趋于无限大，不可能趋近于某个数，所以我们说数列 $y_n=\{n\}$ 发散.

收敛数列是很多的，如$\{\frac{1}{2^n}\}$的极限是 0，而$\{1-\frac{1}{3^n}\}$的极限是 1. 当然，发散数列也有很多，如$\{(-1)^n\}$时而取 1，时而取 -1，此时从图形 2-2 上看数列是震荡的，因而没有极限. 另外，如数列 1，0，1，0，1，0，…也是震荡的，所以不可能有极限. 类似的例子还有很多.

上述数列的极限描述性定义只能反映直观上的叙述，不能满足数学理论推导的需要. 如何更严密、精确地用数学语言来定义数列极限的现象呢？

我们知道 y_n 与 A 的接近程度可以用它们之间的距离$|y_n-A|$来衡量，从定义 2.1 中"数列$\{y_n\}$，如果随着 n 的增大，y_n 无限趋近于某个常数 A"，意味着距离$|y_n-A|$，随着 n 的增大越来越小，想要多小就有多小，而且可以任意小. 这样的意思用数学语言表达就是，无论预先给定怎样小的正数 ε，只要 n 充分大后，总有数列中的点 y_n 与 A 的距离小于 ε，即不等式

$$|y_n-A|<\varepsilon$$

成立，此不等式与给定的正数 ε 及项数 n 有关. 当 ε 变化时，n 也随之而变，因此$|y_n-A|<\varepsilon$

反映了 y_n 接近 A 的程度与 n 的关系.

为说明 ε 与 n 的关系，我们来考察数列 $\{\frac{1}{n}\}$. 由前面的图 2-1（a）所示及描述定义知，数列 $\{\frac{1}{n}\}$ 的极限是 0. 因此当 n 无限增大时，$y_n=\frac{1}{n}$ 与 $A=0$ 的距离 $|y_n-A|=|\frac{1}{n}-0|=\frac{1}{n}$ 越来越小．无限接近于 0. 如果我们给定 $\varepsilon=\frac{1}{2}$，则由不等式 $|\frac{1}{n}-0|=\frac{1}{n}<\frac{1}{2}$，我们发现只要 $n>3$，即从第 4 项起以后所有的项 y_4，y_5，y_6，…，y_n，…与 0 的距离均小于 $\frac{1}{2}$. 如果给定 $\varepsilon=\frac{1}{100}$，则由不等式 $|\frac{1}{n}-0|=\frac{1}{n}<\frac{1}{100}$，我们发现只要 $n>100$，即从第 101 项起以后所有的项 y_{101}，y_{102}，y_{103}，…，y_n，…与 0 的距离均小于 $\frac{1}{100}$.

如果给定 $\varepsilon=\frac{1}{10\,000\,000}$，则由不等式 $|\frac{1}{n}-0|=\frac{1}{n}<\frac{1}{10\,000\,000}$，只要 $n>10\,000\,000$，即从第 10 000 001 项以后所有的项 $y_{10\,000\,001}$，$y_{10\,000\,002}$，$y_{10\,000\,003}$，…，y_n，…与 0 的距离均小于 $\frac{1}{10\,000\,000}$.

依次类推，一般可得，如果任意给定一个正数 ε，由不等式 $|\frac{1}{n}-0|=\frac{1}{n}<\varepsilon$，解不等式得 $n>\frac{1}{\varepsilon}$，然后取定一个大于(或等于) $\frac{1}{\varepsilon}$ 的正整数 N，则当 $n>N$ 时，即从第 $N+1$ 项起，以后所有的项 y_{N+1}，y_{N+2}，y_{N+3}，…，y_n，…与 0 的距离均小于 ε，即有 $|y_n-0|<\varepsilon$.

由上面的讨论推知这是极限现象的普遍规律，数列 y_n 的极限是 A，则任取给定的正数 ε(无论它怎样小)，我们总能找到一个正整数 N，使得一切下标大于 N(即 $n>N$)的 y_n 与 A 的距离均小于 ε，即有 $|y_n-A|<\varepsilon$.

由以上推理我们可以给出数列极限的精确定义如下：

定义 2.2 设有数列 $\{y_n\}$ 及常数 A. 如果对于任取给定的正数 $\varepsilon>0$(无论多么小)，总存在正整数 $N>0$，使得当 $n>N$ 时，有不等式

$|y_n-A|<\varepsilon$ 或者 $y_n\in(A-\varepsilon, A+\varepsilon)$

成立，则称 A 为数列 $\{y_n\}$ 的极限，或称此数列收敛于 A，记作

$$\lim_{n\to\infty}y_n=A \text{ 或 } y_n\to A(\text{当 } n\to\infty \text{时})$$

否则，如果数列没有极限，那么称此数列发散或者不收敛.

注：有时用"$\forall$"表示"任取".

数列极限的几何理解：在以 n 为横轴，y_n 为纵轴的坐标系中，位于原点右边，对 $\forall\varepsilon$，有 $y_n=A+\varepsilon$ 和 $y_n=A-\varepsilon$ 两条直线，形成以 A 为中心线，以 2ε 为宽的带形区域. "当 $n>N$ 时有不等式 $|y_n-A|<\varepsilon$ 或者 $y_n\in(A-\varepsilon, A+\varepsilon)$"表示：直线 $n=N$ 的右方，点 $\{y_n\}$ 全部落在这个带形区域内（如图 2-4 所示的阴影部分内）. 如果 ε 给得小一点，即带形区域更窄一点，那么直线 $n=N$ 往右移，但不管带形区域如何窄，总存在正数 N，使得点 y_n 在 $n=N$ 的右边的点全部落在这个更窄的带形区域内，而在带形区域之外，数列 $\{y_n\}$ 中的项至多只有 N 个(有限个). 反之，任取给定的正数 $\varepsilon>0$，若在 2ε 为宽的带形区域之外数列

$\{y_n\}$ 中的项只有有限个，设这有限项的最大下标为 N，则当 $n>N$ 时有 $|y_n-A|<\varepsilon$ 或 $y_n\in(A-\varepsilon,\ A+\varepsilon)$.

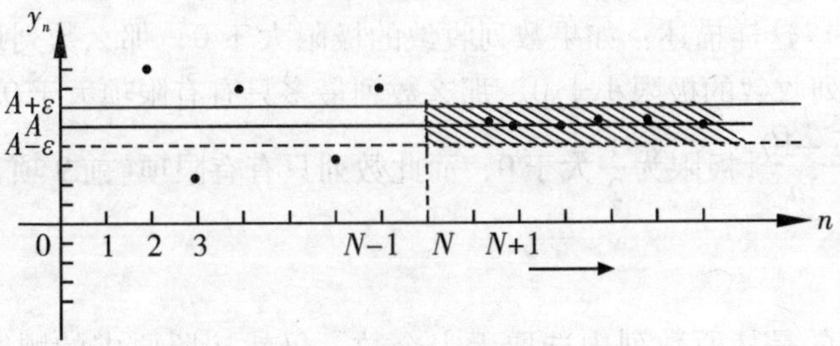

图2-4

例2 利用定义证明：$\lim\limits_{n\to\infty}\dfrac{1}{n}=0$.

证：$|y_n-A|=|\dfrac{1}{n}-0|=\dfrac{1}{n}$

对于任取给定的正数 $\varepsilon>0$，要使得 $|\dfrac{1}{n}-0|<\varepsilon$，只要 $\dfrac{1}{n}<\varepsilon$. 解不等式，求得 $n>\dfrac{1}{\varepsilon}$. 只要取正整数 $N>\dfrac{1}{\varepsilon}$，那么当 $n>N$ 时，有 $|\dfrac{1}{n}-0|<\varepsilon$，所以 $\lim\limits_{n\to\infty}\dfrac{1}{n}=0$.

例3 利用定义证明：$\lim\limits_{n\to\infty}2^{-n}=0$.

证：$|y_n-A|=|2^{-n}-0|=2^{-n}$

对于任取给定的正数 $\varepsilon>0$，要使得 $|2^{-n}-0|<\varepsilon$，只要 $2^{-n}<\varepsilon$，解此不等式得 $n>\log_{\frac{1}{2}}\varepsilon$. 只要取正整数 $N>\log_{\frac{1}{2}}\varepsilon$，那么当 $n>N$ 时，$2^{-n}<\varepsilon$，所以 $\lim\limits_{n\to\infty}2^{-n}=0$.

注：同样的道理可以得到当 $q>1$，那么有 $\lim\limits_{n\to\infty}q^{-n}=0$，即 $\lim\limits_{n\to\infty}(\dfrac{1}{q})^{n}=0$.

【即学即练】

用定义证明 (1) $\lim\limits_{n\to\infty}\dfrac{n+(-1)^n}{n}=1$；(2) $\{\dfrac{n-10}{2n}\}$ 的极限为 $\dfrac{1}{2}$.

三、收敛数列的性质

下面给出收敛数列的性质，证明过程省略.

定理2.1（唯一性） 收敛数列 $\{y_n\}$ 的极限是唯一的.

定理2.2（有界性） 收敛数列 $\{y_n\}$ 是有界数列.

注：有界数列指的是存在 $M>0$，使得对于任意 n，$|y_n|<M$. 例如，因为存在正数 $n=2$ 使得对于任意 n 总有 $|\dfrac{1}{n}|<2$，所以数列 $\{\dfrac{1}{n}\}$ 是有界的. 反过来，无界数列一定

是不收敛的、发散的，例如$\{n\}$是无界数列，所以是发散的.

定理2.3（保号性） 设$\lim\limits_{n\to\infty}y_n=A$. 如果$A>0$，则存在$N>0$，当$n>N$，$y_n>0$；如果$A<0$，则存在$N>0$，当$n>N$，$y_n<0$.

定理2.3也可以这样描述：如果数列收敛的极限大于0，那么数列最多只有有限项小于0；同理如果数列收敛的极限小于0，那么数列最多只有有限项大于0.

例如，数列$\left\{\frac{n-10}{2n}\right\}$极限为$\frac{1}{2}$大于0，而此数列只有有限项(前9项)小于0，当$n>10$后，$\frac{n-10}{2n}>0$.

数列的子列指的是从原数列中选取无穷个数，仍然按照原先的顺序排列所组成的新数列.

数列极限与数列子列的极限之间的关系有以下定理.

定理2.4 如果数列$\{y_n\}$收敛于A，那么$\{y_n\}$的任何子列仍然收敛于A.

例4 判断数列$\{(-1)^{n-1}\}=1，-1，1，-1，1，\cdots，(-1)^{n-1}，\cdots$的敛散性.

解：因为取n为偶数时的子数列为$\{1\}$，此时$\{1\}\to1$(当$n\to\infty$时)；取n为奇数时的子数列为$\{-1\}$，此时$\{-1\}\to-1$(当$n\to\infty$时)，两个数列$\{1\}$与$\{-1\}$收敛，但极限不同，由定理2.4知数列$\{(-1)^{n-1}\}=1，-1，1，-1，1，\cdots，(-1)^{n-1}，\cdots$发散.

例4说明定理2.4可用来判断数列的发散做法是找出所给数列的两个子数列，如果判断出两个子数列的极限结果不同，则结论是所给数列一定是发散的.

下列是常用数列极限存在的情况：

$1，1，1，1，\cdots，1，\cdots，y_n=1\to1(n\to\infty)$(收敛)即$\lim\limits_{n\to\infty}1=1$

$1，\frac{1}{2}，\frac{1}{3}，\frac{1}{4}，\cdots，\frac{1}{n}，\cdots，y_n=\frac{1}{n}\to0(n\to\infty)$(收敛)即$\lim\limits_{n\to\infty}\frac{1}{n}=0$

$\frac{1}{2}，\frac{2}{3}，\frac{3}{4}，\cdots，\frac{n}{n+1}，\cdots，y_n=\frac{n}{n+1}\to0(n\to\infty)$(收敛)即$\lim\limits_{n\to\infty}\frac{n}{n+1}=0$

$2，\frac{1}{2}，\frac{4}{3}，\frac{3}{4}，\cdots，\frac{n+(-1)^{n-1}}{n}，\cdots，y_n=\frac{n+(-1)^{n-1}}{n}\to1(n\to\infty)$(收敛)

即$\lim\limits_{n\to\infty}\frac{n+(-1)^{n-1}}{n}=1$

$2，4，8，\cdots，2^n，\cdots，y_n=2^n\to\infty(n\to\infty)$(发散)

$1，-1，1，\cdots，(-1)^{n+1}，\cdots，y_n=(-1)^{n+1}(n\to\infty)$趋势不定(发散)

熟悉以上数列极限，今后在极限运算过程中可直接用结论.

【即学即练】

设$y_n=(-2)^n$判断$\lim\limits_{n\to\infty}y_n=\lim\limits_{n\to\infty}(-2)^n$的存在情况.

§2.1 练习题

1. 写出以下数列的通项.

(1) $\frac{1}{2}, -\frac{1}{4}, \frac{1}{6}, -\frac{1}{8}, \frac{1}{10}, \cdots$

(2) $\frac{3}{2}, \frac{5}{4}, \frac{7}{6}, \frac{9}{8}, \frac{11}{10}, \cdots$

(3) $0, \frac{1}{2}, 0, \frac{1}{3}, 0, \cdots$

2. 判断下列命题是否正确.

(1) 若数列是有界数列，那么数列必有极限；

(2) 若数列发散，数列必无界；

(3) 若数列发散，那么它的所有子列也发散；

(4) $\lim\limits_{n\to\infty}|a_n|=0 \Leftrightarrow \lim\limits_{n\to\infty}a_n=0$；

(5) 若数列$\{a_{2n}\}$与$\{a_{2n+1}\}$收敛且极限是相同的，那么$\{a_n\}$也收敛.

3. 用观察法判断下列数列是否收敛.

(1) $\frac{1}{3}, -\frac{2}{3}, \frac{1}{6}, -\frac{4}{5}, \frac{1}{9}, -\frac{6}{7}, \cdots$

(2) $\frac{1}{3}, \frac{3}{5}, \frac{5}{7}, \frac{7}{9}, \frac{13}{11}, \cdots$

(3) $0, -\frac{1}{2}, 0, -\frac{1}{4}, 0, \cdots$

4. 利用极限定义证明.

(1) $\lim\limits_{n\to\infty}(1+(-1)^n\frac{1}{n})=1$　　(2) $\lim\limits_{n\to\infty}(5-3^{-n})=5$

§2.2 函数的极限

由于数列又可记为$f(n)=y_n$，$n\in\mathbf{N}^+$那么收敛数列$\{y_n\}$的极限也可以写成

$$\lim_{n\to+\infty}y_n=\lim_{n\to+\infty}f(n).$$

这样我们自然会问，对于一般意义下的函数$y=f(x)$，有没有极限现象？答案是肯定的．由于一般函数的自变量$x\in\mathbf{R}$，因此自变量趋向将不只是正无穷大．从而我们考虑函数$y=f(x)$的极限将分以下两种情形：当自变量趋于无穷大的极限与当自变量趋于某个点的极限.

一、自变量趋于无穷大($x\to\infty$)时函数的极限

首先我们观察函数$y=\frac{1}{x}$，当自变量x的绝对值$|x|$越来越大时，因变量y越来越趋

于0，如图2－5所示.

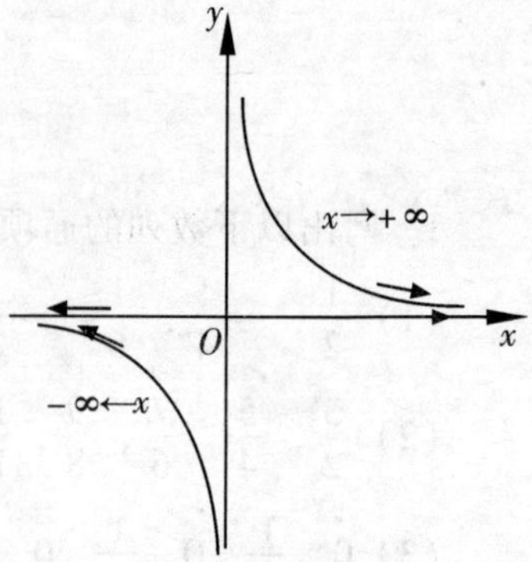

图2－5

从图中可以看到，自变量 x 的绝对值 $|x|$ 无限增大时，有两个方向，沿 x 轴正方向增长和负方向增长，我们给出记号，当自变量 x 的绝对值 $|x|$ 无限增大时，记为"$x\to\infty$"，读作"x 趋于无穷大"；当自变量 x 向着正方向无限增大时，记为"$x\to+\infty$"，读作"x 趋于正无穷大"；当自变量 x 向着负方向无限增大时，记为"$x\to-\infty$"，读作"x 趋于负无穷大". 下面给出这种当自变量趋于 $x\to\infty$ 时函数 $y=f(x)$ 极限现象的描述性定义.

定义 2.3　对于函数 $y=f(x)$，如果自变量 x 的绝对值 $|x|$ 无限增大时，$f(x)$ 无限趋近于某个常数 A，则称此函数 $f(x)$ 当 $x\to\infty$ 时收敛，常数 A 称为当 $x\to\infty$ 时函数 $f(x)$ 的极限，记作

$$\lim_{x\to\infty}f(x)=A，或者 f(x)\to A(x\to\infty)；$$

反之，如果函数 $f(x)$ 当 $x\to\infty$ 时不趋于某个常数，则称函数 $f(x)$ 当 $x\to\infty$ 时发散或者不收敛.

类似可定义 $\lim\limits_{x\to+\infty}f(x)=A$ 和 $\lim\limits_{x\to-\infty}f(x)=A$.

同时有以下性质：

定理 2.5　$\lim\limits_{x\to\infty}f(x)=A\Leftrightarrow\lim\limits_{x\to+\infty}f(x)=A$ 且 $\lim\limits_{x\to-\infty}f(x)=A$.

注：符号"$\Leftrightarrow$"表示"充分必要条件".

例 1　判断函数 $y=\begin{cases}1+\dfrac{1}{x} & x>0\\ -1+\dfrac{1}{x} & x<0\end{cases}$，当 $x\to\infty$ 时的敛散性.

解：因为 $\lim\limits_{x\to+\infty}(1+\dfrac{1}{x})=1$，$\lim\limits_{x\to-\infty}(-1+\dfrac{1}{x})=-1$.（🡸：参见§2.4可知计算过程）

$$\lim_{x\to+\infty}(1+\frac{1}{x})\neq\lim_{x\to-\infty}(1+\frac{1}{x})$$

所以根据定理2.5函数 $f(x)$ 为 $x\to\infty$ 时发散，即 $\lim\limits_{x\to\infty}f(x)$ 不存在.

下面我们给出这种情形函数极限的精确定义.

定义 2.4　对于函数 $y=f(x)$，如果存在常数 A，任取正数 $\varepsilon>0$，存在 $M>0$，当 $|x|>M$，总有

$$|f(x)-A|<\varepsilon,$$

称此函数 $f(x)$ 当 $x\to\infty$ 时收敛，常数 A 称为当 $x\to\infty$ 时函数的极限，记作

$$\lim_{x\to\infty}f(x)=A，或者 f(x)\to A(x\to\infty).$$

类似可以给出 $\lim\limits_{x\to+\infty}f(x)=A$ 和 $\lim\limits_{x\to-\infty}f(x)=A$ 的精确定义.

定义2.4的几何解释：

$\lim\limits_{x\to\infty}f(x)=A$ 即对 $\forall\varepsilon$，就有 $y=A+\varepsilon$ 和 $y=A-\varepsilon$ 两条直线，形成以 A 为中心线，以 2ε 为宽的带形区域. "当 $x>M$ 时 $|f(x)-A|<\varepsilon$"表示在直线 $x=M$ 的右方，曲线 $y=f(x)$ 全

部落在这个带形区域内（如图 2-6 中右边的阴影部分）. 如果 ε 给得小一点，即带形区域更窄一点，那么直线 $x=M$ 一般往右移；"当 $x<-M$ 时 $|f(x)-A|<\varepsilon$" 表示在直线 $x=M$ 的左方，曲线 $y=f(x)$ 全部落在这个带形区域内（如图 2-6 左边的阴影部分）. 如果 ε 给得小一点，即带形区域更窄一点，那么直线 $x=-M$ 一般往左移；但无论带形区域如何窄，总存在正数 M，使得曲线 $y=f(x)$ 在 $x=-M$ 的左边全部落在这个更窄的带形区域内；"当 $|x|>M$ 时，$|f(x)-A|<\varepsilon$" 表示在直线 $x=\pm M$ 的右左两方，曲线 $y=f(x)$ 全部落在这个带形区域两边阴影部分内. 如图 2-6 所示：

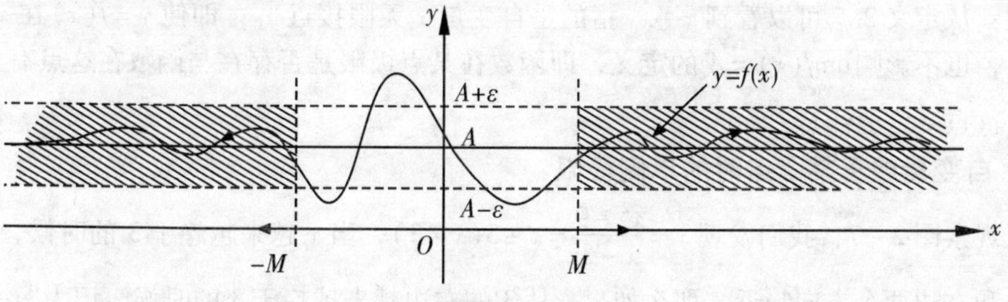

图 2-6

例 2 证明：$\lim\limits_{x\to\infty}\frac{1}{x}=0$.

证：任取正数 $\varepsilon>0$，要使 $\left|\frac{1}{x}-0\right|=\left|\frac{1}{x}\right|<\varepsilon$，只要 $|x|>\frac{1}{\varepsilon}$. 因此取 $M=\frac{1}{\varepsilon}$，当 $|x|>M$，有 $\left|\frac{1}{x}-0\right|=\left|\frac{1}{x}\right|<\varepsilon$.

所以 $\lim\limits_{x\to\infty}\frac{1}{x}=0$.

例 3 证明：$\lim\limits_{x\to\infty}\frac{\sin x}{x}=0$.

证：任取正数 $\varepsilon>0$，要使 $\left|\frac{\sin x}{x}-0\right|=\left|\frac{\sin x}{x}\right|<\left|\frac{1}{x}\right|<\varepsilon$，只要 $|x|>\frac{1}{\varepsilon}$. 所以取 $M=\frac{1}{\varepsilon}$，当 $|x|>M$，有 $\left|\frac{\sin x}{x}-0\right|\leqslant\left|\frac{1}{x}\right|<\varepsilon$.

所以 $\lim\limits_{x\to\infty}\frac{\sin x}{x}=0$.

二、自变量趋于某个点 ($x\to x_0$) 时函数的极限

1. 自变量趋于某个固定点时函数的极限

我们观察函数 $y=\frac{x^2-9}{x-3}$ 的图像，如图 2-7 所示，$y=\frac{x^2-9}{x-3}=x+3(x\neq3)$，当 x 越来越趋于 3 的时候，我们可以观察到函数 $y=\frac{x^2-9}{x-3}$ 越来越无限接近 6，那么这就是自变量 x 趋于某个点时函数的极限现象.

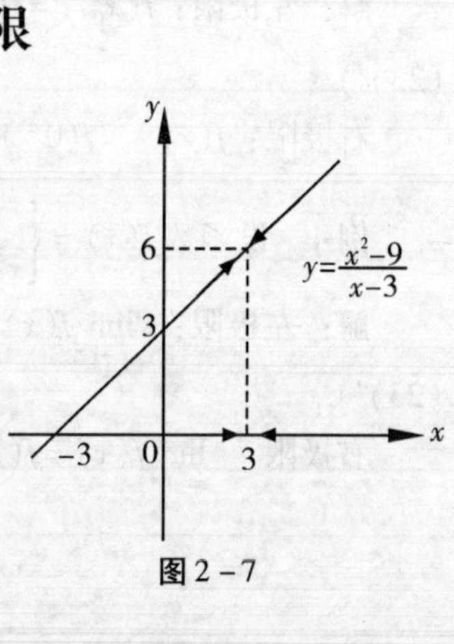

图 2-7

下面给出这种自变量 x 趋于某个点时函数极限描述性的定义.

定义 2.5 设函数 $y=f(x)$ 在点 x_0 的某个去心邻域有定义. 如果自变量 x 无限接近 x_0 时，$f(x)$ 无限趋近于某个常数 A，称此函数 $f(x)$ 当 $x\to x_0$ 时收敛，常数 A 称为当 $x\to\infty$ 时函数 $f(x)$ 的极限，记作

$$\lim_{x\to x_0}f(x)=A，\text{或者} f(x)\to A(x\to x_0)；$$

反之，如果函数 $f(x)$ 当 $x\to x_0$ 时不趋于某个常数，那么我们称函数 $f(x)$ 当 $x\to x_0$ 时发散或者不收敛.

注： 从定义 2.5 可以看到 $x\to x_0$ 指的是自变量 x 无限接近 x_0，即使 $y=f(x)$ 在 x_0 处没有定义，也不影响 $\lim\limits_{x\to x_0}f(x)=A$ 的定义，即函数在某点极限是否存在与函数在这点有无定义无关，这点一定要注意.

2. 自变量趋于某个点时的单侧极限

再观察图 2-7，我们发现 $y=\dfrac{x^2-9}{x-3}=x+3(x\neq3)$，当 x 越来越趋于 3 的时候，是从 3 的左边和右边两个方向趋近，那么如果 x 从 3 的左边越来越趋于 3 的时候，记为"$x\to3^-$"，此时 $x<3$；如果 x 从 3 的右边越来越趋于 3 的时候，记为"$x\to3^+$"，此时 $x>3$. 由此我们也可以给出单侧极限的定义.

定义 2.6 设函数 $y=f(x)$ 在点 x_0 的某个去心邻域有定义(即 $x\in\mathring{U}(x_0,\delta)$). 如果自变量 x 从 x_0 左边无限接近 x_0 时，$f(x)$ 无限趋近于某个常数 A，称函数 $f(x)$ 当 $x\to x_0^-$ 时收敛，A 称为 $f(x)$ 当 $x\to x_0^-$ 时的左极限，记作

$$f(x_0^-)=f(x_0-0)=\lim_{x\to x_0^-}f(x)=A，\text{或者} f(x)\to A(x\to x_0^-)；$$

如果当自变量 x 从 x_0 的右边无限接近 x_0 时，$f(x)$ 无限趋近于某个常数 A，称此函数 $f(x)$ 当 $x\to x_0^+$ 时收敛，A 称为 $f(x)$ 的当 $x\to x_0^+$ 时右极限，记作

$$f(x_0^+)=f(x_0+0)=\lim_{x\to x_0^+}f(x)=A，\text{或者} f(x)\to A(x\to x_0^+).$$

极限与单侧极限

定理 2.6 $\lim\limits_{x\to x_0}f(x)=A\Leftrightarrow\lim\limits_{x\to x_0^-}f(x)=A$ 且 $\lim\limits_{x\to x_0^+}f(x)=A$.

例 3 求函数 $f(x)=\begin{cases}-x & x\leqslant0\\1 & x>0\end{cases}$，当 $x\to0$ 时的左极限 $f(x_0^-)$ 和右极限 $f(x_0^+)$.

解： 左极限：$f(x_0^-)=f(0^-)=\lim\limits_{x\to0^-}f(x)=\lim\limits_{x\to0^-}(-x)=0$（🡸：参见 §2.3 图 2-17 中(23)′）

右极限：$f(x_0^+)=f(0^+)=\lim\limits_{x\to0^+}f(x)=\lim\limits_{x\to0^+}1=1$.（🡸：参见 §2.3 图 2-16 中(21)）

例 4 设函数 $f(x)=\begin{cases}-x & x\leqslant1\\x^2 & x>1\end{cases}$，讨论 $x\to1$ 时 $f(x)$ 的极限是否存在.

解： 左极限：$\lim\limits_{x\to1^-}f(x)=f(1^-)=\lim\limits_{x\to0^-}(-x)=-1$（🡸：参见 §2.3 图 2-17 中式子(23)′）

右极限：$\lim\limits_{x\to1^+}f(x)=f(1^+)=\lim\limits_{x\to0^+}x^2=1$（🡸：参见 §2.3 图 2-18(25)）

显然 $f(1^-)\neq f(1^+)$，所以 $\lim\limits_{x\to1}f(x)$ 不存在(🡐：由定理 2.6).

例 5 判断函数 $f(x)=\begin{cases}1 & x>\dfrac{\pi}{2}\\ \sin x & x\leqslant\dfrac{\pi}{2}\end{cases}$ 在点 $x=\dfrac{\pi}{2}$ 处是否有极限.

解：$\lim\limits_{x\to\frac{\pi}{2}^+}f(x)=\lim\limits_{x\to\frac{\pi}{2}^+}1=1$；(🡐：参见 §2.3 图 2－16(21))

$\lim\limits_{x\to\frac{\pi}{2}^-}f(x)=\lim\limits_{x\to\frac{\pi}{2}^-}\sin x=1$ (🡐：参见 §2.3 图 2－22(38))

$\lim\limits_{x\to\frac{\pi}{2}^-}f(x)=\lim\limits_{x\to\frac{\pi}{2}^+}f(x)=1$,

所以 $\lim\limits_{x\to\frac{\pi}{2}}f(x)=1$(🡐：由定理 2.6).

例 6 证明 $\lim\limits_{x\to0}|x|=0$ 是否存在.

证：当 $x\to0^+$ 时，有 $x>0$，则 $|x|=x$，从而 $\lim\limits_{x\to0^+}|x|=\lim\limits_{x\to0^+}x=0$ (🡐：参见 §2.3 图 2－17(23))

当 $x\to0^-$ 时，有 $x<0$，则 $|x|=-x$，从而 $\lim\limits_{x\to0^-}|x|=\lim\limits_{x\to0^-}(-x)=0$ (🡐：参见 §2.3 图 2－17(23)′)

综上得：$\lim\limits_{x\to0^+}|x|=\lim\limits_{x\to0^-}|x|=0$

所以由定理 2.6 得 $\lim\limits_{x\to0}|x|=0$.

【即学即练】

设 $f(x)=\begin{cases}-x^2 & x\geqslant1\\ 2x & x<1\end{cases}$，求 $\lim\limits_{x\to1}f(x)$.（答案：$\lim\limits_{x\to1}f(x)$ 不存在).

与讨论自变量趋于无穷大类似，$f(x)\to A$ 可用不等式 $|f(x)-A|<\varepsilon$ 来表示；$x\to x_0$ $(x\neq x_0)$ 可用不等式 $0<|x-x_0|<\delta$(δ 是与 ε 有关的正常数)来表示. 我们可以给出当 $x\to x_0$ 时，$f(x)$ 有极限 A 的精确定义如下：

定义 2.7 设函数 $y=f(x)$ 在点 x_0 的某个去心邻域有定义. 如果存在某个确定的常数 A，对任取正数 $\varepsilon>0$，总存在 $\delta>0$，当 $0<|x-x_0|<\delta$，恒有不等式 $|f(x)-A|<\varepsilon$ 成立，则称此函数 $f(x)$ 当 $x\to x_0$ 时收敛，常数 A 称为当 $x\to x_0$ 时函数 $f(x)$ 的极限，记作

$$\lim_{x\to x_0}f(x)=A，\text{或者 } f(x)\to A(\text{当 } x\to x_0 \text{ 时}).$$

定义 2.7 的几何意义如图 2－8 所示.

从几何上来解释，当 $x\to x_0$ 时，$f(x)\to A$ 的含义：设 ε 是任意的一个正数，在平面上作两条直线 $y=A-\varepsilon$ 和 $y=A+\varepsilon$. 由图 2－8 可以看到，我们总能找到点 x_0 的一个邻域 $(x_0-\delta,\ x_0+\delta)$，使得相应于这个邻域内的一切 x(x_0 可除外)，对应于函数 $f(x)$ 的图像上的点 $(x,\ f(x))$ 都将落在直线 $y=A-\varepsilon$ 和 $y=A+\varepsilon$ 之间(即图 2－8 中的阴影部分).

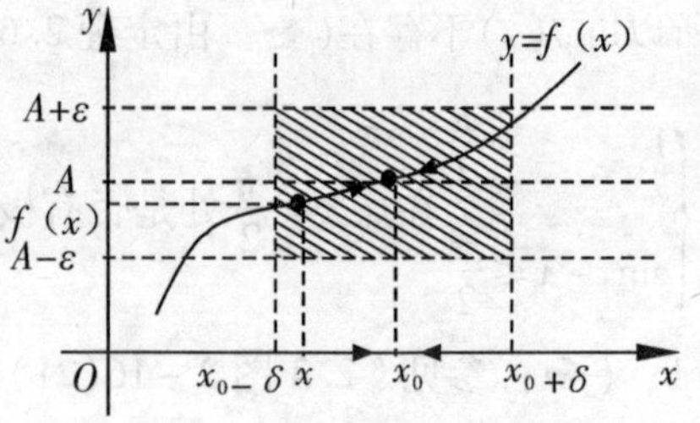

图2-8

类似地，可以给出 $\lim\limits_{x\to x_0^-} f(x)=A$ 和 $\lim\limits_{x\to x_0^+} f(x)=A$ 的精确定义.（读者自行完成）

* **例 7** 用函数极限的精确定义证明 $\lim\limits_{x\to 1}(2x-1)=1$.

证：$|f(x)-A|=|(2x-1)-1|=2|x-1|$

对于任意给定的 $\varepsilon>0$，要使 $|f(x)-A|<\varepsilon$，只要 $|x-1|<\dfrac{\varepsilon}{2}$. 取 $\delta=\dfrac{\varepsilon}{2}$，则 $0<|x-1|<\delta$ 时，必有 $|f(x)-A|=|(2x-1)-1|<\varepsilon$

所以 $\lim\limits_{x\to 1}(2x-1)=1$.

* **例 8** 用函数精确定义证明：$\lim\limits_{x\to x_0} x=x_0$.

证：任取正数 $\varepsilon>0$，要使得

$$|x-x_0|<\varepsilon,$$

只要取 $\delta=\varepsilon$，当 $0<|x-x_0|<\delta$，一定有 $|x-x_0|<\varepsilon$. 所以 $\lim\limits_{x\to x_0} x=x_0$.

【即学即练】

1. 用 $\varepsilon-M$ 或 $\varepsilon-\delta$ 语言，写出下列各函数极限的精确定义：

(1) $\lim\limits_{x\to-\infty} f(x)=1$；　　(2) $\lim\limits_{x\to 3^-} f(x)=-8$.

2. 根据函数极限的精确定义证明：

$\lim\limits_{x\to 3}(2x-1)=5$.

三、一般变量极限及性质

极限是描述两个变量在某个变化过程中的趋势，一个变量在另一个变量不同的变化过程中，变化趋势可能不同。综合数列 $y_n=f(n)$ 与函数 $y=f(x)$ 极限的概念，我们把数列及函数总称为“变量 y”这样可以总结出一般变量 y 的极限情形。在讨论变量的极限时，对其中两种变量(数列或函数)的变化过程也可总结出有以下七种 $n\to\infty$，$x\to\infty$，$x\to+\infty$，$x\to-\infty$，$x\to x_0$，$x\to x_0^+$，$x\to x_0^-$，当中的一种形式. 为研究一般情况，以后在一般定理的论述中，无特别说明的情况下，七种变化过程概括叙述为“某个变化过程”，并用通用记号“$\lim y$”来统一表达极限过程.

1. 一般变量极限的定义

定义 2.8 对于任意给定的 $\varepsilon>0$，总存在 $\delta>0$，在变量 y 的变化过程中，总有那么一

个时刻，在那个时刻以后

$$|y-A|<\varepsilon$$

恒成立，则称变量 y 在此变化过程中以 A 为极限，记作

$$\lim y=A.$$

注：(1) 定义中“总有那么一个时刻”，对数列 $f(n)$（当 $n\to\infty$ 时）是指“总存在一个正数 N”；“在那个时刻以后”指“当 $n>N$ 时”；此时“$\lim y=A$”应为“$\lim\limits_{n\to\infty}y=A$”；对于函数 $f(x)$，当 $x\to\infty$ 时，“总有那么一个时刻”是指“总存在一个正数 M”；“在那个时刻以后”指“当 $|x|>M$ 时”；此时“$\lim y=A$”应为“$\lim\limits_{x\to\infty}y=A$”，当 $x\to x_0$ 时，“总有那么一个时刻”是指“总存在一个正数 δ”；“在那个时刻以后”指“当 $0<|x-x_0|<\delta$ 时”；此时“$\lim y=A$”应为“$\lim\limits_{x\to x_0}y=A$”.

(2) 使用通用记号“$\lim y$”要注意的是，对于两种变量 $f(n)$，$f(x)$，所有过程均适用的定义、推理或规律性结论时才能使用通用记号，如果变量 y 已给出为具体函数，则不能使用通用记号“$\lim y$”，必须在极限符号下面伴随着所研究的变量的变化过程.

例如，$\lim C=C$（C 为任意常数）表示的是对数列 $f(n)=C$ 有 $\lim\limits_{n\to\infty}f(n)=\lim\limits_{n\to\infty}C=C$，对函数 $f(x)=C$ 有 $\lim\limits_{x\to\infty}f(x)=\lim\limits_{x\to\infty}C=C$；$\lim\limits_{x\to\pm\infty}f(x)=\lim\limits_{x\to\pm\infty}C=C$；$\lim\limits_{x\to x_0}f(x)=\lim\limits_{x\to x_0}C=C$ 以及 $\lim\limits_{x\to x_0^\pm}f(x)=\lim\limits_{x\to x_0^\pm}C=C$. 又如 $\lim\limits_{x\to 3}x=3$，$\lim\limits_{x\to\infty}\dfrac{1}{x}=0$，不能出现诸如 $\lim x=3$，$\lim\dfrac{1}{x}=0$ 等的符号.

2. **变量极限的性质定理（证明省略）**

定理 2.7（变量极限的唯一性）

如果 $\lim f(x)$ 存在，那么这极限唯一.

定理 2.8（变量极限的有界性）

如果在某一变化过程中，变量 y 有极限，则变量 y 是有界变量.

注：此定理反过来不成立.

例如，$f(x)=\begin{cases}x & x\leqslant 0\\ 1 & x>0\end{cases}$，在 $x=0$ 邻近有界，但 $\lim\limits_{x\to 0}f(x)$ 不存在，如右图所示.

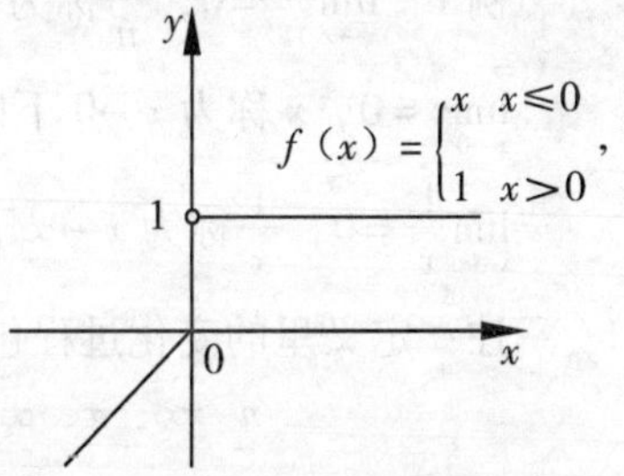

定理 2.9（变量极限的保号性）

在某一变化过程中 $\lim f(x)=A$. 如果 $A>0$，总有那么一个时刻，在那个时刻以后，函数 $f(x)>0$；如果 $A<0$，总有那么一个时刻，在那个时刻以后，函数 $f(x)<0$.

§2.2 练习题

1. 根据定义 2.4 给出 $\lim\limits_{x\to+\infty}f(x)=A$ 和 $\lim\limits_{x\to-\infty}f(x)=A$ 的精确定义.

2. 根据定义 2.7 给出 $\lim\limits_{x\to x_0^-}f(x)=A$ 和 $\lim\limits_{x\to x_0^+}f(x)=A$ 的精确定义.

3. 讨论极限 $\lim\limits_{x\to 0}\dfrac{|x|}{x}$.

4. 设函数$f(x)=\begin{cases}\sin x & x\leqslant 0\\ e^{-\frac{1}{x}} & x>0\end{cases}$，讨论$\lim\limits_{x\to 0}f(x)$是否存在.

5. 设函数$f(x)=\begin{cases}x^2-1 & x<0\\ 3x-1 & x\geqslant 0\end{cases}$，作出图像并讨论$\lim\limits_{x\to 0}f(x)$是否存在.

6. 利用定义证明：

(1) $\lim\limits_{x\to 3}(3x-1)=8$　　(2) $\lim\limits_{x\to -\infty}2^x=0$

(3) $\lim\limits_{x\to\infty}\dfrac{3x+5}{x-1}=3$　　(4) $\lim\limits_{x\to -2}\dfrac{x^2-4}{x+2}=-4$

7. 证明：若$\lim\limits_{x\to x_0}f(x)=0$，那么$\lim\limits_{x\to x_0}|f(x)|=0$.

§2.3　无穷小量与无穷大量

本节讨论变量（函数或数列）极限的两种特殊情形，一种是变量在自变量某个变化过程中，极限为零，另一种是变量的绝对值随着自变量的变化而无限增大的情形.

一、无穷小量

1. 无穷小量的定义

首先来介绍什么是无穷小量.

定义 2.9　如果变量y在一个变化过程中极限为0，那么变量y称为在这个变化过程下的无穷小量.

例 1　$\lim\limits_{n\to\infty}\dfrac{1}{n}=0$，$\dfrac{1}{n}$称为$n\to\infty$时的无穷小量.

$\lim\limits_{x\to 0}x=0$，x称为$x\to 0$下的无穷小量.

$\lim\limits_{x\to\infty}\dfrac{1}{x}=0$，$\dfrac{1}{x}$称为$x\to\infty$下的无穷小量.

注：定义里的变化过程包括：

$$n\to\infty,\ x\to\infty,\ x\to+\infty,\ x\to-\infty,\ x\to x_0,\ x\to x_0^+,\ x\to x_0^-.$$

不同的变化过程可能导致不同的结果，如$\lim\limits_{x\to\infty}\dfrac{1}{x}=0$，但如果变化过程是$x\to 0$，$\lim\limits_{x\to 0}\dfrac{1}{x}$是不存在的，这点从图像 2－10 中的式子(4)及图像 2－16 中的式子(22)就可以看出结论.

另外，要注意无穷小量是一个极限现象，不是一个具体的数，再小的非 0 实数都不是无穷小量，因为总可以找到比它更小的非 0 实数.

下面是常见的无穷小量：

$x^\alpha(\alpha>0)$，$\sin x$，$\tan x$，$\arcsin x$，$\arctan x$，$\ln(1+x)$，e^x-1，$1-\cos x$ 等都是$x\to 0$下的无穷小量，$x^\alpha(\alpha<0)$是$x\to\infty$下的无穷小量，$e^{-\alpha x}(\alpha>0)$等是$x\to+\infty$下的无穷小量.

2. 变量极限与无穷小量的关系

定理 2.10　(1) $\lim\limits_{n\to\infty}y_n=A\Leftrightarrow y_n=A+\alpha$，$\alpha$是$n\to\infty$的无穷小量.

(2) $\lim\limits_{x \to x_0} f(x) = A \Leftrightarrow f(x) = A + \alpha$，$\alpha$ 是 $x \to x_0$ 的无穷小量.

(3) $\lim\limits_{x \to \infty} f(x) = A \Leftrightarrow f(x) = A + \alpha$，$\alpha$ 是 $x \to \infty$ 的无穷小量.

我们只证明第 2 条，其他两条的证明原理完全一样.

证：充分性

设 $f(x) = A + \alpha$，α 是 $x \to x_0$ 的无穷小量. 那么 $\lim\limits_{x \to x_0} \alpha = 0$，意味着任取正数 $\varepsilon > 0$，总存在 $\delta > 0$，当 $0 < |x - x_0| < \delta$，有 $|\alpha| < \varepsilon$，于是得 $|f(x) - A| < \varepsilon$. 所以根据极限定义，可得 $\lim\limits_{x \to x_0} f(x) = A$.

必要性

设 $\lim\limits_{x \to x_0} f(x) = A$，那么意味着任取正数 $\varepsilon > 0$，存在 $\delta > 0$，当 $0 < |x - x_0| < \delta$，有 $|f(x) - A| < \varepsilon$ $\Rightarrow |(f(x) - A) - 0| < \varepsilon$. 也就可以得到 $\lim\limits_{x \to x_0}(f(x) - A) = 0$. 所以 $f(x) - A$ 为无穷小量 α，从而 $f(x) = A + \alpha$，α 是 $x \to x_0$ 的无穷小量.

定理 2.10 可以统一论述为：

定理 2.11 $\lim f(x) = A \Leftrightarrow f(x) = A + \alpha$，$\alpha$ 是同一变化过程的无穷小量.

3. 无穷小量的运算性质

定理 2.12 在同一变化过程中，有限个无穷小量的代数和仍然为无穷小量.

注：如 $\sin x$ 是 $x \to 0$ 的无穷小量，$1 - \cos x$ 是 $x \to 0$ 的无穷小量，那么 $1 - \cos x \pm \sin x$ 仍然是 $x \to 0$ 下的无穷小量.

定理 2.13 在同一变化过程中，有界量与无穷小量乘积仍然为无穷小量.

定理 2.14 在同一变化过程中，有限个无穷小的乘积仍为无穷小.

注：这里有界量指的是：①在变化过程中的有界函数；②常数；③在变化过程中极限存在的变量.

例 2 指出下列所给极限成立的理由.

(1) $\lim\limits_{n \to \infty} \dfrac{\sin n}{n} = 0$；(2) $\lim\limits_{x \to 0} x^{\alpha} \sin x = 0 (\alpha > 0)$.

解：(1) 在 $\lim\limits_{n \to \infty} \dfrac{\sin n}{n}$ 中，因为 $\dfrac{1}{n}(n \to \infty)$ 是无穷小量（见图 2－3(a)），而 $\{\sin n\}$ 是有界数列，$|\sin n| < 1$，所以，由定理 2.13 得 $\dfrac{\sin n}{n}$ 是当 $n \to \infty$ 时的无穷小量，即 $\lim\limits_{n \to \infty} \dfrac{\sin n}{n} = 0$.

在 (2) $\lim\limits_{x \to 0} x^{\alpha} \sin x (\alpha > 0)$ 中，因为 $\sin x$ 和 $x^{\alpha} (\alpha > 0)$ 都是 $x \to 0$ 下的无穷小量，也是有界量，所以由定理 2.14 得 $x^{\alpha} \sin x (\alpha > 0)$ 是 $x \to 0$ 时的无穷小量，即 $\lim\limits_{x \to 0} x^{\alpha} \sin x = 0 (\alpha > 0)$.

例 3 求下列极限.

(1) $\lim\limits_{x \to +\infty} \dfrac{\arctan x}{x}$；(2) $\lim\limits_{x \to \infty}(\dfrac{1}{x} \cos x)$.

解：在 (1) $\lim\limits_{x \to +\infty} \dfrac{\arctan x}{x}$ 中，$\dfrac{1}{x}$ 是 $x \to +\infty$ 下的无穷小量（见图 2－10(4)），而 $\lim\limits_{x \to +\infty} \arctan x = \dfrac{\pi}{2}$（由图 2－15(17)），因此 $\arctan x$ 为有界量，所以 $\dfrac{\arctan x}{x}$ 是 $x \to +\infty$ 时的无

穷小量，即 $\lim\limits_{x\to+\infty}\dfrac{\arctan x}{x}=0$.

（2）$\lim\limits_{x\to\infty}(\dfrac{1}{x}\cos x)$，此时$\dfrac{1}{x}$是 $x\to\infty$下的无穷小量，$\cos x$ 是有界函数，$|\cos x|<1$，所以$\dfrac{1}{x}\cos x$ 是 $x\to\infty$时的无穷小量，即$\lim\limits_{x\to\infty}(\dfrac{1}{x}\cos x)=0$.

【即学即练】

求下列极限.

（1）$\lim\limits_{x\to0}3\sin x$；（2）$\lim\limits_{x\to\infty}\dfrac{1}{x}\sin x$；（3）$\lim\limits_{x\to0}x^2\sin\dfrac{1}{x}$.

（答案：（1）0；（2）0；（3）0）.

二、无穷大量

1. 无穷大量的概念

定义 2.10 如果变量 y 的绝对值在一个变化过程中无限增大，那么变量 y 称为在这个变化过程下的无穷大量，记作 $\lim y=\infty$.

注：用数学语言描述"变量 y 的绝对值在一个变化过程中无限增大"，就是任取正数 $E>0$，在某个变化过程中，存在某个时刻，在这个时刻以后，$|y|>E$. 所以"无穷大"实际上是一个极限过程，包括两个方向，"正无穷大"与"负无穷大"，分别用"∞"、"$+\infty$"与"$-\infty$"来表示三个极限过程. 要注意任何很大的数都不是"无穷大"，因为再大的数，总有比它更大的数，而"无穷大"是一个变化过程.

例如，因为$\lim\limits_{n\to\infty}n=+\infty$，所以 n 为当 $n\to\infty$时的无穷大量.

因为$\lim\limits_{x\to\infty}x=\infty$，所以 x 为当 $x\to\infty$时的无穷大量.

因为$\lim\limits_{x\to0}\dfrac{1}{x}=\infty$，所以$\dfrac{1}{x}$为当 $x\to0$ 时的无穷大量.

要注意的是，一个函数极限是无穷大，实际上这个变化过程是发散的，也就是极限不存在，只是因为我们叙述的方便，才引入了"极限为∞"这个概念.

2. 无穷大量的性质

定理 2.15 在同一变化过程中，有界量与无穷大量的和仍然为无穷大量.

定理 2.16 在同一变化过程中，无穷大量与无穷大量乘积仍然为无穷大量.

例 4 根据定理 2.15 与定理 2.16，我们可以得到当 $x\to0$ 时，$\dfrac{1}{x}+\sin x$；$\dfrac{1}{x}\ln|x|$是无穷大量.

关于无穷大量更多的性质我们不再讨论. 但要指出的是无穷小量的一些运算性质对无穷大量不一定成立.

例如，对$\dfrac{1}{x}\sin x$，当 $x\to0$ 时，$\dfrac{1}{x}\to\infty$，$\sin x$ 为有界量，但$\dfrac{1}{x}\sin x$ 不是无穷大量，事实

上$\lim\limits_{x\to 0}\frac{1}{x}\sin x=1$.（🡄：参见§2.5）

上例也说明无穷大量与有界量的乘积不一定是无穷大量.

3. **无穷小量与无穷大量的关系**

定理 2.17 无穷大量 y 的倒数 $\frac{1}{y}$ 是无穷小量；非 0 的无穷小量 y 的倒数 $\frac{1}{y}$ 为无穷大量.

例 5 （1）$\frac{5}{n}$ 是 $n\to\infty$ 时的无穷小量，所以 $\frac{n}{5}$ 是 $n\to\infty$ 时的无穷大量；反之，$\frac{n}{5}$ 是 $n\to\infty$ 时的无穷大量，$\frac{5}{n}$ 是 $n\to\infty$ 时的无穷小量.

（2）$\frac{1}{x}$ 是 $x\to\infty$ 时的无穷小量，所以 x 是 $x\to\infty$ 时的无穷大量；反之，x 是 $x\to\infty$ 时的无穷大量，所以 $\frac{1}{x}$ 是 $x\to\infty$ 时的无穷小量.

三、无穷小量的阶

在§2.3 中，已知自变量在同一变化过程中，两个无穷小量的和、差、积均为无穷小，但是，没有涉及两个无穷小量的商. 这是由于两个无穷小量的商的极限有各种可能，其原因是分子分母的两个无穷小量趋于零的“速度”可能不同.

如 x，$2x$，x^2 都是当 $x\to 0$ 时的无穷小量，但它们趋于零的速度却不同. 列表比较如下：

x	1	0.5	0.1	0.01	0.001… → 0
$2x$	2	1	0.2	0.02	0.002… → 0
x^2	1	0.25	0.01	0.001	0.000 001… → 0

显然 x^2 在 $x\to 0$ 下的趋于 0 的速度要比 x 与 $2x$ 趋于零的速度（收敛速度）快得多.

这些情形表明，同为无穷小量，它们趋于 0 的速度却有快有慢. 如何比较同一变化过程下的不同无穷小量趋于 0 的速度呢？在此引入除法运算来比较收敛速度，也就是无穷小量的阶的概念.

定义 2.11 设 α 与 β 是同一变化过程下的两个无穷小量，C 为非零常数.

1. 如果 $\lim\frac{\beta}{\alpha}=0$，则称 β 是比 α 较高阶的无穷小量，记为 $\beta=o(\alpha)$.

2. 如果 $\lim\frac{\beta}{\alpha}=\infty$，则称 β 是比 α 较低阶的无穷小量.

3. 如果 $\lim\frac{\beta}{\alpha}=C\neq 0$，则称 β 是与 α 同阶的无穷小量.

4. 如果 $\lim\frac{\beta}{\alpha}=C=1$，则称 β 是与 α 等价的无穷小量，记为 $\beta\sim\alpha$.

例 6 比较下列各题中的两个无穷小量的阶.

(1) 当 $x\to 0$ 时 x^2 和 x;

(2) 当 $x\to 0$ 时 x 和 x^2;

(3) 当 $x\to 0$ 时 $3x$ 和 x;

(4) 当 $x\to 0$ 时 $1-\cos x$ 和 $\frac{x^2}{2}$.

解:(1) 因为 $\lim\limits_{x\to 0}\frac{x^2}{x}=0$

所以当 $x\to 0$,x^2 是比 x 较高阶的无穷小量,记为 $x^2=o(x)$.(🡸:由定义 2.11,1)

(2) 因为 $\lim\limits_{x\to 0}\frac{x}{x^2}=\infty$

所以当 $x\to 0$,x 是比 x^2 较低阶的无穷小量或 x^2 是比 x 较高阶的无穷小量.

(3) 因为 $\lim\limits_{x\to 0}\frac{3x}{x}=3$

所以当 $x\to 0$,$3x$ 是与 x 同阶的无穷小量.(🡸:由定义 2.11,3)

(4) 因为 $\lim\limits_{x\to 0}\frac{1-\cos x}{\frac{x^2}{2}}=\lim\limits_{x\to 0}\frac{2\sin^2\frac{x}{2}}{\frac{x^2}{2}}=\lim\limits_{x\to 0}\left(\frac{\sin\frac{x}{2}}{\frac{x}{2}}\right)^2=1^2=1$.(🡸:计算过程参见 §2.5 可知)

所以当 $x\to 0$ 时,$1-\cos x$ 与 $\frac{x^2}{2}$ 是等价的无穷小量,记为 $1-\cos x\sim\frac{x^2}{2}$.(🡸:由定义 2.11,4)

例 7 证明 $\sqrt{1+x}-1\sim\frac{x}{2}$,当 $x\to 0$.

证:$\lim\limits_{x\to 0}\frac{\sqrt{1+x}-1}{\frac{x}{2}}=\lim\limits_{x\to 0}\frac{(\sqrt{1+x}+1)(\sqrt{1+x}-1)}{\frac{x}{2}(\sqrt{1+x}+1)}$

$=\lim\limits_{x\to 0}\frac{1}{\frac{1}{2}(\sqrt{1+x}+1)}=1$,(🡸:计算过程参见 §2.4 可知)

所以 $\sqrt{1+x}-1\sim\frac{x}{2}$.

【即学即练】

当 $x\to 0$ 时,$x-2x^2$ 与 x^2-2x^3 相比,哪一个是高阶的无穷小量?

(答案:x^2-2x^3).

四、常用基本初等函数极限的情形

（一）自变量趋于无穷大($x\to\pm\infty$)时函数极限

利用基本初等函数的图像和性质，可以得到以下常用的当 $x\to\pm\infty$时函数极限情况如下：

1. **幂函数部分(图2-9至图2-12)**

(1) $\lim\limits_{x\to\pm\infty} C=C$($C$为常数)　　(2) $\lim\limits_{x\to\pm\infty} x=\pm\infty$(极限不存在)

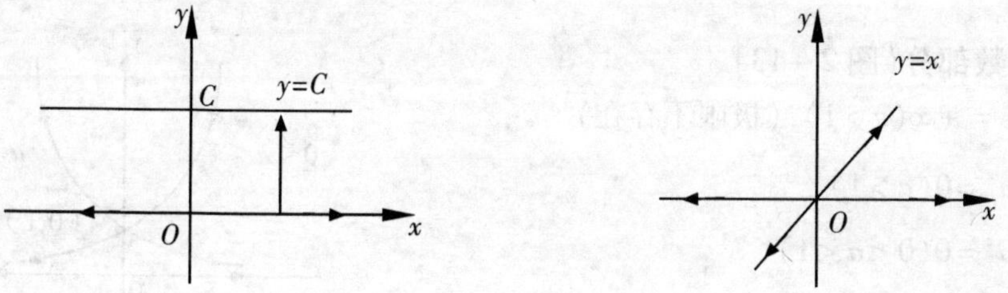

图2-9

(3) $\lim\limits_{x\to\pm\infty}(-x)=\mp\infty$(极限不存在)　　(4) $\lim\limits_{x\to\pm\infty}\dfrac{1}{x}=0$

图2-10

(5) $\lim\limits_{x\to\pm\infty} x^2=+\infty$(极限不存在)　　(6) $\lim\limits_{x\to+\infty} x^{\frac{1}{2}}=\lim\limits_{x\to+\infty}\sqrt{x}=+\infty$(极限不存在)

图2-11

(7) $\lim\limits_{x\to\pm\infty} x^3 = \pm\infty$（极限不存在）

(8) $\lim\limits_{x\to\pm\infty} x^{\frac{1}{3}} = \pm\infty$（极限不存在）

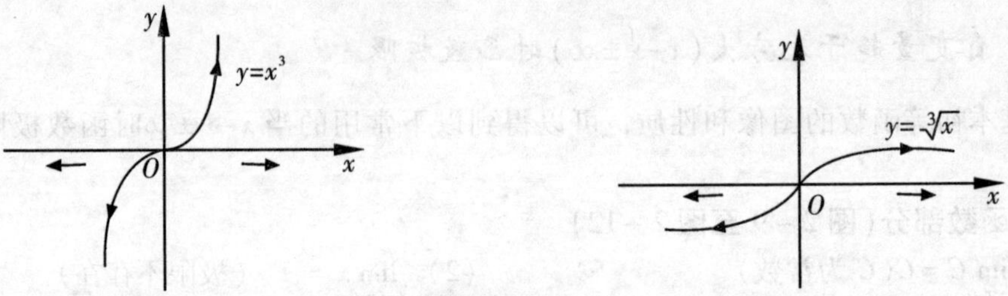

图 2－12

2. 指数函数部分（图 2－13）

(9) $\lim\limits_{x\to+\infty} a^x = +\infty(a>1)$（极限不存在）

(10) $\lim\limits_{x\to-\infty} a^x = 0(a>1)$

(11) $\lim\limits_{x\to+\infty} a^x = 0(0<a<1)$

(12) $\lim\limits_{x\to-\infty} a^x = +\infty(0<a<1)$（极限不存在）

(13) $\lim\limits_{x\to-\infty} e^x = 0$

(14) $\lim\limits_{x\to-\infty} e^x = +\infty$（极限不存在）

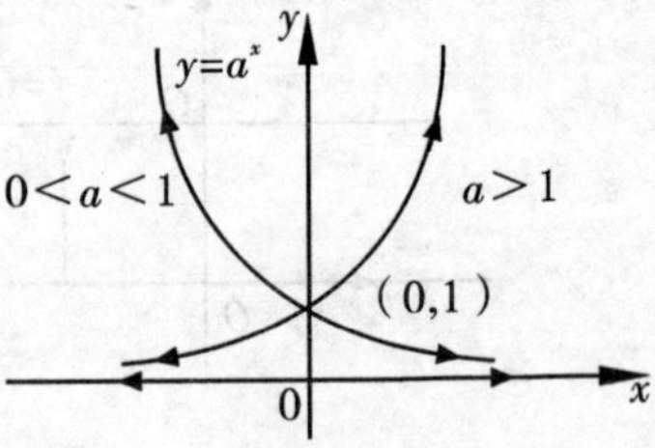

图 2－13

3. 对数函数部分（图 2－14）

(15) $\lim\limits_{x\to+\infty} \log_a x = +\infty(a>1)$（极限不存在）

(16) $\lim\limits_{x\to+\infty} \log_a x = -\infty(0<a<1)$（极限不存在）

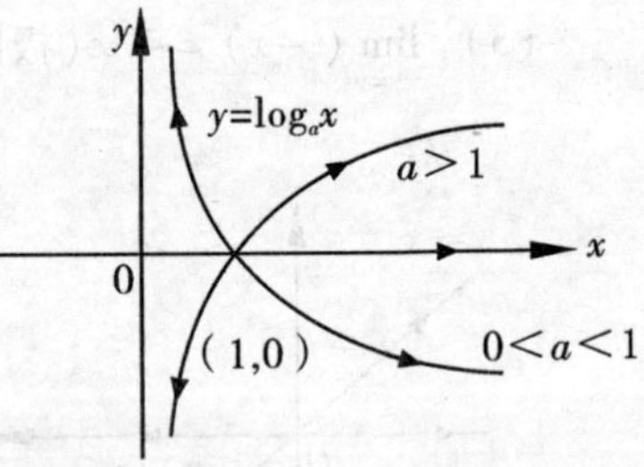

图 2－14

4. 反三角函数部分（图 2－15）

(17) $\lim\limits_{x\to+\infty} \arctan x = \frac{\pi}{2}$

(18) $\lim\limits_{x\to+\infty} \operatorname{arccot} x = 0$

(19) $\lim\limits_{x\to-\infty} \arctan x = -\frac{\pi}{2}$

(20) $\lim\limits_{x\to-\infty} \operatorname{arccot} x = \pi$

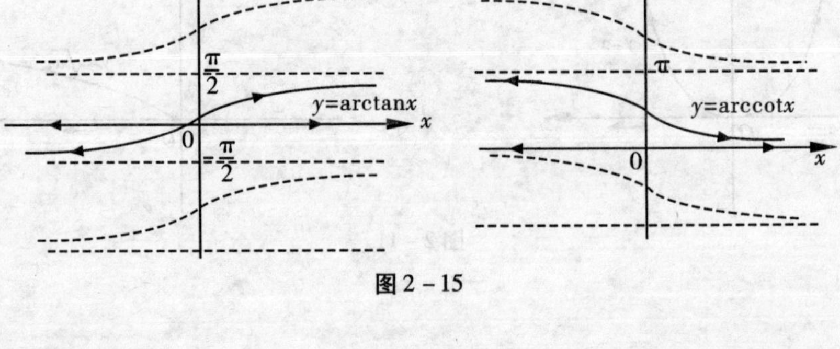

图 2－15

（二）自变量趋向于固定点（$x \to x_0$，$x \to x_0^-$，$x \to x_0^+$）时的函数极限

1. 幂函数部分（图 2－16 至图 2－19）

（21）$\lim\limits_{x \to x_0} C = C$（$C$ 为常数）　　（22）$\lim\limits_{x \to 0^{\mp}} \dfrac{1}{x} = \mp\infty$（极限不存在）

图 2－16

（23）$\lim\limits_{x \to x_0} x = x_0$；（23）′ $\lim\limits_{x \to x_0}(-x) = -x_0$　　（24）$\lim\limits_{x \to x_0} x^n = x_0^n$（$n$ 为正整数）

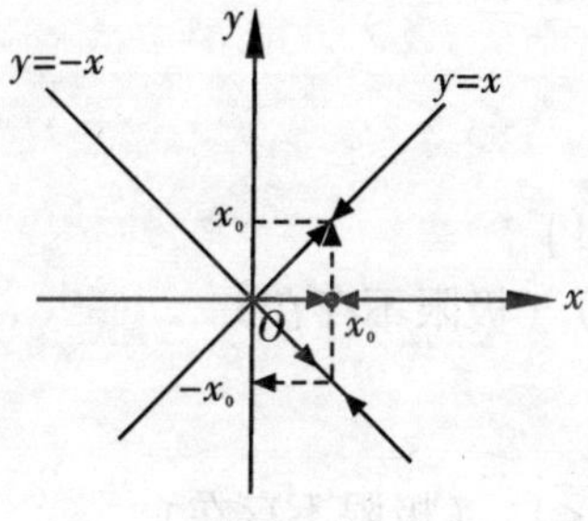

图 2－17

（25）$\lim\limits_{x \to 0^{\mp}} x^2 = 0$　　（26）$\lim\limits_{x \to 0^+} x^{\frac{1}{2}} = \lim\limits_{x \to 0^+} \sqrt{x} = 0$

图 2－18

(27) $\lim\limits_{x\to 0^{\mp}} x^3 = 0$　　　　(28) $\lim\limits_{x\to 0^{\mp}} x^{\frac{1}{3}} = 0$

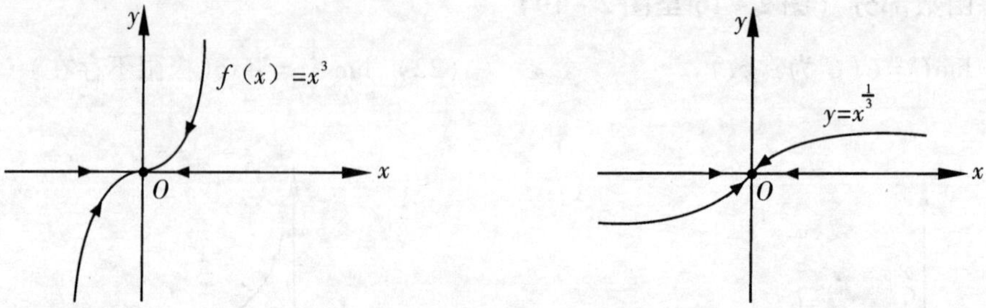

图 2－19

2. 指数函数部分(图 2－20)

(29) $\lim\limits_{x\to 0^-} a^x = 1(a>1)$

(30) $\lim\limits_{x\to 0^+} a^x = 1(0<a<1)$

(31) $\lim\limits_{x\to 0^+} \mathrm{e}^x = 1$

(32) $\lim\limits_{x\to 0^-} \mathrm{e}^x = +\infty$ （极限不存在）

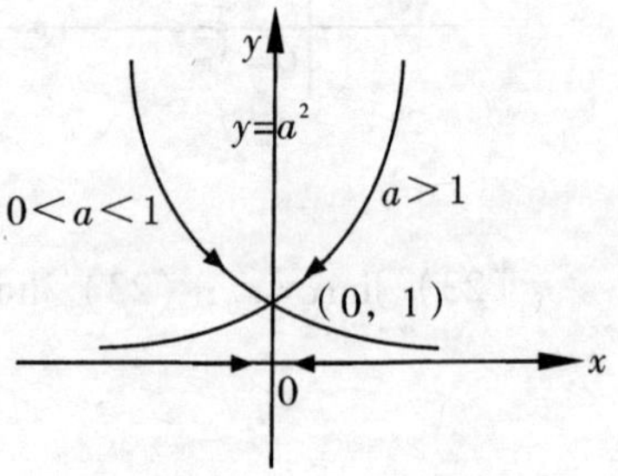

图 2－20

3. 对数函数部分(图 2－21)

(33) $\lim\limits_{x\to 0^+} \log_a x = -\infty(a>1)$ （极限不存在）

(34) $\lim\limits_{x\to 1^{\mp}} \log_a x = 0(a>1)$

(35) $\lim\limits_{x\to 0^+} \log_a x = +\infty(0<a<1)$ （极限不存在）

(36) $\lim\limits_{x\to 1^{\mp}} \log_a x = 0(0<a<1)$

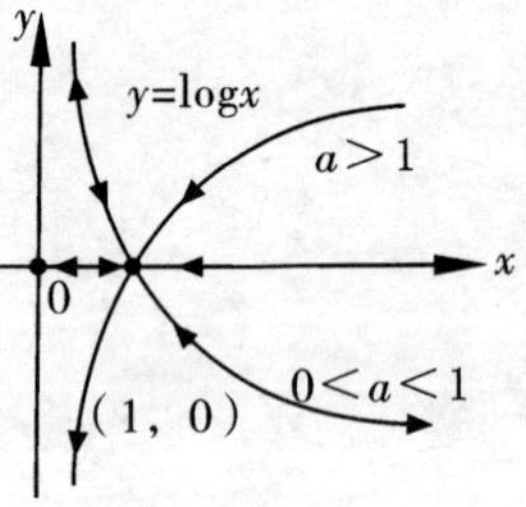

图 2－21

4. 三角函数部分(图 2－22 至图 2－25)

(37) $\lim\limits_{x\to 0^{\mp}} \sin x = 0$　　　　(38) $\lim\limits_{x\to(\frac{\pi}{2})^{\mp}} \sin x = 1$

一般 $\lim\limits_{x\to(2k\pi)^{\mp}} \sin x = 0(k=0,\ 1,\ 2,\ 3,\ \cdots)$； $\lim\limits_{x\to(\frac{\pi}{2}+2k\pi)^{\mp}} \sin x = 1(k=0,\ 1,\ 2,\ 3,\ \cdots)$

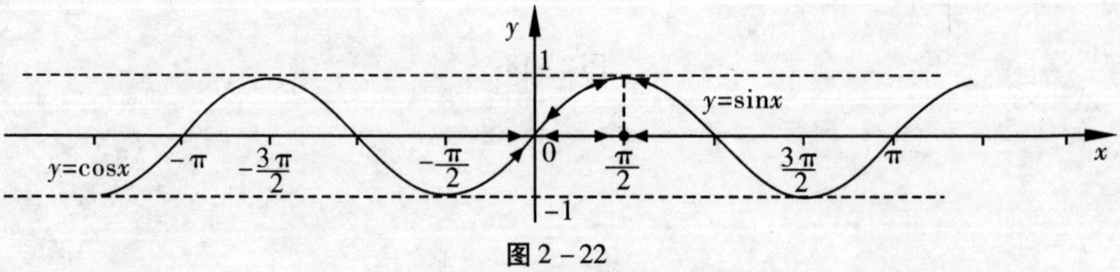

图 2－22

(39) $\lim\limits_{x\to 0^{\mp}} \cos x = 1$ (40) $\lim\limits_{x\to (\frac{\pi}{2})^{\mp}} \cos x = 0$

一般 $\lim\limits_{x\to (2k\pi)^{\mp}} \cos x = 1(k=0, 1, 2, 3, \cdots)$； $\lim\limits_{x\to (\frac{\pi}{2}+2k\pi)^{\mp}} \cos x = 1(k=0, 1, 2, 3, \cdots)$

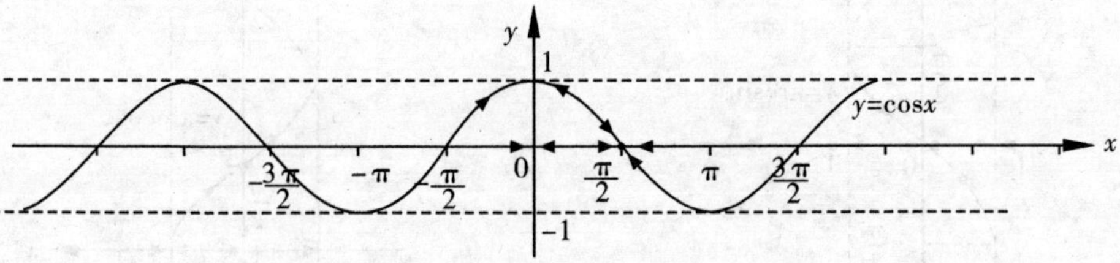

图 2-23

(41) $\lim\limits_{x\to 0^{\mp}} \tan x = 0$ (42) $\lim\limits_{x\to 0^{\mp}} \cot x = \mp\infty$（极限不存在）

(43) $\lim\limits_{x\to (\frac{\pi}{2})^{\mp}} \tan x = \pm\infty$（极限不存在） (44) $\lim\limits_{x\to (\frac{\pi}{2})^{\mp}} \cot x = 0$

一般 $\lim\limits_{x\to (k\pi)^{\mp}} \tan x = 0(k=0, 1, 2, 3, \cdots)$；一般 $\lim\limits_{x\to (k\pi)^{\mp}} \tan x = \mp\infty(k=0, 1, 2, 3, \cdots)$

$\lim\limits_{x\to (\frac{\pi}{2}+k\pi)^{\mp}} \tan x = \pm\infty(k=0, 1, 2, 3, \cdots)$； $\lim\limits_{x\to (\frac{\pi}{2}+k\pi)^{\mp}} \tan x = 0(k=0, 1, 2, 3, \cdots)$

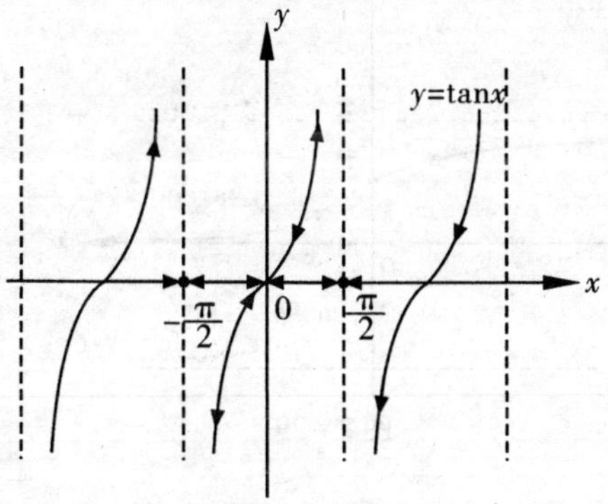

图 2-24

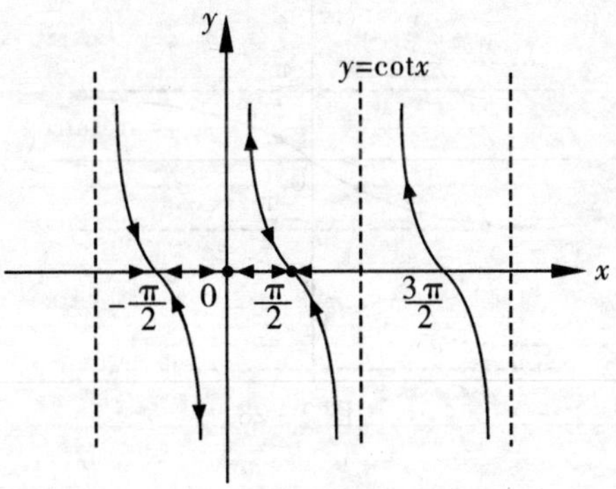

图 2-25

5. 反三角函数部分（图 2-26 至图 2-29）

(45) $\lim\limits_{x\to 0^{\mp}} \arcsin x = 0$ (48) $\lim\limits_{x\to 0^{\mp}} \arccos x = \frac{\pi}{2}$

(46) $\lim\limits_{x\to 1^{\mp}} \arcsin x = \frac{\pi}{2}$ (49) $\lim\limits_{x\to 1^{\mp}} \arccos x = 0$

(47) $\lim\limits_{x\to (-1)^{\mp}} \arcsin x = -\frac{\pi}{2}$ (50) $\lim\limits_{x\to (-1)^{\mp}} \arccos x = \pi$

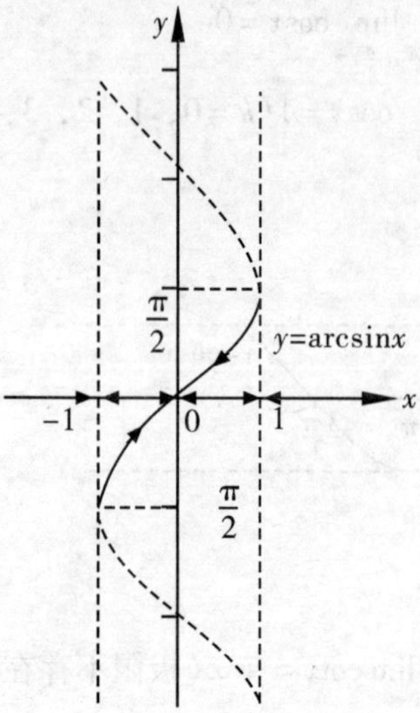

图 2－26

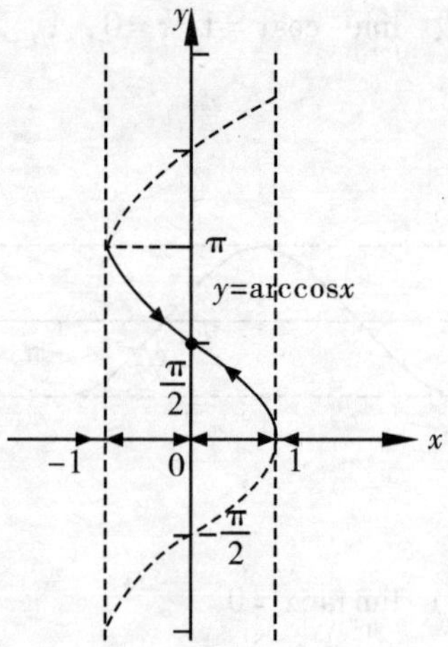

图 2－27

(51) $\lim\limits_{x\to 0^{\mp}} \arctan x = 0$;　　(52) $\lim\limits_{x\to 0^{\mp}} \operatorname{arccot} x = \dfrac{\pi}{2}$

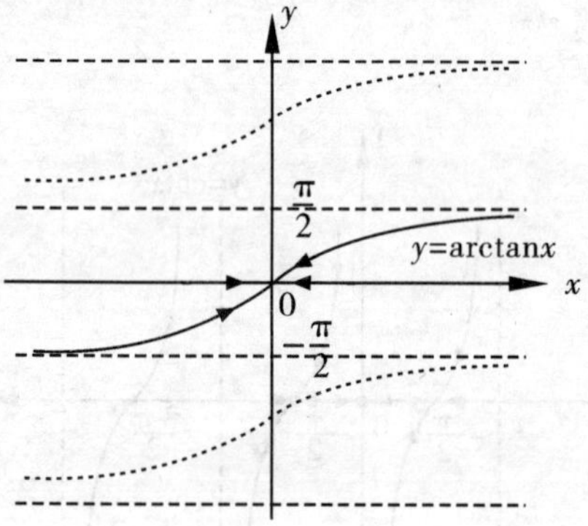

图 2－28

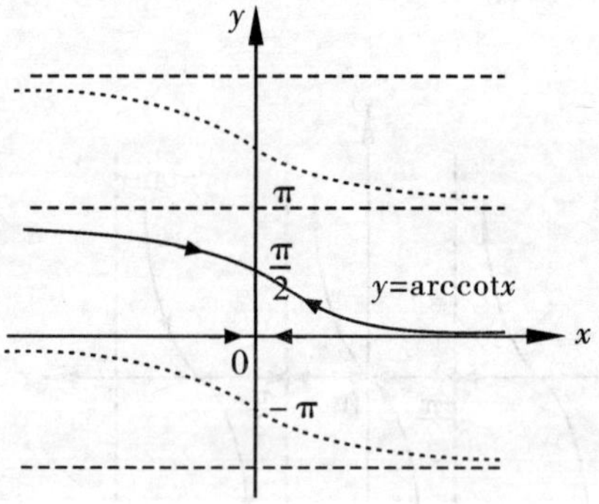

图 2－29

注：熟悉以上极限结果对极限运算是非常有用的，希望读者通过图像理解后尽可能记住.

§2.3　练习题

1. 下列变量中，当 $x\to 0$ 时，哪些是无穷小量，哪些是无穷大量，哪些既不是无穷大量也不是无穷小量？当 $x\to\infty$时，哪些是无穷小量，哪些是无穷大量，哪些既不是无穷大量也不是无穷小量？

x，$\ln|x|$，$\sin\dfrac{1}{x}$，2^x，$2^{-\frac{1}{x}}$，$2^{-\frac{1}{|x|}}$，$\dfrac{1}{1+x}$，$\dfrac{x^2}{1+x}$，$x^2-0.01x$，0，10 000

2. 函数 $f(x)=\dfrac{x+1}{x-1}$在什么条件下是无穷大量，什么条件下是无穷小量？为什么？

3. $y=\frac{1}{x-2}\sin\frac{1}{x}$在什么变化过程中是无穷大量，在什么变化过程中是无穷小量.

4. 以下数列在$n\to\infty$时是否为无穷小量.

$\{\frac{(-1)^n}{n}\}$，$\{\frac{1+(-1)^n}{n}\}$，$\{\frac{1}{\sqrt{n}}\}$，$\{\frac{1}{n^2}\}$

5. 当$x\to0$时，比较下列无穷小量与无穷小量x，确定是什么阶的无穷小量.

x，x^4，$x^2-0.01x$，0，$|x|$，$x^{\frac{1}{2}}$

6. 两个无穷大量的和仍为无穷大量吗？试举例说明.

7. 试证$x\to0$时，$\sin x^2$是比$\tan x$高阶的无穷小量.

§2.4 极限的运算法则

大量的极限计算，是学习微积分极其重要的部分，前面我们已经认识了一些常用的极限，这节讨论利用一些极限的运算法则来计算更多的极限.

一、极限的四则运算法则

定理2.18 如果$\lim f(x)=A$，$\lim g(x)=B$，那么

$$(1)\ \lim[f(x)\pm g(x)]=A\pm B \tag{2.4.1}$$

$$(2)\ \lim[f(x)g(x)]=AB \tag{2.4.2}$$

$$(3)\ 若B\neq0，那么\lim[\frac{f(x)}{g(x)}]=\frac{A}{B} \tag{2.4.3}$$

我们只证明1、2与3证明思想类似.

（1）**证明**：已知$\lim f(x)=A$，所以$f(x)=A+\alpha$，α是同一变化过程的无穷小量.

又$\lim g(x)=B$，所以$g(x)=B+\beta$，β是同一变化过程的无穷小量.

所以$f(x)+g(x)=A+B+\alpha+\beta$，同时我们知道无穷小量的和仍然是无穷小量，所以$\alpha+\beta$也是无穷小量，根据§2.3定理2.10，我们有

$$\lim[f(x)+g(x)]=A+B$$

证毕.

注：只有定理中的$f(x)$与$g(x)$的变化过程一致才可以进行四则运算，同时定理中的（1）与（2）可以推广到有限个函数的情形.

若$\lim f_i(x)=A(i=1,2,\cdots,n)$，那么

$$\lim[f_1(x)+f_2(x)+\cdots+f_n(x)]=A_1+A_2+\cdots+A_n \tag{2.4.4}$$

$$\lim[f_1(x)\times f_2(x)\times\cdots\times f_n(x)]=A_1\times A_2\times\cdots\times A_n \tag{2.4.5}$$

推论 2.1 如果 $\lim f(x)=A$，而 C 为常数，则

$$\lim\left[Cf(x)\right]=CA \tag{2.4.6}$$

推论 2.2 如果 $\lim f(x)=A$，而 $n\in\mathbf{N}$，则

$$\lim\left[f(x)\right]^n=A^n \tag{2.4.7}$$

$$\lim\left[f(x)\right]^{\frac{1}{n}}=A^{\frac{1}{n}} \tag{2.4.8}$$

例 1 设多项式函数 $P(x)=a_0+a_1x+\cdots+a_nx^n$，证明 $\lim\limits_{x\to x_0}P(x)=P(x_0)$.

证：根据极限四则运算法则，可得

$$\begin{aligned}\lim_{x\to x_0}P(x)&=\lim_{x\to x_0}(a_0+a_1x+\cdots+a_nx^n)\\&=\lim_{x\to x_0}a_0+\lim_{x\to x_0}a_1x+\cdots+\lim_{x\to x_0}a_nx^n\text{（←：定理 2.18，(2.4.1)）}\\&=a_0+a_1x_0+\cdots+a_nx_0^n=P(x_0).\text{（←：定理 2.18）}\end{aligned}$$

证毕.

例 2 求 $\lim\limits_{x\to 2}(3x^3+4x-1)$.

解题分析：我们可以按照极限四则运算法则来计算，但是参见例 1，我们也可以直接得到结果.

解：$\lim\limits_{x\to 2}(3x^3+4x-1)=3\cdot 2^3+4\cdot 2-1=31$.（←：定理 2.18，(2.4.1)）

例 3 求有理分式的极限 $\lim\limits_{x\to x_0}\dfrac{P(x)}{Q(x)}=\lim\limits_{x\to x_0}\dfrac{a_0+a_1x+\cdots+a_nx^n}{b_0+b_1x+\cdots+b_mx^m}$，$Q(x_0)\neq 0$.

解：因为 $Q(x_0)\neq 0$

所以 $\lim\limits_{x\to x_0}\dfrac{P(x)}{Q(x)}=\dfrac{\lim\limits_{x\to x_0}P(x)}{\lim\limits_{x\to x_0}Q(x)}=\dfrac{P(x_0)}{Q(x_0)}$.（←：定理 2.18，(2.4.3)）

例 4 求 $\lim\limits_{x\to 1}\dfrac{2x^2-x+4}{x^3+1}$.

解：因为 $\lim\limits_{x\to 1}(x^3+1)=(1+1)=2\neq 0$

所以 $\lim\limits_{x\to 1}\dfrac{2x^2-x+4}{x^3+1}=\dfrac{\lim\limits_{x\to 1}(2x^2-x+4)}{\lim\limits_{x\to 1}(x^3+1)}=\dfrac{2-1+4}{1+1}=\dfrac{5}{2}$.（←：定理 2.18，(2.4.3)）

观察上面的例子，我们发现如果 $f(x)$ 是多项式函数，或者是 $x\to x_0$ 时分母极限不为 0 的有理分式函数，那么

$$\lim_{x\to x_0}f(x)=f(x_0).$$

例 5 求 $\lim\limits_{x\to 1}\dfrac{2x^2-x+4}{x^3-1}$.

解：由于分母极限 $\lim\limits_{x\to 1}(x^3-1)=0$，而分子极限 $\lim\limits_{x\to 1}(2x^2-x+4)=5\neq 0$，

所以 $\dfrac{x^3-1}{2x^2-x+4}$ 是 $x\to 1$ 下的无穷小量，即 $\lim\limits_{x\to 1}\dfrac{x^3-1}{2x^2-x+4}=0$. 取倒数后，由无穷小量与

无穷大量的关系可得结论，即$\lim\limits_{x\to1}\frac{2x^2-x+4}{x^3-1}=\infty$.（←：由定理2.17）

此题要特别注意的是：$\lim\limits_{x\to1}\frac{2x^2-x+4}{x^3-1}\neq\frac{\lim\limits_{x\to1}(2x^2-x+4)}{\lim\limits_{x\to1}(x^3-1)}$.

例6 求$\lim\limits_{x\to1}\frac{x^2-2x+1}{x^3-1}$.

解题分析：由于$\lim\limits_{x\to1}(x^3-1)=0$，而$\lim\limits_{x\to1}(x^2-2x+1)=0$，不能直接用除法的法则，观察知约掉分母与分子的公因子可使问题解决.

解：$\lim\limits_{x\to1}\frac{x^2-2x+1}{x^3-1}=\lim\limits_{x\to1}\frac{(x-1)^2}{(x-1)(x^2+x+1)}$（←：消去使分母为零的因子）

$$=\lim_{x\to1}\frac{x-1}{x^2+x+1}$$

$$=\frac{0}{3}=0.$$

由例5、例6观察到，当$x\to x_0$时分母极限为0的有理分式函数求极限时，这时需要我们观察分子中的多项式极限是否为0：如果不为0，那么分母是无穷小量，而分子极限存在，利用前面章节中关于无穷小量与无穷大量的知识，我们可以得到此时的极限是∞；如果为0，这时需要约掉分母与分子的公因子$(x-x_0)^m$ $(m\in\mathbf{N})$后再根据四则运算法则进行计算.

【即学即练】

1. $\lim\limits_{x\to2}(2x^2+x-5)$.

2. 求$\lim\limits_{x\to1}\frac{x-1}{x^2+2x-3}$.

（答案：1. 5；2. $\frac{1}{4}$）.

对于当$x\to\infty$时我们看另一类经常计算的有理函数的极限$\lim\limits_{x\to\infty}\frac{P(x)}{Q(x)}=\lim\limits_{x\to\infty}\frac{a_0+a_1x+\cdots+a_nx^n}{b_0+b_1x+\cdots+b_mx^m}$，$a_n$，$b_m\neq0$，$n$，$m\in\mathbf{N}$，由于此时分母与分子都是无穷大量，不能直接用极限的四则运算法则来计算。常用的做法是用分母分子中的变量x的最高次幂同除以分子分母，然后再用四则运算法则. 看下面的几个例子.

例7 求$\lim\limits_{x\to\infty}\frac{x^2+x+1}{5x^2-1}$.

解题分析：此时分母与分子都是无穷大量，无法用除法法则做. 而且观察知分母与分子最高阶次数一致，此时我们可以用分母与分子同时除以最高阶幂函数x^2，然后再处理.

解：我们有

$$\lim_{x\to\infty}\frac{x^2+x+1}{5x^2-1}=\lim_{x\to\infty}\frac{1+\frac{1}{x}+\frac{1}{x^2}}{5-\frac{1}{x^2}}=\frac{1+0+0}{5-0}=\frac{1}{5}.$$

例8 求$\lim\limits_{x\to\infty}\dfrac{4x^3+x-2}{x^2-1}$.

解法分析：此时分母与分子都是无穷大量，而且最高阶次数分子比分母大，此时我们将分母与分子同时除以最高阶幂函数x^3，得到$\lim\limits_{x\to\infty}\dfrac{4x^3+x-2}{x^2-1}=\lim\limits_{x\to\infty}\dfrac{4+\dfrac{1}{x^2}-\dfrac{2}{x^3}}{\dfrac{1}{x}-\dfrac{1}{x^3}}$. 观察此式分母的极限为0不能用除法的法则，但分子的极限为常数，因此先求原式的倒数的极限，再由无穷大与无穷小的关系可得结果.

具体解法如下：

解：因为$\lim\limits_{x\to\infty}\dfrac{x^2-1}{4x^3+x-2}=\lim\limits_{x\to\infty}\dfrac{\dfrac{1}{x}-\dfrac{1}{x^3}}{4+\dfrac{1}{x^2}-\dfrac{2}{x^3}}=0$,

所以$\lim\limits_{x\to\infty}\dfrac{4x^3+x-2}{x^2-1}=\infty$.（🡐：由无穷大与无穷小的关系）

例9 求$\lim\limits_{x\to\infty}\dfrac{x^3-3x-2}{x^5-1}$.

解：此时分母与分子都是无穷大量，而且最高阶次数分母比分子大，此时我们将分母与分子同时除以最高阶幂函数x^5，得到

$$\lim_{x\to\infty}\frac{x^3-3x-2}{x^5-1}=\lim_{x\to\infty}\frac{\frac{1}{x^2}-3\frac{1}{x^4}-2\frac{1}{x^5}}{1-\frac{1}{x^5}}=\frac{0-0-0}{1}=0.$$

例10 求$\lim\limits_{n\to\infty}\dfrac{20n^3-n+5}{4n^3+1}$.

解：$\lim\limits_{n\to\infty}\dfrac{20n^3-n+5}{4n^3+1}=\lim\limits_{n\to\infty}\dfrac{20-\dfrac{1}{n^2}+5\dfrac{1}{n^3}}{4+\dfrac{1}{n^3}}=\dfrac{\lim\limits_{n\to\infty}\left(20-\dfrac{1}{n^2}+\dfrac{5}{n^3}\right)}{\lim\limits_{n\to\infty}\left(4+\dfrac{1}{n^3}\right)}=\dfrac{20-0+0}{4+0}=5.$

总结例7至例10，我们可以归纳出下面的规律：

$$\lim_{x\to\infty}\frac{P(x)}{Q(x)}=\lim_{x\to\infty}\frac{a_0+a_1x+\cdots+a_nx^n}{b_0+b_1x+\cdots+b_mx^m}=\begin{cases}\dfrac{a_n}{b_n} & n=m\\ \infty & n>m\\ 0 & n<m\end{cases},\ a_n,\ b_m\neq0,\ n,\ m\in\mathbf{N}.$$

由以上规律可快速得结论.

例11 求（1）$\lim\limits_{x\to\infty}\dfrac{x^3+5x-2}{-2x^3-1}$；（2）$\lim\limits_{x\to\infty}\dfrac{x^3+2x+4}{-2x^2-1}$；（3）$\lim\limits_{x\to\infty}\dfrac{x^3+2x+4}{6x^9+x^2-1}$.

解：（1）$\lim\limits_{x\to\infty}\dfrac{x^3+5x-2}{-2x^3-1}=-\dfrac{1}{2}$；（🡐：$\because n=3,\ m=3,\ a_n=1,\ b_n=-2;\ n=m$）

(2) $\lim\limits_{x\to\infty}\dfrac{x^3+2x+4}{-2x^2-1}=\infty$;(⬅:$\because n=3$,$m=2$,$a_n=1$,$b_n=-2$;$n>m$)

(3) $\lim\limits_{x\to\infty}\dfrac{x^3+2x+4}{6x^9+x^2-1}=0$.(⬅:$\because n=3$,$m=9$,$a_n=1$,$b_n=6$;$n<m$)

【即学即练】

求下列极限:

(1) $\lim\limits_{x\to\infty}\dfrac{2x^3+3x^2+5}{7x^3+4x^2-1}$;(2) $\lim\limits_{x\to\infty}\dfrac{2x^3+3x^2-4x+1}{3x^2+5x-6}$;(3) $\lim\limits_{x\to\infty}\dfrac{x^3+3x^2-2x+1}{3x^5+x-6}$

(答案:(1) $\dfrac{2}{7}$;(2) ∞;(3) 0).

二、复合函数的运算法则

我们首先给出一个结论:如果 $f(x)$ 是初等函数,x_0 在 $f(x)$ 的定义域中,那么

$$\lim_{x\to x_0}f(x)=f(x_0).$$(⬅:这结论在§2.7中得到)

定理 2.19 如果 $\lim\limits_{u\to u_0}f(u)=A$,$\lim\limits_{x\to x_0}g(x)=u_0$,且存在 $\delta>0$,当 $x\in\mathring{U}(x_0,\delta)$ 时,有 $g(x)\neq u_0$,那么

$$\lim_{x\to x_0}f[g(x)]=\lim_{u\to u_0}f(u)=A.$$

证明略.

在上面的定理中,将 $\lim\limits_{x\to x_0}g(x)=u_0$ 换成 $\lim\limits_{x\to x_0}g(x)=\infty$ 或 $\lim\limits_{x\to\infty}g(x)=\infty$,把 $\lim\limits_{u\to u_0}f(u)=A$ 换成 $\lim\limits_{u\to\infty}f(u)=A$,有类似定理成立,留给读者思考.

定理 2.19 说明在求复合函数极限时可以作变量代换,变量替换计算极限是非常重要的方法之一.

一般过程为:

在计算 $\lim\limits_{x\to x_0}f[g(x)]$ 中,令 $g(x)=u$,则当 $x\to x_0$ 时,$u\to u_0$

于是 $\lim\limits_{x\to x_0}f[g(x)]=\lim\limits_{u\to u_0}f(u)$

且代换是双向的,或在计算 $\lim\limits_{u\to u_0}f(u)$ 中令 $u=g(x)$,则当 $u\to u_0$ 时,$x\to x_0$

于是 $\lim\limits_{u\to u_0}f(u)=\lim\limits_{x\to x_0}f[g(x)]$.

例 12 求极限 $\lim\limits_{x\to 3}\sqrt{\dfrac{x-3}{x^2-9}}$.

解:解法一:令 $u=g(x)=\dfrac{x-3}{x^2-9}$

于是当 $x\to 3$ 时,$\lim\limits_{x\to 3}u=\lim\limits_{x\to 3}\dfrac{x-3}{x^2-9}=\lim\limits_{x\to 3}\dfrac{x-3}{(x-3)(x+3)}=\dfrac{1}{6}$ 即 $u\to\dfrac{1}{6}$

从而原式 $=\lim\limits_{u\to\frac{1}{6}}f(u)=\lim\limits_{u\to\frac{1}{6}}\sqrt{u}=\sqrt{\frac{1}{6}}=\frac{\sqrt{6}}{6}$.

解法二：$\lim\limits_{x\to3}\sqrt{\frac{x-3}{x^2-9}}=\lim\limits_{x\to3}\sqrt{\frac{1}{x+3}}=\sqrt{\frac{1}{6}}=\frac{\sqrt{6}}{6}$.

例 13　求 $\lim\limits_{x\to\infty}\sqrt{1+\frac{1}{x}}$.

解题分析：本题是复合函数或极限，函数可分解为

$u=1+\frac{1}{x}$，$y=\sqrt{n}$. 而且 $\lim\limits_{x\to\infty}(1+\frac{1}{x})=1$，$\lim\limits_{u\to1}\sqrt{n}=1$ 满足定理 2.19 的条件，运用定理 2.19 即可.

解：解法一：

设 $u=1+\frac{1}{x}$，则 $\lim\limits_{x\to\infty}u=\lim\limits_{x\to\infty}(1+\frac{1}{x})=1$，

从而

$$\lim_{x\to\infty}\sqrt{1+\frac{1}{x}}=\lim_{u\to1}\sqrt{u}=\sqrt{1}=1$$

解法二：

$$\lim_{x\to\infty}\sqrt{1+\frac{1}{x}}=\sqrt{\lim_{x\to\infty}(1+\frac{1}{x})}=1$$

例 14　求 $\lim\limits_{x\to0}\frac{e^{x^2}}{1+x}$.

解：因为 $\frac{e^{x^2}}{1+x}$ 是初等函数，其定义域为 $(-\infty,\ -1)\cup(-1,\ +\infty)$，在 $x=0$ 处有定义

所以 $\lim\limits_{x\to0}\frac{e^{x^2}}{1+x}=\frac{e^0}{1+0}=1$.

我们看下面的例子.

例 15　求 $\lim\limits_{x\to+\infty}(\sqrt{x^2+4}-\sqrt{x^2-4})$.

解题分析：我们注意到 $\lim\limits_{x\to\infty}\sqrt{x^2+4}=+\infty$，且 $\lim\limits_{x\to\infty}\sqrt{x^2-4}=+\infty$，但是这里无穷大量的差并不一定没有极限，此题我们首先利用分子有理化的技巧，可得

解：
$$\lim_{x\to+\infty}(\sqrt{x^2+4}-\sqrt{x^2-4})=\lim_{x\to+\infty}\frac{(\sqrt{x^2+4}+\sqrt{x^2-4})(\sqrt{x^2+4}-\sqrt{x^2-4})}{\sqrt{x^2+4}+\sqrt{x^2-4}}$$

$$=\lim_{x\to+\infty}\frac{8}{\sqrt{x^2+4}+\sqrt{x^2-4}}$$

$$=\lim_{x\to+\infty}\frac{\frac{8}{x}}{\sqrt{1+\frac{4}{x^2}}+\sqrt{1-\frac{4}{x^2}}}$$，（🡸：分子分母同除以 x）

$$=\frac{0}{1+1}=0.$$（🡸：定理 2.18 及四则运算法则）

【即学即练】

求$\lim\limits_{x\to 2}\dfrac{\sqrt{x+7}-3}{\sqrt{x+2}-2}$. （答案：2）.

§2.4 练习题

1. 求下列极限.

(1) $\lim\limits_{x\to 2}(x^2+3x-6)$

(2) $\lim\limits_{n\to\infty}\dfrac{n^2-4}{n+2}$

(3) $\lim\limits_{x\to\infty}\dfrac{x^3-x+5}{x^2-x+1}$

(4) $\lim\limits_{n\to\infty}\dfrac{3n^2+n+1}{n^3+4n^2-1}$

(5) $\lim\limits_{x\to 1}\dfrac{x^n-1}{x-1}$

(6) $\lim\limits_{x\to 2}\dfrac{x^2-5x+6}{x^2-2x-3}$

(7) $\lim\limits_{x\to\infty}\dfrac{2x^2+1}{x^2+5x+3}$

(8) $\lim\limits_{h\to 0}\dfrac{(x+h)^3-x^3}{h}$

(9) $\lim\limits_{x\to 1}\left(\dfrac{3}{1-x^3}-\dfrac{1}{1-x}\right)$

(10) $\lim\limits_{x\to\infty}\dfrac{x^2+x}{5x^3-3x+1}$

(11) $\lim\limits_{x\to\infty}\dfrac{x^3}{2x+1}$

(12) $\lim\limits_{x\to\infty}(2x^3-3x+6)$

(13) $\lim\limits_{x\to 3}\dfrac{x^3+x^2+3x+27}{x-3}$

2. 计算下列极限.

(1) $\lim\limits_{x\to 0}x\cdot\sin\dfrac{1}{x}=0$

(2) $\lim\limits_{x\to\infty}\dfrac{\sin x}{x}=\lim\limits_{x\to\infty}\dfrac{1}{x}\sin x=0$

(3) $\lim\limits_{x\to\infty}\dfrac{1}{x}\sin\dfrac{1}{x}=0$

(4) $\lim\limits_{x\to\infty}\dfrac{\arctan x}{x}=\lim\limits_{x\to\infty}\dfrac{1}{x}\arctan x=0$

(5) $\lim\limits_{h\to 0}\dfrac{(x+h)^2-x^2}{h}$

(6) $\lim\limits_{x\to\infty}\dfrac{(2x-1)^{10}(3x+1)^5}{(x^5-1)^3}$

(7) $\lim\limits_{n\to\infty}\left(1+\dfrac{1}{2}+\cdots+\dfrac{1}{2^n}\right)$

(8) $\lim\limits_{n\to\infty}\dfrac{3^n+2^n}{3^{n+1}-2^{n+1}}$

(9) $\lim\limits_{n\to\infty}\dfrac{1+2+\cdots+n}{n^2}$

(10) $\lim\limits_{x\to\infty}\dfrac{\sqrt{x+1}+\sqrt{x-1}}{\sqrt{x}}$

(11) $\lim\limits_{x\to 1}\left(\dfrac{1}{1-x}-\dfrac{3}{1-x^3}\right)$

(12) $\lim\limits_{x\to 1}\dfrac{x^2-1}{x^2-5x+4}$

(13) $\lim\limits_{x\to\infty}\left(\sqrt{(x+1)(x-2)}-x\right)$

3. 设$f(x)=\sqrt{x}$，求$\lim\limits_{h\to 0}\dfrac{f(x+h)-f(x)}{h}$.

4. 若$\lim\limits_{x\to 2}\dfrac{x^2-ax+b}{x-2}=6$，确定 a 与 b.

5. 若$\lim\limits_{x\to\infty}(\dfrac{x^2+1}{x-2}-ax-b)=3$，确定 a 与 b.

6. 设$f(x)=\begin{cases}e^x & x<0\\ 2x+a & x\geqslant 0\end{cases}$，问当 a 为何值时，极限$\lim\limits_{x\to 0}f(x)$存在.

7. 试问函数$f(x)=\begin{cases}5-x\sin\dfrac{1}{x} & x>0\\ 10 & x=0\\ 5+x^2 & x<0\end{cases}$，在 $x=0$ 处的左、右极限是否存在？当 $x\to 0$ 时，$f(x)$的极限是否存在？

8. 若 $x\to 0$ 时，$(1-ax^2)^{\frac{1}{3}}-1\sim x^2$，确定 a 的值.

9. 若 $x\to 0$ 时，比较下列无穷小量与 x^2 是否等价.

$\sec x-1$，$x\arctan x$，$\dfrac{1}{2}\tan 2x^2$，$\sqrt{1+\sin x^2}-\sqrt{1-\sin x^2}$

10. 试证 $x\to 0$ 时，e^x-1 与 x 是等价无穷小量.

11. 当 $x\to 0$ 时，若$(1-ax^2)^{\frac{1}{4}}-1$ 与 $x\sin x$ 是等价无穷小量，试求 a.

12. 证明当 $x\to 0$ 时，$\tan 3x\ln(1+2x)\sim 6\sin x^3$.

§2.5 极限存在的准则与两个重要极限运算法则

一、准则Ⅰ

定理 2.20 （夹逼准则(*Squeeze theorem*)）如果在自变量 x 的变化过程中，函数 f，g，h 有下列关系：

1. $g(x)\leqslant f(x)\leqslant h(x)$

2. $\lim g(x)=\lim h(x)=A$

那么有 $\lim f(x)=A$.

定理说明：如果较大的函数和较小的函数在同一变化过程中都有相同的极限 A. 则夹在两者之间的函数的极限必定存在且等于 A. 使用夹逼准则时，关键是要找到极限相等的较大与较小函数. 如何放大缩小函数，就显得非常重要. 该准则对于数列极限也成立.

例 1 证明$\lim\limits_{x\to\infty}\sin\dfrac{1}{x}=0$.

证：作单位圆如图 2－30

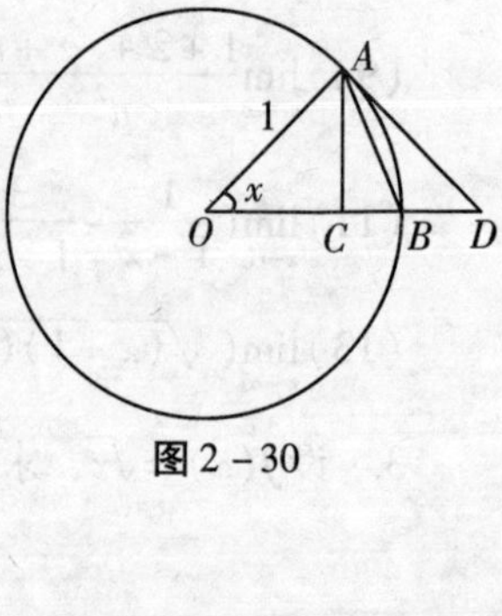

图 2－30

半径为 1，设$\angle AOD=x(0\leqslant x<\dfrac{\pi}{2})$，且 $AD\perp OA$，$AC\perp OD$

所以圆弧 AB 的弧长为 x，而 $\sin x=|AC|$，从图可以明显看到

$$|AC|<|AB|<x\quad 即 0<\sin x<x$$

所以 $0<\sin\frac{1}{x}<\frac{1}{x}$. 由于 $\lim\limits_{x\to\infty}\sin\frac{1}{x}=0$，根据夹逼准则，可得 $\lim\limits_{x\to\infty}\sin\frac{1}{x}=0$. 证毕.

例 2 证明 $\lim\limits_{x\to 0}\cos x=1$.

证明思路：要证明 $\lim\limits_{x\to 0}\cos x=1$. 只要证明 $\lim\limits_{x\to 0}(1-\cos x)=0$. 找两个能求出极限且极限相等的两个函数，使 $1-\cos x$ 夹在其中.

证：由于 $0\leqslant 1-\cos x=2\sin^2\frac{x}{2}\leqslant 2\left(\frac{x}{2}\right)^2=\frac{1}{2}x^2$

而 $\lim\limits_{x\to 0}\frac{1}{2}x^2=0$，所以 $\lim\limits_{x\to 0}(1-\cos x)=0$，也即 $\lim\limits_{x\to 0}\cos x=1$.

例 3 求 $\frac{1}{n^2+n+1}+\frac{2}{n^2+n+2}+\cdots+\frac{n}{n^2+n+n}$ 当 $n\to\infty$ 时的极限.

解题分析：欲用夹逼准则，通过适度放大缩小，找出比原式大和比原式小，能求出极限且极限相等的两个式子. 为此，可将原式每项的分母分别全部换为 n^2+n+1 和 u^2+u+u.

解：因为 $\frac{1+2+3+\cdots+n}{n^2+n+n}\leqslant\frac{1}{n^2+n+1}+\frac{2}{n^2+n+2}+\cdots+\frac{n}{n^2+n+n}\leqslant\frac{1+2+3+\cdots+n}{n^2+n+1}$

$$\frac{n(n+1)}{2(n^2+n+n)}\leqslant\frac{1}{n^2+n+1}+\frac{2}{n^2+n+2}+\cdots+\frac{n}{n^2+n+n}\leqslant\frac{n(n+1)}{2(n^2+n+1)}$$

（↑：左右两边用公式 $1+2+3+4+\cdots+n=\frac{n(n+1)}{2}$）

且 $\lim\limits_{n\to\infty}\frac{n(n+1)}{2(n^2+n+n)}=\lim\limits_{n\to\infty}\frac{n(n+1)}{2(n^2+n+1)}=\frac{1}{2}$

所以由夹逼准则得原式的极限为 $\frac{1}{2}$.

注：从上面的几个例子可以看到，对于我们学过的数列极限，函数极限都有夹逼准则，夹逼准则是一有效的计算极限的方法，关键是如何通过适度放大缩小寻求夹逼效应.

【即学即练】

求 $\lim\limits_{n\to\infty}\left(\frac{1}{\sqrt{n^2+1}}+\frac{1}{\sqrt{n^2+2}}+\cdots+\frac{1}{\sqrt{n^2+n}}\right)$.（答案：1）.

二、第一个重要极限

利用夹逼准则，我们可以得到第一个重要极限.

定理 2.21 $\lim\limits_{x\to 0}\frac{\sin x}{x}=1$.

当 $x\to 0$ 时，函数 $y=\frac{\sin x}{x}$ 的变化趋势如下：

(弧度)	0.50	0.10	0.05	0.04	0.03	0.02	…→0
$\frac{\sin x}{x}$	0.958 5	0.998 3	0.999 6	0.999 7	0.999 8	0.999 9	…→1

证明思路：

欲证 $\lim\limits_{x\to0^+}\frac{\sin x}{x}=\lim\limits_{x\to0^-}\frac{\sin x}{x}=1$.

又因为 $\lim\limits_{x\to0^-}\frac{\sin x}{x}=\lim\limits_{x\to0^-}\frac{\sin(-x)}{-x}\xrightarrow{令y=-x}\lim\limits_{y\to0^+}\frac{\sin y}{y}=\lim\limits_{x\to0^+}\frac{\sin x}{x}$，所以我们只要证 x 由正值趋于 0 的情形，即只要证

$$\lim_{x\to0^+}\frac{\sin x}{x}=1.$$

证：在如图 2-31 中的单位圆中，$BC\perp OC$，$AD\perp OA$，当 $0<x<\frac{\pi}{2}$ 时，有

$\sin x>0$，$\tan x>0$，$|OA|=1$，$\sin x=|BC|$，$x=\overset{\frown}{AB}$，
$\tan x=|AD|$，从而，得

$S_{\triangle OAB}=\frac{1}{2}|OA|\cdot|BC|=\frac{1}{2}\cdot1\cdot\sin x=\frac{1}{2}\sin x$

$S_{扇形OAB}=\frac{1}{2}|OA|^2\cdot\angle AOB=\frac{1}{2}\cdot1^2\cdot x=\frac{1}{2}x$

$S_{\triangle OAD}=\frac{1}{2}|OA|\cdot|AD|=\frac{1}{2}\cdot1\cdot\tan x=\frac{1}{2}\tan x$

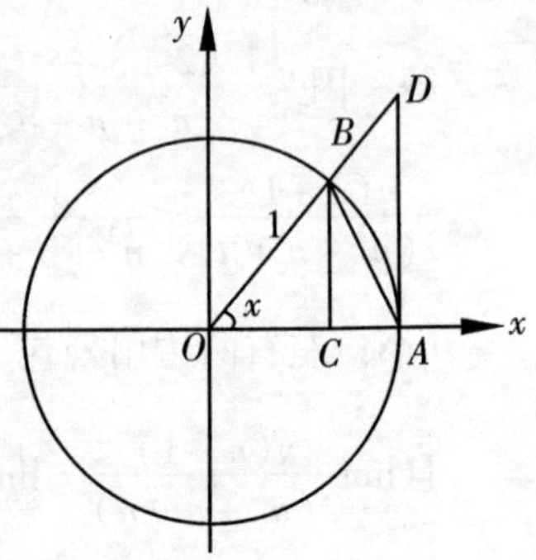

图 2-31

因为 $S_{\triangle OAB}<S_{扇形OAB}<S_{\triangle OAD}$，即

$\frac{1}{2}\sin x<\frac{1}{2}x<\frac{1}{2}\tan x$

上式各项都乘以 2，得

$$\sin x<x<\tan x=\frac{\sin x}{\cos x}.$$

因为 $\sin x>0$，所以上式每项同时除以 $\sin x$，得到 $1<\frac{x}{\sin x}<\frac{1}{\cos x}$，从而得

$$1>\frac{\sin x}{x}>\cos x.$$

由例 2 可知 $\lim\limits_{x\to0}\cos x=1$，由夹逼准则，可得 $\lim\limits_{x\to0}\frac{\sin x}{x}=1$. 证毕.

注：由于 $\lim\limits_{x\to0}\frac{\sin x}{x}=1\Leftrightarrow\lim\limits_{x\to0}\frac{x}{\sin x}=1$，两者都属于第一个重要极限的标准形式，它们可以直接当公式来使用，所以有如下公式：

$$\lim_{x\to0}\frac{x}{\sin x}=1 或 \lim_{x\to0}\frac{\sin x}{x}=1 \qquad (2.5.1)$$

如图 2－32 所示.

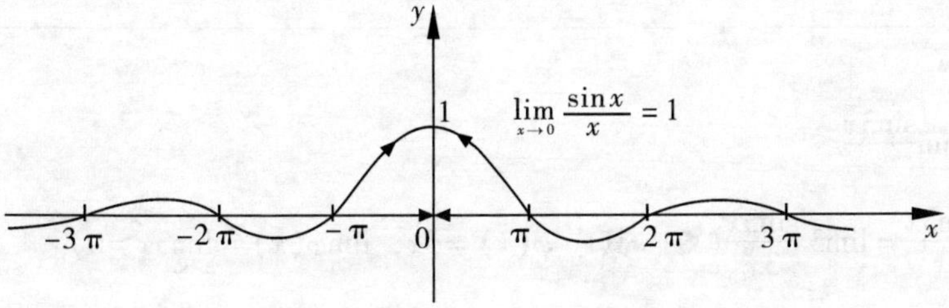

图 2－32

例 4　求$\lim\limits_{x\to 0}\frac{\tan x}{x}$.

解：$\lim\limits_{x\to 0}\frac{\tan x}{x}=\lim\limits_{x\to 0}\frac{1}{x}\cdot\frac{\sin x}{\cos x}=\lim\limits_{x\to 0}\frac{\sin x}{x}\cdot\frac{1}{\cos x}=\lim\limits_{x\to 0}\frac{\sin x}{x}\cdot\lim\limits_{x\to 0}\frac{1}{\cos x}=1\times\frac{1}{1}=1.$

例 5　求$\lim\limits_{x\to 0}\frac{\sin kx}{x}(k\neq 0)$.

解题思路：由复合函数求极限思想，作变量替换使之能用公式(2.5.1).

解：设 $kx=t$，则 $x=\frac{t}{k}$，当 $x\to\infty$时，$t\to 0$

于是$\lim\limits_{x\to 0}\frac{\sin kx}{x}=\lim\limits_{t\to 0}\frac{k\sin t}{t}=k\lim\limits_{t\to 0}\frac{\sin t}{t}=k\cdot 1=k$

熟悉后可直接得$\lim\limits_{x\to 0}\frac{\sin kx}{x}=\lim\limits_{x\to 0}(\frac{\sin kx}{kx}\cdot k)=k\lim\limits_{x\to 0}\frac{\sin kx}{kx}=k$

即$\lim\limits_{x\to 0}\frac{\sin kx}{x}=k$ 可作为公式用.

例 6　求$\lim\limits_{x\to\infty}x\sin\frac{1}{x}$.

解：令$\frac{1}{x}=t$ 则 $x=\frac{1}{t}$，当 $x\to\infty$时，$t\to 0$

于是$\lim\limits_{x\to\infty}x\sin\frac{1}{x}=\lim\limits_{t\to 0}\frac{\sin t}{t}=1.$

由以上几例可看到在求极限中，如果所求极限的表达式，通过恒等变形时，一般会成为三角函数或反三角函数在某个变化过程中的极限运算，此时分子、分母的极限均为 0，再经恒等变形或变量代换，往往可用公式(2.5.1)求出极限. 常用的恒等变形有分子、分母同除(或同乘)以 x 的因式，或直接应用三角公式、代数公式等.

因此公式$\lim\limits_{x\to 0}\frac{\sin x}{x}=1$ 可推广到一般形式为：

> 若自变量在某个变化过程中使得 $\lim\varphi(x)=0$ 则
> $$\lim\frac{\sin\varphi(x)}{\varphi(x)}=1 \text{ 或 } \lim\frac{\varphi(x)}{\sin\varphi(x)}=1 \qquad (2.5.2)$$

例 7 求$\lim\limits_{x\to0}\frac{\sin3x}{x}$.

解： $\lim\limits_{x\to0}\frac{\sin3x}{x}=\lim\limits_{x\to0}3\frac{\sin3x}{3x}$（←：其中 $\varphi(x)=3x$，$\lim\limits_{x\to0}\varphi(x)=\lim\limits_{x\to0}3x=0$）

$=\lim\limits_{x\to0}3\cdot\lim\limits_{x\to0}\frac{\sin3x}{3x}=3\times1=3$.（←：由公式(2.5.2)）

例 8 求$\lim\limits_{x\to\infty}3x\sin\frac{1}{4x}$.

解： 因为 $3x\sin\frac{1}{4x}=\frac{3}{4}\cdot\frac{\sin\frac{1}{4x}}{\frac{1}{4x}}$，令 $t=\frac{1}{4x}$，则当 $x\to\infty$时 $t\to0$ 所以

$$\lim_{x\to\infty}3x\sin\frac{1}{4x}=\lim_{x\to\infty}\frac{3}{4}\cdot\frac{\sin\frac{1}{4x}}{\frac{1}{4x}}=\lim_{t\to0}\frac{3}{4}\cdot\frac{\sin t}{t}$$

$$=\frac{3}{4}\lim_{t\to0}\frac{\sin t}{t}=\frac{3}{4}\times1=\frac{3}{4}.$$

解法二：$\lim\limits_{x\to\infty}3x\sin\frac{1}{4x}=\lim\limits_{x\to\infty}\frac{3}{4}\cdot\frac{\sin\frac{1}{4x}}{\frac{1}{4x}}=\frac{3}{4}$.（←：当 $x\to\infty$时$\frac{1}{4x}\to0$ 由公式(2.5.2)）

例 9 求$\lim\limits_{x\to0}\frac{\arctan x}{x}$.

解： 令 $y=\arctan x$，则 $x=\tan y$

当 $x\to0$ 时，$y\to0$（←：$\lim\limits_{x\to0}y=\lim\limits_{x\to0}\arctan x=0$）

于是$\lim\limits_{x\to0}\frac{\arctan x}{x}=\lim\limits_{y\to0}\frac{y}{\tan y}=\lim\limits_{y\to0}\frac{y\cos y}{\sin y}$

$=\lim\limits_{y\to0}\frac{y}{\sin y}\cdot\lim\limits_{y\to0}\cos y=1\cdot1=1$.（←：由公式(2.5.1)及图2－23(39)）

同样的道理可得到$\lim\limits_{x\to0}\frac{\arcsin x}{x}=1$.

例 10 求$\lim\limits_{x\to0}\frac{1-\cos x}{x^2}$.

解： $\lim\limits_{x\to0}\frac{1-\cos x}{x^2}=\lim\limits_{x\to0}\frac{2\sin^2\frac{x}{2}}{x^2}$

$$= \lim_{x\to 0}\frac{\sin^2\frac{x}{2}}{2\left(\frac{x}{2}\right)^2}$$（←：由 $\cos x = 1-2\sin^2\frac{x}{2} \Rightarrow 1-\cos x = 2\sin^2\frac{x}{2}$）

$$= \frac{1}{2}\left(\lim_{x\to 0}\frac{\sin\frac{x}{2}}{\frac{x}{2}}\right)^2 = \frac{1}{2}.$$（←：由公式(2.5.2)）

例 11　求 $\lim\limits_{x\to 0}\frac{\tan x-\sin x}{x^3}$.

解： $\lim\limits_{x\to 0}\frac{\tan x-\sin x}{x^3} = \lim\limits_{x\to 0}\frac{\frac{\sin x}{\cos x}-\sin x}{x^3} = \lim\limits_{x\to 0}\frac{\sin x\cdot\frac{1-\cos x}{\cos x}}{x^3}$

$$= \lim_{x\to 0}\frac{\sin x}{x}\cdot\lim_{x\to 0}\frac{1}{\cos x}\cdot\lim_{x\to 0}\frac{1-\cos x}{x^2}$$

$$= 1\cdot 1\cdot\lim_{x\to 0}\frac{2\sin^2\frac{x}{2}}{x^2}$$（←：由 $\cos x = 1-2\sin^2\frac{x}{2} \Rightarrow 1-\cos x = 2\sin^2\frac{x}{2}$）

$$= \lim_{x\to 0}\frac{\sin^2\frac{x}{2}}{\frac{x^2}{2}} = \lim_{x\to 0}\frac{\sin^2\frac{x}{2}}{2\frac{x^2}{2^2}} = \frac{1}{2}\left(\lim_{x\to 0}\frac{\sin\frac{x}{2}}{\frac{x}{2}}\right)^2 = \frac{1}{2}.$$（←：由公式(2.5.2)）

【即学即练】

求下列极限.

（1）$\lim\limits_{x\to 0}\frac{\sin 3x}{x}$；　（2）$\lim\limits_{x\to 0}\frac{\sin\frac{1}{2}x}{x}$；　（3）$\lim\limits_{x\to 0}\frac{\sin\pi x}{x}$

（4）$\lim\limits_{x\to 1}\frac{\sin(x-1)}{x-1}$；　（5）$\lim\limits_{n\to\infty}\frac{\sin\frac{1}{n}}{\frac{1}{n}}$；　（6）$\lim\limits_{x\to 0}\frac{x-\sin x}{x+\sin x}$

（答案：（1）3；（2）$\frac{1}{2}$；（3）π；（4）1；（5）1；（6）$\frac{1}{2}$）.

三、准则Ⅱ

定理 2.22　单调有界数列必有极限.

定理可以论述为：

定理 2.22′　单调递增且有上界的数列必有极限；单调递减且有下界的数列必有极限.

定理直观的理解，就是一个单调的数列，如果有界，不可能一直增长下去，这时候会发生极限现象，如$\{\frac{1}{n}\}$. 反之，如果数列有界但不单调，也不是一定没有极限，如$\{(-1)^n\frac{1}{n}\}$；数列如果单调无界，一定是没有极限的，因为由极限性质可知，收敛数列一定有界. 可见上述条件只是数列收敛的充分条件，并非必要条件.

四、第二个重要极限

利用定理 2.22 可以证明第二个重要极限.

定理 2.23 $\lim\limits_{n\to\infty}(1+\frac{1}{n})^n=\mathrm{e}$.

从直观观察当$n\to+\infty$时函数$y=(1+\frac{1}{n})^n$的变化趋势如下：

n	1	2	10	1 000	10 000	100 000	1 000 000	$\cdots\to 0$
$(1+\frac{1}{n})^n$	2	2.25	2.594	2.717	2.718 1	2.718 2	2.718 28	$\cdots\to\mathrm{e}$

当n取正值并无限增大时，$(1+\frac{1}{n})^n$是逐渐增大的，但是不论n如何大，$(1+\frac{1}{n})^n$的值总不会超过3. 实际上，如果继续增大. 即当$n\to+\infty$时，可以验证$(1+\frac{1}{n})^n$是趋近于一个确定的无理数 e.

证明省略.

这里 e=2.718 281 828 459 045…是无理数，用 e 表示这个极限值，是为了纪念伟大的数学家欧拉(Euler，1707—1783). 这里我们作些说明，为什么这个极限值是大于1，而不等于1呢？对$(1+\frac{1}{n})^n$二项式展开，我们会发现：

$$(1+\frac{1}{n})^n=C_n^0+C_n^1\frac{1}{n}+C_n^2(\frac{1}{n})^2+\cdots+C_n^n(\frac{1}{n})^n=1+1+\cdots+(\frac{1}{n})^n>2$$

利用$\lim\limits_{n\to\infty}(1+\frac{1}{n})^n=\mathrm{e}$以及夹逼准则，可以得到下面一般变量的情形：

定理 2.24 $\lim\limits_{x\to\infty}(1+\frac{1}{x})^x=\mathrm{e}$.

定理 2.24 包含了另外两个极限：

$$\lim_{x\to+\infty}(1+\frac{1}{x})^x=\mathrm{e}\text{ 和 }\lim_{x\to-\infty}(1+\frac{1}{x})^x=\mathrm{e}.$$

在公式中作变量代换令$t=\frac{1}{x}$，则$x=\frac{1}{t}$，当$x\to 0$时$t\to\infty$，于是将代换代入$\lim\limits_{x\to\infty}(1+\frac{1}{x})^x=\mathrm{e}$得

$$\lim_{x\to\infty}\left(1+\frac{1}{x}\right)^{x}=\lim_{t\to 0}(1+t)^{\frac{1}{t}}=\mathrm{e}$$

于是又得公式另一表达形式

$$\lim_{t\to 0}(1+t)^{\frac{1}{t}}=\mathrm{e}$$

综上有公式：

$$\lim_{x\to\infty}\left(1+\frac{1}{x}\right)^{x}=\mathrm{e} \tag{2.5.3}$$

$$或\lim_{t\to 0}(1+t)^{\frac{1}{t}}=\mathrm{e} \tag{2.5.4}$$

公式可推广到一般形式为：

若自变量在某个变化过程中有 $\lim\varphi(x)=\infty$，则

$$\lim\left(1+\frac{1}{\varphi(x)}\right)^{\varphi(x)}=\mathrm{e} \tag{2.5.5}$$

若自变量在某个变化过程中有 $\lim\varphi(x)=0$，则

$$\lim\left[1+\varphi(x)\right]^{\frac{1}{\varphi(x)}}=\mathrm{e} \tag{2.5.6}$$

注：一般来说，在求极限时，如果所求表达式通过恒等变形在变形后成为幂指函数 $f(x)^{g(x)}$ 的结构，且 $\lim f(x)=1$，$\lim g(x)=\infty$，此时再经恒等变形或变量代换，往往可用公式(2.5.5)或(2.5.6)求出极限.

例 12 证明 $\lim\limits_{x\to\infty}(1+\frac{k}{x})^{x}=\mathrm{e}^{k}(k\neq 0)$.

证明思路：因为 $\lim\limits_{x\to\infty}(1+\frac{k}{x})=1$，$\lim\limits_{x\to\infty}x=\infty$ 符合"1^{∞}"结构，那么我们就要考虑将 $\lim\limits_{x\to\infty}(1+\frac{k}{x})^{x}$ 变换成(2.5.3)的形式加以计算.

证：解法一：

用变量替换令 $y=\frac{k}{x}$，当 $x\to\infty$ 时 $y\to 0$ 以及复合函数的极限运算

$$\lim_{x\to\infty}(1+\frac{k}{x})^{x}=\lim_{y\to 0}[(1+y)^{\frac{1}{y}}]^{k}$$

$$=[\lim_{y\to 0}(1+y)^{\frac{1}{y}}]^{k}=\mathrm{e}^{k}.\ (\leftarrow\text{：公式}(2.5.4))$$

解法二：

$$\lim_{x\to\infty}(1+\frac{k}{x})^{x}=\lim_{x\to\infty}[(1+\frac{k}{x})^{\frac{x}{k}}]^{k}=[\lim_{x\to\infty}(1+\frac{1}{\frac{x}{k}})^{\frac{x}{k}}]^{k}=\mathrm{e}^{k}.\ (\leftarrow\text{：公式}(2.5.5))$$

例 13 求极限$\lim\limits_{x\to0}(1-2x)^{\frac{1}{x}}$.

解：$\lim\limits_{x\to0}(1-2x)^{\frac{1}{x}}=\lim\limits_{x\to0}[1+(-2x)]^{\frac{1}{(-2x)}(-2)}$

$=\{\lim\limits_{x\to0}[1+(-2x)]^{\frac{1}{(-2x)}}\}^{-2}=e^{-2}$.（←：公式(2.5.6)）

例 14 求$\lim\limits_{x\to0}\dfrac{\ln(1+x)}{x}$.

解：$\lim\limits_{x\to0}\dfrac{\ln(1+x)}{x}=\lim\limits_{x\to0}\ln(1+x)^{\frac{1}{x}}$（←：公式$\log_a b^N=N\log_a b$）

$=\ln[\lim\limits_{x\to0}(1+x)^{\frac{1}{x}}]$（←：复合函数的极限运算法则）

$=\ln e=1$.（←：公式（2.5.4））

例 15 求$\lim\limits_{x\to0}\dfrac{e^x-1}{x}$.

解：令$y=e^x-1$，那么$x=\ln(y+1)$，当$x\to0$时，$\lim\limits_{x\to0}(e^x-1)=0$即$y\to0$

于是 $\lim\limits_{x\to0}\dfrac{e^x-1}{x}=\lim\limits_{y\to0}\dfrac{y}{\ln(1+y)}=\lim\limits_{y\to0}\dfrac{1}{\dfrac{\ln(1+y)}{y}}$.

$=\lim\limits_{y\to0}[\ln(1+y)^{\frac{1}{y}}]^{-1}$

$=[\lim\limits_{y\to0}\ln(1+y)^{\frac{1}{y}}]^{-1}$（←：复合函数的极限运算法则）

$=[\ln\lim\limits_{y\to0}(1+y)^{\frac{1}{y}}]^{-1}$（←：公式(2.5.4)）

$=(\ln e)^{-1}=1$.

例 16 求$\lim\limits_{x\to\infty}\left(\dfrac{x-1}{x+1}\right)^x$.

解：$\lim\limits_{x\to\infty}\left(\dfrac{x-1}{x+1}\right)^x=\lim\limits_{x\to\infty}\left(\dfrac{1-\frac{1}{x}}{1+\frac{1}{x}}\right)^x$（←：分子分母同除以$x$）

$=\lim\limits_{x\to\infty}\dfrac{\left(1-\frac{1}{x}\right)^x}{\left(1+\frac{1}{x}\right)^x}=\dfrac{\left[\lim\limits_{x\to\infty}\left(1+\frac{1}{-x}\right)^{-x}\right]^{-1}}{\lim\limits_{x\to\infty}\left(1+\frac{1}{x}\right)^x}$（←：分子分母用公式(2.5.5)）

$=\dfrac{e^{-1}}{e}=e^{-2}$.

例 17 求$\lim\limits_{x\to0}(1+\sin x)^{\frac{k}{\sin x}}(k\neq0)$.

解题思路：本题是幂指函数$y=(1+\sin x)^{\frac{k}{\sin x}}$的极限，而且$\lim\limits_{x\to0}(1+\sin x)=1$，$\lim\limits_{x\to0}\dfrac{k}{\sin x}=\infty$，是属于$1^\infty$，所以我们将其变成公式(2.5.1)的形式来计算.

解：令$y=\sin x$，同时$\lim\limits_{x\to0}\sin x=0$，即$y\to0$

于是 $\lim\limits_{x\to0}(1+\sin x)^{\frac{k}{\sin x}}=\lim\limits_{y\to0}(1+y)^{\frac{k}{y}}=[\lim\limits_{y\to0}(1+y)^{\frac{1}{y}}]^k=e^k$.

例 18 求$\lim\limits_{n\to\infty}(n\ [\ln(n+2)-\ln n])$.

解：$\lim\limits_{n\to\infty}(n\ [\ln(n+2)-\ln n])=\lim\limits_{n\to\infty}n\ln(1+\dfrac{2}{n})$（←：公式$\log_a x-\log_a y=\log_a(\dfrac{x}{y})$）

$=\ln\ [\lim\limits_{n\to\infty}(1+\dfrac{2}{n})^n]\ =\ln e^2=2.$

【即学即练】

求下列极限.

（1）$\lim\limits_{x\to\infty}(1-\dfrac{1}{x})^x$；（2）$\lim\limits_{x\to\infty}(1+\dfrac{3}{x})^x$；（3）$\lim\limits_{x\to\infty}(1-\dfrac{3}{x})^x$

（4）$\lim\limits_{x\to+\infty}(1+\dfrac{1}{3x})^x$；（5）$\lim\limits_{x\to\infty}(1-\dfrac{2}{x})^{2x}$

（答案（1）$\dfrac{1}{e}$；（2）e^3；（3）e^{-3}；（4）$e^{\frac{1}{3}}$；（5）e^{-4}）.

五、连续复利

设有某笔贷款 S_0（本金），年利率为 r，如果每年结算一次，第 t 年后的本利一共为 S_t，那么

$$S_t=S_0\ (1+r)^t \tag{2.5.7}$$

如果每年结算 n 期，每期利率为$\dfrac{r}{n}$，那么第 t 年后的本利一共为 S_t，那么

$$S_t=S_0\ (1+\frac{r}{n})^{nt} \tag{2.5.8}$$

如果这时是立即产生即时结算，也就是每时每刻计算复利，意味着 $n\to\infty$，那么

$$S_t=\lim_{n\to\infty}S_0\ (1+\frac{r}{n})^{nt}=S_0e^{rt} \tag{2.5.9}$$

当然现实中的复利比上面的模型更加复杂，但是原理还是一样的. 这个复利模型也部分反映了数学在金融学中的重要应用.

§2.5 练习题

1. 求下列极限.

（1）$\lim\limits_{x\to0}\dfrac{\sin2x}{3x}$　　（2）$\lim\limits_{x\to0}\dfrac{\tan x-\sin x}{5x}$

（3）$\lim\limits_{x\to0}\dfrac{\sin3x}{\sin5x}$　　（4）$\lim\limits_{x\to a}\dfrac{\sin x-\sin a}{x-a}$

（5）$\lim\limits_{x\to0}\dfrac{1-\cos2x}{x\sin x}$　　（6）$\lim\limits_{x\to\infty}x\sin\dfrac{1}{x}$

(7) $\lim\limits_{x\to 0} x\cot x$

(8) $\lim\limits_{x\to 0}\dfrac{\cos x-\cos 3x}{5x}$

(9) $\lim\limits_{x\to 0}\dfrac{\tan 2x}{x}$

(10) $\lim\limits_{n\to\infty} 2^n\sin\dfrac{x}{2^n}$($x$ 为不等于零的常数)

(11) $\lim\limits_{x\to 0}\dfrac{\sqrt{2x-1}-1}{\sin x}$

(12) $\lim\limits_{x\to 0}\dfrac{\cos x-\cos 3x}{5x}$

(13) $\lim\limits_{x\to 0}\dfrac{x^2\sin\dfrac{1}{x}}{x\sin x}$

(14) $\lim\limits_{x\to 3}\dfrac{x^2-x-6}{\sin(x-3)}$

(15) $\lim\limits_{x\to 0^+}\dfrac{\cos x-1}{x^{\frac{3}{2}}}$

2. 求下列极限.

(1) $\lim\limits_{x\to 0}\left(1+\dfrac{x}{2}\right)^{\frac{-1}{x}}$

(2) $\lim\limits_{x\to\infty}\left(1-\dfrac{2}{x}\right)^{2x}$

(3) $\lim\limits_{x\to\infty}\left(1-\dfrac{1}{x}\right)^{x+11}$

(4) $\lim\limits_{x\to\infty}\left(1+\dfrac{2}{x}\right)^{2x}$

(5) $\lim\limits_{x\to 0}(1+\dfrac{2}{x})^{-\frac{1}{x}}$

(6) $\lim\limits_{x\to\infty}(\dfrac{x+1}{x-3})^{x}$

(7) $\lim\limits_{x\to 2}(\dfrac{x}{2})^{\frac{1}{x-2}}$

(8) $\lim\limits_{x\to\infty}(\dfrac{x+5}{x-5})^{x}$

(9) $\lim\limits_{x\to\infty}(1-\dfrac{k}{x})^{x}$ $(k\neq 0)$

(10) $\lim\limits_{x\to\infty}(\dfrac{x-2}{x+3})^{x}$

(11) $\lim\limits_{x\to 0}(1-x)^{\frac{3}{x}}$

(12) $\lim\limits_{x\to\infty}(\dfrac{x+1}{x})^{3x}$

(13) $\lim\limits_{x\to 0}\left(1+\dfrac{x}{2}\right)^{-\frac{3}{x}}$

3. 利用夹逼准则求极限.

(1) $\lim\limits_{n\to\infty} n\left(\dfrac{1}{2n^2+1}+\dfrac{1}{2n^2+2}+\cdots+\dfrac{1}{2n^2+n}\right)$

(2) $\lim\limits_{n\to\infty}\sqrt{1+\dfrac{1}{n}}$

4. 利用单调有界数列有极限来说明以下数列极限存在.

$\sqrt{2}$，$\sqrt{2+\sqrt{2}}$，$\sqrt{2+\sqrt{2+\sqrt{2}}}$，…

6. 设有 20 万元资金，按年利率 5% 作连续复利计息，问 10 年后价值是多少？

§2.6 利用等价无穷小量在求极限方面的应用

在第三节我们学习了利用阶的概念比较无穷小量趋于0的速度，本节介绍利用等价无穷小求极限.

定理 2.25 在同一变化过程中，α，α'，β，β'为无穷小量，其中$\alpha \sim \alpha'$，$\beta \sim \beta'$，那么

$$\lim \frac{\beta}{\alpha} = \lim \frac{\beta'}{\alpha'} \tag{2.6.1}$$

证：因为$\lim \frac{\beta}{\alpha} = \lim \frac{\beta}{\beta'} \cdot \frac{\alpha'}{\alpha} \cdot \frac{\beta'}{\alpha'}$，而$\alpha \sim \alpha'$，$\beta \sim \beta'$，所以$\lim \frac{\alpha'}{\alpha} = 1$，$\lim \frac{\beta}{\beta'} = 1$

$$\lim \frac{\beta}{\alpha} = \lim \frac{\beta}{\beta'} \cdot \frac{\alpha'}{\alpha} \cdot \frac{\beta'}{\alpha'} = \lim \frac{\beta}{\beta'} \cdot \lim \frac{\alpha'}{\alpha} \cdot \lim \frac{\beta'}{\alpha'} = \lim \frac{\beta'}{\alpha'}$$

即$\lim \frac{\beta}{\alpha} = \lim \frac{\beta'}{\alpha'}$.

定理 2.25 主要应用在极限的计算中，它说明在极限的乘法或除法运算中，因式的极限为无穷小量时，可分别用它们的等价无穷小量替代，以简化运算.

以下是计算时替换的几个常用的等价无穷小量：

当$x \to 0$时，则有

$\sin x \sim x$；　$\tan x \sim x$；　$1 - \cos x \sim \frac{x^2}{2}$；

$\arcsin x \sim x$；　$\arctan x \sim x$；　$e^x - 1 \sim x$；

$\ln(1+x) \sim x$；　$\sqrt[n]{1+x} - 1 \sim \frac{1}{n}$

例 1 求$\lim\limits_{x \to 0} \frac{\tan x \ln(1+x)}{\sin x^2}$.

解：因为当$x \to 0$，$\sin x \sim x$，所以由复合函数求极限得$\sin x^2 \sim x^2$，而当$x \to 0$，$\tan x \sim x$，$\ln(1+x) \sim x$，

所以$\lim\limits_{x \to 0} \frac{\tan x \ln(1+x)}{\sin x^2} = \lim\limits_{x \to 0} \frac{x^2}{x^2} = 1$.

例 2 求$\lim\limits_{x \to 0} \frac{\tan 3x}{\sin 2x}$.

解：因为当$x \to 0$时，$\tan x \sim x$，则$3x \to 0$时，$\tan 3x \sim 3x$

当$x \to 0$时，$\sin x \sim x$，则当$2x \to 0$时，$\sin 2x \sim 2x$

所以

$$\lim_{x \to 0} \frac{\tan 3x}{\sin 2x} = \lim_{x \to 0} \frac{3x}{2x} = \frac{3}{2}.$$

例 3 求 $\lim\limits_{x\to 0}\dfrac{\tan x-\sin x}{\sin^3 x}$.

解：$\lim\limits_{x\to 0}\dfrac{\tan x-\sin x}{\sin^3 x}=\lim\limits_{x\to 0}\dfrac{\dfrac{\sin x}{\cos x}-\sin x}{\sin^3 x}=\lim\limits_{x\to 0}\dfrac{\sin x(1-\cos x)}{\cos x\sin^3 x}$

因为当 $x\to 0$，$\sin x\sim x$，$\sin^3 x\sim x^3$，$1-\cos x\sim\dfrac{x^2}{2}$，所以

$$\lim_{x\to 0}\frac{\tan x-\sin x}{\sin^3 x}=\lim_{x\to 0}\frac{\sin x\ (1-\cos x)}{\cos x\sin x^3}=\lim_{x\to 0}\frac{x^3/2}{x^3\cos x}=\lim_{x\to 0}\frac{1}{2}\cdot\lim_{x\to 0}\frac{1}{\cos x}=\frac{1}{2}\times 1=\frac{1}{2}.$$

我们在上例中可以看到，等价无穷小量是用在乘法运算中的. 如果在加减法运算中直接使用，有可能造成错误，如例 2 用下面的解法就是错误的.

$$\lim_{x\to 0}\frac{\tan x-\sin x}{\sin^3 x}=\lim_{x\to 0}\frac{x-x}{x^3}=0，\text{即}\lim_{x\to 0}\frac{\tan x-\sin x}{\sin^3 x}\neq\lim_{x\to 0}\frac{x-x}{x^3}=0.$$

错误原因在于，这种做法实际上是在分子中，用 0 代换了 $\tan x-\sin x$. 而 $\lim\limits_{x\to 0}\dfrac{x-x}{\tan x-\sin x}=0$，所以，当 $x\to 0$ 时，$x-x$ 是比 $\tan x-\sin x$ 高阶无穷小量，它们不是等价无穷小量，因此不能在极限运算中作代换.

例 4 求 $\lim\limits_{x\to 0}\dfrac{\sqrt[3]{1+x}-1}{1-e^x}$.

解：因为当 $x\to 0$ 时，$\sqrt[3]{1+x}-1\sim\dfrac{1}{3}x$，$1-e^x\sim(-x)$，所以

$$\lim_{x\to 0}\frac{\sqrt[3]{1+x}-1}{1-e^x}=\lim_{x\to 0}\frac{\frac{1}{3}x}{-x}=-\frac{1}{3}.$$

例 5 证明：$\lim\limits_{x\to\infty}\dfrac{a_0+a_1x+\cdots+a_nx^n}{b_0+b_1x+\cdots+b_mx^m}=\lim\limits_{x\to\infty}\dfrac{a_nx^n}{b_mx^m}$，其中 a_n，$b_m\neq 0$，n，$m\in\mathbf{N}^+$.

证：因为当 $x\to\infty$ 时，$\dfrac{1}{b_0+b_1x+\cdots+b_mx^m}\sim\dfrac{1}{b_mx^m}$，$\dfrac{1}{a_0+a_1x+\cdots+a_nx^n}\sim\dfrac{1}{a_nx^n}$，所以有

$$\lim_{x\to\infty}\frac{a_0+a_1x+\cdots+a_nx^n}{b_0+b_1x+\cdots+b_mx^m}=\lim_{x\to\infty}\frac{\dfrac{1}{b_0+b_1x+\cdots+b_mx^m}}{\dfrac{1}{a_0+a_1x+\cdots+a_nx^n}}=\lim_{x\to\infty}\frac{\dfrac{1}{b_mx^m}}{\dfrac{1}{a_nx^n}}=\lim_{x\to\infty}\frac{a_nx^n}{b_mx^m}.$$

注：例 5 的结论对于数列的极限也是成立的.

【即学即练】

利用等价无穷小量求极限.

$\lim\limits_{x\to 0}\dfrac{x}{\tan 2x}$. （答案：$\dfrac{1}{2}$）.

---

§2.6 练习题

利用等价无穷小量求极限.

（1） $\lim\limits_{x\to 0}\dfrac{1-\cos x}{\sin^2 x}$　　（2） $\lim\limits_{x\to a}\dfrac{\cos x-\cos a}{x-a}$

（3） $\lim\limits_{x\to 0}\dfrac{\sqrt{1+2x}-1}{\tan x}$　　（4） $\lim\limits_{x\to 0}\dfrac{\ln(1+5x)}{3\arcsin x}$

（5） $\lim\limits_{x\to 0}\dfrac{\tan nx}{\sin mx}$　　（6） $\lim\limits_{x\to 0}\dfrac{\tan^2 2x}{1-\cos x}$

（7） $\lim\limits_{x\to 0}\dfrac{e^{\frac{\sin x}{3}}-1}{\arctan x}$　　（8） $\lim\limits_{x\to 0^+}\dfrac{1-\sqrt{\cos x}}{x(1-\cos\sqrt{x})}$

§2.7 函数的连续性

在现实世界中，许多现象和事物是连续变化的，如行星的运行轨迹、气温变化、生物的生长等. 这些都可以看成与时间有关的变量，在较短时间内，这些变量的相应值将是很小的. 如何用数学来描述这种现象（也就是连续性），这是微积分中的又一重要概念.

一、函数的连续性

先观察下列两个图形：

图 2 - 33(a) 中的曲线在点 x_0 处是连续不断的，而图 2 - 33(b) 中的曲线在点 x_0 处像是“断了一样”，通俗地说，就是 $x=x_0$ 的左右两边在 $x=x_0$ 上没有连在一起，而是断开的。

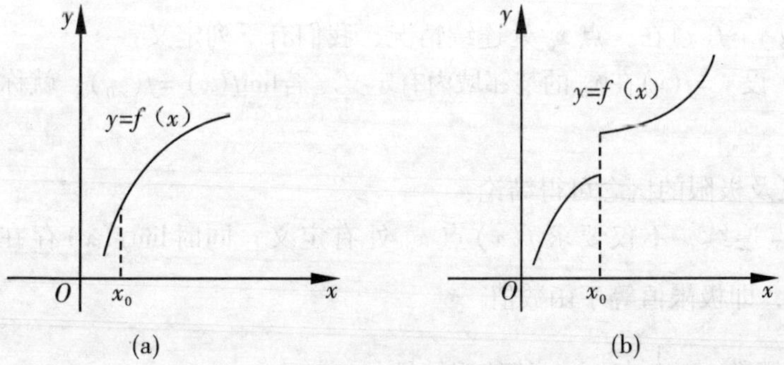

图 2 - 33

这说明函数中的自变量在点 x_0 处的变化影响着函数的变化，从而呈现出曲线在此处的不同形态.

在数学上，我们引入连续的概念来描述这种“连”与“断”的现象.

1. 函数在一点连续的定义

为给出函数在一点连续的定义，先考察函数 $y=2x-2$ 和 $y=\frac{2(x-1)(x-3)}{x-3}$ 在 $x=3$ 处的极限与其在 $x=3$ 处的函数值的关系．我们注意到，在 $x=3$ 点处，函数 $y=2x-2$ 的极限为 $\lim\limits_{x\to3}(2x-2)=4$，在这点处的函数值也是 $f(3)=4$，也就是说，函数 $y=2x-2$ 在点 $x=3$ 处的极限值等于函数在这点的函数值如图 2－34(a)；对函数 $y=\frac{2(x-1)(x-3)}{x-3}$ 在 $x=3$ 点处的极限为 $\lim\limits_{x\to3}f(x)=\lim\limits_{x\to3}\frac{2(x-1)(x-3)}{x-3}=4$，而在 $x=3$ 处 $f(3)$ 无定义如图 2－34(b)，也就是说函数 $y=\frac{2(x-1)(x-3)}{x-3}$ 在点 $x=3$ 处的极限值不等于函数在这点的函数值．此时我们称函数 $y=2x-2$ 在 $x=3$ 处是连续的，而称函数 $y=\frac{2(x-1)(x-3)}{x-3}$ 在 $x=3$ 处是不连续的.

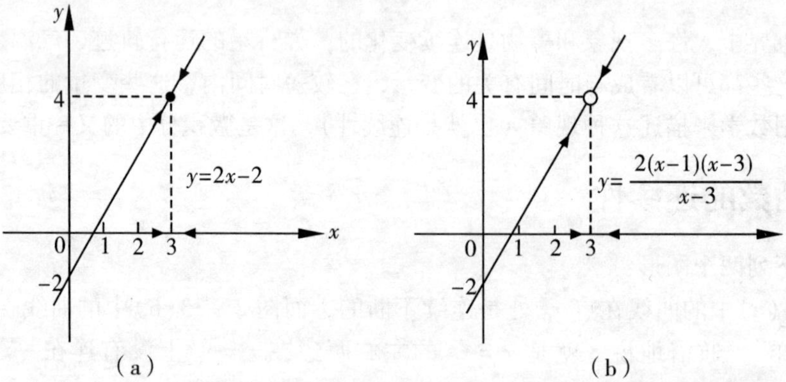

图 2－34

对一般函数 $y=f(x)$ 在一点 x_0 处连续情况，我们有下列定义：

定义 2.12　设 $y=f(x)$ 在 x_0 的某邻域内有定义．若 $\lim\limits_{x\to x_0}f(x)=f(x_0)$，就称函数 $y=f(x)$ 在点 x_0 处连续.

注： 由定义及极限的概念可得结论：

$f(x)$ 在 x_0 点连续，不仅要求 $f(x)$ 点 x_0 处有定义，同时 $\lim\limits_{x\to x_0}f(x)$ 存在，而且还要求 $\lim\limits_{x\to x_0}f(x)=f(x_0)$，即极限值等于函数值.

例 1　讨论函数 $y=\frac{1}{x^2}$ 在 $x=0$ 处的连续性.

解： 因为 $y=\frac{1}{x^2}$ 在 $x=0$ 处无定义，且 $\lim\limits_{x\to0}\frac{1}{x^2}=\infty$

所以函数 $y=\frac{1}{x^2}$ 在点 $x=0$ 处不连续.

例 2 讨论函数 $f(x)=3x-2$ 在 $x=2$ 处的连续性.

解： 因为 $\lim\limits_{x\to 2}f(x)=\lim\limits_{x\to 2}(3x-2)=4$，且 $f(2)=3\times 2-2=4$

所以 $f(x)=3x-2$ 在 $x=2$ 处连续.

【即学即练】

判断函数 $f(x)=\dfrac{x^2-1}{x-1}$ 在 $x=1$ 处的连续性.

（答案：不连续）.

由左、右极限的概念我们可建立左、右连续的概念.

定义 2.13 如果函数 $y=f(x)$ 在 x_0 及其左边附近有定义，且 $\lim\limits_{x\to x_0^-}f(x)=f(x_0)$，则称函数 $y=f(x)$ 在 x_0 处左连续.

如果函数 $y=f(x)$ 在 x_0 及其右边附近有定义，且 $\lim\limits_{x\to x_0^+}f(x)=f(x_0)$，则称函数 $y=f(x)$ 在 x_0 处右连续.

定理 2.26 $f(x)$ 在 x_0 点连续 $\Leftrightarrow$ $f(x)$ 在 x_0 点既左连续，又右连续.

定理 2.26 说明要判断 $f(x)$ 在点 x_0 处连续，只要看 $\lim\limits_{x\to x_0^-}f(x)=\lim\limits_{x\to x_0^+}f(x)=f(x_0)$ 成立，否则 $f(x)$ 在 x_0 处不连续.

例 3 讨论函数 $f(x)=\begin{cases}x+2 & x\geqslant 0\\ x-2 & x<0\end{cases}$ 在 $x=0$ 处的连续性.

解： $\lim\limits_{x\to 0^-}f(x)=\lim\limits_{x\to 0^-}(x-2)=0-2=-2$，$\lim\limits_{x\to 0^+}f(x)=\lim\limits_{x\to 0^+}(x+2)=0+2=2$

因为 $-2\neq 2$，$\lim\limits_{x\to 0^-}f(x)\neq\lim\limits_{x\to 0^+}f(x)$，所以该函数在 $x=0$ 点不连续

又因为 $f(0)=2$，有

$\lim\limits_{x\to 0^+}f(x)=\lim\limits_{x\to 0^+}(x+2)=0+2=2=f(0)$

所以 $f(x)=\begin{cases}x+2 & x\geqslant 0\\ x-2 & x<0\end{cases}$ 在点 $x=0$ 处为右连续函数.

由上例可以看到，在判断分段函数是否连续时，一般要使用左连续与右连续的概念. 而且要区别在一点连续，与在一点左连续或右连续的不同.

例 4 a 为常数，当 a 取何值时函数 $f(x)=\begin{cases}\cos x & x<0\\ a+x & x\geqslant 0\end{cases}$ 在 $x=0$ 处连续.

解： 因为 $f(0)=a$

$\lim\limits_{x\to 0^-}f(x)=\lim\limits_{x\to 0^-}\cos x=1$

$\lim\limits_{x\to 0^+}f(x)=\lim\limits_{x\to 0^+}(a+x)=a$

要使 $f(x)$ 在 $x=0$ 处连续应有 $\lim\limits_{x\to 0^-}f(x)=\lim\limits_{x\to 0^+}f(0)=f(0)$，得 $a=1$.

所以当 $a=1$ 时，函数 $f(x)$ 在 $x=0$ 处连续.

【即学即练】

判断函数 $f(x)=\begin{cases}x\sin\dfrac{1}{x} & x\neq 0\\ 0 & x=0\end{cases}$，在 $x=0$ 处是否连续.（答案：连续）.

下面给出函数 $y=f(x)$ 在点 x_0 处连续定义的另一种形式. 为此我们先引入变量的改变量(增量)的概念.

2. 变量的改变量(增量)

如图 2-35 所示，如果函数 $y=f(x)$ 的自变量 x 由初值 x_0 变到终值 x，我们称终值 x 与初值 x_0 的差 $x-x_0$ 为自变量 x 在 x_0 处的改变量或增量，通常用符号 Δx 表示，即 $\Delta x=x-x_0$；此时相应的函数值由 $f(x_0)$ 变到 $f(x)$，我们称差值 $f(x)-f(x_0)$ 为函数 $y=f(x)$ 在点 x_0 处的改变量或增量，记作 Δy，则 $\Delta y=f(x)-f(x_0)=y-y_0$. 即 $f(x)=f(x_0)+\Delta y$ 或 $y=y_0+\Delta y$.

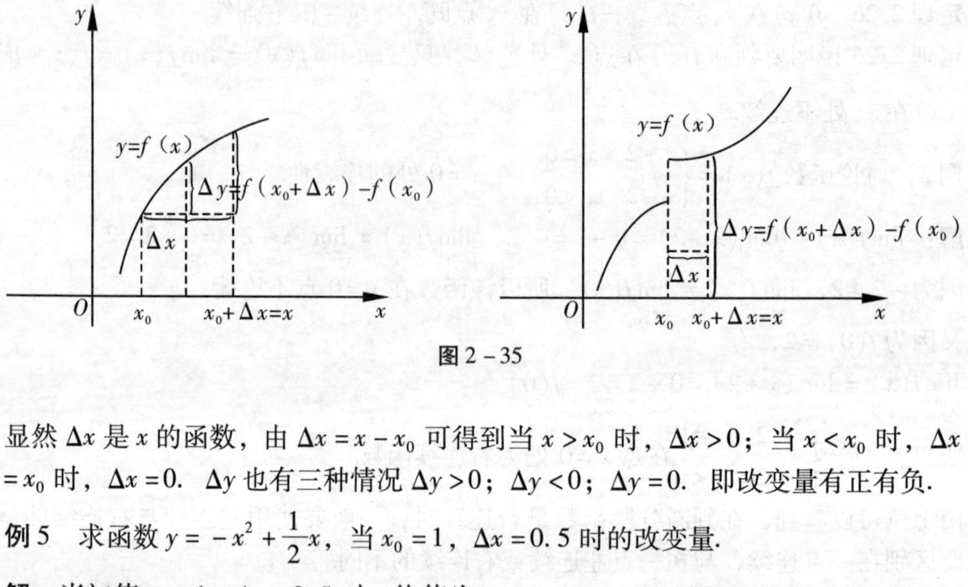

图 2-35

显然 Δx 是 x 的函数，由 $\Delta x=x-x_0$ 可得到当 $x>x_0$ 时，$\Delta x>0$；当 $x<x_0$ 时，$\Delta x<0$；当 $x=x_0$ 时，$\Delta x=0$. Δy 也有三种情况 $\Delta y>0$；$\Delta y<0$；$\Delta y=0$. 即改变量有正有负.

例 5 求函数 $y=-x^2+\frac{1}{2}x$，当 $x_0=1$，$\Delta x=0.5$ 时的改变量.

解：当初值 $x_0=1$，$\Delta x=0.5$ 时，终值为 $x=x_0+\Delta x=1+0.5=1.5$

于是函数的改变量
$$\begin{aligned}\Delta y&=f(x_0+\Delta x)-f(x_0)=f(1.5)-f(1)\\&=\left[-1.5^2+\frac{1}{2}\times 1.5\right]-\left(-1^2+\frac{1}{2}\right)\\&=-2.25+\frac{2.5}{2}=-2.25+1.25=-1.\end{aligned}$$

例 6 圆形的半径 r 产生一个 Δr 的改变量，如图 2-36 所示，问面积改变了多少？如果半径分别由 2m 改变为 2.2m；由 2m 改变为 1.8m，面积又改变多少？此时面积是增加了还是减少了？

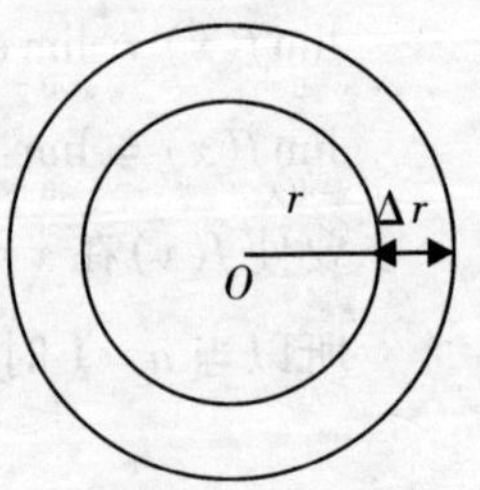

图 2-36

解题分析：半径为 r 时，圆的面积为 $S=\pi r^2$，若半径 r 增大 Δr

（自变量的改变量），则面积 S 对应的改变量 ΔS 就是以 r 与 $r+\Delta r$ 为半径的两个同心圆之间的圆环面积，也就是面积函数的改变量.

解：半径为 r 时，圆的面积为 $S=\pi r^2$

如果半径长为 $r+\Delta r$，则圆的面积为

$$S+\Delta S=\pi(r+\Delta r)^2$$

因此面积的改变量为

$$\Delta S=S(r+\Delta r)-S(r)=\pi(r+\Delta r)^2-\pi r^2=\pi\Delta r(\Delta r+2r)$$

如果半径由 2m 改变为 2.2m

此时，初值为：$r_0=2\text{m}$，终值为：$r=2.2\text{m}$，则 $\Delta r=r-r_0=2.2-2=0.2\text{m}$

所以 $\Delta S=\pi\Delta r(\Delta r+2r)=\pi 0.2(0.2+2\times 2)=0.84\pi$

因为 $\Delta y>0$ 此时面积是增加了 $0.84\pi\text{m}^2$

又如果半径由 2m 改变为 1.8m

此时 $r_0=2\text{m}$，$r=1.8\text{m}$，则 $\Delta r=-0.2\text{m}$

所以 $\Delta S=\pi\Delta r(\Delta r+2r)=\pi(-0.2)(-0.2+2\times 2)=-0.76\pi\text{m}^2$

因为 $\Delta y<0$ 此时面积是减少了 $0.76\pi\text{m}^2$

【即学即练】

设 $f(x)=2x^2+1$，求适合下列条件的函数的改变量.

（1）自变量由 1 变到 1.2；（2）自变量由 1 变到 0.8；（3）自变量由 1 变到 $1+\Delta x$

（答案：（1）0.88；（2）-0.72；（3）$2x^2+4x\Delta x+2(\Delta x)^2-2x$）.

由图 2-35 观察左边图形的曲线，在 x_0 处有 $\Delta x\to 0$ 时，$\Delta y\to 0$，曲线在 x_0 处是连续不断的，而右边图形的曲线，在 x_0 处有 $\Delta x\to 0$ 时，$\Delta y\not\to 0$，曲线在 x_0 处是不连续的. 因此，我们可用变量的改变量给出函数在一点连续定义的另一种形式.

定义 2.14　设函数 $f(x)$ 在点 x_0 的某邻域内有定义，如果当自变量的增量 Δx 趋向于零时，对应的函数的增量 Δy 也趋向于零，即 $\lim\limits_{\Delta x\to 0}\Delta y=0$ 或 $\lim\limits_{\Delta x\to 0}[f(x_0+\Delta x)-f(x_0)]=0$，那么就称函数 $f(x)$ 在点 x_0 连续，x_0 称为 $f(x)$ 的连续点.

例 7　证明函数 $y=x^2$ 在点 x_0 连续.

证明思路：只需要证 $\lim\limits_{\Delta x\to 0}\Delta y=0$ 即可.

证明：在 x_0 处给定自变量 x 的增量 Δx，即 $\Delta x=x-x_0$

函数的增量 $\Delta y=f(x_0+\Delta x)-f(x_0)$

$$=(x_0+\Delta x)^2-x_0^2=2x_0\Delta x+(\Delta x)^2$$

因为 $\lim\limits_{\Delta x\to 0}\Delta y=\lim\limits_{\Delta x\to 0}[2x_0\Delta x+(\Delta x)^2]=0$

由定义 2.14 得

函数 $y=x^2$ 在点 x_0 处连续.

【即学即练】

证明：函数 $y=x^3$ 在点 x_0 连续.

例 8 用定义证明 $y=\sin x$ 在 $x=x_0$ 处连续.

证明思路：我们只需要证明 $\lim\limits_{x\to x_0}\sin x=\sin x_0$ 或者 $\lim\limits_{\Delta x\to 0}\Delta y=0$.

证：我们有

$$\Delta y=|\sin x-\sin x_0|=|\sin(x_0+\Delta x)-\sin x|$$

$$=\left|2\sin\frac{\Delta x}{2}\cos\left(x_0+\frac{\Delta x}{2}\right)\right| \quad \left(\leftarrow\text{：公式 } \sin x-\sin y=2\sin\frac{x-y}{2}\cos\frac{x+y}{2}\right)$$

由于 $\left|\cos\left(x_0+\dfrac{\Delta x}{2}\right)\right|\leqslant 1$，$\left|\sin\dfrac{\Delta x}{2}\right|\leqslant\left|\dfrac{\Delta x}{2}\right|$，所以

$$0\leqslant|\Delta y|\leqslant|\Delta x|$$

由夹逼准则，我们也就可以得到 $\lim\limits_{\Delta x\to 0}\Delta y=0$，即 $y=\sin x$ 在 $x=x_0$ 处连续.

二、函数在区间上的连续

定义 2.15 如果函数 $y=f(x)$ 在开区间 (a, b) 内每一点都是连续的，则称函数 $y=f(x)$ 在开区间 (a, b) 内连续，或者说 $y=f(x)$ 是 (a, b) 内的连续函数.

如果函数 $y=f(x)$ 在闭区间 $[a, b]$ 上有定义，在开区间 (a, b) 内连续，且在区间的两个端点，左端点 $x=a$ 与右端点 $x=b$ 处分别是右连续和左连续，即

$$\lim_{x\to a^+}f(x)=f(a),\ \lim_{x\to b^-}f(x)=f(b)$$

则称函数 $y=f(x)$ 在闭区间 $[a, b]$ 上连续，或者说 $f(x)$ 是闭区间 $[a, b]$ 上的连续函数.

函数 $f(x)$ 在它定义域内的每一点都连续，则称 $f(x)$ 为连续函数.

三、函数的间断点及其分类

1. 函数间断点的概念

例 9 讨论函数 $f(x)=\begin{cases}x^2 & x\geqslant 0\\ x+1 & x<0\end{cases}$，在 $x=0$ 的连续性.

解：因为函数 $f(x)=\begin{cases}x^2 & x\geqslant 0\\ x+1 & x<0\end{cases}$，在 $x=0$ 处有定义 $f(0)=0$

但 $\lim\limits_{x\to 0^+}f(x)=\lim\limits_{x\to 0^+}x^2=0$，$\lim\limits_{x\to 0^-}f(x)=\lim\limits_{x\to 0^-}(x+1)=1$

由于 $\lim\limits_{x\to 0^+}f(x)\neq\lim\limits_{x\to 0^-}f(x)$

故 $\lim\limits_{x\to 0}f(x)$ 不存在

所以 $f(x)$ 在 $x=0$ 处不连续.（←：由定理 2.26）

由上例可以看到，函数在某一点不连续是存在的. 一般有下列定义：

定义 2.16 如果$f(x)$在x_0的某个空心领域内有定义，且$f(x)$在点x_0处不连续，则称$f(x)$在x_0处间断，或称点x_0是$f(x)$的间断点.

根据连续的定义 2.14，不难知道函数$f(x)$有以下三种可能之一，则$f(x)$在x_0处间断：

(1) 函数$f(x)$在$x=x_0$处没有定义；

(2) $f(x)$在x_0处有定义，但$\lim\limits_{x \to x_0} f(x)$不存在；

(3) $f(x)$虽然在x_0点有定义且$\lim\limits_{x \to x_0} f(x)$存在，但$\lim\limits_{x \to 0} f(x) \neq f(x_0)$.

例 10 判断下列函数在所给点处的连续或间断性.

(1) $f(x)=\dfrac{1}{x}$在$x=0$处；(2) $f(x)=\begin{cases} \dfrac{x^2-1}{x-1} & x \neq 1 \\ 1 & x=1 \end{cases}$在$x=1$处

解：(1) 因为函数$f(x)=\dfrac{1}{x}$在$x=0$处无定义

所以$x=0$是其间断点. (🡐：由函数间断点的概念 (1)).

(2) 因为函数$f(x)=\begin{cases} \dfrac{x^2-1}{x-1} & x \neq 1 \\ 1 & x=1 \end{cases}$在$x=1$处有定义且$f(1)=1$

又$\lim\limits_{x \to 1} f(x)=2$极限存在，但$\lim\limits_{x \to 1} f(x)=2 \neq f(1)=1$

所以$x=1$是$f(x)$的间断点. (🡐：由函数间断点的概念 (3))

【即学即练】

判断下列函数在所给点处的连续或间断性.

(1) $f(x)=\begin{cases} x-1 & x<0 \\ 0 & x=0 \\ x+1 & x>0 \end{cases}$在$x=0$处. (答案：间断).

(2) $f(x)=\begin{cases} x+1 & x \leqslant 0 \\ e^x & x>0 \end{cases}$在$x=0$处. (答案：连续).

---

2. 函数间断点的分类

为了方便研究，有时需要将函数的间断点进行分类。通常把间断点分为两大类：

如果x_0是$f(x)$的间断点，且$f(x)$在x_0点的左、右极限都存在，则称x_0为$f(x)$的**第一类间断点**，如图 2-37 所示；凡不是第一类的间断点都称为**第二类间断点**.

特别地，在第一类间断点中，如果左、右极限存在且相等$\lim\limits_{x \to x_0^-} f(x)=\lim\limits_{x \to x_0^+} f(x)$(即极限存在)，但函数在该点没有定义，或者虽然函数在该点有定义，但函数值不等于极限值$\lim\limits_{x \to x_0} f(x) \neq f(x_0)$，这种间断点又称为**可去间断点**，可去间断点只要补充间断处函数的定义，令$f(x_0)=\lim\limits_{x \to x_0} f(x)$，便可使函数$f(x)$在点$x_0$处连续如例 11；或者对于$\lim\limits_{x \to x_0} f(x) \neq f(x_0)$，可改变$f(x)$在间断点$x_0$处的定义，令$f(x_0)=\lim\limits_{x \to x_0} f(x)$也可使$f(x)$在点$x_0$处成为连续，如例

15 中在点 $x=1$ 处就是第一类可去间断点；如果左、右极限存在但不相等，即 $f(x_0^-)\neq f(x_0^-)$，这种间断点又称为**跳跃间断点**，如例 16.

在第二类间断点中，极限为无穷大的间断点，称为**无穷间断点**，如图 2－38 所示；极限为震荡不存在的间断点，称为**振荡间断点**，如图 2－39 所示.

例 11 判断函数 $f(x)=\dfrac{x^2-1}{x-1}$ 在 $x=1$ 处的连续性(图 2－37)，若间断，指出其类型，若为可去间断点，补充定义使之连续.

解：因为在 $x=1$ 处无定义，故点 $x=1$ 是间断点

因为 $\lim\limits_{x\to 1}f(x)=\lim\limits_{x\to 1}\dfrac{x^2-1}{x-1}=2$

根据极限存在的充要条件知

$\lim\limits_{x\to 1^-}f(x)=\lim\limits_{x\to 1^+}f(x)=2$（🡄：左右极限都存在且相等）

所以 $x=1$ 属于函数第一类间断点

如果补充定义

令 $f(1)=2$，则此时该函数在点 $x=1$ 处是连续的

因此，点 $x=1$ 为 $f(x)$ 的可去间断点.

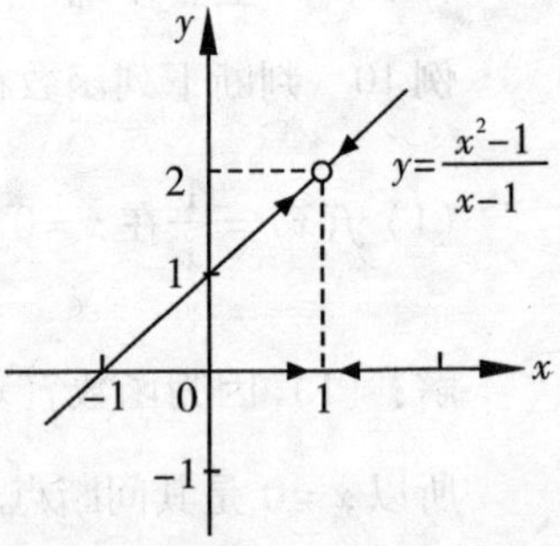

图 2－37

例 12 设函数 $f(x)=\dfrac{1}{x^2}$，判断在 $x=0$ 处的连续性，若间断指出其类型.

解：因为 $\lim\limits_{x\to 0}f(x)=\lim\limits_{x\to 0}\dfrac{1}{x^2}=+\infty$

即极限不存在，如图所示，$x=0$ 为 $f(x)$ 的间断点，所以属于函数第二类间断点.

由于 $\lim\limits_{x\to 0}\dfrac{1}{x^2}=+\infty$，因此 $x=0$ 也称为无穷间断点. 如图 2－38 所示.

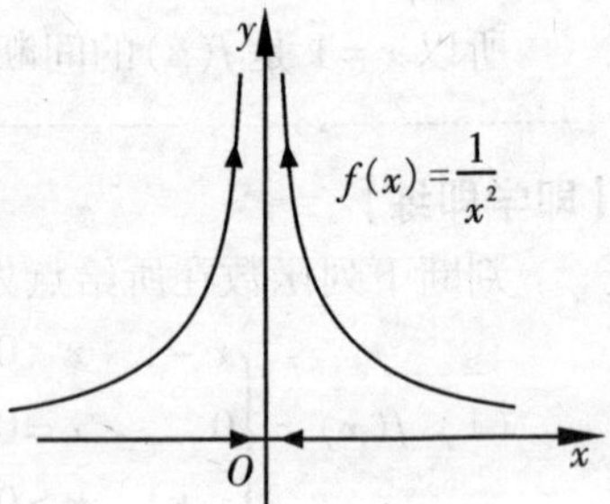

图 2－38

例 13 讨论函数 $f(x)=\begin{cases}x-4 & -2\leqslant x<0\\ -x+1 & 0\leqslant x\leqslant 2\end{cases}$ 在 $x=1$ 与 $x=0$ 处的连续性，若间断指出其类型.

解：$x=1$ 时

因为 $\lim\limits_{x\to 1}f(x)=\lim\limits_{x\to 1}(-1+x)$

而 $f(1)=0$，故 $\lim\limits_{x\to 1}f(x)=f(1)$，$\lim\limits_{x\to 1}f(x)=\lim\limits_{x\to 1}(-1+x)$

因此 $x=1$ 是 $f(x)$ 的连续点.

$x=0$ 时

因为 $\lim\limits_{x\to 0^+}f(x)=\lim\limits_{x\to 0^+}(-x+1)=1$，$\lim\limits_{x\to 0^-}f(x)=\lim\limits_{x\to 0^-}(x-4)=-4$，则

$\lim\limits_{x\to 0^+}f(x)\neq\lim\limits_{x\to 0^-}f(x)$

所以 $\lim\limits_{x\to 0}f(x)$ 不存在

因此 $x=0$ 是 $f(x)$ 的间断点，且是第一类的跳跃间断点.

例 14 讨论函数 $y=\dfrac{1}{\sin x}$ 的连续性与间断性，若间断指出其类型.

解： 由函数间断点的定义与间断点的类型可知，函数在 $x=0$ 没有定义，当 $x\to 0$ 时，函数值在 -1 与 1 之间变动无限多次，所以点 $x=0$ 称为函数 $\dfrac{1}{\sin x}$ 的振荡间断点．如图 2－39 所示.

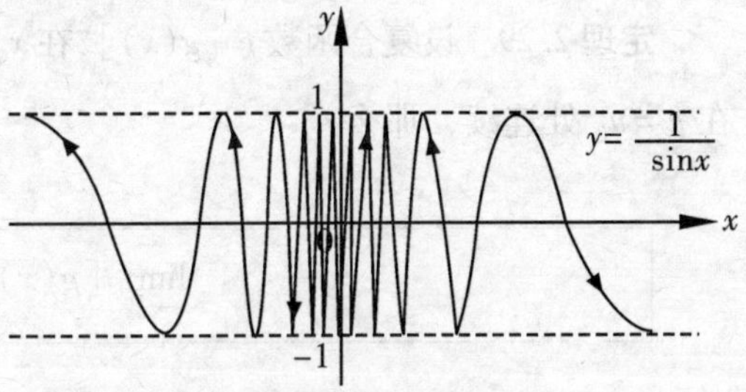

图 2－39

例 15 讨论函数 $f(x)=\dfrac{x^2-1}{x(x-1)}$ 的连续性，若有间断点，指出其类型.

解： 在 $x=0$，$x=1$ 处间断

在 $x=0$ 处，因为 $\lim\limits_{x\to 0}f(x)=\lim\limits_{x\to 0}\dfrac{x^2-1}{x(x-1)}=\infty$，所以 $x=0$ 是 $f(x)$ 的第二类间断点

在 $x=1$ 处，因为 $\lim\limits_{x\to 1}f(x)=\lim\limits_{x\to 1}\dfrac{x^2-1}{x(x-1)}=\lim\limits_{x\to 1}\dfrac{x+1}{x}=2$

所以 $x=1$ 是 $f(x)$ 的第一类可去间断点．可补充定义 $f(1)=2$，函数成为

$$f(x)=\begin{cases}\dfrac{x^2-1}{x(x-1)} & x\neq 1\\ 2 & x=1\end{cases}$$

该函数在点 $x=1$ 处是连续的.

例 16 $f(x)=\operatorname{sgn}x$ 在 $x=0$ 左右极限都存在但不相等，这种间断点属于第一类间断点，也称为跳跃间断点．如图 2－40所示.

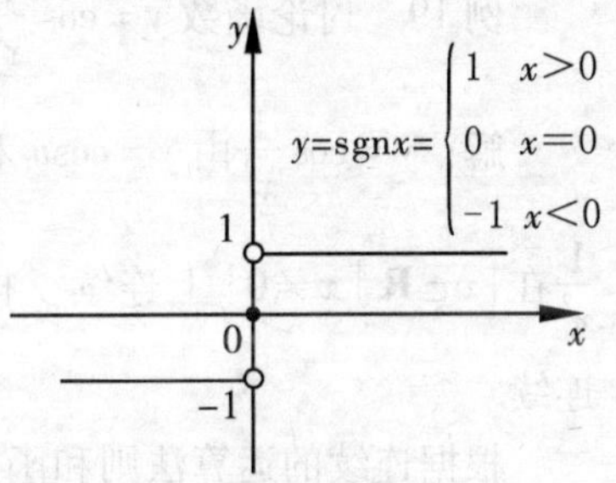

图 2－40

四、连续函数的运算法则

定理 2.27（四则运算） 若函数 $f(x)$ 与 $g(x)$ 在 x_0 点连续，则

$f(x)\pm g(x)$，$f(x)g(x)$，$\dfrac{f(x)}{g(x)}(g(x_0)\neq 0)$ 也在 x_0 点连续.

例 17 $f(x)=\tan x=\dfrac{\sin x}{\cos x}$，我们知道 $y=\sin x$ 在 $(-\infty,+\infty)$ 上连续且 $y=\cos x$ 在 $(-\infty,+\infty)$ 上连续，由除法法则知道 $f(x)=\tan x$ 在其定义域上也连续，同样 $y=\cot x$，$y=\sec x$，$y=\csc x$ 在其定义域上也连续.

定理 2.28（反函数的连续性） 若函数 $f(x)$ 在定义区间 I_x 上单调增加（或单调减少）且连续，那么它的反函数 $x=f^{-1}(y)$ 也在对应的区间 $I_y=\{y\mid y=f(x),\ x\in I_x\}$ 连续.

证明省略.

例 18 $y=\sin x$ 在 $\left[-\dfrac{\pi}{2},\dfrac{\pi}{2}\right]$ 上单调递增且连续，根据上面的定理可得，反函数 $y=\arcsin x$ 在 $[-1,1]$ 上也单调递增且连续；同样的道理 $y=\arccos x$，$y=\arctan x$，$y=\operatorname{arccot}x$

在其定义域上也连续.

根据复合函数极限法则，我们有

定理 2.29 设复合函数 $f[g(x)]$ 在 x_0 的某邻域内有定义，$\lim\limits_{x\to x_0} g(x)=u_0$，同时 $y=f(u)$ 在 $u=u_0$ 处连续，那么

$$\lim_{x\to x_0} f[g(x)]=\lim_{u\to u_0} f(u)=f(u_0) \qquad (2.7.1)$$

在上面的定理中，将 $\lim\limits_{x\to x_0} g(x)=u_0$ 换成 $\lim\limits_{x\to x_0} g(x)=\infty$ 或 $\lim\limits_{x\to\infty} g(x)=\infty$ 后有类似定理成立，留给读者思考.

由上面的定理，可得

推论 2.3 设复合函数 $f[g(x)]$ 在 x_0 的某邻域内有定义，若 $u=g(x)$ 在 $x=x_0$ 处连续，且 $g(x_0)=u_0$，同时 $y=f(u)$ 在 $u=u_0$ 处连续，那么 $f[g(x)]$ 在 x_0 处连续，

$\lim\limits_{x\to x_0} f[g(x)]=\lim\limits_{u\to u_0} f(u)=f(u_0)=f[g(x_0)]$.

例 19 讨论函数 $y=\cos\dfrac{1}{x^2}$ 的连续性.

解： $y=\cos\dfrac{1}{x^2}$ 由 $y=\cos u$ 和 $u=\dfrac{1}{x^2}$ 复合而成，$y=\cos u$ 在 $(-\infty, +\infty)$ 上连续，而 $u=\dfrac{1}{x^2}$ 在 $\{x\in\mathbf{R}\mid x\neq 0\}$ 上连续，根据推论 2.3，可得 $y=\cos\dfrac{1}{x^2}$ 在 $(-\infty, 0)\cup(0, +\infty)$ 上连续.

根据连续的运算法则和函数的性质，我们可以逐一验证每个基本初等函数都在其定义域内的每个点都连续.

根据推论 2.3 和定理 2.27，可得初等函数在其定义区间内都是连续的，所以如果 $f(x)$ 是初等函数，x_0 在 $f(x)$ 的定义域中，那么有下列结果成立：

$$\lim_{x\to 0} f(x)=f(x_0)\ \text{（其中 } f(x) \text{ 在 } x=0 \text{ 处连续）.} \qquad (2.7.2)$$

由上面的极限式得重要结论：初等函数在定义域内求极限可用直接代入法求函数值.

例 20 计算 $\lim\limits_{x\to 0}\dfrac{1}{\sqrt{x^2-x+2}}$.

解： 因为 $f(x)=\dfrac{1}{\sqrt{x^2-x+2}}$ 在 $x=0$ 处有定义，即 $f(0)=\dfrac{1}{\sqrt{2}}$

所以 $\lim\limits_{x\to 0}\dfrac{1}{\sqrt{x^2-x+2}}=\dfrac{1}{\sqrt{2}}=\dfrac{\sqrt{2}}{2}$.（←：在 $x=0$ 处连续，$\lim\limits_{x\to 0} f(x)=f(0)$）

例 21 计算$\lim\limits_{x\to1}\dfrac{2x+3}{e^{x^2}\sin\frac{\pi}{4}x}$

解：因为$f(x)=\dfrac{2x+3}{e^{x^2}\sin\frac{\pi}{4}x}$在$x=1$处有定义，$f(1)=\dfrac{2\times1+3}{e^1\sin\frac{\pi}{4}\times1}=\dfrac{5}{e\frac{1}{\sqrt{2}}}=\dfrac{5\sqrt{2}}{e}$

所以$\lim\limits_{x\to1}\dfrac{2x+3}{e^{x^2}\sin\frac{\pi}{4}x}=f(1)=\dfrac{5\sqrt{2}}{e}$.（🡄：在$x=1$处连续，$\lim\limits_{x\to1}f(x)=f(1)$）

§2.7 练习题

1. 讨论下列函数在$x=0$的连续性.

（1）$y=\begin{cases}x\sin\dfrac{1}{x} & x\geqslant0\\ x+1 & x<0\end{cases}$ （2）$y=\begin{cases}\dfrac{\sin x}{|x|} & x\neq0\\ 0 & x=0\end{cases}$

2. 求下列函数的间断点及类型.

（1）$y=\tan x$ （2）$y-\cos\dfrac{1}{x-1}$

（3）$y=\dfrac{x^2-5x+6}{x^2-x-2}$ （4）$y=e^{\frac{1}{x-2}}$

（5）$y=\begin{cases}x^2 & x\geqslant1\\ e^x & x<1\end{cases}$ （6）$f(x)=\begin{cases}x-1 & x<0\\ 0 & x=0\\ x+1 & x>0\end{cases}$

3. 求下列极限.

（1）$\lim\limits_{x\to2}\sqrt{x^3-3x+1}$ （2）$\lim\limits_{x\to-2}\dfrac{e^x+1}{x}$

（3）$\lim\limits_{x\to0}\dfrac{\ln(1+x^2)}{\sin(1+x)}$ （4）$\lim\limits_{x\to+\infty}\cos\dfrac{1-x}{1+x}$

（5）$\lim\limits_{x\to0}\dfrac{1}{x}\ln(1+x)$ （6）$\lim\limits_{x\to1}\dfrac{1}{\sqrt[3]{x^2+3x+4}}$

（7）$\lim\limits_{x\to0}\ln\dfrac{x}{\tan x}$ （8）$\lim\limits_{x\to+\infty}x\ [\ln(1+x)-\ln x]$

4. $f(x)=\begin{cases}3x^2+b & x\neq1\\ 4 & x=1\end{cases}$，求$b$为何值时，函数$f(x)$在$x=1$处连续.

5. 求常数a和b，使函数在定义域内连续.

（1）$y=\begin{cases}ax+2 & x\geqslant0\\ x+b & x<0\end{cases}$ （2）$y=\begin{cases}\dfrac{\sin ax}{x}-1 & x\geqslant0\\ bx-1 & x<0\end{cases}$

(3) $f(x)=\begin{cases} x\sin\dfrac{1}{x}+b & x<0 \\ a & x=0 \\ \dfrac{\sin x}{x} & x>0 \end{cases}$　　(4) $y=\begin{cases} (x-1)^2\sin\dfrac{1}{x-1} & x<1 \\ x^2-ax+b & 1\leqslant x<2 \\ e^{x-2}(x-2-a) & x\geqslant 2 \end{cases}$

6. 若函数 $y=f(x)$ 在 $x=x_0$ 连续，那么 $y=|f(x)|$ 在 $x=x_0$ 连续吗，请给出理由.

§2.8　闭区间上连续函数的性质

一、最值定理与有界性定理

定义 2.17　如果 $f(x)$ 在区间 I 上有定义，如果存在 $x_0\in I$，使得对于任意 $x\in I$，都有 $f(x)\leqslant f(x_0)$（或者 $f(x)\geqslant f(x_0)$），就称 $f(x)$ 在 x_0 取得最大值（或者最小值），x_0 为 $f(x)$ 的最大值点（或者最小值点）；通常用 M 和 m 表示最大值与最小值.

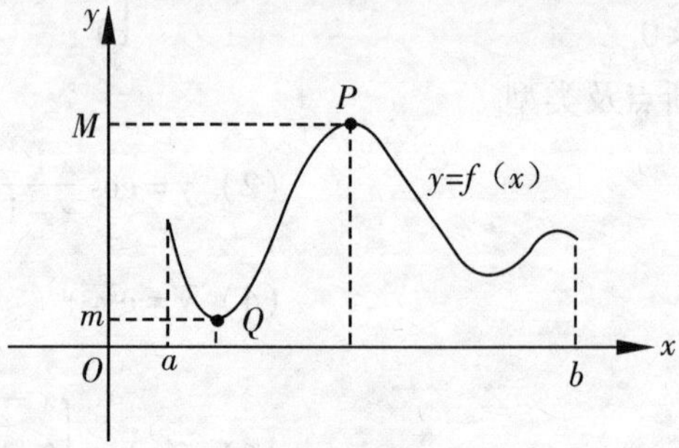

图 2-41

定理 2.30（最大值最小值定理）　闭区间上的连续函数必能取到最大值和最小值．也就是说，存在 $x_1\in[a,b]$，有 $f(x_1)=M$；存在 $x_2\in[a,b]$，有 $f(x_2)=m$，M 和 m 表函数在 $[a,b]$ 上的最大值与最小值.

从几何的角度看，因为闭区间上的连续函数的图像是包括两端点的一条不间断的曲线，因此它必定有最高点 P 和最低点 Q，P 与 Q 的纵坐标正是函数的最大值和最小值，如图2-41所示.

注意：如果函数仅在开区间 (a,b) 或半闭半开的区间 $[a,b)$，$(a,b]$ 内连续，或函数在闭区间 $[a,b]$ 上有间断点，那么函数在该区间上就不一定有最大值或最小值.

例如，在图 2-42 左图中，函数 $y=x$ 虽然在开区间 (a,b) 内是连续的，但函数在开区间 (a,b) 内既取不到最大值，也取不到最小值，因为直线端点没有定义，而两个端点正是其最大值点与最小值点.

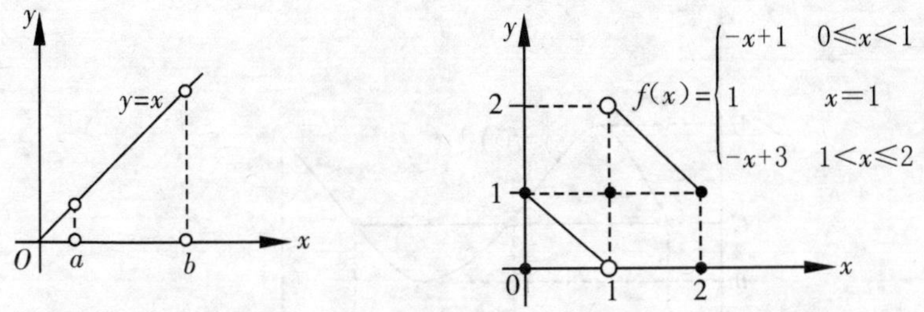

图 2－42

函数 $f(x)=\begin{cases}-x+1 & 0\leqslant 0<1\\ 1 & x=1\\ -x+3 & 1<x\leqslant 2\end{cases}$ 在闭区间［0，2］上有间断点 $y=1$，它在闭区间［0，2］上也是既无最大值，又无最小值．如图 2－42 右图所示.

推论 2.4（有界性定理） 设 $y=f(x)$ 定义在闭区间［a，b］上且连续，那么 $f(x)$ 一定有界.

二、介值定理与零点定理

定理 2.31（零点定理） 若 $f(x)$ 在闭区间［a，b］上连续，且 $f(a)$ 与 $f(b)$ 异号，则在 (a,b) 内至少有一个根，即至少存在一点 ξ，使 $f(\xi)=0$.

定理的几何意义：如图 2－38 所示的一条连续曲线，若其上的点的纵坐标由负值变到正值或由正值变到负值时，则曲线至少要穿过 x 轴一次，图 2－43 中的曲线有 5 次穿过 x 轴．即 $y=f(x)$ 定义在闭区间［a，b］上且连续，函数取值有正有负，那么函数一定会与 x 轴相交.

使 $f(x)=0$ 的点称为函数 $y=f(x)$ 的零点．如果 $x=\xi$ 是函数 $f(x)$ 的零点，即 $f(\xi)=0$，那么 $x=\xi$ 就是方程 $f(x)=0$ 的一个实根；反之，方程 $f(x)=0$ 的一个实根 $x=\xi$ 就是函数 $f(x)$ 的一个零点．因此，求方程 $f(x)=0$ 的实根与求函数 $f(x)$ 的零点是一回事．正因为如此，定理 2.31 通常称为零点定理，也称方程根的存在定理.

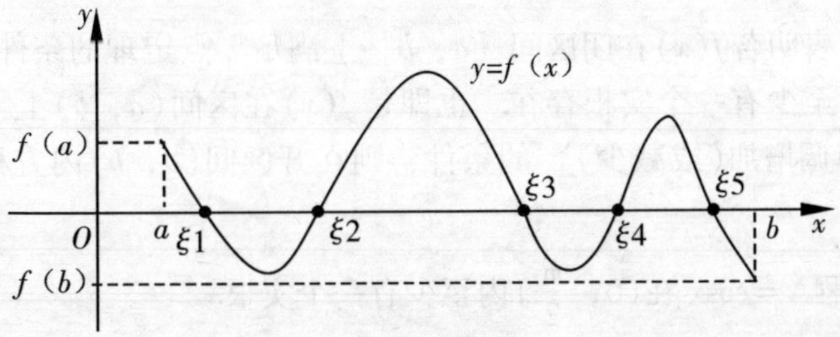

图 2－43

定理 2.32（介值定理） 若 $f(x)$ 在闭区间［a，b］上连续，m 与 M 分别是 $f(x)$ 在闭区间［a，b］上的最小值和最大值，C 是介于 m 与 M 之间的任一实数 $m\leqslant C\leqslant M$，则在［a，b］上至少存在一点 ξ，使得 $f(\xi)=C$. 如图 2－44 所示.

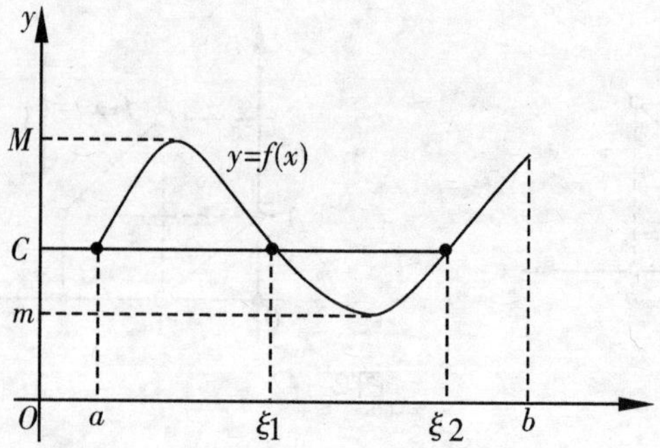

图 2-44

证：取 $\varphi(x)=f(x)-C$，由最值定理知，$f(x)$ 在闭区间 $[a, b]$ 上连续，那么 $\varphi(x)$ 在闭区间 $[a, b]$ 上也连续，同时 $f(x)$ 可以取到最大值和最小值，也就是说，存在 $x_1\in[a, b]$，有 $f(x_1)=M$；存在 $x_2\in[a, b]$，有 $f(x_2)=m$. 那么

$$\varphi(x_1)=f(x_1)-C>0, \ \varphi(x_2)=f(x_2)-C<0.$$

根据零点定理，一定存在 $\xi\in[a, b]$，有 $\varphi(\xi)=0$，所以存在 $\xi\in[a, b]$，有 $f(\xi)=C$.

推论 2.5 如果函数 $f(x)$ 满足定理 2.31 的条件，且在开区间 (a, b) 内是单调增加(或减少)的，则 $f(x)$ 在开区间内有唯一的零点，即在开区间 (a, b) 内存在唯一的点 ξ 使得 $f(\xi)=0$，如图 2-45 所示.

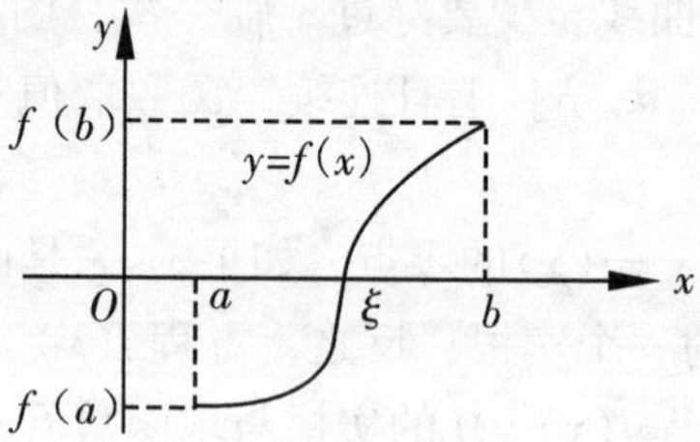

图 2-45

注：推论 2.5 表明若 $f(x)$ 在闭区间 $[a, b]$ 上满足零点定理的条件，表明在区间 (a, b) 内方程 $f(x)=0$ 至少有一个实根存在. 也即是 $f(x)$ 在区间 (a, b) 上至少与 x 轴相交一次. 若又满足"单调增加(或减少)"的条件，则在开区间 (a, b) 内方程 $f(x)=0$ 只有唯一的实根.

例 1 证明方程 $x=\cos x$ 在 $(0, \frac{\pi}{2})$ 内至少有一个实根.

证：$x-\cos x=0$

令 $f(x)=x-\cos x$，$0<x<\frac{\pi}{2}$

则 $f(x)$ 在 $[0, \frac{\pi}{2}]$ 上连续，且 $f(0)=-1$，$f(\frac{\pi}{2})=\frac{\pi}{2}>0$

由零点定理，在$(0, \frac{\pi}{2})$内至少有一点ξ，使$f(\xi)=\xi-\cos\xi=0$

即方程$x=\cos x$在$(0, \frac{\pi}{2})$内至少有一个实根.

例2 证明方程$2x^3-5x^2+1=0$在区间$(0, 1)$内至少有一实根.

证：设$f(x)=2x^3-5x^2+1$，由于函数是多项式，在$(-\infty, +\infty)$上都连续，所以也在$[0, 1]$上连续，同时

$f(0)=1>0$，$f(1)=-2<0$

由零点定理知，至少存在$x_0\in(0, 1)$，有$f(x_0)=0$，即在区间$(0, 1)$内至少有一实根.

例3 证明方程$x^3+x-1=0$在开区间$(0, 1)$内有唯一的实根.

证：设$f(x)=x^3+x-1$，由于函数是多项式为初等函数，其定义域为$(-\infty, +\infty)$，在$(-\infty, +\infty)$上都连续，所以也在区间$[0, 1]$上连续，且

$f(0)=-1<0$，$f(1)=1>0$

由零点定理知，一定存在$x_0\in(0, 1)$，有$f(x_0)=0$，即在区间$(0, 1)$内至少有一实根.

其次设x_1与x_2是区间$(0, 1)$内任意两点，且$x_1<x_2$，因为$x_2>x_1>0$，故

$$f(x_2)-f(x_1)=x_2^3+x_2-1-(x_1^3+x_1-1)$$
$$=x_2^3-x_1^3+(x_2-x_1)>0 \text{ 即 } f(x_1)>f(x_2)$$

所以$f(x)$在区间$(0, 1)$内是单调增加的，由推论2.5在区间$(0, 1)$内有唯一的实根.

由定理2.32可得：

推论2.6 在闭区间上连续的函数必取得介于最大值M与最小值m之间的任何值.

【即学即练】

证明方程$x^5+2x=2$在$(0, 1)$内至少有一根.

三、经济和管理中的函数的连续性

在经济理论中，为了讨论方便，通常假设所讨论的函数是连续的. 需求函数$Q=Q(P)$，当价格P有微小变动时，对应的需求函数的变动也是微小的. 因此，需求函数是连续函数. 对于供给函数、成本函数、收益函数等，经计量后一般也视为连续函数，此类函数都具有一个特性：随着时间的微小变化，函数值变化都比较微小，具有连续变化的特质，除非经济环境发生突变，如自然灾难、战争等.

要注意的是，在经济活动中表达经济量的函数也有形式上不是连续的情形，如自变量是离散取值的函数，但是由于它们的取值的特点，我们一般也把它视为连续函数来处理. 如生产电视机的价格成本是每台1 800元，那么销售x台的成本函数$C(x)$可写为：

$$C(x)=1\ 800x.$$

从几何上看$C(x)=1\ 800x$的图形只能是一些离散的孤立点，而不是一条连续曲线，

因为自变量 x 的取值是正整数，但是实质上其一般为连续的，因为其自变量 x 的变化量一般以整数来计算的，而且也具有特性：随着时间的微变，函数值变化都比较微小. 所以一般也把这类问题视为连续函数，这样就可以用微积分的方法讨论经济问题，而此类问题在实际生活中是普遍出现的.

真正具有间断点的函数，是分段连续的，这类分段连续的函数在经济活动中也是常见的. 例如，国民经济收入从小时间段上看一般是连续函数，但是从大时间段上看就是分段连续的，因为一般在国家历史上都会发生自然灾难、战争等突变，导致经济发展停顿或者突进.

§2.8 练习题

1. 证明方程 $\sin x - x = 1$ 至少有一个介于 -2 和 2 之间.
2. 试证明曲线 $y = xe^x - x^2 - 1$ 在 $x=0$ 与 $x=1$ 至少与 x 轴有一个交点.

总习题二

1. 单项选择题.

(1) 已知下列四数列，通项如下：

①$x_n = 2$； ②$x_n = \dfrac{2}{3n+1}$； ③$x_n = (-1)^{n+1}\dfrac{2}{3n+1}$； ④$x_n = (-1)^{n+1}\dfrac{3n-1}{3n+1}$

则其中收敛的数列为______.

A. 1　　B. 1，2　　C. 1，4　　D. 1，2，3

(2) 变量 $y = x\sin x$ 是______.

A. 无穷大量($x\to\infty$)　　B. 无界变量　　C. 有界变量　　D. 不可确定

(3) 下列变量中是无穷小量的是______.

A. $\ln x(x\to 1)$　　B. $\sin\dfrac{1}{x}(x\to 0)$　　C. $\dfrac{x-3}{x^2-9}(x\to 3)$　　D. $e^{\frac{1}{x}}(x\to 0)$

(4) 当 $x\to 0$ 时，$\tan x$ 是比 x 的______.

A. 高阶无穷小量　　B. 低阶无穷小量　　C. 等阶无穷小量　　D. 不可确定

(5) 下列变量在自变量给定的变化过程中不是无穷大的是______.

A. $\dfrac{x^2}{\sqrt{x^3+1}}(x\to+\infty)$　　B. $\ln x(x\to+\infty)$

C. $\ln x(x\to 0)$　　D. $\dfrac{1}{x}\cos\dfrac{nx}{2}(x\to\infty)$

(6) 当 $x\to+\infty$时，下列函数中没有极限的是______.

A. $\sin x$　　B. $e^{\frac{1}{x}}$　　C. $\dfrac{x+1}{x^2-1}$　　D. $\arctan x$

(7) 函数 $f(x)$ 在 $x=0$ 处连续的有______.

A. $f(x)=\begin{cases}\dfrac{x}{|x|} & x\neq 0\\ 0 & x=0\end{cases}$　　B. $f(x)=\begin{cases}\dfrac{\sin x}{x} & x\neq 0\\ 1 & x=0\end{cases}$

C. $f(x)=\begin{cases}|x| & x\neq 0\\ -1 & x=0\end{cases}$　　D. $f(x)=\begin{cases}e^x & x\neq 0\\ 0 & x=0\end{cases}$

(8) 函数$f(x)=\dfrac{\sin x}{x}+\dfrac{\ln(1+x)}{1-x}$的间断点的个数为______.

A. 0　　B. 1　　C. 2　　D. 3

(9) 方程$x^3-3x+1=0$在区间$(0,1)$内______.

A. 无实根　　B. 有唯一实根　　C. 有两个实根　　D. 有三个实根

(10) 设$f(x)=\begin{cases}\cos x-1 & x<0\\ k & x>0\end{cases}$，则$k=0$是$\lim\limits_{x\to 0}f(x)$存在的______.

A. 充分但非必要条件　　B. 必要但非充分条件

C. 充分必要条件　　D. 无关条件

2. 填空题.

(1) 当$x\to\infty$时，$f(x)$与$\dfrac{1}{x^2}$是等价无穷小量，则$\lim\limits_{x\to\infty}2xf(x)=$______.

(2) $x\to 1^+$时，$f(x)$与$\ln(x-1)$是等价无穷大量，则$\lim\limits_{x\to 1^+}(x-1)f(x)=$______.

(3) $f(x)=\begin{cases}x\sin\dfrac{1}{x} & x>0\\ e^x+k & x\leqslant 0\end{cases}$，问$k=$______，函数$f(x)$在$x=0$处连续.

(4) $f(x)=\begin{cases}\ln|x-1| & x>0\\ \dfrac{\sin ax}{x} & x<0\end{cases}$，同时$f(x)$在$x=0$处连续，那么$a=$______.

(5) 函数$f(x)=x\sin\dfrac{1}{x}$的间断点是______，类型是______.

(6) 函数$f(x)=\dfrac{1}{\sqrt{x^2-4}}$的连续区间是____________.

(7) $f(x)=\dfrac{|x-1|}{x^2-x^3}$的连续区间是____________.

3. 求下列极限.

(1) $\lim\limits_{x\to\infty}\dfrac{(3x-2)^{12}(4x+1)^{13}}{(5x+1)^{25}}$　　(2) $\lim\limits_{t\to 0}\dfrac{(x+t)^3-x^3}{t}$

(3) $\lim\limits_{x\to\infty}x\sin\dfrac{a}{x}$　　(4) $\lim\limits_{x\to 0^+}\dfrac{\sin 3x}{\sqrt{x}}$

(5) $\lim\limits_{x\to 0}\dfrac{x-1}{\sin 2(x-1)}$　　(6) $\lim\limits_{x\to\pi}\dfrac{\tan x}{x-\pi}$

(7) $\lim\limits_{x\to 0}\dfrac{2\arcsin x}{3x}$　　(8) $\lim\limits_{x\to 0}\dfrac{\sin x^n}{(\sin x)^m}$

(9) $\lim\limits_{n\to\infty}\left(\dfrac{n}{n+2}\right)^{2n}$ (10) $\lim\limits_{x\to 0}(1+\tan x)^{\cot x}$

(11) $\lim\limits_{x\to 0}\dfrac{\ln(a+x)-\ln a}{x}$ (12) $\lim\limits_{x\to 0}\dfrac{a^x-1}{x}$（提示：令 $u=a^x-1$）

(13) $\lim\limits_{x\to\infty}\left(\dfrac{x-1}{x+3}\right)^{x+2}$ (14) $\lim\limits_{x\to\infty}\left(1+\dfrac{1}{n}+\dfrac{1}{n^2}\right)^n$（提示：$\dfrac{1}{n}+\dfrac{1}{n^2}=\dfrac{n+1}{n^2}$）

(15) $\lim\limits_{x\to 0}\dfrac{\ln(1+x)}{e^x-1}$ (16) $\lim\limits_{x\to\infty}x(\sqrt{x^2+3}-\sqrt{x^2-1})$

(17) $\lim\limits_{x\to 0}\dfrac{(e^{\sin x}-1)\cos x}{\tan^2 x}$ (18) $\lim\limits_{x\to 0}\dfrac{\sqrt{x+1}-1}{\sin 2x}$

4. 已知 $y=\lim\limits_{x\to 1}\dfrac{x^2+bx+c}{x-1}=3$，求 b，c.

5. 求 $\lim\limits_{x\to a}\dfrac{\ln x-\ln a}{x-a}$.

6. 用夹逼准则按定义证明 $y=\cos x$ 在 $x=x_0$ 处连续.

7. 已知 $x_0>0$，$x_{n+1}=1+\dfrac{x_n}{1+x_n}$，$n=1，2，\cdots$，用单调有界必有极限原理说明 $\lim\limits_{n\to\infty}x_n$ 存在并求出极限值.

8. 用定义讨论 $f(x)=\begin{cases}\dfrac{\sqrt{1+x-1}}{\sqrt{x}} & x>0\\ 0 & x\leqslant 0\end{cases}$ 的连续性.

9. 证明 $2^x=4x$ 在区间 $(0，\dfrac{1}{2})$ 内至少有一实根.

10. 证明方程 $x=a\sin x+b$（其中 $a>0$，$b>0$）至少有一个正根 x_0，且 $x_0\leqslant a+b$.

11. 证明方程 $x2^x-1=0$ 至少有一个小于 1 的正根.

12. 设函数 $f(x)$ 在 $[a，b]$ 上连续，且 $(a<c<d<b)$，证明存在一个 $\xi\in(a，b)$，使得 $f(c)+f(d)=2f(\xi)$.

第三章 导数与微分

导数与微分是一元微分学的基本内容，也是微积分学的重要组成部分. 本章我们将主要介绍这两个概念，以及它们的运算法则，并简单介绍其应用.

§3.1 导数的概念

当我们研究变量时，不仅需要研究变量与变量之间的对应关系(即函数关系)，变量的变化趋势(即极限)，还要研究变量变化的快慢程度. 例如，物体运动的速度、国民经济发展速度、劳动生产率等，这类问题通常叫做**变化率问题**.

一、实例

1. 变速直线运动的瞬时速度

当物体作匀速直线运动时，求速度的问题很容易解决，就是所经过的路程与时间的比值. 当物体作变速直线运动时，这个比值只能表示这段时间内物体运动的平均速度. 但在很多实际问题中，只算出平均速度并不能满足要求，需要知道物体在某个时刻的速度的大小，即知道它的瞬时速度.

一般地说，如果物体运动的路程 s 与时间 t 的关系是 $s=s(t)$，则由物理学知识可知在匀速直线运动中路程、时间和速度三者之间的关系为 $\bar{v}=\frac{s}{t}$，从而得出物体从 t_0 到 $t_0+\Delta t$ 这一段时间的平均速度为

$$\bar{v}=\frac{\Delta s}{\Delta t}=\frac{s(t_0+\Delta t)-s(t_0)}{\Delta t}$$

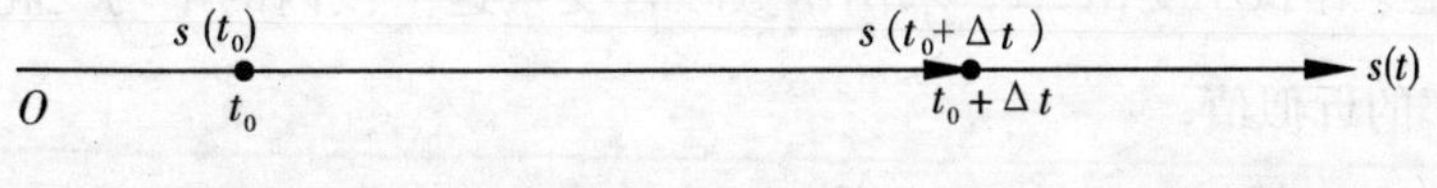

当 $\Delta t\to 0$ 时，平均速度的极限值：$v\big|_{t=t_0}=\lim\limits_{\Delta t\to 0}\frac{\Delta s}{\Delta t}=\lim\limits_{\Delta t\to 0}\frac{s(t_0+\Delta t)-s(t_0)}{\Delta t}$即为物体在 t_0 时刻的瞬时速度.

2. 曲线的切线的斜率

设函数 $y=f(x)$ 的曲线为 L(如图 3－1 所示). 点 M 的坐标为 $(x_0, f(x_0))$. 在点 M 附近另取一点 N，点 N 的坐标是 $(x_0+\Delta x, f(x_0+\Delta x))$. 直线 MN 是曲线的割线，它的倾斜

角记作 β. 由图 3－1 中的 $Rt\triangle MPN$ 可知割线 MN 的斜率：

$$\tan\beta=\frac{PN}{MP}=\frac{\Delta y}{\Delta x}=\frac{f(x_0+\Delta x)-f(x_0)}{\Delta x}$$

在数量上，它表示当自变量从 x_0 变到 $x_0+\Delta x$ 时函数 $f(x)$ 关于变量 x 的平均变化率（增长率或减小率）.

现在让点 N 沿着曲线 L 趋向于点 M，此时 $\Delta x\to 0$，如果过点 M 的割线 MN 也能趋向于一个极限位置——直线 MT，我们就称曲线 L 在点 M 处存在切线 MT. 记 MT 的倾斜角为 α，则 α 为 β 的极限. 若 $\alpha\neq 90°$，则得到切线 MT 的斜率 k 为

$$k=\tan\alpha=\lim_{\Delta x\to 0}\tan\beta=\lim_{\Delta x\to 0}\frac{\Delta y}{\Delta x}=\lim_{\Delta x\to 0}\frac{f(x_0+\Delta x)-f(x_0)}{\Delta x}$$

在数量上，它表示函数 $f(x)$ 在 x_0 处的变化率.

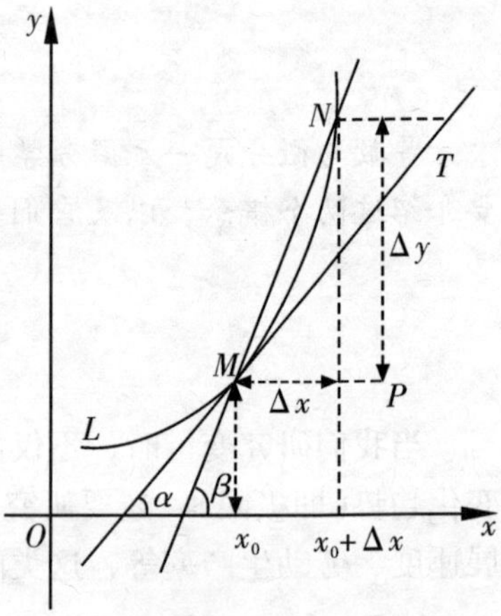

图 3－1

3. 产品总成本的变化率(边际成本)

设某产品的总成本 C 是产量 Q 的函数，即 $C=C(Q)$. 当产量由 Q_0 变到 $Q_0+\Delta Q$ 时，总成本相应的改变量为

$$\Delta C=C(Q_0+\Delta Q)-C(Q_0),$$

则产量由 Q_0 变到 $Q_0+\Delta Q$ 时，总成本的平均变化率为

$$\frac{\Delta C}{\Delta Q}=\frac{C(Q_0+\Delta Q)-C(Q_0)}{\Delta Q}$$

当 $\Delta Q\to 0$ 时，如果极限

$$\lim_{\Delta Q\to 0}\frac{\Delta C}{\Delta Q}=\lim_{\Delta Q\to 0}\frac{C(Q_0+\Delta Q)-C(Q_0)}{\Delta Q}$$

存在，则称此极限是产量为 Q_0 时的总成本变化率，又称边际成本，记作 $MC(Q_0)$.

上面三个例子的实际意义完全不同，但从抽象的数量关系来看，其实质是一样的，都是函数的改变量与自变量的改变量之比，当自变量的改变量趋于 0 时的极限，即求函数 $y=f(x)$ 关于自变量 x 在某一点 x_0 处的变化率，我们把这种特定的极限叫做函数 $y=f(x)$ 在 x_0 处的导数.

上述三个例子的求解基本过程如下：

（1）自变量 x 作微小变化 Δx，求出函数在自变量这个段内的平均变化率 $\bar{y}=\frac{\Delta y}{\Delta x}$，作为点 x 处变化率的近似值；

（2）对 $\bar{y}$ 求当 $\Delta x\to 0$ 时的极限 $\lim\limits_{\Delta x\to 0}\frac{\Delta y}{\Delta x}$. 若它存在，这个极限值即为点 x 处变化率的精确值.

二、导数的定义

1. 函数在一点处可导的概念

定义 3.1 设函数 $y=f(x)$ 在 x_0 的某个邻域内有定义. 当自变量 x 在 x_0 处有改变量 Δx

($\neq 0$)，函数 $y=f(x)$ 相应有改变量为 $\Delta y=f(x_0+\Delta x)-f(x_0)$，若极限

$$\lim_{\Delta x \to 0}\frac{\Delta y}{\Delta x}=\lim_{\Delta x \to 0}\frac{f(x_0+\Delta x)-f(x_0)}{\Delta x} \tag{3.1.1}$$

存在，我们就称函数 $y=f(x)$ 在点 x_0 处可导，并把这一极限值称为函数 $y=f(x)$ 在点 x_0 处的导数(或变化率)，记作

$$y'\big|_{x=x_0} \text{或} f'(x_0) \text{或} \frac{\mathrm{d}y}{\mathrm{d}x}\Big|_{x=x_0} \text{或} \frac{\mathrm{d}f(x)}{\mathrm{d}x}\Big|_{x=x_0}.$$

比值 $\frac{\Delta y}{\Delta x}$ 表示函数 $y=f(x)$ 当自变量 x 从 x_0 改变到 $x_0+\Delta x$ 时的平均变化率，它反映了函数 $y=f(x)$ 从点 x_0 到 $x_0+\Delta x$ 时的平均变化的快慢程度；导数 $y'\big|_{x=x_0}$ 则表示了函数在点 x_0 处的变化率，它反映了函数 $y=f(x)$ 在点 x_0 处变化的快慢程度.

如果当 $\Delta x \to 0$ 时，$\frac{\Delta y}{\Delta x}$ 的极限不存在，我们就称函数 $y=f(x)$ 在点 x_0 处不可导或导数不存在. 若 $\lim\limits_{\Delta x \to 0}\frac{\Delta y}{\Delta x}=\infty$，也称 $f(x)$ 在点 x_0 处的导数为无穷大.

函数 $y=f(x)$ 在点 x_0 处的导数定义式(3.1.1)中，用换元可得到其他形式的导数定义式，如定义式(3.1.2)及(3.1.3)，以便根据问题的需要选用.

$$f'(x_0)=\lim_{h \to 0}\frac{f(x_0+h)-f(x_0)}{h} \quad (\text{🡸：在式中(3.1.1)令 } \Delta x=h) \tag{3.1.2}$$

$$f'(x_0)=\lim_{x \to x_0}\frac{f(x)-f(x_0)}{x-x_0} \quad (\text{🡸：在式中(3.1.1)令 } x_0+\Delta x=x) \tag{3.1.3}$$

有了导数的定义，前面三个实例就可分别描述为：

(1) 运动物体的位置函数 $s=f(t)$ 在 t_0 时刻的瞬时速度就是函数 $s=f(t)$ 在 t_0 处的导数，即

$$v\big|_{t=t_0}=\lim_{\Delta t \to 0}\frac{\Delta s}{\Delta t}=\lim_{\Delta t \to 0}\frac{s(t_0+\Delta t)-s(t_0)}{\Delta t}=s'(t_0).$$

(2) 曲线 L 上在点 $M(x_0, f(x_0))$ 处的切线斜率 k 就是函数 $y=f(x)$ 在 M 点的横坐标为 x_0 处的导数，即

$$k=\tan\beta=\frac{PN}{MP}=\frac{\Delta y}{\Delta x}=\frac{f(x_0+\Delta x)-f(x_0)}{\Delta x}=f'(x_0).$$

(3) 在某产品产量为 Q_0 时的总成本变化率(边际成本)就是成本函数 $C=C(Q)$ 在点 Q_0 处的导数，即

$$MC(Q_0)=\lim_{\Delta Q\to 0}\frac{\Delta C}{\Delta Q}=\lim_{\Delta Q\to 0}\frac{C(Q_0+\Delta Q)-C(Q_0)}{\Delta Q}=C'(Q_0).$$

根据导数的定义，求函数 $y=f(x)$ 在点 x_0 处的导数的参考步骤如下：

第一步　求函数的改变量：$\Delta y=f(x_0+\Delta x)-f(x_0)$；

第二步　求比值：$\dfrac{\Delta y}{\Delta x}=\dfrac{f(x_0+\Delta x)-f(x_0)}{\Delta x}$；

第三步　求极限：$f'(x_0)=\lim\limits_{\Delta x\to 0}\dfrac{\Delta y}{\Delta x}$.

例 1　求 $y=f(x)=x^2$ 在点 $x=1$ 处的导数.

解：（第一步）　因为 $\Delta y=f(x_0+\Delta x)-f(x_0)$

$$=f(1+\Delta x)-f(1)=(1+\Delta x)^2-1^2=2\Delta x+\Delta x^2$$

（第二步）　$\dfrac{\Delta y}{\Delta x}=\dfrac{2\Delta x+(\Delta x)^2}{\Delta x}=2+\Delta x$

（第三步）　$f'(1)=\lim\limits_{\Delta x\to 0}\dfrac{\Delta y}{\Delta x}=\lim\limits_{\Delta x\to 0}(2+\Delta x)=2$

所以 $y'|_{x=1}=2$.

例 2　求 $y=f(x)=3$ 在点 $x=8$ 处的导数.

解：（第一步）　因为 $\Delta y=f(x_0+\Delta x)-f(x_0)=f(8+\Delta x)-f(8)=3-3=0$

（第二步）　$\dfrac{\Delta y}{\Delta x}=\dfrac{0}{\Delta x}=0$

（第三步）　$f'(8)=\lim\limits_{\Delta x\to 0}\dfrac{\Delta y}{\Delta x}=\lim\limits_{\Delta x\to 0}0=0.$

所以 $\dfrac{dy}{dx}\Big|_{x=8}=0.$

例 3　求函数 $f(x)=\sin x$ 在 $x=0$ 的导数.

解：因为 $\lim\limits_{\Delta x\to 0}\dfrac{f(0+\Delta x)-f(0)}{\Delta x}=\lim\limits_{\Delta x\to 0}\dfrac{\sin(0+\Delta x)-\sin 0}{\Delta x}=\lim\limits_{\Delta x\to 0}\dfrac{\sin\Delta x}{\Delta x}=1$

所以 $f'(0)=1$，或 $(\sin x)'|_{x=0}=1$.

2. 导函数的概念

定义 3.2　如果函数 $y=f(x)$ 在开区间 (a, b) 内每一点处都可导，就称函数 $y=f(x)$ 在开区间 (a, b) 内可导. 这时，对开区间 (a, b) 内每一个确定的值 x 都对应着一个确定的导数 $f'(x)$，这样就在开区间 (a, b) 内，构成一个新的函数，我们把这一新的函数称为 $f(x)$ 的导函数，记作 y'，$f'(x)$，$\dfrac{dy}{dx}$ 或 $\dfrac{df(x)}{dx}$.

根据导数定义，就可得出导函数的定义式为

$$f'(x)=y'=\lim_{\Delta x\to 0}\frac{\Delta y}{\Delta x}=\lim_{\Delta x\to 0}\frac{f(x+\Delta x)-f(x)}{\Delta x}\qquad(3.1.4)$$

导函数也简称为导数.

由此得导函数与函数在一个点 x_0 处的导数的关系是:

(1) $f'(x)$是 x 的函数，而$f'(x_0)$是一个数值.

(2) $f(x)$在点 x_0 处的导数$f'(x_0)$就是导函数$f'(x)$在点 x_0 处的函数值.

所以，以后无特别说明，求函数在 x_0 处的导数时，先求出导函数，然后再求在 x_0 处的函数值.

例 4 求 $y=C$(C 为常数)的导数.

解: 因为 $\Delta y=C-C=0$

$\frac{\Delta y}{\Delta x}=\frac{0}{\Delta x}=0$

所以 $y'=\lim\limits_{\Delta x\to 0}\frac{\Delta y}{\Delta x}=0$

即$(C)'=0$(常数的导数恒等于零).

例 5 求 $y=x^n$($n\in\mathbf{N}$, $x\in\mathbf{R}$)的导数.

解: 因为

$$\begin{aligned}\Delta y&=(x+\Delta x)^n-x^n=x^n+nx^{n-1}\Delta x+C_n^2x^{n-2}(\Delta x)^2+\cdots+(\Delta x)^n-x^n\\&=nx^{n-1}\Delta x+C_n^2x^{n-2}(\Delta x)^2+\cdots+(\Delta x)^n\\&=\left[nx^{n-1}+C_n^2x^{n-2}\Delta x+\cdots+(\Delta x)^{n-1}\right]\cdot\Delta x\end{aligned}$$

(↑: 由公式 $(a+b)^n=C_n^0a^n+C_n^1a^{n-1}b+C_n^2a^{n-2}b^2+\cdots+C_n^{n-1}ab^{n-1}+C_n^nb^n$

$=a^n+na^{n-1}b+\frac{n(n-1)}{2!}a^{n-2}b^2+\frac{n(n-1)(n-2)}{3!}a^{n-3}b^3+\cdots+b^n$)

$$\frac{\Delta y}{\Delta x}=\frac{\left[nx^{n-1}+C_n^2x^{n-2}\Delta x+\cdots+(\Delta x)^{n-1}\right]\cdot\Delta x}{\Delta x}=nx^{n-1}+C_n^2x^{n-2}\Delta x+\cdots+(\Delta x)^{n-1}$$

从而有 $y'=\lim\limits_{\Delta x\to 0}\frac{\Delta y}{\Delta x}=\lim\limits_{\Delta x\to 0}\left[nx^{n-1}+C_n^2x^{n-2}\Delta x+\cdots+(\Delta x)^{n-1}\right]$

$=nx^{n-1}+0+\cdots+0=nx^{n-1}$

即$(x^n)'=nx^{n-1}$.

【即学即练】

求$(x^2)'$的导数.(答案: $2x$).

可以证明，一般的幂函数 $y=x^\alpha$(其中 α 为非零实数)的导数为

$$(x^\alpha)'=\alpha x^{\alpha-1}.$$

例如，$\left(\frac{1}{x}\right)'=(x^{-1})'=(-1)x^{-1-1}=-x^{-2}=-\frac{1}{x^2}$

$(\sqrt{x})'=(x^{\frac{1}{2}})'=\frac{1}{2}x^{\frac{1}{2}-1}=\frac{1}{2}x^{-\frac{1}{2}}=\frac{1}{2\sqrt{x}}$.

例 6 求函数 $y=x^3$ 在点 $x=-2$ 处的导数.

解: 由幂函数的导数公式，得 $y'=(x^3)'=3x^2$

所以$y'|_{x=-2}=3x^2|_{x=-2}=3\times(-2)^2=12$.

例7 求对数函数 $y=\log_a x(a>0,\ a\neq 0,\ x>0)$的导数.

解：由(3.1.4)式，可得

$$y'=(\log_a x)'=\lim_{h\to 0}\frac{\log_a(x+h)-\log_a x}{h}$$

$$=\lim_{h\to 0}\frac{1}{h}\log_a\frac{x+h}{x}=\lim_{h\to 0}\frac{1}{x}\cdot\frac{x}{h}\log_a\left(1+\frac{h}{x}\right)$$

$$=\frac{1}{x}\lim_{h\to 0}\log_a\left(1+\frac{h}{x}\right)^{\frac{x}{h}}=\frac{1}{x}\log_a e.$$ （🡄：由连续函数的极限）

即 $(\log_a x)'=\frac{1}{x}\log_a e.$

特别地，当 $a=e$ 时，$y=\log_e x=\ln x$ 称为自然对数函数，它的导数为$(\ln x)'=\frac{1}{x}$.

【即学即练】

求$(\log_{\frac{1}{2}}x)'$的导数. （答案：$\frac{1}{x}\log_{\frac{1}{2}}e$ 或 $-\frac{1}{x\ln 2}$）.

例8 求 $y=\sin x(x\in\mathbf{R})$的导数.

解：因为 $\Delta y=\sin(x+\Delta x)-\sin x=2\cos\left(x+\frac{\Delta x}{2}\right)\cdot\sin\frac{\Delta x}{2}$

（🡅：用公式 $\sin\alpha-\sin\beta=2\cos\frac{\alpha+\beta}{2}\sin\frac{\alpha-\beta}{2}$）

所以 $y'=\lim\limits_{\Delta x\to 0}\frac{\Delta y}{\Delta x}=\lim\limits_{\Delta x\to 0}\frac{\sin(x+\Delta x)-\sin x}{\Delta x}=\lim\limits_{\Delta x\to 0}\frac{2\cos\left(x+\frac{\Delta x}{2}\right)\cdot\sin\frac{\Delta x}{2}}{\Delta x}$

令 $h=\frac{\Delta x}{2}$，则 $y'=\lim\limits_{h\to 0}\frac{2\cos(x+h)\cdot\sin h}{2h}=\lim\limits_{h\to 0}\cos(x+h)\cdot\frac{\sin h}{h}$

$$=\lim_{h\to 0}\frac{\sin h}{h}\cdot\lim_{h\to 0}\cos(x+h)=1\times\cos(x+0)=\cos x$$

即$(\sin x)'=\cos x$.

用类似的方法，可以求得 $y=\cos x(x\in\mathbf{R})$的导数为$(\cos x)'=-\sin x$.

3. 左、右导数的概念

在介绍极限的概念时，我们引入了左、右极限. 对于导数，也有类似的定义，我们称之为单侧导数.

定义3.3 当 $\lim\limits_{\Delta x\to 0^-}\frac{f(x_0+\Delta x)-f(x_0)}{\Delta x}$存在时，称其极限值为函数 $y=f(x)$在点 x_0 处的左导数，记作$f'_-(x_0)$；当 $\lim\limits_{\Delta x\to 0^+}\frac{f(x_0+\Delta x)-f(x_0)}{\Delta x}$存在时，称其极限值为函数 $y=f(x)$在点 x_0 处的右导数，记作$f'_+(x_0)$. 即

左导数：$f'_-(x_0)=\lim\limits_{\Delta x\to 0^-}\dfrac{f(x_0+\Delta x)-f(x_0)}{\Delta x}=\lim\limits_{x\to x_0^-}\dfrac{f(x)-f(x_0)}{x-x_0}$	(3.1.5)
右导数：$f'_+(x_0)=\lim\limits_{\Delta x\to 0^+}\dfrac{f(x_0+\Delta x)-f(x_0)}{\Delta x}=\lim\limits_{x\to x_0^+}\dfrac{f(x)-f(x_0)}{x-x_0}$	(3.1.6)

例 9　求函数$f(x)=\begin{cases}x-1 & x\leqslant 0\\ 2x & 0<x\leqslant 1\end{cases}$在点 $x=0$ 处的左、右导数.

解：由(3.1.5)和(3.1.6)式，得

左导数：$f'_-(0)=\lim\limits_{x\to 0^-}\dfrac{f(x)-f(0)}{x-0}=\lim\limits_{x\to 0^-}\dfrac{x-1-(-1)}{x-0}=1.$

右导数：$f'_+(0)=\lim\limits_{x\to 0^+}\dfrac{f(x)-f(0)}{x-0}=\lim\limits_{x\to 0^+}\dfrac{2x-(-1)}{x-0}=\lim\limits_{x\to 0^+}\dfrac{2x+1}{x}=+\infty.$

由于导数是一种特殊的极限，因此根据极限存在的充要条件得到：

定理 3.1　函数$f(x)$在点 x_0 处可导的充要条件是$f(x)$在点 x_0 处的左导数$f'_-(x_0)$和右导数$f'_+(x_0)$都存在且相等，即$f'(x_0)=A\Leftrightarrow f'_-(x_0)=f'_+(x_0)=A$.

例 10　判断函数$f(x)=|x|$在 $x=0$ 处是否可导.

解：因为

$$f'_-(0)=\lim_{\Delta x\to 0^-}\frac{f(0+\Delta x)-f(0)}{\Delta x}\ (\text{←：公式 3.1.5})$$
$$=\lim_{\Delta x\to 0^-}\frac{|0+\Delta x|-|0|}{\Delta x}$$
$$=\lim_{\Delta x\to 0^-}\frac{|\Delta x|}{\Delta x}=\lim_{\Delta x\to 0^-}\frac{-\Delta x}{\Delta x}=-1$$
$$f'_+(0)=\lim_{\Delta x\to 0^+}\frac{f(0+\Delta x)-f(0)}{\Delta x}\ (\text{←：公式 3.1.6})$$
$$=\lim_{\Delta x\to 0^+}\frac{|0+\Delta x|-|0|}{\Delta x}=\lim_{\Delta x\to 0^+}\frac{|\Delta x|}{\Delta x}=\lim_{\Delta x\to 0^+}\frac{\Delta x}{\Delta x}$$
$$=1$$

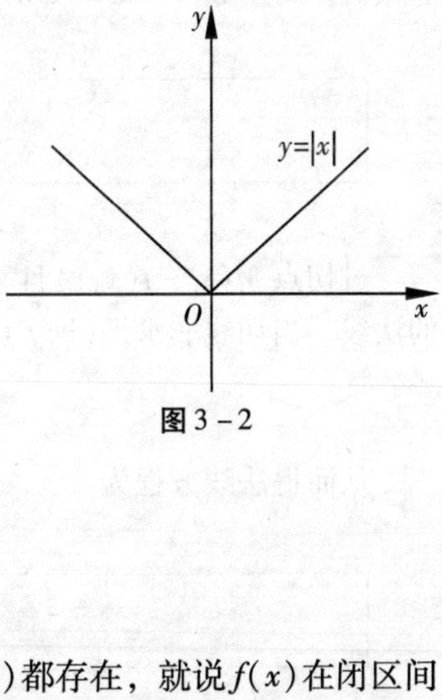

图 3－2

即　$f'_-(0)=-1\neq f'_+(0)=1.$

所以$f(x)=|x|$在 $x=0$ 处不可导(见图 3－2).

如果函数$f(x)$在开区间$(a,\ b)$内可导，且$f'_-(b)$及$f'_+(a)$都存在，就说$f(x)$在闭区间$[a,\ b]$上可导.

例 11　证明函数$f(x)=x^2$ 在$[0,\ 1]$上的可导性.

证：首先，设 x_0 为开区间$(0,\ 1)$内的任意点，当在 x_0 处有 Δx 改变量时，相应函数有改变量 $\Delta y=(x_0+\Delta x)^2-x_0{}^2=2x_0\Delta x+(\Delta x)^2$.

因为$\lim\limits_{\Delta x\to 0}\dfrac{\Delta y}{\Delta x}=\lim\limits_{\Delta x\to 0}\dfrac{2x_0\Delta x+(\Delta x)^2}{\Delta x}=2x_0$ 存在，所以$f'(x_0)=2x_0$，即函数在 x_0 处可导.

由于 x_0 的任意性，函数在区间$(0,\ 1)$内可导.

其次，证明函数在两个端点 $x=0$，$x=1$ 处的情形.

当 $x=0$ 时，因为 $\lim\limits_{x\to 0^+}\dfrac{f(x)-f(0)}{x-0}=\lim\limits_{x\to 0^+}\dfrac{x^2-0}{x-0}=\lim\limits_{x\to 0^+}x=0$，所以，函数在 $x=0$ 处右导数存在且 $f'_+(0)=0$.

当 $x=1$ 时，因为 $\lim\limits_{x\to 1^-}\dfrac{f(x)-f(1)}{x-1}=\lim\limits_{x\to 1^+}\dfrac{x^2-1}{x-1}=\lim\limits_{x\to 1^+}(x+1)=2$，所以，函数在 $x=1$ 处左导数存在且 $f'_-(1)=2$.

综上所述，函数在闭区间 $[0,1]$ 上可导.

注：要证明所给函数在区间内可导，只要在区间内任取一点用定义证明其导数存在即可. 若要证明所给函数在闭区间上可导，必须首先证明在开区间内可导，其次还要证明在左端点右可导，在右端点左可导.

三、导数的几何意义

由前面引出导数定义的实例2可知导数的几何意义是：函数 $y=f(x)$ 在 x_0 处的导数 $f'(x_0)$ 就是函数 $y=f(x)$ 的图像在点 $M(x_0,f(x_0))$ 处的切线的斜率 k. 如图3－3，由直线的点斜式方程得到函数 $f(x)$ 在点 $M(x_0,f(x_0))$ 处的切线方程为

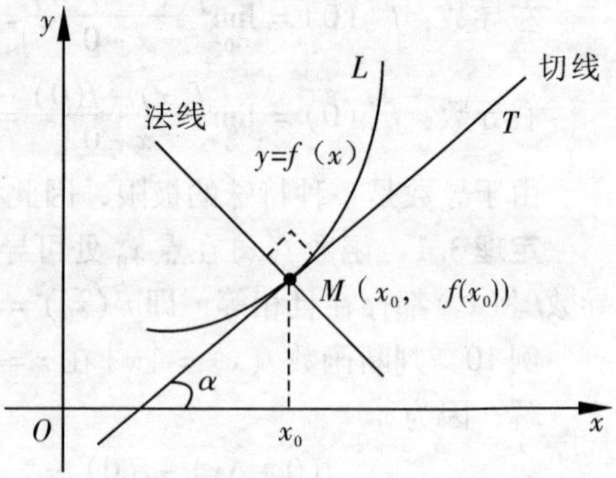

图3－3

$$y-f(x_0)=f'(x_0)(x-x_0) \tag{3.1.7}$$

过切点 $M(x_0,f(x_0))$ 且垂直于切线的直线，称为曲线 $y=f(x)$ 在点 $M(x_0,f(x_0))$ 处的法线. 当切线非水平(即 $f'(x_0)\neq 0$)时，则法线的斜率为

$$k_1=-\frac{1}{k}=-\frac{1}{f'(x_0)}$$

从而得法线方程为

$$y-f(x_0)=-\frac{1}{f'(x_0)}(x-x_0) \tag{3.1.8}$$

例12 求 $y=\dfrac{1}{x}$ 过点(1，1)处的切线方程与法线方程.

解题思路：求曲线在某点 x_0 处的切线方程与法线方程，必须知道两点：一是曲线在该点处的导数(即斜率 $k=f'(x_0)$)；二是切点，然后就可分别用(3.1.7)和(3.1.8)式求得.

解：因为 $y'=f'(x)=\left(\dfrac{1}{x}\right)'=-\dfrac{1}{x^2}$，切线斜率为 $k=f'(1)=-1$，

所以由(3.1.7)式得所求切线方程为：

$$y-1=(-1)(x-1),\quad 即\ x+y-2=0.$$

由(3.1.8)式得所求法线方程为：

$$y-1=-\frac{1}{-1}(x-1),\quad 即\ x-y=0.$$

四、可导和连续的关系

第二章讨论了函数的连续性，这里又介绍了函数的导数，函数的连续和可导都是用极限的方法描述的，那么可导与连续有什么关系呢？

定理 3.2　如果函数 $y=f(x)$ 在点 x_0 处可导，则函数 $f(x)$ 在 x_0 处连续.

证：设 $\Delta y=f(x_0+\Delta x)-f(x_0)$，因为函数 $y=f(x)$ 在点 x_0 处可导，所以由导数的定义有

$$\lim_{\Delta x\to 0}\frac{\Delta y}{\Delta x}=f'(x_0)$$

由于 $\Delta y=\frac{\Delta y}{\Delta x}\Delta x$，两端取极限得

$$\lim_{\Delta x\to 0}\Delta y=\lim_{\Delta x\to 0}\frac{\Delta y}{\Delta x}\cdot\Delta x=\lim_{\Delta x\to 0}\frac{\Delta y}{\Delta x}\cdot\lim_{\Delta x\to 0}\Delta x=f'(x_0)\cdot 0=0,$$

即 $\lim\limits_{\Delta x\to 0}\Delta y=0$.

因此，由 $y=f(x)$ 函数在点 x_0 处连续的定义可知函数在 x_0 处连续.

注意：函数在某点连续只是函数在该点可导的必要条件，不是充分条件．即函数在某点连续并不能推出函数可导，我们用例 13 来加以说明.

例 13　讨论函数 $y=f(x)=|x|$ 在 $x=0$ 处的连续性与可导性.

解：首先讨论连续性.

因为 $y=f(x)=|x|=\begin{cases}x & x\geqslant 0\\ -x & x<0\end{cases}$，

而且 $\lim\limits_{\Delta x\to 0^+}|x|=\lim\limits_{\Delta x\to 0^+}x=0$，$\lim\limits_{\Delta x\to 0^-}|x|=\lim\limits_{\Delta x\to 0^-}(-x)=0$，

所以 $\lim\limits_{\Delta x\to 0}|x|=0$.

又因为 $\lim\limits_{\Delta x\to 0}|x|=f(0)=0$，

因此函数 $y=f(x)$ 在 $x=0$ 处连续.

其次讨论可导性，

参见例 10 中，我们已讨论过得结论 $f'(0)$ 不存在，

所以，函数处 $y=f(x)=|x|$ 在 $x=0$ 处不可导，如图 3－4 所示.

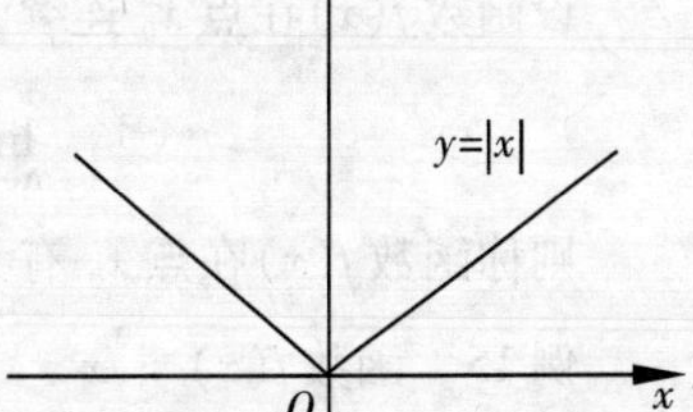

图 3－4

由此可得结论：

(1) 若 $y=f(x)$ 在点 x_0 处可导，则 $y=f(x)$ 在点 x_0 处一定连续.

(2) 若 $y=f(x)$ 在点 x_0 处连续，则 $y=f(x)$ 在点 x_0 处

却不一定可导.

(3) 若 $y=f(x)$ 在点 x_0 处不连续，则 $y=f(x)$ 在点 x_0 处一定不可导.

上面三个结论可由图 3-5 直观地观察得到：

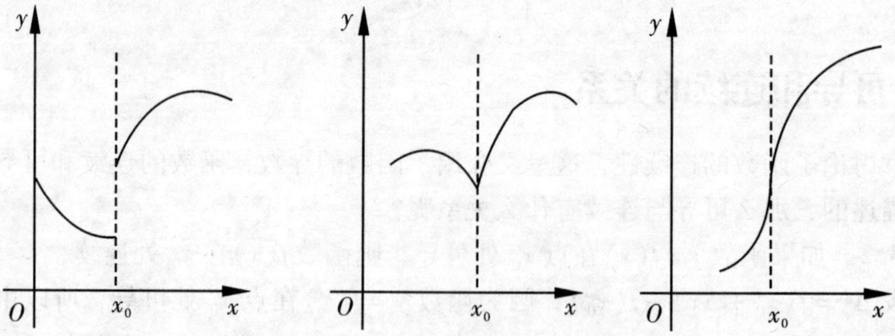

(a)　　(b)　　(c)

图 3-5

(a)中 $f(x)$ 在点 x_0 处不连续，$f'(x_0)$ 一定不存在；而(b)、(c)中 $f(x)$ 在 x_0 处是连续的，但显然不可导.

函数 $f(x)$ 连续，若 $f'_-(x_0)\neq f'_+(x_0)$，则称点 x_0 为函数 $f(x)$ 的角点，函数在角点不可导.

例 14　函数 $f(x)=\begin{cases}x^2 & x\leqslant 0\\ x & x>0\end{cases}$ 在 $x=0$ 处连续，但不可导，因 $f'_-(0)$ 和 $f'_+(0)$ 都存在，且 $f'_-(0)\neq f'_+(0)$，故点 $x=0$ 为 $f(x)$ 的角点(见图 3-6).

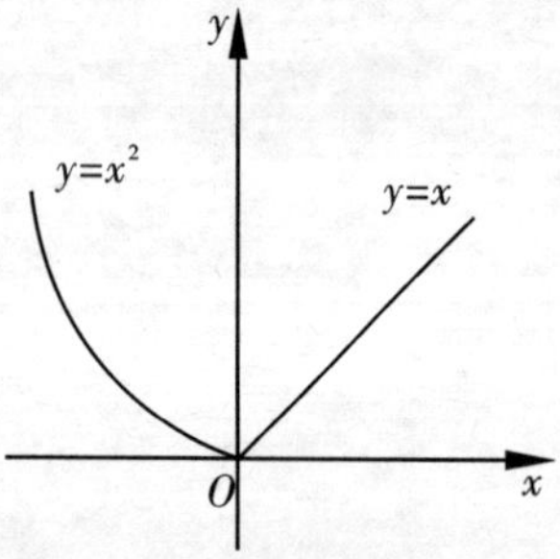

图 3-6

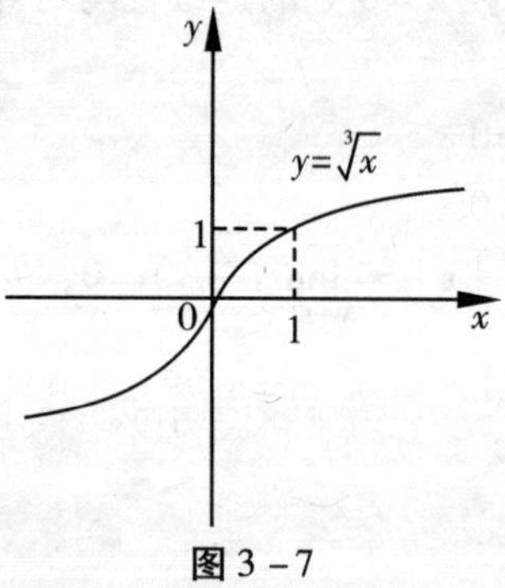

图 3-7

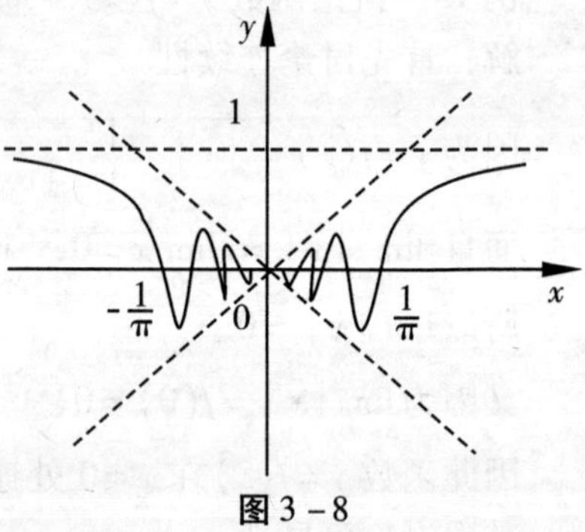

图 3-8

设函数 $f(x)$ 在点 x_0 连续，但

$$\lim_{\Delta x\to 0}\frac{\Delta y}{\Delta x}=\lim_{\Delta x\to 0}\frac{f(x_0+\Delta x)-f(x_0)}{\Delta x}=\infty,$$

则称函数 $f(x)$ 在点 x_0 有无穷导数(不可导).

例 15　函数 $f(x)=\sqrt[3]{x}=x^{\frac{1}{3}}$ 在 $x=0$ 处连续，但不可导，

因为 $f(x)$ 在 $x=0$ 处有无穷导数(见图 3-7).

例 16 函数$f(x)=\begin{cases}x\sin\dfrac{1}{x} & x\neq 0\\ 0 & x=0\end{cases}$在 $x=0$ 处连续，但不可导，因为$f(x)$在 $x=0$ 处的左右导数都不存在(见图 3-8).

以上三个例子，读者可自行验证.

【即学即练】

判断函数$f(x)=\begin{cases}x^2 & x\leqslant 0\\ x & x>0\end{cases}$在 $x=0$ 处是否可导，为什么？

(答案：因为$f'_-(0)=\lim\limits_{x\to 0^-}\dfrac{f(x)-f(0)}{x-0}=0$，$f'_+(0)=\lim\limits_{x\to 0^+}\dfrac{f(x)-f(0)}{x-0}=1$，所以不可导).

---

§3.1 练习题

1. 设$f(x)=\dfrac{1}{x}$，试用导数定义求$f'(1)$.

2. $f(x)=\begin{cases}x & x\leqslant 1\\ -x^2+2x & x>1\end{cases}$求$f'_-(1)$及$f'_+(1)$.

3. 根据导数定义，求下列函数的导数.

(1) $y=3x+2$　　(2) $y=\sqrt{x}$

4. 讨论函数$f(x)=\begin{cases}x^2\sin\dfrac{1}{x} & x\neq 0\\ 0 & x=0\end{cases}$在 $x=0$ 处的连续性与可导性.

§3.2 基本初等函数的导数公式

在上一节里，我们用导数的定义计算了一些简单函数的导数．但是，对于比较复杂的函数，用定义求导数是比较烦琐和困难的．从本节起我们将介绍基本的求导公式，即基本初等函数的导数公式，以后借助这些公式，就能比较方便地求出更多复杂函数的导数. 我们知道指数函数是对数函数的反函数，反三角函数是三角函数的反函数，所以先给出反函数的求导法则，才能方便推导出指数函数和反三角函数的导数公式.

一、反函数的求导法则

我们知道，如果函数 $y=f(x)$ 在某区间上单调连续，那么它的反函数 $x=f^{-1}(y)$ 在对应的区间上也是单调连续的．现在来推导具有上述性质的反函数与原来函数的导数的关系.

定理 3.3　设原来函数 $y=f(x)$ 在某区间内单调连续，在该区间内点 x 处具有导数，且 $f'(x)\neq0$，则其反函数 $x=f^{-1}(y)$ 在对应点 y 处也具有导数，且有

$$[f^{-1}(y)]'=\frac{1}{f'(x)}\quad (f'(x)\neq0) \tag{3.2.1}$$

$$f'(x)=\frac{1}{[f^{-1}(y)]'}\quad ([f^{-1}(y)]'\neq0) \tag{3.2.2}$$

$$\frac{dy}{dx}=\frac{1}{\frac{dx}{dy}}\quad (\frac{dx}{dy}\neq0) \tag{3.2.3}$$

证：由于函数 $y=f(x)$ 在给定的区间单调连续，因此，它的反函数 $x=f^{-1}(y)$ 在对应的区间内也是单调连续的，故当 y 有增量 $\Delta y(\Delta y\neq0)$ 时，相应地 x 有增量 $\Delta x=f^{-1}(y+\Delta y)-f^{-1}(y)$，且 $\Delta x\neq0$，因而有

$$\frac{\Delta x}{\Delta y}=\frac{1}{\frac{\Delta y}{\Delta x}}$$

由于 $x=f^{-1}(y)$ 连续，所以当 $\Delta y\to0$ 时，也一定有 $\Delta x\to0$. 又由于 $y=f(x)$ 在 x 处可导，且 $f'(x)\neq0$，即 $\lim\limits_{\Delta x\to0}\frac{\Delta y}{\Delta x}\neq0$

于是

$$\lim_{\Delta x\to0}\frac{\Delta y}{\Delta x}=\lim_{\Delta x\to0}\frac{1}{\frac{\Delta y}{\Delta x}}=\frac{1}{f'(x)}$$

即　$$[f^{-1}(y)]'=\frac{1}{f'(x)}\quad (f'(x)\neq0).$$

定理得证.

定理说明：反函数的导数等于原来函数的导数(不等于零)的倒数.

例 1　求指数函数 $y=f(x)=a^x(a>0,\ a\neq1)$ 的导数.

解：因为 $y=a^x$ 的反函数为 $x=f^{-1}(y)=\log_a y(y>0)$，而且反函数的导数为

$[f^{-1}(y)]'=[\log_a y]'=\frac{1}{y}\log_a e$　(🡄：由 §3.1 例 7)

由公式 $f'(x)=\frac{1}{[f^{-1}(y)]'}$　$([f^{-1}(y)]'\neq0)$，得

$$(a^x)'=f'(x)=\frac{1}{[f^{-1}(y)]'}=\frac{1}{(\log_a y)'}=\frac{1}{\frac{1}{y}\log_a e}=\frac{y}{\log_a e}=\frac{a^x}{\frac{1}{\ln a}}=a^x\ln a$$

(🡅：由对数换底公式得 $\log_a e=\frac{\ln e}{\ln a}=\frac{1}{\ln a}$)

即 $(a^x)'=a^x\ln a$.

特别当 $a=e$ 时，得 $(e^x)'=e^x$.

【即学即练】

求$(2^t)'$.（答案：$2^t\ln 2$）.

例 2 求 $y=\arcsin x$ 的导数.

解：因为 $y=\arcsin x$，则 $x=\sin y$，$y\in\left(-\frac{\pi}{2},\frac{\pi}{2}\right)$，所以，当 $\cos y>0$ 时，得

$$(\arcsin x)'=\frac{1}{(\sin y)'}=\frac{1}{\cos y}=\frac{1}{\sqrt{1-\sin^2 y}}=\frac{1}{\sqrt{1-x^2}}\quad(\leftarrow:\ \cos^2 x=1-\sin^2 x).$$

同理可得

$$(\arccos x)'=-\frac{1}{\sqrt{1-x^2}}$$

$$(\arctan x)'=\frac{1}{1+x^2}$$

$$(\operatorname{arccot} x)'=-\frac{1}{1+x^2}.$$

由导数的定义和反函数的求导法则，我们可推出基本初等函数的导数公式，除了除法法则外(见§3.3). 为查找方便，现将基本初等函数的导数公式汇集如下：

基本初等函数的求导数公式：

(1) $(C)'=0$

(2) $(x)'=1$

(3) $(x^\alpha)'=\alpha x^{\alpha-1}(\alpha\neq 0)$

(4) $(a^x)'=a^x\ln a(a>0,\ a\neq 1)$

(5) $(e^x)'=e^x$

(6) $(\log_a x)'=\frac{1}{x\ln a}(a>0,\ a\neq 1)$

(7) $(\ln x)'=\frac{1}{x}$

(8) $(\sin x)'=\cos x$

(9) $(\cos x)'=-\sin x$

(10) $(\tan x)'=\frac{1}{\cos^2 x}=\sec^2 x$

(11) $(\cot x)'=-\frac{1}{\sin^2 x}=-\csc^2 x$

(12) $(\sec x)'=\sec x\cdot\tan x$

(13) $(\csc x)'=-\csc x\cdot\cot x$

(14) $(\arcsin x)'=\frac{1}{\sqrt{1-x^2}}\quad(-1<x<1)$

(15) $(\arccos x)'=-\frac{1}{\sqrt{1-x^2}}\quad(-1<x<1)$

(16) $(\arctan x)'=\frac{1}{1+x^2}$

(17) $(\operatorname{arccot} x)'=-\frac{1}{1+x^2}$

上述基本公式是计算一般初等函数导数的基础，要求初学者熟记.

例 3 用导数公式求下列各函数的导数.

(1) $y=\frac{1}{\sqrt{x\sqrt{x}}}$；　(2) $y=t^3\sqrt{t}$；　(3) $y=\arcsin u\quad(-1<u<1)$

解：(1) 因为 $y=\frac{1}{\sqrt{x\sqrt{x}}}=\frac{1}{\sqrt{x\cdot x^{\frac{1}{2}}}}=\frac{1}{\sqrt{x^{\frac{3}{2}}}}=\frac{1}{(x^{\frac{3}{2}})^{\frac{1}{2}}}=\frac{1}{x^{\frac{3}{4}}}=x^{-\frac{3}{4}}$

所以 $y'=(x^{-\frac{3}{4}})'=-\frac{3}{4}x^{-\frac{3}{4}-1}=-\frac{3}{4}x^{-\frac{7}{4}}$.

(2) $y'=(t^3\sqrt{t})'=(t^3\cdot t^{\frac{1}{2}})'=(t^{3+\frac{1}{2}})'=(t^{\frac{7}{2}})'=\frac{7}{2}t^{\frac{7}{2}-1}=\frac{7}{2}t^{\frac{5}{2}}=\frac{7}{2}t^2\sqrt{t}$.

(3) $y'=(\arcsin u)'=\frac{1}{\sqrt{1-u^2}}\quad(-1<u<1)$.

注：计算函数导数的工具是导数的基本公式和求导法则．求导时需先判别函数类型，再用相应的基本公式和求导法则即可得到函数的导数.

【即学即练】

1. 求下列函数的导数或在给定点的函数值：

(1) $(\frac{1}{\sqrt{x}})'=$________.　　(2) $(x^{1.8})'=$________.

(3) $f(x)=x^2$，求 $f'(x)$，$f'(4)$.

(4) 设 $y=x^3\sqrt[4]{x}$，求 $\frac{dy}{dx}\big|_{x=1}$.　　(5) $y=\log_b t(b>0,\ b\neq 1)$，求 y'.

(1. 答案：(1) $-\frac{1}{2}x^{-\frac{3}{2}}$；(2) $1.8x^{0.8}$；(3) $f'(x)=2x$，$f'(4)=8$；(4) $\frac{13}{4}$；(5) $y'=\frac{1}{t\ln b}$).

2. 求曲线 $y=x^3$ 在点(1，1)处的切线方程和法线方程.

(2. 答案：切线方程 $3x-y-2=0$；法线方程为 $x+3y-4=0$).

---

§3.2　练习题

1. 求下列函数的导数.

(1) $y=x^4$　　(2) $y=x^{-3}$

(3) $y=\frac{1}{x}$　　(4) $y=\sqrt{x}$

(5) $y=x^{\frac{3}{4}}$　　(6) $y=x^3\cdot\sqrt[4]{x}$

(7) $y=\sqrt{x\sqrt{x}}$　　(8) $y=\frac{\sqrt[4]{x}}{\sqrt[3]{x}}$

(9) $y=\tan u$

2. 求下列函数在所给点的导数.

(1) $y=x^3$，求 $y'\big|_{x=3}$　　(2) $y=\frac{1}{x^2}$，求 $y'\big|_{x=3}$

(3) $y=\ln x$，求 $y'\big|_{x=e}$　　(4) $y=2^x$，求 $y'\big|_{x=0}$

(5) $y=\sin x$，求 $y'\big|_{x=\frac{\pi}{3}}$　　(6) $y=\arctan u$，求 $y'\big|_{u=1}$

3. 求曲线 $y=\sin x$ 在点$(\frac{\pi}{6},\ \frac{1}{2})$处的切线方程和法线方程.

4. 求 $y=\ln x$ 在点 $x=e$ 处的切线方程.

§3.3 导数的四则运算法则

前面我们根据导数的定义，推出了一些简单函数的导数，如基本初等函数的导数公式. 初等函数是由常数和基本初等函数经过有限次四则运算和复合步骤所构成的，因此在本节中，将介绍导数的四则运算法则，从而能够求出更多初等函数的导数.

一、代数和的导数法则

定理 3.4 若函数 $u(x)$和 $v(x)$在点 x 处可导，则函数 $u(x)\pm v(x)$在点 x 处也可导，且

$$[u(x)\pm v(x)]'=u'(x)\pm v'(x) \tag{3.3.1}$$

证：设 $y=u(x)+v(x)$. 当 x 取得改变量 Δx 时，函数 y 相应取得改变量

$$\Delta y=[u(x+\Delta x)+v(x+\Delta x)]-[u(x)+v(x)]$$

$$y'=\lim_{\Delta x\to 0}\frac{\Delta y}{\Delta x}=\lim_{\Delta x\to 0}\frac{[u(x+\Delta x)+v(x+\Delta x)]-[u(x)+v(x)]}{\Delta x}$$

$$=\lim_{\Delta x\to 0}\frac{[u(x+\Delta x)-u(x)]+[v(x+\Delta x)-v(x)]}{\Delta x}$$

$$=\lim_{\Delta x\to 0}\frac{u(x+\Delta x)-u(x)}{\Delta x}+\lim_{\Delta x\to 0}\frac{v(x+\Delta x)-v(x)}{\Delta x}=u'(x)+v'(x)$$

即 $$[u(x)+v(x)]'=u'(x)+v'(x).$$

同理可证 $$[u(x)-v(x)]'=u'(x)-v'(x)$$

定理得证.

上述公式可简记为：$(u\pm v)'=u'\pm v'$.

定理说明：两个可导函数之和(差)的导数等于这两个函数的导数之和(差). 法则(3.3.1)可推广到任意有限项的情形. 例如 $(u+v-w)'=u'+v'-w'$.

例 1 设函数 $y=x^3-x+1$，求 y'.

解：$y'=(x^3)'-(x)'+(1)'$ （←：利用代数和法则(3.3.1)）

$=3x^2-1$. （←：利用导数公式$(x^\alpha)'=\alpha x^{\alpha-1}$，$(C)'=0$）

例 2 设函数 $y=x^5-\sqrt[3]{x}+\cos x-\ln 3$，求 y'.

解：$y'=(x^5)'-(x^{\frac{1}{3}})'+(\cos x)'-(\ln 3)'$ （←：利用代数和法则(3.3.1)）

$=5x^4-\frac{1}{3}x^{-\frac{2}{3}}-\sin x$. （←：利用导数公式）

例 3 设函数 $y=x^4+\frac{1}{x}-\ln x+3^x+2^2$，求$y'|_{x=1}$.

解：因为 $y'=(x^4+\frac{1}{x}-\ln x+3^x+2^2)'$

$$=(x^4)'+(\frac{1}{x})'-(\ln x)'+(3^x)'+(2^2)'$$

$$=4x^3-\frac{1}{x^2}-\frac{1}{x}+3^x\ln3+0=4x^3-\frac{1+x}{x^2}+3^x\ln3$$

所以$y'|_{x=1}=4\times1^3-\frac{1+1}{1^2}+3\ln3=2+3\ln3.$

【即学即练】

1. 已知 $y=x^3\cdot\sqrt[4]{x}+x^{1.8}$，求 y'；2. 已知 $y=\frac{1}{x^2}$，求 $y'|_{x=3}$.

（答案：1. $y'=\frac{13}{4}x^{\frac{9}{4}}+1.8x^{0.8}$；2. $y'|_{x=3}=-\frac{2}{27}$）.

二、乘积的导数法则

定理 3.5　若函数 $u(x)$ 和 $v(x)$ 在点 x 处可导，则函数 $u(x)\cdot v(x)$ 在点 x 处也可导，且

$$[u(x)\cdot v(x)]'=u'(x)\cdot v(x)+u(x)\cdot v'(x)\qquad(3.3.2)$$

证：设 $y=u(x)\cdot v(x)$. 当 x 取得改变量 Δx 时，函数 y 相应取得改变量

$$\Delta y=u(x+\Delta x)\cdot v(x+\Delta x)-u(x)\cdot v(x)$$

因为函数 $v(x)$ 在点 x 处可导，从而必连续，所以 $\lim\limits_{\Delta x\to0}v(x+\Delta x)=v(x)$，则有

$$y'=\lim_{\Delta x\to0}\frac{\Delta y}{\Delta x}=\lim_{\Delta x\to0}\frac{u(x+\Delta x)v(x+\Delta x)-u(x)v(x)}{\Delta x}$$

$$=\lim_{\Delta x\to0}\frac{u(x+\Delta x)v(x+\Delta x)-u(x)v(x+\Delta x)+u(x)v(x+\Delta x)-u(x)v(x)}{\Delta x}$$

$$=\lim_{\Delta x\to0}\frac{[u(x+\Delta x)-u(x)]\ v(x+\Delta x)+u(x)\ [v(x+\Delta x)-v(x)]}{\Delta x}$$

$$=\lim_{\Delta x\to0}\ [\frac{u(x+\Delta x)-u(x)}{\Delta x}\cdot v(x+\Delta x)+u(x)\cdot\frac{v(x+\Delta x)-v(x)}{\Delta x}]$$

$$=\lim_{\Delta x\to0}\frac{\Delta u}{\Delta x}\cdot v(x+\Delta x)+\lim_{\Delta x\to0}u(x)\cdot\frac{\Delta v}{\Delta x}$$

$$=\lim_{\Delta x\to0}\frac{\Delta u}{\Delta x}\cdot\lim_{\Delta x\to0}v(x+\Delta x)+u(x)\cdot\lim_{\Delta x\to0}\frac{\Delta v}{\Delta x}$$

$$=u'(x)v(x)+u(x)v'(x).$$

即 $$[u(x)\cdot v(x)]'=u'(x)\cdot v(x)+u(x)\cdot v'(x).$$

定理得证.

上述公式可简记为：$(uv)'=u'v+uv'$.

特别地，当 $v=C$(C 为常数)时，得

$$(Cu)'=C'u+Cu'=Cu' \tag{3.3.3}$$

法则(3.3.2)可推广到任意有限项的情形. 例如

$$(uvw)'=[(uv)w]'=(uv)'w+(uv)w'=(u'v+uv')w+uvw'$$
$$=u'vw+uv'w+uvw'.$$

即 $(uvw)'=u'vw+uv'w+uvw'$.

例 4 设 $y=\sqrt{x}\cos x$，求 y'.

解： $y'=(x^{\frac{1}{2}}\cdot\cos x)'=(x^{\frac{1}{2}})'\cdot\cos x+x^{\frac{1}{2}}\cdot(\cos x)'=\dfrac{1}{2}x^{-\frac{1}{2}}\cdot\cos x-x^{\frac{1}{2}}\cdot\sin x.$

【即学即练】

设 $y=a^x\cdot x^b(a>0,\ a\neq1)$，求 y'.(答案：$y'=a^xx^b(\ln a+\dfrac{b}{x})$).

例 5 设 $y=x^3\cdot\ln x\cdot\sin x$，求 y'.

解： $y'=(x^3\cdot\ln x\cdot\sin x)'=(x^3)'\cdot\ln x\cdot\sin x+x^3\cdot(\ln x)'\cdot\sin x+x^3\cdot\ln x\cdot(\sin x)'$

$$=3x^2\cdot\ln x\cdot\sin x+x^3\cdot\frac{1}{x}\cdot\sin x+x^3\cdot\ln x\cdot\cos x$$
$$=x^2(3\ln x\cdot\sin x+\sin x+x\ln x\cdot\cos x).$$

例 6 已知函数 $y=(x-a)(x-b)(x-c)$，求 $y'|_{x=a}$，$y'|_{x=b}$，$y'|_{x=c}$.

解： $y'=[(x-a)(x-b)(x-c)]'$

$$=(x-a)'(x-b)(x-c)+(x-a)(x-b)'(x-c)+(x-a)(x-b)(x-c)'$$
$$=(1-0)(x-b)(x-c)+(x-a)(1-0)(x-c)+(x-a)(x-b)(1-0)$$
$$=(x-b)(x-c)+(x-a)(x-c)+(x-a)(x-b).$$

令 $x=a$，得 $y'|_{x=a}=(a-b)(a-c)$.

提问：$y'|_{x=b}=$ ____________；$y'|_{x=c}=$ ____________.

三、商的导数法则

定理 3.6 若函数 $u(x)$ 和 $v(x)$ 在点 x 处可导，则函数 $\dfrac{u(x)}{v(x)}$ 在点 x 处也可导，且

$$\left[\frac{u(x)}{v(x)}\right]'=\frac{u'(x)\cdot v(x)-u(x)\cdot v'(x)}{v^2(x)}\quad (v(x)\neq 0)\qquad (3.3.4)$$

证：设 $f(x)=\dfrac{u(x)}{v(x)}$，因为函数 $v(x)$ 在点 x 处可导，从而必连续，所以 $\lim\limits_{h\to 0}v(x+h)=v(x)$，则有

$$f'(x)=\lim_{h\to 0}\frac{f(x+h)-f(x)}{h}=\lim_{h\to 0}\frac{\dfrac{u(x+h)}{v(x+h)}-\dfrac{u(x)}{v(x)}}{h}$$

$$=\lim_{h\to 0}\frac{u(x+h)\cdot v(x)-u(x)\cdot v(x+h)}{h\cdot v(x+h)\cdot v(x)}$$

$$=\lim_{h\to 0}\frac{[u(x+h)-u(x)]\ v(x)-u(x)\ [v(x+h)-v(x)]}{h\cdot v(x+h)\cdot v(x)}$$

$$=\lim_{h\to 0}\frac{\dfrac{u(x+h)-u(x)}{h}v(x)-u(x)\dfrac{v(x+h)-v(x)}{h}}{v(x+h)v(x)}$$

$$=\frac{u'(x)v(x)-u(x)v'(x)}{v^2(x)}.$$

定理得证.

上述公式可简记为：$\left(\dfrac{u}{v}\right)'=\dfrac{u'v-uv'}{v^2}(v\neq 0)$.

例 7 求函数 $y=\dfrac{\sin x}{x^2}$ 的导数.

解：$y'=\left(\dfrac{\sin x}{x^2}\right)'=\dfrac{(\sin x)'\cdot x^2-\sin x\cdot(x^2)'}{(x^2)^2}$ （🡄：商法则（3.3.4））

$$=\frac{\cos x\cdot x^2-\sin x\cdot 2x}{x^4}$$

$$=\frac{x\cos x-2\sin x}{x^3}.$$

例 8 证明公式：$(\tan x)'=\sec^2 x$.

解：因为 $\tan x=\dfrac{\sin x}{\cos x}$，所以

$(\tan x)'=\left(\dfrac{\sin x}{\cos x}\right)'=\dfrac{(\sin x)'\cdot\cos x-\sin x\cdot(\cos x)'}{\cos^2 x}$ （🡄：商法则（3.3.4））

$$=\frac{\cos x\cdot\cos x-\sin x\cdot(-\sin x)}{\cos^2 x}=\frac{\cos^2 x+\sin^2 x}{\cos^2 x}$$

$$=\frac{1}{\cos^2 x}=\sec^2 x.$$

同理可证：$(\cot x)'=-\csc^2 x$；$(\sec x)'=\sec x\cdot\tan x$；$(\csc x)'=-\csc x\cdot\cot x$.

【即学即练】

已知 $y=\frac{e^x+2}{x+3}$，求 y'.（答案：$y'=\frac{e^x(x+2)-2}{(x+3)^2}$）.

§3.3 练习题

1. 求下列函数的导数.

(1) $y=5x^3-4x+1$

(2) $y=3^x+\frac{\cos x}{4}$

(3) $y=4x^3-\sqrt{x}+2\ln x$

(4) $y=\frac{x^3-1}{2}+\ln\sqrt{x}$

(5) $y=x^2e^x$

(6) $y=\ln x+x\sqrt{x\sqrt{x}}$

(7) $y=(\cos\frac{x}{2}-\sin\frac{x}{2})^2$

(8) $y=x^2+2^x+\log_2 x-2^2$

(9) $y=\frac{ax+b}{cx+d}$

(10) $y=\frac{1}{5}x^{\frac{5}{2}}-\frac{1}{3}x^{\frac{3}{2}}$

(11) $y=\frac{6}{x}+\frac{4}{x^2}+\frac{3}{x^3}$

(12) $y=e^x(\sin x-\cos x)$

(13) $y=\sqrt{x}+xe^x$

(14) $y=\frac{\sin x}{1+\cos x}$

(15) $y=x^3-2x^2+\sin x$

(16) 设 $y=\frac{\ln x}{x}$，求 $y'(x)$

2. 求下列函数的导数.

(1) $y=\ln 2^x+2^x+x^2$

(2) $y=\sin x-\cos x+\tan x-\cot x+\csc x$

(3) $y=\arctan x-\tan x+\sec x$

(4) $y=\frac{a}{x}+\frac{x^2}{b}-x\ln x$

(5) $y=\ln 3^x-\arcsin x+\tan x$

(6) $y=x^a+a^x$（$a>0$，是常数）

(7) $y=\sin x-\cos x+a^x$（$a>0$，$a\neq1$）

(8) $y=\frac{1}{a^x}-\arctan x+\csc x+\sqrt{x}$（$a>0$）

(9) $y=3x^3-\log_{10}x+\tan x$

(10) $y=\arctan x+\arccos x+2^x$

(11) $y=\frac{\cos x}{x-x^3}-\cot x$

(12) $y=\frac{1+\sin x}{1-\ln x}$

(13) $y=e^x(3\sin x)-\frac{1}{\ln x}$

(14) $y=\frac{\sin x-\ln x}{x}$

(15) $y'=\tan x+x^{\frac{2}{5}}-\cos x-\frac{\sin x}{x}$

(16) $y=x\ln x+\frac{\ln x}{x}+e^x$

(17) $y=\frac{\ln 4^x}{3^x+x^2}$

(18) $y=\frac{t\sin t}{1-\sin t}$

(19) $y=\frac{t\cos t}{1-\cos t}$

(20) $y=\frac{1+\cot x}{1-\tan x}$

(21) $y=\frac{a^x}{x+\sin x}(a>0)$

(22) $y=\frac{a^x-b^x}{x}(a>0,\ b>0)$

(23) $x=(3t^2+2t)\log_2 t$

(24) $y=3x^3-\log_{10}x+\tan x$

(25) 设 $y=\mathrm{e}^x\sin x-\log_2 x$，求 y'.

(26) $y=\sec x\cdot\ln x-\sqrt{x}\cdot 2^x$

(27) $y=3^x\cdot\csc x-\operatorname{arccot}x$

(28) $y=\arccos x-2^x\cdot\ln x$

3. 求下列函数在给定点的导数.

(1) $y=\sqrt{x}(x^3-4-\sin 1)$，求 $y'|_{x=1}$.

(2) $y=\frac{x^2}{\sqrt{x}+1}$，求 $y'|_{x=1}$.

4. 作变速运动的物体的运动方程是 $s=2t^2-3t+2$(米)，求在第 2 秒末的瞬时速度.

5. 已知生产某种商品 x 单位的总成本是 $C(x)=2\ 000+3x+50\sqrt{x}$(元)，求该产品的边际成本函数及当产量为 100 单位时的边际成本是多少?

§3.4 复合函数的求导法则

我们已经掌握了基本初等函数的导数公式及函数的四则运算的求导法则，但对于某些初等函数(如 $y=\sin 2x$，$y=\ln\sin x$，$y=\mathrm{e}^{x^2}$ 等)，我们还不知道它们是否可导，在可导的条件下如何求它们的导数，这就需要解决复合函数的求导问题.

一、问题的提出

$y=\sin 2x$ 的导数能否用导数公式 $(\sin x)'=\cos x$ 来计算得出 $(\sin 2x)'=\cos 2x$ 呢？回答是否定的.

下面我们来用所掌握的导数公式及函数的乘积求导法则，得到正确的结果.

因为 $(\sin 2x)'=(2\sin x\cos x)'$ （🡄：由三角公式 $\sin 2\alpha=2\sin\alpha\cos\alpha$）

$=2(\sin x\cos x)'$

$=2\,[(\sin x)'\cos x+\sin x(\cos x)']$ （🡄：由乘积的导数法则）

$=2\,[\cos^2 x-\sin^2 x]$

$=2\cos 2x$ （🡄：由三角公式 $\cos 2\alpha=\cos^2\alpha-\sin^2\alpha$）

所以 $(\sin 2x)'\neq\cos 2x$.

问题的否定是因为函数 $y=\sin 2x$ 不是基本初等函数，而是一个由 $y=\sin u$，$u=2x$ 复合成的复合函数. 为了解决一般的复合函数求导数的问题，下面给出复合函数的求导法则.

二、复合函数的求导法则

定理 3.7 设函数 $y=f(u)$，$u=\varphi(x)$，y 是 x 的一个复合函数 $y=f[\varphi(x)]$. 如果 $u=\varphi(x)$ 在点 x 处有导数 $\frac{\mathrm{d}u}{\mathrm{d}x}=\varphi'(x)$，$y=f(u)$ 在对应点 u 处有导数 $\frac{\mathrm{d}u}{\mathrm{d}x}=f'(u)$，则复合函数

$y=f[\varphi(x)]$ 在点 x 处的导数也存在，而且

$$\frac{dy}{dx}=\frac{dy}{du}\cdot\frac{du}{dx} \tag{3.4.1}$$

$$或\frac{dy}{dx}=f'(u)\cdot\varphi'(x) \tag{3.4.2}$$

$$或\ y'_x=y'_u\cdot u'_x \tag{3.4.3}$$

证：当自变量 x 有增量 Δx 时，相应的函数 u 有增量 Δu，从而函数 y 也有增量 Δy. 由于函数 $y=f(u)$ 在点 u 处可导，因此极限 $\lim\limits_{\Delta u\to 0}\frac{\Delta y}{\Delta u}=f'(u)$ 存在，于是根据具有极限的函数与无穷小量的关系有

$$\frac{\Delta y}{\Delta u}=f'(u)+\alpha$$

其中，α 是当 $\Delta u\to 0$ 时的无穷小．上式两边同乘以 $\Delta u(\Delta u\neq 0)$ 得

$$\Delta y=f'(u)\cdot\Delta u+\alpha\cdot\Delta u.$$

两边同除以 Δx，得

$$\frac{\Delta y}{\Delta x}=f'(u)\frac{\Delta u}{\Delta x}+\alpha\frac{\Delta u}{\Delta x}(\Delta x\neq 0).$$

当 $\Delta x\to 0$ 时，上式两边取极限，得

$$\lim_{\Delta x\to 0}\frac{\Delta y}{\Delta x}=\lim_{\Delta x\to 0}(f'(u)\frac{\Delta u}{\Delta x}+\alpha\frac{\Delta u}{\Delta x}).$$

因为函数 $u=\varphi(x)$ 可导，即 $\lim\limits_{\Delta x\to 0}\frac{\Delta u}{\Delta x}=\varphi'(x)$；又 $u=\varphi(x)$ 在点 x 处可导必连续，于是，当 $\Delta x\to 0$ 时，有 $\Delta u\to 0$，故有

$$\lim_{\Delta x\to 0}\alpha=\lim_{\Delta u\to 0}\alpha=0.$$

于是

$$\begin{aligned}\frac{dy}{dx}&=\lim_{\Delta x\to 0}\frac{\Delta y}{\Delta x}=\lim_{\Delta x\to 0}(f'(u)\frac{\Delta u}{\Delta x}+\alpha\frac{\Delta u}{\Delta x})\\&=\lim_{\Delta x\to 0}(f'(u)\frac{\Delta u}{\Delta x})+\lim_{\Delta x\to 0}\alpha\frac{\Delta u}{\Delta x}\\&=f'(u)\lim_{\Delta x\to 0}\frac{\Delta u}{\Delta x}+\lim_{\Delta x\to 0}\alpha\cdot\lim_{\Delta x\to 0}\frac{\Delta u}{\Delta x}\\&=f'(u)\cdot u'+0=f'(u)\cdot u'.\end{aligned}$$

即
$$\frac{dy}{dx}=\frac{dy}{du}\cdot\frac{du}{dx}.$$

定理得证.

通常称这个公式为复合函数求导的链式法则．定理表明，复合函数对自变量的导数等于函数对中间变量的导数乘以中间变量对自变量的导数.

注 1：为了区别对哪个变量求导，在(3.4.3)式中我们用 y'_x 表示 y 对 x 的导数，而 y'_u 表示 y 对中间变量 u 的导数，而 u'_x 表示中间变量 u 对自变量 x 的导数.

以上定理所述法则可推广到多个中间变量的情形. 例如：

若 $y=f(u)$，$u=\varphi(v)$，$v=\psi(x)$，则

$$\frac{\mathrm{d}y}{\mathrm{d}x}=\frac{\mathrm{d}y}{\mathrm{d}u}\cdot\frac{\mathrm{d}u}{\mathrm{d}v}\cdot\frac{\mathrm{d}v}{\mathrm{d}x}=f'(u)\cdot\varphi'(v)\cdot\psi'(x) \tag{3.4.4}$$

这里，假定上式右端所出现的导数在相应点处都存在. 在用定理 3.7 时，关键是搞清楚复合函数的结构，在分解函数的复合步骤时，要正确选取中间变量，复合的层次要清晰，不可多出或漏掉复合步骤. 一般来说，把复合函数分解为基本初等函数或与基本初等函数的四则运算即可，然后由外向内逐层求导，逐层求导时要计算到底，直到对自变量求导为止.

下面我们用复合函数的求导法则求 $y=\sin 2x$ 的导数.

将 $y=\sin 2x$ 分解成 $y=\sin u$ 和 $u=2x$，由公式(3.4.3)，得

$$y'_x=y'_u\cdot u'_x=(\sin u)'\cdot(2x)'_x=\cos u\cdot 2=2\cos 2x.$$

注 2：用复合函数求导法则得出的表达式中，最后必须把引进的中间变量回代成原来自变量表示的式子.

例 1 求函数 $y=(3x+2)^{10}$ 的导数.

解：令 $u=3x+2$，则 $y=u^{10}$，于是

$$y'_x=y'_u\cdot u'_x=(u^{10})'\cdot(3x+2)'=10u^9\cdot 3=30\,(3x+2)^9.$$

【即学即练】

1. 求函数 $y=\ln\,(x+1)^2$ 的导数.（答案：$y'=\dfrac{2}{x+1}$）.

2. 求函数 $y=\cos x^2$ 的导数.（答案：$-2x\sin x$）.

例 2 设 $y=\sqrt{a^2-x^2}$，求$\dfrac{\mathrm{d}y}{\mathrm{d}x}$.

解：将 $y=\sqrt{a^2-x^2}$ 分解成 $y=\sqrt{u}$和 $u=a^2-x^2$，于是

$$\frac{\mathrm{d}y}{\mathrm{d}x}=\frac{\mathrm{d}y}{\mathrm{d}u}\cdot\frac{\mathrm{d}u}{\mathrm{d}x}=(\sqrt{u})'_u\cdot(a^2-x^2)'_x$$

$$=\frac{1}{2\sqrt{u}}\cdot(-2x)=-\frac{x}{\sqrt{a^2-x^2}}.$$

对复合函数的分解比较熟练后，可不必写出中间变量.

例 3 设 $y=\ln\cos(\mathrm{e}^{-x})$，求$\dfrac{\mathrm{d}y}{\mathrm{d}x}$.

解：解法一：设 $y=\ln u$，$u=\cos v$，$v=\mathrm{e}^{w}$，$w=-x$，于是

$$y'=y'_u\cdot u'_v\cdot v'_w\cdot w'_x=(\ln u)'\cdot(\cos v)'\cdot(\mathrm{e}^{w})'\cdot(-x)'$$

$$=\frac{1}{u}\cdot(-\sin v)\cdot \mathrm{e}^{w}\cdot(-1)$$

$$=\frac{1}{\cos v}\cdot\sin(\mathrm{e}^{-x})\cdot\mathrm{e}^{-x}=\mathrm{e}^{-x}\cdot\frac{\sin(\mathrm{e}^{-x})}{\cos(\mathrm{e}^{-x})}=\mathrm{e}^{-x}\tan(\mathrm{e}^{-x}).$$

解法二：（熟练后）

$$\frac{\mathrm{d}y}{\mathrm{d}x}=[\ln\cos(\mathrm{e}^{-x})]'=\frac{1}{\cos(\mathrm{e}^{-x})}[\cos(\mathrm{e}^{-x})]'$$

$$=\frac{1}{\cos(\mathrm{e}^{-x})}\cdot[-\sin(\mathrm{e}^{-x})]\cdot(\mathrm{e}^{-x})'$$

$$=-\tan(\mathrm{e}^{-x})\cdot(\mathrm{e}^{-x})\cdot(-x)'$$

$$=-\tan(\mathrm{e}^{-x})\cdot\mathrm{e}^{x}\cdot(-1)=\mathrm{e}^{-x}\tan(\mathrm{e}^{-x}).$$

【即学即练】

1. 已知 $y=(2x+1)^3$，求 y'.（答案：$y'=6(2x+1)^2$）.
2. 求函数 $y=\ln\ln x$ 的导数.（答案：$y'=\dfrac{1}{x\ln x}$）.
3. 已知 $y=\ln\sin x$，求 y'.（答案：$y'=\cot x$）.

例 4 设 $y=\ln(x+\sqrt{x^2+1})$，求 y'.

解：$y'=[\ln(x+\sqrt{x^2+1})]'=\dfrac{1}{x+\sqrt{x^2+1}}\cdot(x+\sqrt{x^2+1})'$

$$=\frac{1}{x+\sqrt{x^2+1}}\cdot[(x)'+(\sqrt{x^2+1})']$$

$$=\frac{1}{x+\sqrt{x^2+1}}\cdot[1+\frac{1}{2\sqrt{x^2+1}}(x^2+1)']$$

$$=\frac{1}{x+\sqrt{x^2+1}}\cdot(1+\frac{x}{\sqrt{x^2+1}})=\frac{1}{x+\sqrt{x^2+1}}\cdot\frac{x+\sqrt{x^2+1}}{\sqrt{x^2+1}}$$

$$=\frac{1}{\sqrt{x^2+1}}.$$

例 5 设 $y=\ln\dfrac{\sqrt{x^2+1}}{\sqrt[3]{x-2}}(x>2)$，求 y'.

解：因为

$$y=\ln\frac{\sqrt{x^2+1}}{\sqrt[3]{x-2}}=\ln\frac{(x^2+1)^{\frac{1}{2}}}{(x-2)^{\frac{1}{3}}}$$

$$=\ln(x^2+1)^{\frac{1}{2}}-\ln(x-2)^{\frac{1}{3}}$$（🡸：由 $\ln\dfrac{M}{N}=\ln M-\ln N$）

$$=\frac{1}{2}\ln(x^2+1)-\frac{1}{3}\ln(x-2).$$（🡸：由 $\ln N^a=a\ln N$）

所以 $y'=\frac{1}{2}[\ln(x^2+1)]'-\frac{1}{3}[\ln(x-2)]'$

$$=\frac{1}{2}\cdot\frac{1}{x^2+1}\cdot(x^2+1)'-\frac{1}{3}\cdot\frac{1}{x-2}\cdot(x-2)'=\frac{1}{2(x^2+1)}\cdot 2x-\frac{1}{3(x-2)}$$

$$=\frac{x}{x^2+1}-\frac{1}{3(x-2)}.$$

例 6 设 $y=\frac{1}{x-\sqrt{x^2-1}}$，求 y'.

解：先将函数的分母有理化，得

$$y=\frac{x+\sqrt{x^2-1}}{(x-\sqrt{x^2-1})(x+\sqrt{x^2-1})}=\frac{x+\sqrt{x^2-1}}{x^2-(x^2-1)}=x+\sqrt{x^2-1}$$

$$y'=(x+\sqrt{x^2-1})'=1+\frac{1}{2\sqrt{x^2-1}}(x^2-1)'=1+\frac{1}{2\sqrt{x^2-1}}\cdot 2x=1+\frac{x}{\sqrt{x^2-1}}.$$

由例 5、例 6 看出，在求导数时，根据所给的函数的结构进行适当化简后再求导，会对求导带来方便.

例 7 设 $f'(u)$ 存在，求 $y=f[\ln\sin(\mathrm{e}^x)]$ 的导数.

解：解法一：令 $y=f(u)$，$u=\ln v$，$v=\sin w$，$w=\mathrm{e}^x$，则

$$y'=\{f[\ln\sin(\mathrm{e}^x)]\}'=f'(u)\cdot u'_v\cdot v'_w\cdot w'_x$$

$$=f'[\ln\sin(\mathrm{e}^x)]\cdot(\ln v)'\cdot(\sin w)'\cdot(\mathrm{e}^x)'$$

$$=f'[\ln\sin(\mathrm{e}^x)]\cdot\frac{1}{v}\cdot(\cos w)\cdot\mathrm{e}^x$$

$$=f'[\ln\sin(\mathrm{e}^x)]\cdot\frac{1}{\sin\mathrm{e}^x}\cdot(\cos\mathrm{e}^x)\cdot\mathrm{e}^x$$

$$=\mathrm{e}^x\cdot\cot(\mathrm{e}^x)\cdot f'[\ln\sin(\mathrm{e}^x)].$$

解法二（熟练后）：$y'=\{f[\ln\sin(\mathrm{e}^x)]\}'$

$$=f'[\ln\sin(\mathrm{e}^x)]\cdot[\ln\sin(\mathrm{e}^x)]'$$

$$=f'[\ln\sin(\mathrm{e}^x)]\cdot\frac{1}{\sin(\mathrm{e}^x)}\cdot[\sin(\mathrm{e}^x)]'$$

$$=f'[\ln\sin(\mathrm{e}^x)]\cdot\frac{1}{\sin(\mathrm{e}^x)}\cdot\cos(\mathrm{e}^x)\cdot(\mathrm{e}^x)'$$

$$=\mathrm{e}^x\cdot\cot(\mathrm{e}^x)\cdot f'[\ln\sin(\mathrm{e}^x)].$$

【即学即练】

设 $y=f(x)$ 可导求下列函数的导数.

（1）$y=\mathrm{e}^{f(x)}$；（2）$y=f(\mathrm{e}^x)$

（答案：（1）$y'=\mathrm{e}^{f(x)}\cdot f'(x)$；（2）$y'=f'(\mathrm{e}^x)\cdot\mathrm{e}^x$）.

---

§3.4　练习题

1. 求下列各函数的导数.

(1) $y=(3x+2)^5$

(2) $y=\ln(1-x^2)$

(3) $y=\cos^2 x$

(4) $y=e^{\tan x}$

(5) $y=\ln\sin x$

(6) $y=\tan^2\dfrac{x}{2}$

(7) $y=\ln\tan(\dfrac{x}{2}+\dfrac{\pi}{4})$

(8) $y=\sin^2 x^3$

(9) $y=\ln\sin 4x$

(10) $y=\sqrt{\cot\dfrac{x}{2}}$

(11) $y=e^{3x}$

(12) $y=\cos(x^3)$

(13) $y=e^{\sin\frac{1}{x}}$

(14) $y=\sqrt[3]{1+\ln^2 x}$

(15) $y=\dfrac{1}{\sqrt{3x-5}}$

(16) $y=e^{\frac{1}{x}}+x\sqrt{x}$

(17) $y=(3x^4-1)^{100}$

(18) $y=e^{-x^2+2x-1}$

(19) $y=e^{ax}\sin bx$

(20) $y=\ln(ax^2+b)$

(21) $y=\ln\ln x$

(22) $y=3^{\ln\sin\frac{1}{x}}$

2. 求下列函数的导数或导数值.

(1) $y=\sin 2x+e^{2x}$

(2) $y=\ln x^3+(\ln x)^3$

(3) $y=(5x^2-4)\sqrt[3]{1-x}$

(4) $y=(x+\sin^2 x)^4$

(5) $y=\dfrac{\sin^2 x}{1+\cos x}$

(6) $y=\ln\sqrt{\dfrac{1+x}{x-1}}$

(7) $y=e^{2x}\sin 3x$

(8) $y=e^{\frac{1}{x}}-e^{x^2}$

(9) $y=(x-1)\sqrt{x^2+1}$

(10) $y=\dfrac{\sin 2x}{1-\cos 2x}$

(11) 设 $y=\sqrt{1-x^2}$，求 $y'|_{x=0}$

(12) $y=\sin^2(2+x^3)$

(13) $y=\sqrt[3]{1-x^2}$

(14) $y=3^{\cos\frac{1}{x}}$

3. 计算下列函数的导数.

(1) $y=(2x+2)^4-8x^3+e^{2x}$

(2) $y=\csc(\cot x)$

(3) $y=\sin^2\dfrac{x}{2}\cos 2x$

(4) $y=(x-1)^3\cdot(2x+3)^2\cdot\cos x$

(5) $y=e^{-\frac{x}{2}}\cdot\sin 2x$

(6) $y=\tan(\cos x)$

(7) $y=(x^2+x-2)^{\frac{3}{2}}$

(8) $y=e^{2x-1}\cdot\tan 3x$

(9) $y=\sin\sqrt{3x}+\cos\dfrac{x}{5}+\tan x^2$

(10) $y=2(3x+\csc x)^2$

(11) $y=\sin 3x+\cos\dfrac{x}{5}+\tan x^2$

(12) $y=\cos\sqrt{x^2+1}-\tan^2\dfrac{x}{2}$

(13) $y=\sin nx+\sin^n x$

(14) $y=\sqrt{1+\sin x}-e^{x^2}$

(15) $y=\sqrt{\sin\dfrac{x}{2}}-\tan 3x$

(16) $y=\log_3{}^{(2x)}+\dfrac{\sin e^x}{e^x}-\sqrt{e^x}$

(17) $y=\sin(\ln x)+e^{\sin x}-\cos\dfrac{\pi}{3}$

(18) $y=\cos\dfrac{1}{1+\sqrt{x}}$

(19) $y=\dfrac{3^x}{\sqrt{4-x^2}}$

(20) $y=\dfrac{3t^2}{1+t^2}-\tan 2t$

(21) $y=\dfrac{1}{x-\sqrt{a^2-x^2}}$

(22) $y=\dfrac{a^{3x}-b^{4x}}{e^x}(a>0,\ b>0)$

(23) $y=\dfrac{\ln(x^2-3)}{1-x}$

(24) $y=\sin\sqrt{\cos x}$

(25) $y=\ln^3 x^2$

(26) $y=10^{x\tan 2x}$

4. 已知函数 $y=e^{f(x^2)}$ 可导，求导数 y'.

§3.5 几种特殊函数的求导方法

一、隐函数的求导法

（一）隐函数的概念

到目前为止，我们所遇到的函数都是由自变量 x 的某一个解析式所表达的函数，例如 $y=\ln(x+1)$，$y=\sin x$ 等，这样形如 $y=f(x)$ 的函数称为**显函数**.

但需要注意的是，还有另一种形式的函数，其自变量 x 与因变量 y 之间的对应法则并不像上述显函数中所表示的那样明显，而是隐含于一个二元方程 $F(x,y)=0$ 中．例如，在 $x^3+4y-1=0$ 中，当 x 在 $(-\infty,+\infty)$ 内任取一个值时，相应地就有唯一一个满足此方程的 y 值与之对应，但表达式不是 $y=f(x)$ 的形式.

定义 3.4 设有含 x 与 y 的二元方程 $F(x,y)=0$，如果存在函数 $y=f(x)$ 满足此方程，即函数 $y=f(x)$ 是方程 $F(x,y)=0$ 的解，所以有 $F(x,f(x))=0$，则这个方程确定了函数 $y=f(x)$. 这样的函数称为**隐函数**.

有些隐函数也可以化成 $y=f(x)$ 的形式．例如，在 $x^3+4y-1=0$ 中，当 x 在 $(-\infty,+\infty)$ 内任取一个值时，从方程 $x^3+4y-1=0$ 中可以解出 y，得 $y=f(x)=\dfrac{1-x^3}{4}$ 为显函数的表达形式.

如果能从含有 x 和 y 的二元方程 $F(x,y)=0$ 中解出 $y=f(x)$ 的形式，则称这样的隐函数为可显式化的隐函数，如上例所示．但不是每一个隐函数都能像上例那样能从方程中解出用自变量 x 形式表示 y 的，例如方程 $x^3+4xy^2-y^4-1=0$ 中 y 至少有一个实根，所以，该方

程确定了 x 的一个隐函数，但无法把 y 换成 x 的表达式．又例如，$e^x+xy+e^y=0$ 也不能化为显函数．由此可见，隐函数的显化有时是困难的，甚至是不可能的．

还要指出的是，并不是每一个形如 $F(x,y)=0$ 的方程都一定能确定 y 是 x 的函数．例如，$x^2+y^2+1=0$ 就不能确定 y 是 x 的函数，因为当 x 取定一个值时，满足此方程的 y 值在实数范围内是不存在的．下面我们只讨论在隐函数存在并且可导的情况下函数的求导方法．

（二）隐函数的求导

在实际问题中，隐函数是大量存在的，有时还需要求出隐函数的导数，因此我们希望有一种方法，不管隐函数能否显化，都能直接由方程计算出它所确定的隐函数的导数．下面根据复合函数的求导法则，分析隐函数求导的过程．

因为方程 $F(x,y)=0$ 是确定以 x 为自变量的隐函数 $y=f(x)$，如果 $f(x)$ 可导，在方程 $F(x,y)=0$ 两端对 x 求导，把 y 看做 x 的函数，y 的函数要看做是 x 的复合函数，应用复合函数的求导法则求导，即可求得隐函数的导数 $y'=f'(x)$，这种求导方法叫做隐函数的求导法．

通过以下例子来说明隐函数的求导过程．

例 1 求由方程 $x^3+4xy^2-y^4-1=0$ 所确定的隐函数 $y=f(x)$ 的导数 y'.

解： 将 $y=f(x)$ 代入方程，得

$$x^3+4x[f(x)]^2-[f(x)]^4-1=0.$$

方程两边对 x 求导，由复合函数的求导法则，得

$$3x^2+4[f(x)]^2+8xf(x)f'(x)-4[f(x)]^3f'(x)=0$$

把含有 $f'(x)$ 的项合并，得

$$\{4[f(x)]^3-8xf(x)\}f'(x)=3x^2+4[f(x)]^2.$$

将此方程看成是关于 $f'(x)$ 为未知量的方程，由此方程解出 $f'(x)$，得

$$f'(x)=\frac{3x^2+4[f(x)]^2}{4[f(x)]^3-8xf(x)}.$$

将 $f(x)=y$ 代入，得

$$y'=\frac{3x^2+4y^2}{4y^3-8xy}.$$

注： 例 1 的求导过程是将 $y=f(x)$ 代入原方程再求导，这是为了说明 y 是 x 的函数用复合函数求导的过程．实际在函数求导过程中可直接在原方程中求，要注意的是，对 y 的表达式求导时先将 y 看成自变量然后再乘 y'.

例 2 求由方程 $e^{xy}=x+y+e$ 所确定的隐函数 $y=f(x)$ 的导数 $\frac{dy}{dx}$.

解： 在 $e^{xy}=x+y+e$ 中把 y 看作是 x 的函数，方程两边对 x 求导，即

$$(e^{xy})'=(x+y+e)'.$$

由复合函数的求导法则，得

$$e^{xy}(xy)'=1+y'.$$

即 $e^{xy}(y+xy')=1+y'$.

把含有 y' 的项合并，得 $ye^{xy}-1=(1-xe^{xy})y'$.

解出 y'，得 $\frac{dy}{dx}=y'=\frac{ye^{xy}-1}{1-xe^{xy}}$.

【即学即练】

1. 求由方程 $x^2+y^2=R^2$ 所确定的隐函数 $y=f(x)$ 的导数 .（答案：$f'(x)=-\frac{x}{y}$）.

2. 求由方程 $e^y+xy+\cos x=0$ 所确定的隐函数 $y=f(x)$ 的导数 .（答案：$y'=\frac{\sin x-y}{e^y+x}$）.

例 3　求由方程 $xy=e^{x+y}$ 所确定的隐函数 y 的导数 y'.

解：方程两边对 x 求导，即 $(xy)'=(e^{x+y})'$.

由复合函数的求导法则，得

$$y+xy'=e^{x+y}\cdot(1+y').$$

把含有 y' 的项合并，得 $(x-e^{x+y})y'=e^{x+y}-y$.

解出 y'，得

$$y'=\frac{e^{x+y}-y}{x-e^{x+y}}=\frac{xy-y}{x-xy}=\frac{y(x-1)}{x(1-y)}.$$

注：隐函数的特点是方程中变量 y 和 x 的函数关系是隐藏在方程中的，因此，求导（或求微分）时，在对 y 的函数求导后千万不要忘记再乘以 y 对 x 的导数 .

由以上各例的求导过程我们可得出**隐函数求导的参考步骤**：

（1）方程两边同时对 x 求导 . 在求导的过程中遇到 y 就可直接求导 y'；遇到 y 的函数 $f(y)$ 要看做是 x 的复合函数，用复合函数的求导法则求导，即 $[f(y)]'=f'(y)\cdot y'$.

（2）将含 y' 的项都移至方程的左边，不含 y' 的项移至方程右边，再合并同类项解出 y'.

注：若能从方程 $F(x,\ y)=0$ 中解出函数 $y=f(x)$，即隐函数能够显式化，则也可将其化为显函数来求导 . 必须指出，用隐函数的求导方法所得到的结果中常常含有 y.

例 4　求由方程 $x^3+4y-1=0$ 所确定的隐函数 y 的导数.

解：方程两端对 x 求导

$(x^3+4y-1)'=0$

$3x^2+4\times1\times y'=0$

解出 y' 得　$y'=-\frac{3}{4}x^2$.

注：此题是可以显化的隐函数，读者可用显函数的求导法验证一下结果.

【即学即练】

求由方程 $y^5+2y-x-3x^7=0$ 所确定的隐函数 $y=f(x)$ 的导数 .（答案：$y'=\dfrac{1+21x^6}{5y^4+2}$）.

二、取对数求导法

有些显函数直接求导是很麻烦的，如 $y=\sqrt{\dfrac{(x+1)(2x-5)}{x^3(1-2x)}}$ 和 $y=x^{x^3\sin x}$，这时如果通过取对数，并利用对数的性质化简，将函数转化成隐函数来求导，将简化运算过程. 因此，我们有必要介绍取对数求导法.

取对数求导法常用于：含有几个因式通过乘、除、乘方及开方运算所构成的函数以及幂指函数的求导.

取对数求导法参考步骤为：

（1）方程两边取对数，并利用对数的性质化简，将函数转化成隐函数.

（2）由隐函数的求导方法两边同时对 x 求导.

（3）解出 y'.

取对数求导时常用的对数性质：

（1）$\ln ab=\ln a+\ln b(a>0,\ b>0)$；

（2）$\ln\dfrac{a}{b}=\ln a-\ln b(a>0,\ b>0)$；

（3）$\ln a^b=b\cdot\ln a(a>0)$；

（4）$a=e^{\ln a}(a>0)$.

例 5 求函数 $y=\sqrt{\dfrac{(x+1)(2x-5)}{x^3(1-2x)}}$ 的导数.

解：方程两边取对数，即 $\ln y=\ln\sqrt{\dfrac{(x+1)(2x-5)}{x^3(1-2x)}}$

$$=\frac{1}{2}\ln\frac{(x+1)(2x-5)}{x^3(1-2x)}$$

化简，得

$\ln y=\dfrac{1}{2}[\ln(x+1)+\ln(2x-5)-3\ln x-\ln(1-2x)]$（←：由对数性质（1）、（2）、（3））.

上式两边同时对 x 求导，得

$$\frac{1}{y}\cdot y'=\frac{1}{2}\left[\frac{1}{x+1}\cdot(x+1)'+\frac{1}{2x-5}\cdot(2x-5)'-\frac{3}{x}-\frac{1}{1-2x}(1-2x)'\right]$$

（↑：隐函数求导）

$$=\frac{1}{2}\left(\frac{1}{x+1}+\frac{2}{2x-5}-\frac{3}{x}+\frac{2}{1-2x}\right).$$

从上式中解出 y'，得 $$y'=\frac{1}{2}y\left(\frac{1}{x+1}+\frac{2}{2x-5}-\frac{3}{x}+\frac{2}{1-2x}\right).$$

将 $y=\sqrt{\frac{(x+1)(2x-5)}{x^3(1-2x)}}$ 回代得

$$y'=\frac{1}{2}\sqrt{\frac{(x+1)(2x-5)}{x^3(1-2x)}}\left(\frac{1}{x+1}+\frac{2}{2x-5}-\frac{3}{x}+\frac{2}{1-2x}\right).$$

【即学即练】

利用取对数求导法求函数 $y=x\sqrt{\frac{1+2x}{1-3x}}$ 的导数.

(答案：$y'=x\sqrt{\frac{1+2x}{1-3x}}\left[\frac{1}{x}+\frac{1}{1+2x}+\frac{3}{2(1+3x)}\right]$).

例 6 求函数 $y=\left(\frac{a}{b}\right)^x\left(\frac{b}{x}\right)^a$ ($a>0$，$b>0$，$\frac{a}{b}\neq 1$) 的导数.

解：两边取对数，得

$$\ln y=\ln\left(\frac{a}{b}\right)^x\left(\frac{b}{x}\right)^a=x\ln\frac{a}{b}+a\ln\frac{b}{x}=x(\ln a-\ln b)+a(\ln b-\ln x)$$
$$=x(\ln a-\ln b)+a\ln b-a\ln x.$$

上式两边同时对 x 求导，得

$$\frac{y'}{y}=\ln a-\ln b-\frac{a}{x}=\ln\frac{a}{b}-\frac{a}{x}.$$

解出 y'，得

$$y'=y\left(\frac{x}{a}\right)^b\left(\ln\frac{a}{b}-\frac{a}{x}\right)=\left(\frac{a}{b}\right)^x\left(\frac{b}{x}\right)^a\left(\ln\frac{a}{b}-\frac{a}{x}\right).$$

形如 $y=[f(x)]^{g(x)}$ 的函数称为幂指函数. 例如 $y=x^x$，$y=x^{\sin x}$，$y=(1+x)^{\frac{1}{x}}$，$y=(1+\frac{1}{x})^x$ 等.

幂指函数既不是幂函数也不是指数函数，因此，我们不能直接用幂函数或指数函数的求导公式求出其导数. 下面用例子说明计算幂指函数导数的两种方法.

例 7 求函数 $y=x^x$ 的导数.

解：解法一：将函数转化为隐函数来求导.

对 $y=x^x$ 两边取对数，得

$$\ln y=\ln x^x=x\ln x.\quad (\text{←：公式 } \ln a^b=b\cdot\ln a)$$

上式两边同时对 x 求导，即 $(\ln y)'=(x\ln x)'$.

因为 $(\ln y)'=\frac{1}{y}\cdot y'$，$(x\ln x)'=(x)'\cdot\ln x+x\cdot(\ln x)'=\ln x+x\cdot\frac{1}{x}=\ln x+1$，

所以，得 $$\frac{1}{y}\cdot y'=\ln x+1.$$

将 $y=x^x$ 代入，得 $y'=x^x(\ln x+1)$.

解法二：将函数转化为复合函数来求导.

因为 $y=x^{x}=e^{\ln x^{x}}=e^{x\ln x}$（🡸：公式 $a=e^{\ln a}$ 及 $\ln a^{b}=b\cdot\ln a$），
所以，得

$$y'=(e^{x\ln x})'=e^{x\ln x}\cdot(x\ln x)'=e^{x\ln x}\cdot\left(\ln x+x\cdot\frac{1}{x}\right)=x^{x}(\ln x+1).$$

【即学即练】

求函数 $y=x^{\frac{1}{x}}$ 的导数．(答案：$y'=x^{\frac{1}{x}-2}(1-\ln x)$).

三、分段函数的求导方法

由于分段函数在其定义域的各个不相交的子集(多为子区间)上，函数分别用不同的解析式表示，且在其不同的子区间内及分界(段)点处的导数的情况不尽相同，所以函数分别用不同的解析式表示，因此有必要将其进行特别讨论.

由前面§3.1 学习过的在开区间及某点处的导数的求法，可得求分段函数的导数参考步骤如下：

(1) 若函数在定义域的各开区间内可导，则直接应用导数公式、运算法则等分别求出它在各开区间内的导数.

(2) 判断函数在分段点 x_0 处的可导性：

①若函数在点 x_0 处不连续，则它在点 x_0 处不可导；

②若函数在点 x_0 处连续，则根据函数在分段点左、右两侧的不同解析式分别用左、右导数的定义求出其左、右导数．当左、右导数存在并相等时，则函数在点 x_0 处可导；当左、右导数存在但不相等或其中至少有一个导数不存在时，则函数在点 x_0 处不可导.

(3) 写出导数表达式. 要注意由于②的计算，结论中函数的定义域往往会与原函数有所变化.

例 8　讨论函数 $f(x)=\begin{cases}0 & x\leqslant 1\\ \dfrac{1}{x-1} & x>1\end{cases}$ 的导数.

解：在定义域各开区间内分别对 $f(x)$ 求导，得

注意和原式定义域的区别

$$f'(x)=\begin{cases}0 & x<1\\ -\dfrac{1}{(x-1)^{2}} & x>1\end{cases}.$$

考察在分段点 $x=1$ 处的可导性：

因为 $f(1-0)=\lim\limits_{x\to1^{-}}f(x)=\lim\limits_{x\to1^{-}}0=0$,

$f(1+0)=\lim\limits_{x\to1^{+}}f(x)=\lim\limits_{x\to1^{+}}\dfrac{1}{x-1}=-\infty$,

即 $f(1-0)\neq f(1+0)$.

所以函数$f(x)$在$x=1$处不连续，由连续性与可导性的关系，可得$f(x)$在点$x=1$处也不可导.

综上所述得$f'(x)=\begin{cases}0 & x<1\\ -\dfrac{1}{(x-1)^2} & x>1\end{cases}$

例9 求函数$f(x)=\begin{cases}x^3 & -\infty<x<0\\ x^2 & 0\leqslant x\leqslant 1\\ x & 1<x<+\infty\end{cases}$的导数.

解：在各开区间内分别对$f(x)$求导，得

$$f'(x)=\begin{cases}3x^2 & -\infty<x<0\\ 2x & 0<x<1\\ 1 & 1<x<+\infty\end{cases}$$

考察在分段点$x=0$与$x=1$处的可导性：

当$x=0$时，先考虑连续性.

因为 $f(0-0)=\lim\limits_{x\to0^-}f(x)=\lim\limits_{x\to0^-}x^3=0$,

$f(0+0)=\lim\limits_{x\to0^+}f(x)=\lim\limits_{x\to0^+}x^2=0$,

$f(0)=0$,

即$f(0-0)=f(0+0)=f(0)=0$.

所以$f(x)$在点$x=0$处连续.

又因为$f'_-(0)=\lim\limits_{x\to0^-}\dfrac{f(x)-f(0)}{x-0}=\lim\limits_{x\to0^-}\dfrac{x^3-0^2}{x}=\lim\limits_{x\to0^-}x^2=0$,

$f'_+(0)=\lim\limits_{x\to0^+}\dfrac{f(x)-f(0)}{x-0}=\lim\limits_{x\to0^-}\dfrac{x^2-0^2}{x}=\lim\limits_{x\to0^-}x=0$,

$f'_-(0)=f'_+(0)=0$.

所以$f'(0)=0$，即$f(x)$在点$x=0$处可导.

当$x=1$时，先考虑连续性.

因为$f(1-0)=\lim\limits_{x\to1^-}f(x)=\lim\limits_{x\to1^-}x^2=1$,

$f(1+0)=\lim\limits_{x\to1^+}f(x)=\lim\limits_{x\to1^+}x=1$,

$f(1)=1$,

即$f(1-0)=f(1+0)=f(1)=1$,

所以$f(x)$在$x=1$处连续.

又因为$f'_-(1)=\lim\limits_{x\to1^-}\dfrac{f(x)-f(1)}{x-1}=\lim\limits_{x\to1^-}\dfrac{x^2-1^2}{x-1}=\lim\limits_{x\to1^-}(x+1)=2$,

$f'_+(1)=\lim\limits_{x\to1^+}\dfrac{f(x)-f(1)}{x-1}=\lim\limits_{x\to1^-}\dfrac{x-1^2}{x-1}=\lim\limits_{x\to1^-}1=1$,

即左、右导数不相等，所以$f(x)$在点$x=0$处不可导.

综上所述，得

$$f'(x)=\begin{cases}3x^2 & -\infty<x<0\\ 2x & 0\leqslant x<1\\ 1 & 1<x<+\infty\end{cases}.$$

注意和原式定义域的区别

注：由例 8、例 9 看出导函数的定义域不超出原来函数的定义域，即 $D(f')\subset D(f)$.

四、由参数方程所确定的函数的导数

1. 什么叫做由参数方程所确定的函数

定义 3.5 在取定的坐标系中，如果曲线上任意一点的坐标 x、y 都是某个变量 t 的函数，即

$$\begin{cases}x=f(t)\\ y=g(t)\end{cases} \tag{3.5.1}$$

并且对于 t 的每一个允许值，由上述方程组所确定的点 $M(x, y)$ 都在这条曲线上，我们把上述方程组叫做这条曲线的参数方程，而联系 x、y 之间关系的变数 t 叫做参变数，简称参数.

相对于参数方程来说，前面学过的直接给出曲线上点的坐标关系的方程，叫做曲线的普通方程. 若由参数方程 $\begin{cases}x=\varphi(t)\\ y=\psi(t)\end{cases}$ 确定 y 与 x 间的函数关系，则称此函数为由参数方程所确定的函数.

2. 如何求由参数方程所确定的函数的导数

有些参数方程可以转化为普通方程. 例如，在参数方程 $\begin{cases}x=2t\\ y=t^2\end{cases}$ 中，由 $x=2t$，解得 $t=\dfrac{x}{2}$，代入 $y=t^2$，得到 $y=t^2=\left(\dfrac{x}{2}\right)^2=\dfrac{x^2}{4}$，从而得 $y'=\dfrac{1}{2}x$.

但在实际问题中，更多的参数方程是不能消去参数 t 而转化为普通方程的. 下面我们介绍一种不需要消去参数 t，可直接利用参数方程来计算由参数方程所确定的函数的导数的简便方法.

在 $\begin{cases}x=\varphi(t)\\ y=\psi(t)\end{cases}$ 中，设 $x=\varphi(t)$ 在某个区间上具有单调且连续的反函数 $t=\varphi^{-1}(x)$，且能构成复合函数 $y=\psi[\varphi^{-1}(x)]$. 如果函数 $x=\varphi(t)$，$y=\psi(t)$ 都可导，且 $\varphi'(t)\neq 0$，则由参数方程所确定的函数 $y=\psi[\varphi^{-1}(x)]$ 可导，并且

$$\frac{dy}{dx}=\frac{dy}{dt}\cdot\frac{dt}{dx}=\frac{dy}{dt}\cdot\frac{1}{\frac{dx}{dt}}=\frac{\psi'(t)}{\varphi'(t)}.$$

由以上讨论，我们得到由参数方程$\begin{cases}x=\varphi(t)\\y=\psi(t)\end{cases}$所确定的函数的求导公式如下：

$$若\begin{cases}x=\varphi(t)\\y=\psi(t)\end{cases}，则\ \frac{dy}{dx}=\frac{\psi'(t)}{\varphi'(t)}, \tag{3.5.2}$$

$$或\ y'=\frac{dy}{dx}=\frac{\frac{dy}{dt}}{\frac{dx}{dt}}=\frac{y_t'}{x_t'}. \tag{3.5.3}$$

注：符号“y_t'”表示 y 对 t 求导，“x_t'”表示 x 对 t 求导.

例 10　求由方程$\begin{cases}x=a\cos t\\y=a\sin t\end{cases}$所确定的函数 $y=f(x)$ 的导数 y'，其中 a 为常数.

解：因为 $y_t'=(a\sin t)'=a\cos t$，$x_t'=(a\cos t)'=-a\sin t$，所以，得

$$y'=\frac{y_t'}{x_t'}=\frac{a\cos t}{-a\sin t}=-\cot t.$$（🡐：公式(3.5.3)）

例 11　已知$\begin{cases}x=te^{-t}\\y=e^t\end{cases}$，求$\frac{dy}{dx}$.

解：因为 $y't=(e^t)'=e^t$，

$x't=(te^{-t})'=t'\cdot e^{-t}+t\cdot(e^{-t})'=e^{-t}+te^{-t}\cdot(-t)'=e^{-t}-te^{-t}$，

所以，得 $\frac{dy}{dx}=\frac{y_t'}{x_t'}=\frac{e^t}{e^{-t}-te^{-t}}=\frac{e^{2t}}{1-t}$.（🡐：公式(3.5.3)）

【即学即练】

求由方程$\begin{cases}x=3\cos t\\y=4\sin t\end{cases}$所确定的函数 $y=f(x)$ 的导数 y'.

（答案：$y'=-\frac{4}{3}\cot t$）.

---

§3.5　练习题

1. 求下列函数的导数.

（1）$y=(\sin x)^{\cos x}$　　（2）$y=(1+\frac{1}{x})^x$

（3）$y=\sqrt[3]{\frac{x(x-1)}{(x+2)(x+3)}}$　　（4）$y=x^{\cos x}$

（5）$y=(\cos x)^x$

2. 下列各方程中 y 是 x 的隐函数，试求 y'.

（1） $x^2+y^2-xy+3x=1$ （2） $xy-e^x+e^y=1$

（3） $\sin(x+y)+e^{xy}=4$ （4） $x\ln y+y\ln x=1$

3. 已知 $y=y(x)$ 由 $xy+e^{y^2}-x=0$ 所确定，求 $y=y(x)$ 在(1，0)处的切线方程。

4. 求曲线 $x^2+2xy-y^2=2x$ 在 $x=2$ 处的切线方程.

5. 讨论函数 $f(x)=\begin{cases}4x-3 & x\leqslant 2\\ x^2+1 & x>2\end{cases}$ 在点 $x=2$ 处的连续性和可导性.

6. 设 $f(x)=\begin{cases}x^2 & x\leqslant 1\\ ax+b & x>1\end{cases}$ 在点 $x=1$ 处可导，求 a，b 的值.

7. 确定常数 a、b，使函数 $f(x)=\begin{cases}ax+b\sqrt{x} & x>1\\ x^2 & x\leqslant 1\end{cases}$ 有连续的导数.

8. $f(x)=\begin{cases}\ln(1+x) & x\geqslant 0\\ \sin x & x<0\end{cases}$，求 $f'(x)$.

9. 设 $f(x)=\begin{cases}xe^{\frac{-1}{x^2}} & x\neq 0\\ 0 & x=0\end{cases}$，求 $f'(0)$.

10. 求下列参数方程的导数.

（1） $\begin{cases}x=1-t^2\\ y=1-t^3\end{cases}$ （2） $\begin{cases}x=a\cos^3 t\\ y=b\sin^3 t\end{cases}$（其中 a，b 为常数）

（3） $\begin{cases}x=e^{-t}\\ y=te^t\end{cases}$ （4） $\begin{cases}x=a(t-\sin t)\\ y=a(1-\cos t)\end{cases}$

§3.6 高阶导数

一、高阶导数的概念及求法

我们已经知道，变速直线运动的速度 $v(t)$ 是位置函数 $s(t)$ 对时间 t 的导数，

即 $$v=\frac{ds}{dt}，\text{或 } v=s'(t).$$

而加速度 a 又是速度函数 $v(t)$ 对时间 t 的导数，

即 $$a=\frac{dv}{dt}=\frac{d}{dt}\left(\frac{ds}{dt}\right)\text{或 } a=[s'(t)]'.$$

这种导数的导数 $\frac{d}{dt}\left(\frac{ds}{dt}\right)$ 或 $[s'(t)]'$ 叫做 $s(t)$ 对时间 t 的二阶导数，记为 $\frac{d^2s}{dt^2}$ 或 $s''(t)$.

因此，变速直线运动的加速度 a 就是位置函数 $s(t)$ 对时间 t 的二阶导数.

对于一般的函数，很多时候我们要对函数进行多次求导，为此有下面的定义.

定义 3.6 设函数 $y=f(x)$ 存在导函数 $f'(x)$，若导函数 $f'(x)$ 的导数 $[f'(x)]'$ 存在，则称 $[f'(x)]'$ 为 $f(x)$ 的二阶导数，记作 y'' 或 $f''(x)$ 或 $\frac{d^2y}{dx^2}$ 或 $\frac{d^2f(x)}{dx^2}$，即

$$y''=(y')'=\frac{d}{dx}\left(\frac{dy}{dx}\right)=\frac{d^2y}{dx^2}.$$

类似地，若二阶导函数$f''(x)$的导数存在，则称$f''(x)$的导数$[f''(x)]'$为$f(x)$的三阶导数，记作y'''或$f'''(x)$.

一般地，若$y=f(x)$的$n-1$阶导函数的导数存在，则称$n-1$阶导函数的导数为$y=f(x)$的n阶导数，记作$y^{(n)}$或$f^{(n)}(x)$或$\frac{d^ny}{dx^n}$或$\frac{d^nf(x)}{dx^n}$，即

$$y^{(n)}=[y^{(n-1)}]' \text{ 或 } f^{(n)}(x)=[f^{(n-1)}(x)]' \text{ 或 } \frac{d^ny}{dx^n}=\frac{d}{dx}\left(\frac{d^{n-1}y}{dx^{n-1}}\right).$$

因此，函数$f(x)$的n阶导数是由$f(x)$连续依次对x求n次导数得到的.

函数的二阶和二阶以上的导数称为函数的高阶导数.

函数$f(x)$的n阶导数在x_0处的导数值，记作$y^{(n)}(x_0)$或$f^{(n)}(x_0)$或$\frac{d^ny}{dx^n}\Big|_{x=x_0}$.

例1 求$y=2x^3+3x^2-1\,000$的10阶导数$y^{(10)}$.

解: 因为$y'=(2x^3+3x^2-1\,000)'=6x^2+6x$,

$y''=(6x^2+6x)'=12x+6$,

$y'''=(12x+6)'=12$,

$y^{(4)}=(12)'=0$,

所以，得$y^{(5)}=\cdots=y^{(10)}=0$.

由此可以得到一般的结论：n次多项式的$n+1$阶导数必为0.

【即学即练】

求函数$y=3x^4+2x^3+x+1$的五阶导数$y^{(5)}$.（答案：$y^{(5)}=0$）.

例2 求函数$y=3x^2+e^x$的$y^{(4)}|_{x=0}$.

解: 因为$y'=(3x^3+e^x)'=(3x^2)'+(e^x)'=6x+e^x$,

$y''=(6x+e^x)'=(6x)'+(e^x)'=6+e^x$,

$y'''=(6+e^x)'=(6)'+(e^x)'=e^x$,

$y^{(4)}=(e^x)'=e^x$,

所以，得$y^{(4)}|_{x=0}=e^x|_{x=0}=e^0=1$.

例3 求函数$y=a^x$的n阶导数.

解: $y'=(a^x)'=a^x\ln a$,

$y''=(y')'=(a^x\ln a)'=\ln a(a^x)'=\ln a\cdot a^x\ln a=a^x(\ln a)^2$,

$y'''=(y'')'=[a^x\cdot(\ln a)^2]'=(a^x)'\cdot(\ln a)^2=a^x\ln a\cdot(\ln a)^2=a^x(\ln a)^3$,

…

$y^{(n)}=a^x(\ln a)^n$，即$(a^x)^{(n)}=a^x(\ln a)^n$.

例4 求函数$y=\sin x$的n阶导数$y^{(n)}$.

解: $y'=(\sin x)'=\cos x$.

为了得到 n 阶导数的规律，改写 $y'=\cos x=\sin(x+\frac{\pi}{2})$，从而

$$y''=[\sin(x+\frac{\pi}{2})]'=\cos(x+\frac{\pi}{2})\cdot(x+\frac{\pi}{2})'=\cos(x+\frac{\pi}{2})$$

$$=\sin(x+\frac{\pi}{2}+\frac{\pi}{2})=\sin(x+2\cdot\frac{\pi}{2}),$$

$$y'''=[\sin(x+2\frac{\pi}{2})]'=\cos(x+2\cdot\frac{\pi}{2})\cdot(x+2\cdot\frac{\pi}{2})'=\cos(x+2\cdot\frac{\pi}{2})$$

$$=\sin(x+2\cdot\frac{\pi}{2}+\frac{\pi}{2})=\sin(x+3\cdot\frac{\pi}{2}),$$

…

$y^{(n)}=\sin(x+n\frac{\pi}{2})$，即

$(\sin x)^{(n)}=\sin(x+n\cdot\frac{\pi}{2})$.

同理，可得 $(\cos x)^{(n)}=\cos(x+n\cdot\frac{\pi}{2})$.

例 5 由方程 $y-2x=(x-y)\ln(x-y)$ 确定隐函数 $y=f(x)$，求 y''.

解：方程两边同时对 x 求导，即

$$(y-2x)'=[(x-y)\ln(x-y)]'=(x-y)'\cdot\ln(x-y)+(x-y)\cdot[\ln(x-y)]'.$$

从而，得 $y'-2=(1-y')\cdot\ln(x-y)+(x-y)\cdot\frac{1-y'}{x-y}$.

即 $y'-2=(1-y')\ln(x-y)+1-y'$.

解得 $y'=\frac{3+\ln(x-y)}{2+\ln(x-y)}$.

由 $y-2x=(x-y)\ln(x-y)$，得 $\ln(x-y)=\frac{y-2x}{x-y}$.

所以，得 $y'=\dfrac{3+\frac{y-2x}{x-y}}{2+\frac{y-2x}{x-y}}=\frac{x-2y}{-y}=2-\frac{x}{y}$.

因此，得 $y''=(2-\frac{x}{y})'=(2)'-(\frac{x}{y})'=-\frac{y-x\cdot y'}{y^2}=-\dfrac{y-x(2-\frac{x}{y})}{y^2}=-\frac{(x-y)^2}{y^3}$.

由以上讨论我们可得到求高阶导数的方法：

(1) 当求函数的导数阶数不是很高时，一般是对函数逐阶求导，直到所要求的阶数．如例 1、例 2、例 5.

(2) 当求函数的导数是 n 阶导数时，一般是先对函数逐阶求导，从中找出规律，然后写出 n 阶导数的一般式．如例 3、例 4.

(3) 当求函数的高阶导数在给定点的函数值时，一般先求出高阶导数后再将所给变量的值代入计算即可．如例 2.

(4) 在隐函数求高阶导数加 n 阶导数结果中，需将 $n-1$ 阶求出的导数结果代入最终 n 阶的结果，如例 5.

【即学即练】

由方程 $y-2x=e^y$ 确定隐函数 $y=f(x)$，求 y''.（答案：$y''=\dfrac{4e^y}{(1-e^y)^3}$）.

§3.6　练习题

1. 求下列函数的二阶导数.

(1) $y=x^3-2x+5$　　(2) $y=\ln(1-x^2)$

(3) $y=\sqrt{x}\ln x$　　(4) $y=(1-3x)^2$

(5) $y=e^{-x}+e^x$　　(6) $y=\sin x+\cos x$

(7) 若 $f(x)$ 存在二阶导数，求函数 $y=f(\ln x)$ 的二阶导数.

2. 求下列函数高阶导数或在指定点的导数值.

(1) $y=x^5-2x^3+1$，求 $y''|_{x=1}$　　(2) $y=e^{-x^2}$，求 $y''|_{x=1}$

(3) $y=x\cos x$，求 $y'''|_{x=0}$　　(4) $y=(x+10)^6$，求 $y''|_{x=2}$.

(5) $y=x\sin x$，求 $y''(\dfrac{\pi}{2})$　　(6) $y=3x^3+2x^2+x+1$ 求 $y^{(4)}$

3. 求下列函数的 n 阶导数.

(1) $y=\ln(1+x)$　　(2) $y=a^{-x}$

(3) $y=e^{ax}$　　(4) $y=xe^x$

4. 设由下列方程确定隐函数 $y=f(x)$，求 y''.

(1) $x^2+y^2=a^2$　　(2) $y=\sin(x+y)$

(3) $y=1+xe^y$　　(4) $\dfrac{x^2}{a^2}+\dfrac{y^2}{b^2}=1$

§3.7　微分

一、微分的定义

在§3.6 节中我们知道，函数的导数是表示因变量相对于自变量变化的快慢程度（变化率）. 在实际问题中，还会遇到与导数密切相关的另一类问题：在变化的过程中，当自变量有一个微小的增量时，要计算相应的函数增量的近似值.

实例　设一个正方形的面积为 S，其边长由 x_0 变化到 $x_0+\Delta x$，问其面积改变了多少？当 $|\Delta x|$ 很微小时，正方形的面积改变的近似值是多少？

此正方形边长为 x_0 时的面积为 $S=x_0^2$，当边长由 x_0 变化到 $x_0+\Delta x$，面积的改变量为

$$\Delta S=(x_0+\Delta x)^2-x_0^2=2x_0\Delta x+(\Delta x)^2$$

即 ΔS 由两部分组成，第一部分 $2x_0\Delta x$ 是 Δx 的线性函数(即是 Δx 的一次幂)，在图 3－9 中表示增大的两个长条矩形部分；第二部分 $(\Delta x)^2$，在图 3－9 中表示增大在右上角的小正方形块，当 $\Delta x\to 0$ 时，$(\Delta x)^2$ 是比 Δx 更高阶的无穷小，当 $|\Delta x|$ 很微小时可忽略不计．因此可以只留下 ΔS 的主要部分，即 Δx 的线性部分，面积的改变量 ΔS 可近似地用第一部分 $2x_0\Delta x$(称为 x_0 处的微分)来代替，即 $\Delta S\approx 2x_0\Delta x$.

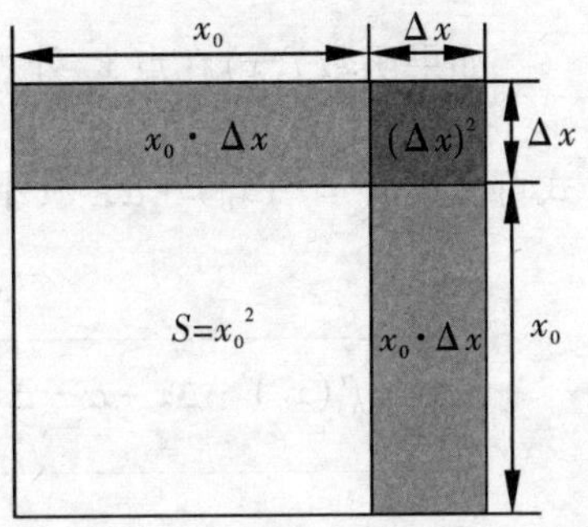

图 3－9

一般函数我们引入函数微分的概念.

定义 3.7 设函数 $y=f(x)$ 在含点 x_0 的某区间内有定义，如果函数在点 x_0 处的改变量 Δy 可以表示为 Δx 的线性函数 $A\cdot\Delta x$(A 是与 Δx 无关而与 x_0 有关的常数)与一个比 Δx 更高阶的无穷小之和，即

$$\Delta y=A\cdot\Delta x+o(\Delta x) \tag{3.7.1}$$

则称函数 $f(x)$ 在 x_0 处可微，且称 $A\cdot\Delta x$ 为函数 $f(x)$ 在点 x_0 处的微分，记作 $\mathrm{d}y|_{x=x_0}$，即 $\mathrm{d}y|_{x=x_0}=A\cdot\Delta x$.

二、导数与微分的关系

函数的微分 $A\cdot\Delta x$ 是 Δx 的线性函数，且与函数的改变量 Δy 相差是一个比 Δx 更高阶的无穷小，当 $\Delta x\to 0$ 时，它是 Δy 的主要部分，所以也称微分 $\mathrm{d}y$ 是改变量 Δy 的线性主部，当 $|\Delta x|$ 很小时，就可以用微分 $\mathrm{d}y$ 作为改变量 Δy 的近似值：$\Delta y\approx \mathrm{d}y$.

定理 3.8 函数 $y=f(x)$ 在点 x_0 处可微的充要条件是在点 x_0 处可导，且

$$\mathrm{d}y|_{x=x_0}=f'(x_0)\Delta x.$$

证：必要性(⇒)

如果函数 $y=f(x)$ 在点 x_0 处可微，按定义有

$$\Delta y=A\cdot\Delta x+o(\Delta x)$$

上式两端同除以 Δx，取 $\Delta x\to 0$ 的极限，得

$$\lim_{\Delta x\to 0}\frac{\Delta y}{\Delta x}=\lim_{\Delta x\to 0}\left[A+\frac{o(\Delta x)}{\Delta x}\right]$$

$$=A+\lim_{\Delta x\to 0}\frac{o(\Delta x)}{\Delta x}=A.$$

这表明若 $y=f(x)$ 在点 x_0 处可微，则在 x_0 处必定可导．换句话说，$f'(x_0)$ 存在，且 $f'(x_0)=A$.

充分性(⇐)

如果函数$f(x)$在点x_0处可导，即$\lim\limits_{\Delta x\to 0}\dfrac{\Delta y}{\Delta x}=f'(x_0)$存在，根据极限与无穷小的关系，上式可写成$\dfrac{\Delta y}{\Delta x}=f'(x_0)+\alpha$，其中$\alpha$为$\Delta x\to 0$时的无穷小，从而

$$\Delta y=f'(x_0)\cdot\Delta x+\alpha\cdot\Delta x \tag{3.7.2}$$

这里由于$\lim\limits_{\Delta x\to 0}\dfrac{\alpha\cdot\Delta x}{\Delta x}=\lim\limits_{\Delta x\to 0}\alpha=0$，所以当$\Delta x\to 0$时$\alpha\Delta x$是比$\Delta x$更高阶的无穷小，即$\alpha\Delta x=o(\Delta x)$. 又$f'(x_0)$是不依赖于$\Delta x$的常数，令$A=f'(x_0)$，则(3.7.2)式就相当于微分定义3.9中的(3.7.1)式：$\Delta y=A\cdot\Delta x+o(\Delta x)$. 故$f(x)$在点$x_0$处是可微的，且微分为$\mathrm{d}y\big|_{x=x_0}=f'(x_0)\Delta x$.

注1：由于自变量x的微分$\mathrm{d}x=(x)'\cdot\Delta x=\Delta x$，所以$y=f(x)$在点$x_0$处的微分记法常有

$$\mathrm{d}y\big|_{x=x_0}=f'(x_0)\Delta x \text{ 或 } \mathrm{d}y\big|_{x=x_0}=f'(x_0)\mathrm{d}x$$

如果函数$y=f(x)$在某区间内每一点处都可微，则称函数在该区间内是可微函数. 由定理3.8可知，函数在区间内任一点x处的微分就是

$$\mathrm{d}y=f'(x)\mathrm{d}x \tag{3.7.3}$$

$$\text{或 }\mathrm{d}y=f'(x)\Delta x \tag{3.7.4}$$

由(3.7.3)式可得$\dfrac{\mathrm{d}y}{\mathrm{d}x}=f'(x)$，这也是导数记号$\dfrac{\mathrm{d}y}{\mathrm{d}x}$的来历，同时也表明函数的导数是函数的微分$\mathrm{d}y$与自变量的微分$\mathrm{d}x$的商，因而导数也称为**微商**.

例1 求函数$y=3x+\sin x\mathrm{e}^x$的微分.

解：$\mathrm{d}y=\mathrm{d}(3x+\sin x\mathrm{e}^x)=(3x+\sin x\mathrm{e}^x)'\mathrm{d}x=(3+\cos x\mathrm{e}^x+\mathrm{e}^x\sin x)\mathrm{d}x$.

例2 求函数$y=x^2$在$x=1$处，对应于自变量的改变量Δx分别为0.1和0.01时的改变量Δy及微分$\mathrm{d}y$.

解：$\Delta y=(x+\Delta x)^2-x^2=2x\Delta x+(\Delta x)^2$,

$\mathrm{d}y=(x^2)'\Delta x=2x\Delta x$.

在$x=1$处，当$\Delta x=0.1$时，有

$$\Delta y=2\times1\times0.1+0.1^2=0.21,$$
$$\mathrm{d}y=2\times1\times0.1=0.2.$$

当$\Delta x=0.01$时，有 $\Delta y=2\times1\times0.01+0.01^2=0.0201$,

$$\mathrm{d}y=2\times1\times0.01=0.02.$$

有了微分的定义，(3.7.1)式可以写成

$$\Delta y = dy + o(\Delta x) \text{或} \Delta y - dy = o(\Delta x).$$

可见，Δy 与 dy 之差是比 Δx 高阶的无穷小.

当 $f'(x_0)$ 存在，且 $f'(x_0) \neq 0$ 时，由于 $\Delta y = f'(x_0)\Delta x + o(\Delta x)$，$dy = f'(x_0)\Delta x$，故有

$$\lim_{\Delta x \to 0}\frac{\Delta y}{dy} = \lim_{\Delta x \to 0}\frac{f'(x_0)\Delta x + o(\Delta x)}{f'(x_0)\Delta x}$$

$$= \lim_{\Delta x \to 0}\left[1 + \frac{1}{f'(x_0)} \cdot \frac{o(\Delta x)}{\Delta x}\right] = 1 + \frac{1}{f'(x_0)} \times 0 = 1.$$

因此，当 $|\Delta x|$ 充分小时，$\frac{\Delta y}{dy}$ 可任意接近于 1，即 $\frac{\Delta y}{dy} \approx 1$，故有 $\Delta y \approx dy$.

例 3　求当 $x = 2$，$\Delta x = 0.01$ 时函数 $y = x^3$ 增量的近似值.

解：由于 $\Delta x = 0.01$，即 $|\Delta x|$ 比较小，所求函数增量的近似值可用函数当 $x = 2$，$\Delta x = 0.01$ 时的微分来近似代替，即

$$\Delta y\Big|_{\substack{x=2\\ \Delta x=0.01}} \approx dy\Big|_{\substack{x=2\\ \Delta x=0.01}} = (x^3)'\Delta x\Big|_{\substack{x=2\\ \Delta x=0.01}} = 3x^2\Delta x\Big|_{\substack{x=2\\ \Delta x=0.01}}$$

$$= 3 \times 2^2 \times 0.01 = 0.12.$$

【即学即练】

1. 求 $y = 3x^2 + \log_3 x$ 的微分.（答案：$dy = (6x + \frac{1}{x}\log_3 e)dx$）.

2. 求 $y = x^3$ 在 $x = 2$，$dx = 0.02$ 时的微分.（答案：$dy\Big|_{\substack{x=2\\ dx=0.02}} = 0.24$）.

三、微分的几何意义

下面我们通过几何图形来说明函数的微分、导数及函数的增量之间的关系.

设函数 $y = f(x)$ 的图像如图 3－10 所示，点 $M(x_0, y_0)$ 与 $N(x_0 + \Delta x, y_0 + \Delta y)$ 在图像上. 过 M，N 分别作 x，y 轴的平行线，相交于点 Q，则有向线段 $MQ = \Delta x$，$NQ = \Delta y$. 过点 M 再作曲线的切线 MT，MT 与 QN 交于点 P，设其倾斜角为 α，则有向线段 $QP = MQ \cdot \tan\alpha = f'(x_0) \cdot \Delta x = dy$. 因此，函数 $y = f(x)$ 在点 x_0 处的微分 dy 在几何上表示函数图像在点 $M(x_0, y_0)$ 处切线的纵坐标的相应改变量.

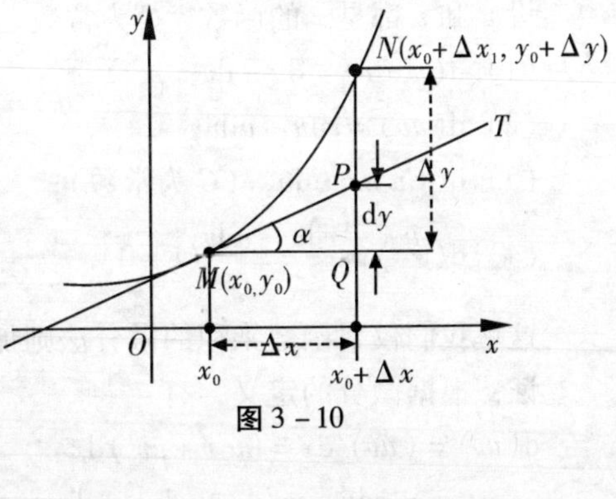

图 3－10

由图 3－10 还可以看出：

首先，线段 PN 的长表示用 dy 来近似代替 Δy 所产生的误差，当 $|\Delta x|$ 很小时，它比 $|\Delta x|$ 要小得多；其次，近似式 $\Delta y \approx dy$ 表示当 $\Delta x \to 0$ 时，可以用 PQ 近似代替 QN，从而可用图像在 M 处的切线段 MP 来近似代替曲线 MN 本身，即在一点的附近可以用“直”代“曲”. 这就是以微分近似代替函数改变量之所以简便的本质所在，这个重要思想以后还要多次用到.

四、基本初等函数的微分公式与微分的运算法则

我们已经知道微分与导数的关系，即函数在某点处可微与可导是等价的．由于函数的微分公式是

$$dy = f'(x)dx.$$

所以我们可以直接从函数的导数公式和求导法则，推出如下相应的微分公式和微分法则.

1. **基本初等函数的微分公式**

(1) $d(C)=0$

(2) $d(x^{\alpha})=\alpha x^{\alpha-1}dx$

(3) $d(a^x)=a^x\ln a dx (a>0, a\neq 1)$

(4) $d(e^x)=e^x dx$

(5) $d(\log_a x)=\frac{1}{x}\log_a e dx=\frac{1}{x\ln a}dx (a>0, a\neq 1)$

(6) $d(\ln x)=\frac{1}{x}dx$

(7) $d(\sin x)=\cos x dx$

(8) $d(\cos x)=-\sin x dx$

(9) $d(\tan x)=\sec^2 x dx$

(10) $d(\cot x)=-\csc^2 x dx$

(11) $d(\sec x)=\sec x\tan x dx$

(12) $d(\csc x)=-\csc x\cot x dx$

(13) $d(\arcsin x)=\frac{1}{\sqrt{1-x^2}}dx (-1<x<1)$

(14) $d(\arccos x)=-\frac{1}{\sqrt{1-x^2}}dx (-1<x<1)$

(15) $d(\arctan x)=\frac{1}{1+x^2}dx$

(16) $d(\text{arccot} x)=-\frac{1}{1+x^2}dx$

2. **函数和、差、积、商的微分法则**

设 u 和 v 都是 x 的函数，C 为常数，则有

(1) $d(u\pm v)=du\pm dv$;

(2) $d(uv)=vdu+udv$;

(3) $d(Cu)=Cdu$ （C 为常数）；

(4) $d\left(\frac{u}{v}\right)=\frac{vdu-udv}{v^2} (v\neq 0)$.

这里我们仅对函数乘积的微分法则加以证明，其他法则都可以类似证得.

证：根据微分的定义，有

$$\begin{aligned} d(uv) &= (uv)'dx=(u'v+uv')dx \\ &= u'vdx+uv'dx=vdu+udv \end{aligned}$$

因此，得 $d(uv)=vdu+udv$.

例 4 求函数 $y=2x+x^2e^x$ 的微分.

解：
$$\begin{aligned} dy &= d(2x+x^2e^x)=d(2x)+d(x^2e^x)=2d(x)+e^x d(x^2)+x^2 d(e^x) \\ &= 2dx+2xe^x dx+x^2e^x dx \\ &= (2+2xe^x+x^2e^x)dx. \end{aligned}$$

3. 复合函数的微分法则与微分形式的不变性

根据复合函数的求导法则，可直接推出复合函数的微分法则.

设函数 $y=f\left[\varphi(x)\right]$ 是由可导函数 $y=f(u)$，$u=\varphi(x)$ 复合而成的复合函数，其导数为

$$\frac{dy}{dx}=\frac{dy}{du}\cdot\frac{du}{dx}=f'(u)\cdot\varphi'(x)=f'[\varphi(x)]\cdot\varphi'(x).$$

再根据微分的定义，便得到复合函数的微分公式

$$dy=f'(u)\cdot\varphi'(x)dx \text{ 或 } dy=f'[\varphi(x)]\cdot\varphi'(x)dx.$$

在上式中，由于 $\varphi'(x)dx=du$，所以复合函数的微分公式也可以写成

$$dy=f'(u)du.$$

上式表明，无论 u 是自变量还是中间变量，$y=f(u)$ 的微分 dy 总可以用 $f'(u)$ 与 du 的乘积来表示，这一性质称为一阶**微分形式不变性**.

利用微分形式的不变性，可简便求复合函数的微分.

求复合函数的微分方法如下：

（1）可以直接根据函数的微分定义：$dy=y'dx$.

（2）应用微分形式的不变性.

例 5 设 $y=e^{\sin x}$，求 dy.

解：函数 $y=e^{\sin x}$ 是由 $y=e^{u}$，$u=\sin x$ 复合而成的复合函数，应用复合函数的微分法则，得

$$dy=(e^{u})'(\sin x)'dx=e^{u}\cos x dx=e^{\sin x}\cos x dx.$$

$$\text{或 } dy=e^{\sin x}(\sin x)'dx=e^{\sin x}\cos x dx.$$

也可以应用微分形式的不变性来计算，即

$$dy=(e^{u})'du=e^{u}du.$$

又因为 $du=u'dx=(\sin x)'dx=\cos x dx$.

所以 $$dy=e^{u}du=e^{u}\cos x dx=e^{\sin x}\cos x dx.$$

或 $$dy=de^{\sin x}=e^{\sin x}d\sin x=e^{\sin x}\cos x dx.$$

也可以根据函数的微分定义 $dy=y'dx$，先求出复合函数的导数，即 $y'=e^{\sin x}\cos x$，再代入上式，即得

$$dy=y'dx=e^{\sin x}\cos x dx.$$

例 6 设 $y=\sin(2x^2+5)$，求 dy.

解：解法一：用微分形式的不变性.

$$\begin{aligned}dy&=d\sin(2x^2+5)=\cos(2x^2+5)d(2x^2+5)\\&=\cos(2x^2+5)(2x^2+5)'dx\\&=4x\cos(2x^2+5)dx.\end{aligned}$$

解法二：用定义.

$$dy=y'dx=[\sin(2x^2+5)]'dx=4x\cos(2x^2+5)dx.$$

前面我们学习了隐函数的求导法，又学习了微分计算，现利用微分形式的不变性也可方便求出隐函数的导数.

例 7 求由方程 $xy=e^{x+y}$ 所确定的隐函数 y 的导数 y'.

解：两边微分，即 $d(xy)=d(e^{x+y})$.

由微分形式的不变性，得 $yd(x)+xdy=e^{x+y}d(x+y)$.

$ydx+xdy=e^{x+y}dx+e^{x+y}dy$.

把含 dx、dy 的项分别合并，得 $(x-e^{x+y})dy=(e^{x+y}-y)dx$.

所以，得 $\frac{dy}{dx}=\frac{e^{x+y}-y}{x-e^{x+y}}=\frac{xy-y}{x-xy}=\frac{y(x-1)}{x(1-y)}$.

即
$$y'=\frac{y(x-1)}{x(1-y)}.$$

例 8 在下列等式左端的括号中填入适当的函数，使得等式成立：

(1) $d(\quad)=x^2dx$; (2) $d(\quad)=\cos2xdx$

解：(1) 因为 $(x^3)'=3x^2$，所以 $d(x^3)=3x^2dx$，即 $\frac{1}{3}d(x^3)=x^2dx$.

从而，得 $d(\frac{1}{3}x^3)=x^2dx$.

一般地，有 $d(\frac{1}{3}x^3+C)=x^2dx$ （C 为任意常数）.

(2) 因为 $d(\sin2x)=2\cos2xdx$，即 $\frac{1}{2}d(\sin2x)=\cos2xdx$.

所以，得 $d(\frac{1}{2}\sin2x)=\cos2xdx$.

一般地，有 $d\,\frac{1}{2}\sin(2x+C)=\cos2xdx$ （C 为任意常数）.

五、微分在近似计算中的应用

在经济管理的实际问题中，经常会遇到一些复杂的计算公式，利用微分常常可以将这些复杂的计算公式用简单的近似公式来代替.

前面我们在讨论导数与微分的关系时得到函数的增量与微分之间的近似关系，即当 $|\Delta x|$ 很小时，有

$$\Delta y\approx dy. \tag{3.7.5}$$

或
$$\Delta y=f(x_0+\Delta x)-f(x_0)\approx f'(x_0)\Delta x. \tag{3.7.6}$$

(3.7.6)式可以用来计算函数增量 Δy 的近似值.

如果把(3.7.6)式改写成

$$f(x_0+\Delta x)\approx f(x_0)+f'(x_0)\Delta x \tag{3.7.7}$$

则(3.7.7)式可以用来计算函数值 $f(x_0+\Delta x)$ 的近似值.

在(3.7.7)式中，令 $x=x_0+\Delta x$，则 $\Delta x=x-x_0$，从而(3.7.7)式也可写成

$$f(x)\approx f(x_0)+f'(x_0)(x-x_0). \tag{3.7.8}$$

在(3.7.8)式中，令 $x_0=0$，则有

$$f(x)\approx f(0)+f'(0)x. \tag{3.7.9}$$

应用(3.7.9)式，当 $|x|$ 很小时，我们可以推出常用的几个近似公式：

(1) $\sqrt[n]{1+x}\approx 1+\frac{1}{n}x$.

(2) $\sin x\approx x$.（x 用弧度制单位）

(3) $\tan x\approx x$.（x 用弧度制单位） (3.7.10)

(4) $e^x\approx 1+x$.

(5) $\ln(1+x)\approx x$.

证：只证（1）与（5）.

（1）取 $f(x)=\sqrt[n]{1+x}$，则有 $f'(x)=\frac{1}{n}(1+x)^{\frac{1}{n}-1}$，从而得

$$f(0)=\sqrt[n]{1+0}=1,\ f'(0)=\frac{1}{n}(1+0)^{\frac{1}{n}-1}=\frac{1}{n},$$

将以上数值代入(3.7.9)式：$f(x)\approx f(0)+f'(0)x$，得

$$\sqrt[n]{1+x}\approx 1+\frac{1}{n}x.$$

（5）取 $f(x)=\ln(1+x)$，则有 $f'(x)=\frac{1}{1+x}$，从而得

$$f(0)=0,\ f'(0)=\frac{1}{1+0}=1,$$

将以上数值代入(3.7.10)式，得

$$\ln(1+x)\approx x.$$

其余几个近似公式可用类似方法证明.

注 1：利用以上近似公式作近似计算时，必须注意适当地选择 x_0，使得公式中的 $f(x_0)$ 及 $f'(x_0)$ 都较容易求得，同时要求 x 与 x_0 比较接近，且 $|\Delta x|$ 比较小，以保证近似计算的误差尽量小.

注 2：作近似计算时，究竟是采用函数增量（改变量）的近似计算公式 $\Delta y\approx f'(x_0)\Delta x$，还是采用函数值的近似计算公式 $f(x_0+\Delta x)\approx f(x_0)+f'(x_0)\Delta x$，要根据计算的要求来确定. 也可选用常用的近似公式（1）至(5)来计算.

例 9 用于研磨水泥原料用的铁球直径为 40mm，使用一段时间以后，其直径缩小了 0.2mm，试估计铁球体积减小了多少？

解：根据题目要求，这是求函数增量的近似值. 因为铁球的直径发生变化后，铁球的体积也随之改变，所以问题就归结为计算球的体积函数 $V=\frac{4}{3}\pi R^3$ 的增量 ΔV 的近似值.

V 对 R 的导数为 $V'=(\frac{4}{3}\pi R^3)'=4\pi R^2$.

因而有 $\Delta V\approx dV=V'\Delta R=4\pi R^2\Delta R$.

所以求铁球的体积的改变量的近似值为

$$\Delta V \approx 4\pi R^2 \Delta R \Big|_{\substack{R=20 \\ \Delta R=-0.1}} \approx 4 \times 3.14 \times 20^2 \times (-0.1)$$

$$\approx -502.4\,(\text{mm})^3.$$

注：负值表示球的体积减小.

例 10　求 $\sqrt[3]{8.02}$ 的近似值.

解：解法一：数值 $\sqrt[3]{8.02}$ 可看做是函数 $f(x)=\sqrt[3]{x}$ 在点 $x=8.02$ 处的函数值，因此这是求函数在某点处的函数值近似值的问题.

取 $x_0=8$，$\Delta x=0.02$，则 $f(8)=\sqrt[3]{8}=2$，$f'(8)=\frac{1}{3}x^{-\frac{2}{3}}\Big|_{x=8}=\frac{1}{12}$，

从而，得 $f(8.02)=f(8+0.02)\approx f(8)+f'(8)\Delta x$

$$=2+\frac{1}{12}\times 0.02=2+\frac{1}{600}\approx 2.0017.$$

即　　$\sqrt[3]{8.02}\approx 2.0017.$

解法二：$\sqrt[3]{8.02}=\sqrt[3]{8+0.02}=\sqrt[3]{8\left(1+\frac{0.02}{8}\right)}=2\sqrt[3]{1+0.0025}.$

这里数值 $x=0.0025$ 较小，利用公式（1）（$n=3$ 的情形），得

$$\sqrt[3]{1+0.0025}\approx 1+\frac{1}{3}\times 0.0025=1.000833.$$

从而，得 $\sqrt[3]{8.02}\approx 2\times 1.000833\approx 2.0017.$

例 11　求 $\sin 29^\circ$ 的近似值.

解：取 $f(x)=\sin x$，$x_0=30^\circ=\frac{\pi}{6}$，$\Delta x=-1^\circ=-\frac{\pi}{180}$. 则 $f'(x)=\cos x$，从而

$f(x_0+\Delta x)=\sin(x_0+\Delta x)=\sin 29^\circ$，$f(x_0)=\sin 30^\circ=\sin\frac{\pi}{6}$，$f'(x_0)=\cos 30^\circ=\cos\frac{\pi}{6}$，

由 $f(x_0+\Delta x)\approx f(x_0)+f'(x_0)\Delta x$，得

$$\sin 29^\circ=\sin(30^\circ-1^\circ)\approx \sin\frac{\pi}{6}+\cos\frac{\pi}{6}\cdot\left(-\frac{\pi}{180}\right)=\frac{1}{2}+\frac{\sqrt{3}}{2}\times(-0.0175)\approx 0.4848.$$

即 $\sin 29^\circ\approx 0.4848.$

注：对三角函数值求近似计算时，采用的角度单位用弧度制.

【即学即练】

1. 一个外直径为 10cm 的球，球壳厚度为 $\frac{1}{16}$cm，试求球壳体积的近似值.（答案：19.63cm^3）.

2. 求 $\sqrt{9.8}$ 的近似值.（答案：3.133）.

---

§3.7 练习题

1. 求下列各函数的微分.

(1) $y=a^x$

(2) $y=\cos x$

(3) $y=\dfrac{2}{x}+\arctan\dfrac{2}{x}$

(4) $y=\ln(1+e^{x^2})$

(5) $y=2x+x^2e^x$

(6) $y=\dfrac{e^{2x}}{x}$

(7) $y=xe^{-x^2}$

(8) $y=\ln\cos x$

(9) $y=(3x^2+1)^{\frac{2}{3}}$

(10) $y=e^{\frac{1}{x}}-e^{-x^2}$

(11) $y=2^{x^2+3x-1}-\sqrt{\ln x}$

(12) $y=\dfrac{1-e^{x^2}}{\cos x}$

(13) $y=\sin 2x$

(14) $y=\cos(2x+1)$

(15) $y=e^{-3x}\cos 2x$

(16) 设 $y=\dfrac{e^{2x}}{x}$

(17) $y=e^{\sin 2x}$

(18) $y=xe^{-x^2}$

(19) $y=\tan^2(1+x^2)$

2. 已知 $f(x)=f(e^{-x})$ 是可导函数，求 $d\left[f(e^{-x})\right]$.

3. 利用微分法求隐函数的导数.

(1) 求由方程 $x+y=e^{x+y}$ 所确定的隐函数 y 的导数 $\dfrac{dy}{dx}$.

(2) 求由方程 $x^2+y^2=R^2$(R 为常数)确定的隐函数 y 的导数 $\dfrac{dy}{dx}$.

(3) 由方程 $\cos(x+y)+e^y=x$ 确定 y 是 x 的隐函数，求 dy.

4. 在下列括号中填上适当的函数，使等式成立.

(1) $d(\quad)=x\,dx$

(2) $d(\quad)=\cos x\,dx$

(3) $d(\quad)=\sqrt{x}\,dx$

(4) $d(\quad)=\cos 3t\,dt$

(5) $d(\quad)=\dfrac{1}{1+x}dx$

(6) $d(\quad)=\dfrac{1}{x^2}dx$

(7) $d(\quad)=\dfrac{1}{1+x^2}dx$

(8) $d(\quad)=e^{-3x}dx$

(9) $d(\quad)=\dfrac{x}{\sqrt{1+x^2}}dx$

5. 求下列格式的近似值(取 3 位小数).

(1) $\sqrt{9.8}$　　(2) $\sqrt{1.05}$　　(3) $\cos 60°30'$

6. 设我国的国民经济消费模型为 $y=10+0.4x+0.01x^2$，其中：y 为总消费(单位：十亿元)，x 为可支配收入(单位：十亿元). 当 $x=100.05$ 时，问总消费的近似值是多少?

§3.8 导数在经济方面的简单应用

一、边际问题

在许多实际问题中，量的变化常常比量的本身更为重要，所以函数的变化率比它的具体函数值更值得我们关心. 我们知道导数就是变化率，如速度是路程作为时间的函数的导数，边际成本是产品成本作为产量的函数的导数等. 下面选取读者容易理解的经济学中常用的几个函数，如成本、价格、利润、收入等经济函数(参阅第一章 §1.5)，用导数进行分析.

由于这部分的主要内容是导数应用，因此，在这部分之前的导数概念和各种求导方法、法则，要认真掌握.

1. 函数的变化率——边际函数

设函数 $y=f(x)$ 可导，导函数 $f'(x)$ 也称为边际函数. 如总成本函数的导数称为边际成本，总收益函数的导数称为边际收益等.

$\dfrac{\Delta y}{\Delta x}=\dfrac{f(x_0+\Delta x)-f(x_0)}{\Delta x}$ 称为 $f(x)$ 在 $(x_0, x_0+\Delta x)$ 内的平均变化率，它表示 $f(x)$ 在 $(x_0, x_0+\Delta x)$ 内的平均变化速度.

$f(x)$ 在点 $x=x_0$ 处的导数 $f'(x_0)$ 称为 $f(x)$ 在点 $x=x_0$ 处的变化率，也称为 $f(x)$ 在点 $x=x_0$ 处的边际函数值. 它表示 $f(x)$ 在点 $x=x_0$ 处的变化速度.

在点 $x=x_0$ 处，x 从 x_0 改变一个单位，y 相应改变的真值应为 $\Delta y\Big|_{\substack{x=x_0\\ \Delta x=1}}$. 但当改变的"单位"很小时，或 x 的"一个单位"与 x_0 值相对来说很小时，则有

$$\Delta y\Big|_{\substack{x=x_0\\ \Delta x=1}}\approx \mathrm{d}y\Big|_{\substack{x=x_0\\ \mathrm{d}x=1}}=f'(x)\,\mathrm{d}x\Big|_{\substack{x=x_0\\ \mathrm{d}x=1}}=f'(x_0)$$

实际意义说明：$f(x)$ 在点 $x=x_0$ 处，当 x 产生一个单位的改变时，y 近似改变 $f'(x_0)$ 个单位，在应用问题中解释边际函数值的具体意义时我们略去"近似"二字.

利用导数研究经济变量的边际变化的方法，即边际分析法. 下面是我们在经济方面常用的边际问题函数.

2. 边际成本函数

在第三章 §3.1 中，我们知道如果极限 $\lim\limits_{\Delta Q\to 0}\dfrac{\Delta C}{\Delta Q}=\lim\limits_{\Delta Q\to 0}\dfrac{C(Q+\Delta Q)-C(Q)}{\Delta Q}$ 存在，则称此极限为产量 Q 的边际成本，即 $C'(Q)$ 称之为边际成本函数，记作 $MC=C'(Q)$. 也就是求成本函数 $C(Q)$ 的边际成本，即求总成本函数关于产量 Q 的导数. 即

$$MC=C'(Q)\lim_{\Delta Q\to 0}\frac{C(Q+\Delta Q)-C(Q)}{\Delta Q} \tag{3.8.1}$$

现就一般情况进一步讨论，产量 Q 的最小变化单位只能为 1，即 $\Delta Q=(Q+1)-Q=1$，根据边际成本的定义和极限与无穷小量的性质，可得$\frac{\Delta C}{\Delta Q}=\frac{C(Q+\Delta Q)-C(Q)}{\Delta Q}=C'(Q)+\alpha$

此处，α 是当 $\Delta Q\to 0$ 时的无穷小量，当 ΔQ 很小时，

$$\frac{C(Q+\Delta Q)-C(Q)}{\Delta Q}\approx C'(Q)$$

由于变量的最小变化单位为 1，则 $C(Q+1)-C(Q)=\Delta C\approx C'(Q)$，即 C 相应改变的真值应为 $\Delta C\approx C'(Q)$.

边际成本的经济意义为：

$C'(Q_0)$就是边际成本值，即在生产(销售)Q_0 个单位后再增加生产(销售)1 个单位产品应增加的总成本．即总成本对产量(销售量)的变化率，就是总产量达到一定时刻，再增加生产一个单位产品时的总成本增加量．西方经济学家对当产量为 Q_0 时的边际成本 $C'(Q_0)$的解释是：当产量达到 Q_0 时，生产 Q_0 前最后一个单位产品所增加的成本.

根据边际成本的意义和导数的概念，一般有以下结论：

①边际成本仅与变动成本有关，与固定成本无关.

②如果某产品的单价为 P，则

若 $C'(Q)<P$，则企业还可继续增加产量；

若 $C'(Q)>P$，则应立即停止增产，要致力于改进产品质量，提高出厂价格或降低生产成本.

例 1　某企业生产的某种产品的成本为 $C(Q)=7\,000+30Q$.

(1)试求边际成本；

(2)当单价 P 分别为 20 与 50 时如何指导企业的生产．

解：(1) 边际成本为 $C'(Q)=30$.

(2) 当单价 P 为 20 时，因为 $C'(Q)=30>20$，则企业应立即停止增产，要致力于改进产品质量，提高出厂价格或降低生产成本；当单价 P 为 50 时，因为 $C'(Q)=30<50$，企业还可继续增加产量.

3. 边际收入函数

同边际成本类似可得边际收入，设某产品的总收入函数为 $R=R(Q)$，其中 Q 是单位时间内的销量，R 是由销量 Q 得到的总收入，当销量 Q 有增量 ΔQ 时，其总收入的平均增长量为

$$\frac{\Delta R}{\Delta Q}=\frac{R(Q+\Delta Q)-R(Q)}{\Delta Q}$$

如果$\lim\limits_{\Delta Q\to 0}\frac{\Delta R}{\Delta Q}=\lim\limits_{\Delta Q\to 0}\frac{R(Q+\Delta Q)-R(Q)}{\Delta Q}$存在，则称此极限为销量 Q 的边际收入，即 $R'(Q)$称之为边际收入函数，记作 $MR=R'(Q)$．即

$$MR=R'(Q)=\lim_{\Delta Q\to 0}\frac{R(Q+\Delta Q)-R(Q)}{\Delta Q}\qquad(3.8.2)$$

边际收入的经济意义：

$R'(Q_0)$是边际收入值．即在销售 Q_0 个单位商品后，再多销售一个单位商品所增加的收入，即边际收入为总收入对销量 Q 的变率.

因此
$$R(Q+1)-R(Q)=\Delta R(Q)\approx R'(Q)$$

例 2 设某产品的价格和销售量的关系为 $P=10+\frac{Q}{5}$，求销售量为 30 时的总收益，平均收益与边际收益.

解：总收益函数为 $R(Q)=QP(Q)=10Q+\frac{Q^2}{5}$

销售量为 30 时的总收益 $R(30)=10\times 30+\frac{30^2}{5}=480$

销售量为 30 时的平均收益 $\overline{R}(30)=16$

边际收益函数为 $R'(Q)=10+\frac{2}{5}Q$

销售量为 30 时的边际收益 $R'(30)=22$

4. **边际利润**

利润是收益减去成本的差额．已知成本 $C(Q)$、收入 $R(Q)$，那么利润
$$L=L(Q)=R(Q)-C(Q)$$

则边际利润：

$$L'=R'(Q)-C'(Q) \tag{3.8.3}$$

即利润函数的导数称为边际利润，其经济意义为：当产量达到 Q 时，再增加生产（或销售）单位产量后利润的改变量．

例 3 某企业每天的产量均能售出，售价为 490 元/吨，其每日成本 C 与每日产量 Q 之间的函数为 $C(Q)=2\,000+450Q+0.02Q^2$，求边际利润.

解：收入函数为：$R(Q)=490Q$

利润函数为：$L(Q)=R(Q)-C(Q)=490Q-(2\,000+450Q+0.02Q^2)$

$=-2\,000+40Q-0.02Q^2$

边际利润：$L'(Q)=(-2\,000+40Q-0.02Q^2)'=40-0.04Q$

【即学即练】

某厂每批生产某种产品 Q 个单位的总成本为 $C(Q)=7Q+200$(单位：千元)，获得的收入为 $R(Q)=12Q-0.01Q^2$(单位：千元)．求生产这种产品的边际成本及边际利润.

(答案：边际成本 $C'(Q)=7$，边际利润 $L'(Q)=5-0.02Q$).

---

*二、函数的相对变化率——函数的弹性

在实际生活中，经常有这样的问题：商品甲的价格由 10 元/件涨到 11 元/件，商品乙的价格由 1 000 元/件涨到 1 001 元/件，两种商品价格的绝对改变量是相同的，但其实质意义不同. 很显然，商品甲的涨幅要比商品乙的涨幅大很多. 因此，在经济活动中，我们不仅要分析一些经济量的绝对改变量，而且需要考虑一些经济量的相对改变量。如果两个经济量之间存在一定的函数关系，我们就需要考虑一个经济量的变化对另一个经济量的影响程度.

弹性概念的引入就是用于对经济问题进行实证分析，以求得理论的精确性的一个重要概念，它在预测市场结果、分析市场受到干预时所发生的变化等方面起着重要作用，是企业管理者进行科学决策的一个有利的经济分析工具.

例如利用需求价格弹性的概念进行价格决策与销售收益分析可以得出价格变动如何影响销售收益的结论. 这对于制定销售策略和合理确定商品价格有着重要的参考价值.

下面就一般的函数给出弹性的定义.

定义 3.8 设函数 $y=f(x)$ 在点 x_0 处可导，函数的相对改变量

$$\frac{\Delta y}{y_0}=\frac{f(x_0+\Delta x)-f(x_0)}{f(x_0)}$$

与自变量的相对改变量 $\frac{\Delta x}{x_0}$ 之比

$$\frac{\Delta y/y_0}{\Delta x/x_0} \tag{3.8.4}$$

称为函数从 $x=x_0$ 到 $x=x_0+\Delta x$ 平均相对变化率，或两点间的相对变化率，或称两点间的弹性(弧弹性).

当 $\Delta x\to 0$ 时，$\frac{\Delta y/y_0}{\Delta x/x_0}$ 的极限称为 $f(x)$ 在 $x=x_0$ 处的相对变化率，或称弹性，记作 $\left.\frac{Ey}{Ex}\right|_{x=x_0}$.

即

$$\left.\frac{Ey}{Ex}\right|_{x=x_0}=\lim_{\Delta x\to 0}\frac{\Delta y/y_0}{\Delta x/x_0}=\lim_{\Delta x\to 0}\frac{\Delta y}{\Delta x}\frac{x_0}{y_0}=f'(x_0)\frac{x_0}{f(x_0)}$$

对一般的 x，若 $f(x)$ 可导且 $f(x)\neq 0$ 则有

$$\frac{Ey}{Ex}=\lim_{\Delta x\to 0}\frac{\Delta y/y}{\Delta x/x}=\lim_{\Delta x\to 0}\frac{\Delta y}{\Delta x}\cdot\frac{x}{y}=y'\frac{x}{y}$$

即

$$\frac{Ey}{Ex}=y'\frac{x}{y} \tag{3.8.5}$$

$\frac{Ey}{Ex}$是 x 的函数，称为$f(x)$的弹性函数.

弹性作为一个数学概念是指相对变化率，用比例来说，是自变量变化1%所引起因变量变化的百分数，因而弹性是一种不依赖于任何单位的计量法，是无量纲的.

弹性的实际意义：

$\frac{Ey}{Ex}\Big|_{x=x_0}$表示在 $x=x_0$ 处，当 x 产生1%的变化时，y 变化$\frac{Ey}{Ex}\Big|_{x=x_0}\%$.

例 4　求 $y=x^2$ 在(10，12)处的平均相对变化率及在 $x=2$ 处的弹性.

解： $x_0=10$，$y_0=100$，$\Delta x=2$，$\Delta y=44$.

平均相对变化率为$\frac{\Delta y/y_0}{\Delta x/x_0}=\frac{\frac{44}{100}}{\frac{2}{10}}=2.2$.

由$\frac{Ey}{Ex}\Big|_{x=x_0}=f'(x_0)\frac{x_0}{f(x_0)}$,

得在 $x=2$ 处的弹性$\frac{Ey}{Ex}\Big|_{x=2}=(x^2)'\frac{x}{x^2}\Big|_{x=2}=2$.

例 5　求函数 $y=3+2x$ 在 $x=3$ 处的弹性.

解： $\frac{Ey}{Ex}=y'\frac{x}{y}=\frac{2x}{3+2x}$,

$\frac{Ey}{Ex}\Big|_{x=3}=\frac{2\times3}{3+2\times3}=\frac{2}{3}$

由经济学知识可知，影响一种商品需求(用 Q 表示)的因素有很多，除消费者的偏好和对该商品的预期价格外，主要有该商品的价格(用 P 表示)、其他相关商品的价格以及消费者的收入等. 需求弹性是用来测量一种商品的需求量对其影响因素变化的敏感程度. 例如，需求的价格弹性反映的是在影响该商品的需求的其他因素给定不变的前提下，改变其价格，其需求量发生变化大小的程度. 需求的收入弹性用来表示收入发生变化时所引起的需求量变化的大小程度. 类似的有供给的价格弹性等. 由于各种弹性的定义和经济应用的原理大致相同，下面仅就需求的价格弹性加以说明.

由于需求函数 $Q=f(P)$ 为单调减函数，ΔP 与 ΔQ 异号，P_0、Q_0 均为正数，从而$\frac{\Delta Q/Q_0}{\Delta P/P_0}$与$f'(P_0)\frac{P_0}{f(P_0)}$皆为负数，即需求的价格弹性值本来为负值，但在西方经济学中，习惯用正值来表示需求的价格弹性，所以在公式的右方乘以(−1)，采用需求函数相对变化率的反号数定义需求弹性.

定义 3.9　设某商品需求函数 $Q=f(P)$ 在 $P=P_0$ 处可导，$-\frac{\Delta Q/Q_0}{\Delta P/P_0}$称为该商品在 $P=P_0$与 $P=P_0+\Delta P$ 两点间的需求弹性，记作

$$\overline{E}_D=-\frac{\Delta Q}{\Delta P}\cdot\frac{P_0}{Q_0}$$

当 $\Delta P \to 0$ 时，$-\dfrac{\Delta Q/Q_0}{\Delta P/P_0}$的极限 $\lim\limits_{\Delta P\to 0}\left(-\dfrac{\Delta Q/Q_0}{\Delta P/P_0}\right) = -f'(P_0)\dfrac{P_0}{f(P_0)}$称为 $Q=f(P)$ 在 $P=P_0$ 处的需求价格弹性，记作

$$E_D = -f'(P_0)\frac{P_0}{f(P_0)} \tag{3.8.6}$$

需求价格弹性的经济意义是：需求的价格弹性表示的是一种商品的需求量对该商品本身的价格变化的反应程度，即当价格下降(上升)1%时，需求将增加(减少)的百分比.

根据弹性系数的绝对值的大小，需求的价格弹性基本上可分为以下三种：

第一，当 $E_D>1$ 时，称需求是具有**富有价格弹性的**，或者说需求的价格弹性充足，因为这是需求量的变动幅度大于价格的变动幅度. 如果 $E_D=\infty$，则需求完全富有价格弹性，表明价格的任一微小变化会引起需求量的无穷大的变化，这显然是 $E_D>1$ 时的一种极端情况.

当需求富有弹性时，即当 $E_D>1$ 时，$R'(P)<0$，说明收益是价格的单调减函数. 此时若采取降价措施，可使总收益增加，即薄利多销多收益.

第二，当 $E_D<1$ 时，称需求是**缺乏弹性的**，或者说需求的价格弹性不足，即需求量的相对变化小于价格的相对变化. 如果 $E_D=0$，则需求完全缺乏价格弹性，表明无论价格如何变动，需求量都保持不变，这是 $E_D<1$ 时的一种极端情况.

当需求是缺乏弹性时，即当 $E_D<1$ 时，$R'(P)>0$，说明收益是价格的单调增函数。此时可适当提高商品售价，以增加销售收入.

第三，当 $E_D=1$ 时，称需求具有**单位弹性**或单一弹性，因为这时需求量的相对变化等于价格的相对变化.

当需求具有单一弹性，即 $E_D=1$ 时，$R'(P)=0$，此时的收益已经达到最大值，且总收益不受价格影响，因而无需再对商品价格进行调整.

例 6 已知需求函数 $Q(P)=150-2P^2$，$P\in(0,8)$，

(1) 求需求弹性函数；

(2) 问 P 取何值时，E_D 为单位弹性、缺乏弹性、富有弹性.

解：因为 $E_D=-f'(P)\dfrac{P}{f(P)}=-(-4P)\dfrac{P}{150-2P^2}=\dfrac{2P^2}{75-P^2}$，

由$\dfrac{2P^2}{75-P^2}=1$ 得 $P=5$.

由$\dfrac{2P^2}{75-P^2}<1$ 得 $0<P<5$.

由$\dfrac{2P^2}{75-P^2}>1$ 得 $5<P<8$.

即当 $P=5$ 时，E_D为单位弹性；当 $0<P<5$ 时，E_D为缺乏弹性；

当 $5<P<8$ 时，E_D为富有弹性.

例 7 已知需求量 Q(单位：百件)，价格 P(单位：千元)，需求价格函数为：$Q=f(P)=15\mathrm{e}^{-\frac{P}{3}}$，$P\in[1,15]$. 求当 $P=9$，$P=1.5$，$P=3$ 时的需求弹性并说明其经济意义.

解：因为

$$E_D=-f'(P)\frac{P}{f(P)}=-\frac{P}{15\mathrm{e}^{-\frac{P}{3}}}\times 15\times\left(-\frac{1}{3}\right)\mathrm{e}^{-\frac{P}{3}}=\frac{P}{3}$$

$$E_D\ (9)\ =\frac{9}{3}=3,\ E_D\ (1.5)\ =\frac{1.5}{3}=0.5,\ E_D\ (3)\ =\frac{3}{3}=1$$

其经济意义为：

当 $P=9$ 时，$E_D(9)=\frac{9}{3}=3>1$，说明需求量的变动幅度大于价格的变动幅度，价格上涨 1% 时，需求减少 3%，此时若采取降价措施，可使总收益增加，即薄利多销多收益.

当 $P=1.5$ 时，$E_D(1.5)=\frac{1.5}{3}=0.5<1$，说明需求量的变动幅度小于价格的变动幅度，价格上涨 1% 时，需求只减少 0.5%，此时可适当提高商品售价，以增加销售收入.

当 $P=3$ 时，$E_D(3)=\frac{3}{3}=1$，说明需求量的变动幅度相同，此时的收益已经达到最大值，且总收益不受价格影响，因而无需再对商品价格进行调整.

由于供给函数 $Q=\varphi(P)$ 为单调增函数，$\frac{\Delta P}{P_0}$ 与 $\frac{\Delta Q}{Q_0}$ 同号，因此有下面供给弹性的定义：

定义 3.10 设某商品供给函数 $Q=\varphi(P)$ 在 $P=P_0$ 处可导，$\frac{\Delta Q/Q_0}{\Delta P/P_0}$ 称为该商品在 $P=P_0$ 与 $P=P_0+\Delta P$ 两点间的供给弹性，记作 $\overline{E}_S=\frac{\Delta Q}{\Delta P}\cdot\frac{P_0}{Q_0}$.

当 $\Delta P\to 0$ 时，$\frac{\Delta Q/Q_0}{\Delta P/P_0}$ 的极限 $\lim\limits_{\Delta P\to 0}\frac{\Delta Q/Q_0}{\Delta P/P_0}=\varphi'(P_0)\frac{P_0}{\varphi(P_0)}$ 称为 $Q=\varphi(P)$ 在 $P=P_0$ 处的供给弹性. 记作

$$E_S=\varphi'(P_0)\frac{P_0}{\varphi(P_0)} \tag{3.8.7}$$

经济意义：当价格上升(下降)1% 时，供给将增加(减少)的百分比.

【即学即练】

某产品的销售量 Q 与价格 P 间的关系式为 $Q=\frac{1-P}{P}$，求需求弹性 E_D. 如果销售价格为 0.5，试确定 E_D 的值. (答案：$E_D=\frac{1}{1-P}$；2).

§3.8 练习题

1. 设某商品的需求函数为 $Q=800-10P$（P 为价格，Q 为需求量），成本函数为 $C(Q)=5\,000+20Q$.

(1)试求边际利润函数；

(2)求当 Q 为 150 与 400 时的边际利润并说明经济意义.

2. 设某商品需求量 Q 对价格 P 的弹性为 $E_D=-2P\ln 2$，求销售收入 $R=PQ$ 对价格 P 的弹性.

3. 求下列需求函数的弹性，并指出价格 P 取何值时，是富有弹性或缺乏弹性的.

（1）$Q=100(2-\sqrt{P})$　　（2）$P=\sqrt{a-bQ}$　$(a,\ b>0)$

总习题三

1. 填空题.

（1）设 $f(x)$ 在 x_0 处导数为 $f'(x_0)$，则 $\lim\limits_{x\to 0}\dfrac{f(x_0-3x)-f(x_0)}{x}=$______.

（2）若 $f(x)$ 在 $x=0$ 处可导且 $\lim\limits_{x\to 0}\dfrac{f(2x)-f(-x)}{2x}=1$，则 $f'(0)=$______.

（3）设函数 $f(x)=\sin\left(2x+\dfrac{\pi}{2}\right)$，则 $f'\left(\dfrac{\pi}{4}\right)=$______.

（4）函数 $f(x)=|\sin x|$ 在 $x=0$ 处的导数为______.

（5）设函数 $y=f(x)$ 由方程 $xy-e^x+e^y=0$ 所确定，则 $y'(0)=$______.

（6）曲线 $y=2x^3-5x^2+4x-5$ 在点 $(2,\ -1)$ 处切线方程是______，法线方程是______.

（7）在抛物线 $y=3x^2$ 上，与抛物线上横坐标 $x=1$ 和 $x=-2$ 两点连线平行的切线方程为______.

（8）若 $\begin{cases}x=t^2+t\\ y=\ln(1-t)\end{cases}$，则 $\left.\dfrac{dy}{dx}\right|_{t=0}=$______.

（9）若函数 $y=e^{5x}(\cos 2x+\sin x)$，则 $dy=$______.

2. 单项选择题.

（1）设函数 $y=f(x)$，当自变量 x 由 x_0 改变到 $x_0+\Delta x$ 时，相应函数的改变量 $\Delta y=$______.

A. $f(x_0+\Delta x)$　　B. $f(x_0)+\Delta x$

C. $f(x_0+\Delta x)-f(x_0)$　　D. $f(x_0)\Delta x$

（2）设 $f(x)$ 在 x_0 处可导，则 $\lim\limits_{\Delta x\to 0}\dfrac{f(x_0-\Delta x)-f(x_0)}{\Delta x}=$______.

A. $-f'(x_0)$　　B. $f'(-x_0)$

C. $f'(x_0)$　　D. $2f'(x_0)$

(3) 函数$f(x)$在点x_0处连续，是$f(x)$在点x_0处可导的______.

A. 必要不充分条件　　B. 充分不必要条件

C. 充分必要条件　　D. 既不充分也不必要条件

(4) 设函数$y=f(u)$是可导的，且$u=x^2$，则$\frac{dy}{dx}=$______.

A. $f'(x^2)$　　B. $xf'(x^2)$

C. $2xf'(x^2)$　　D. $x^2f(x^2)$

(5) 若函数$f(x)$在点a处连续，则$f(x)$在点a处______.

A. 左导数存在　　B. 右导数存在

C. 左右导数都存在　　D. 有定义

(6) $f(x)=|x-2|$在点$x=2$处的导数是______.

A. 1　　B. 0　　C. -1　　D. 不存在

(7) 设函数$y=x^2e^{-x}$，则$y''=$______.

A. $2xe^{-x}+x^2e^{-x}$　　B. $xe^{-x}\ (2+x^2)$

C. $xe^{-x}\ (2-x)$　　D. $2xe^{-x}-e^{-x}$

(8) 设$y=e^{f(x)}$且$f(x)$二阶可导，则$y''=$______.

A. $e^{f(x)}$　　B. $e^{f(x)}f''(x)$

C. $e^{f(x)}[f'(x)f''(x)]$　　D. $e^{f(x)}\{[f'(x)]^2+f''(x)\}$

(9) 若$f(x)=\begin{cases} e^{ax} & x<0 \\ b+\sin 2x & x\geqslant 0 \end{cases}$在$x=0$处可导，则$a$，$b$的值应为______.

A. $a=2$，$b=1$　　B. $a=1$，$b=2$

C. $a=-2$，$b=1$　　D. $a=2$，$b=-1$

(10) 设函数$f(x)=\begin{cases} \ln(a+x^2) & x>1 \\ x+b & x\leqslant 1 \end{cases}$在$x=1$处可导．则有(　　)

A. $a=0$，$b=-1$　　B. $a=3$，$b=\ln 4-1$

C. $a=2$，$b=\ln 3-1$　　D. $a=1$，$b=\ln 2-1$

(11) 若函数$f(x)$在点x_0处有导数，而函数$g(x)$在点x_0处没有导数，则$F(x)=f(x)+g(x)$，$G(x)=f(x)-g(x)$在x_0处______.

A. 一定都没有导数　　B. 一定都有导数

C. 恰有一个有导数　　D. 至少一个有导数

(12) 函数$f(x)$与$g(x)$在x_0处都没有导数，则$F(x)=f(x)+g(x)$，$G(x)=f(x)-g(x)$在x_0处______.

A. 一定都没有导数　　B. 一定都有导数

C. 至少一个有导数　　D. 至多一个有导数

(13) 设$f(x)$在(a, b)内连续，且$x_0\in(a, b)$，则在点x_0处______.

A. $f(x)$的极限存在，且可导

B. $f(x)$的极限存在，但不一定可导

C. $f(x)$的极限不存在

D. $f(x)$的极限不一定存在

(14) 设 $y=\mathrm{e}^{\sin^2 x}$，则 $\mathrm{d}y=$ ______.

A. $\mathrm{e}^x \mathrm{d}\sin^2 x$　　　　B. $\mathrm{e}^{\sin^2 x}\mathrm{d}\sin^2 x$

C. $\mathrm{e}^{\sin^2 x}\sin 2x \mathrm{d}\sin x$　　　　D. $\mathrm{e}^{\sin^2 x}\mathrm{d}\sin x$

3. 讨论下列函数在 $x=0$ 处的连续性与可导性.

(1) $y=\sin|x|$

(2) $y=|x(x-2)|$

(3) $y=\begin{cases} x^2\sin\dfrac{1}{x} & x\neq 0 \\ 0 & x=0 \end{cases}$

4. 求下列函数的导数.

(1) 设 $y=\sqrt[3]{x}+\sqrt[x]{2}+\sqrt[9]{3}$，求 $y'|_{x=2}$

(2) $y=\dfrac{\sqrt{x+2}(3-x)^4}{(1+x)^5}$

(3) $y=\ln x^3-\mathrm{e}^{-\cos x}\cos x$　　　　(4) $y=3^x-\arcsin(-x)$

(5) $y=\sqrt{x^3}+x^{\ln x}$　　　　(6) $y=\sqrt[3]{1+x}+\sqrt[5]{1-x^2}$

(7) $y=\ln[4(x+\sqrt{x^2-1})]$　　　　(8) $y=x\arctan x-\ln\sqrt{1+x^2}$

(9) 已知$f(x)=\begin{cases}\sin x & x<0 \\ x & x\geqslant 0\end{cases}$，求$f'(x)$.

(10) 已知 $y\ln(x-2y)=xy$，求 y'.

(11)已知 $\ln(x-y)=xy+2$，求$y'|_{x=3}$.

5. 设 $y=f(\mathrm{e}^x)\mathrm{e}^{f(x)}$且$f'(x)$存在，求$\dfrac{\mathrm{d}y}{\mathrm{d}x}$.

6. 已知 $y=\ln\left|\dfrac{\sqrt{1+x^3}-1}{\sqrt{1+x^3}+1}\right|$，求 y'.

7. 设 $y=\sqrt[7]{x}+\sqrt[x]{7}+\sqrt[7]{7}$，求$\mathrm{d}y|_{x=2}$.

8. 设$\begin{cases}x=\ln\cos t \\ y=\sin t-t\cos t\end{cases}$,求$\dfrac{\mathrm{d}y}{\mathrm{d}x}$，$\left.\dfrac{\mathrm{d}^2y}{\mathrm{d}x^2}\right|_{t=\frac{\pi}{3}}$.

9. 求曲线$\begin{cases}x=1+t^2 \\ y=t^3\end{cases}$在 $t=2$ 处的切线方程与法线方程.

10. 验证函数 $y=\mathrm{e}^{\sqrt{x}}+\mathrm{e}^{-\sqrt{x}}$满足关系式 $xy''+\dfrac{1}{2}y'-\dfrac{1}{4}y=0$.

11. 设 $y=f(x+x^3)$，其中函数f二阶可导，求$\dfrac{\mathrm{d}y}{\mathrm{d}x}$，$\dfrac{\mathrm{d}^2y}{\mathrm{d}x^2}$.

12. 一个内直径为 30cm 的球体，球壳的厚度是 0.003mm，球壳的体积是多少？

第四章　中值定理与导数的应用

在第三章的内容中，我们从实际问题中引出了导数的概念，并讨论了导数的计算方法. 在本章我们将应用导数来研究函数以及曲线的某些特征，并利用这些知识解决一些实际问题.

§4.1　微分中值定理

在讲导数的应用之前，先要介绍微分学的几个中值定理，它们是导数应用的理论基础.

一、罗尔定理(*Rolle's theorem*)

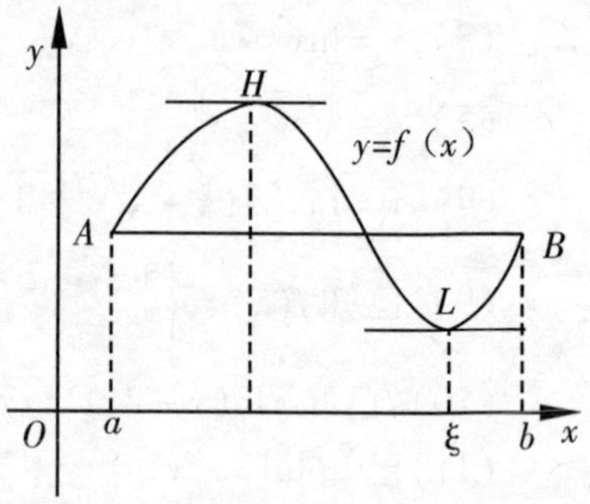

图 4－1

我们首先观察图 4－1. 设函数 $f(x)$ 在闭区间 $[a, b]$ 上连续，在 (a, b) 内可导，且 $f(a)=f(b)$，即曲线 $y=f(x)$ 在 $[a, b]$ 上是连续光滑曲线，且在点 A、B 处的纵坐标相等. 从图 4－1 可看出，在曲线 $y=f(x)$ 的最低点 L 处或最高点 H 处有水平的切线，切线的斜率等于零. 设最低点 L 处的横坐标为 ξ，根据导数的几何意义，可知曲线 $y=f(x)$ 上对应点 ξ 处的切线的斜率就是函数 $f(x)$ 在该点的导数 $f'(\xi)$，则有 $f'(\xi)=0$. 这个几何现象总结起来，就是下面的罗尔定理.

罗尔定理需要哪些条件呢？因为曲线 $y=f(x)$ 有最低点 L 或最高点 H，即函数 $f(x)$ 要有最小值或最大值，所以要求函数 $f(x)$ 在闭区间 $[a, b]$ 上连续，这是第一个条件；又因为曲线 $y=f(x)$ 上每一点处有切线(这样的曲线称为光滑曲线)，所以要求函数 $f(x)$ 在 (a, b) 内可导，这是第二个条件；为了保证最小值(或最大值)在 (a, b) 内取到，而不是在区间端点处取到，则要求函数 $f(x)$ 在区间端点处的函数值相等，即 $f(a)=f(b)$，这是第三个条件.

因此，罗尔定理可叙述如下：

定理 4.1(罗尔定理)　若函数 $f(x)$ 满足

(1) 在闭区间 $[a, b]$ 上连续；

(2) 在开区间 (a, b) 内可导；

(3) 在区间端点处的函数值相等，即 $f(a)=f(b)$，

则至少存在一点 $\xi\in(a, b)$，使得 $f'(\xi)=0$.

证明思路：从图 4－1 看出，在曲线 $y=f(x)$ 的最高点 H 处或最低点 L 处的切线是水平

的，即切线的斜率等于零，因此，只要证明函数$f(x)$在开区间(a, b)内的最小值(或最大值)对应的横坐标ξ处有$f'(\xi)=0$即可．为了证明$f'(\xi)=0$，只要证明一方面有$f'(\xi)=f'_+(\xi)\geqslant 0$，另一方面有$f'(\xi)=f'_-(\xi)\leqslant 0$，就可得到$f'(\xi)=0$.

证：因为$f(x)$在闭区间$[a, b]$上连续，由闭区间上连续函数的性质可知，$f(x)$在闭区间$[a, b]$上必取得最大值M和最小值m.

(1) 若$M=m$，则$f(x)$在$[a, b]$上恒等于常数M，从而在(a, b)内恒有$f'(\xi)=0$. 因此，任取$\xi\in(a, b)$，都有$f'(\xi)=0$. 显然定理成立.

(2) 若$M>m$，因为$f(a)=f(b)$，所以M和m这两个数中至少有一个不等于$f(x)$在区间$[a, b]$的端点处的函数值．不妨设$m\neq f(a)$，则在(a, b)内必至少有一点ξ，使$f(\xi)=m$. 下面证明$f'(\xi)=0$.

因为$f(\xi)=m$是最小值，所以恒有

$$f(\xi+\Delta x)-f(\xi)\geqslant 0, \quad \xi+\Delta x\in(a, b).$$

从而，当$\Delta x>0$时，有$\dfrac{f(\xi+\Delta x)-f(\xi)}{\Delta x}\geqslant 0$；当$\Delta x<0$时，有$\dfrac{f(\xi+\Delta x)-f(\xi)}{\Delta x}\leqslant 0$.

因为$f(x)$在(a, b)内可导，所以$f'(\xi)$存在，从而得

$$f'(\xi)=f'_+(\xi)=f'_-(\xi).$$

且一方面有$f'(\xi)=f'_+(\xi)=\lim\limits_{\Delta x\to 0^+}\dfrac{f(\xi+\Delta x)-f(\xi)}{\Delta x}\geqslant 0$；另一方面有

$$f'(\xi)=f'_-(\xi)=\lim_{\Delta x\to 0^-}\frac{f(\xi+\Delta x)-f(\xi)}{\Delta x}\leqslant 0.$$

因此，必有$f'(\xi)=0$. 定理证毕.

注1：罗尔定理的条件有三个，如果其中任何一个条件不成立，则定理的结论可能不成立.

例如，$f(x)=2x$在$[0, 1]$上连续，在区间$(0, 1)$内可导，但是$f(0)\neq f(1)$，又因为$f'(x)=2>0$，因此不存在$\xi\in(0, 1)$，使$f'(\xi)=0$.

又如，$f(x)=x^{\frac{2}{3}}$在$[-1, 1]$上连续，且$f(-1)=f(1)=1$，但是$f(x)=x^{\frac{2}{3}}$在点$x=0$处不可导，又因为$f'(x)=\dfrac{2}{3\sqrt[3]{x}}$，因此也不存在$\xi\in(-1, 1)$，使$f'(\xi)=0$.

再如，$f(x)=\begin{cases}x & 0\leqslant x<1\\ 0 & x=1\end{cases}$在区间$(0, 1)$内可导，又有$f(0)=f(1)=0$，但是$f(x)$在$x=1$处不连续，从而它在$[0, 1]$上不连续，又因为在区间$(0, 1)$内有$f'(x)=1>0$，因此也不存在$\xi\in(0, 1)$，使$f'(\xi)=0$.

注2：罗尔定理中的条件只是充分条件，不是必要条件，三个条件中有一个不成立甚至全部条件不成立，结论可能成立．例如，$f(x)=x^2$在$[-1, 2]$上连续，在区间$(-1, 2)$内可导，但$f(-1)\neq f(2)$，但有$\xi=0\in(-1, 2)$，使$f'(\xi)=0$.

例1　验证函数$f(x)=x^2$在区间$[-1, 1]$上满足罗尔定理的条件，并求出此时定理中的数值ξ.

解题分析：只要具体说明$f(x)=x^2$在区间$[-1, 1]$上连续；在区间$(-1, 1)$内可

导；$f(-1)=f(1)=1$ 即可.

解：因为 $f(x)=x^2$ 是初等函数，且在区间 $[-1, 1]$ 上有定义，所以它在区间 $[-1, 1]$ 上连续；又因为 $f'(x)=2x$ 在区间 $(-1, 1)$ 内有定义，所以在区间 $(-1, 1)$ 内可导；且 $f(-1)=f(1)=1$，故 $f(x)$ 在区间 $[-1, 1]$ 上满足罗尔定理的条件．由 $f'(x)=2x=0$，得 $x=0$，且 $x=0\in(-1, 1)$，因此，此时定理中的数值 $\xi=0$.

【即学即练】

验证函数 $f(x)=e^{-x^2}$ 在区间 $[-2, 2]$ 上满足罗尔定理的条件，并求出此时定理中的数值 ξ．（答案：$\xi=0$）.

例 2　设 $f(x)=x^2-3x-4$，不用求导数，证明方程 $f'(x)=0$ 在区间 $(-1, 4)$ 内至少有一个根.

证明思路：本题实质就是要证明存在点 $\xi\in(-1, 4)$，使 $f'(\xi)=0$，这是罗尔定理的结论，因此只要证明函数 $f(x)$ 在区间 $[-1, 4]$ 上满足罗尔定理的三个条件即可.

证：因为 $f(x)=x^2-3x-4=(x+1)(x-4)$ 是初等函数，且在区间 $[-1, 4]$ 上有定义，所以它在区间 $[-1, 4]$ 上连续；又因为 $f'(x)=2x-3$ 在区间 $(-1, 4)$ 内有定义，所以 $f(x)$ 在区间 $(-1, 4)$ 内可导；且 $f(-1)=f(4)=0$，故 $f(x)$ 在区间 $[-1, 4]$ 上满足罗尔定理的三个条件，因此，至少存在点 $\xi\in(-1, 4)$，使 $f'(\xi)=0$，即方程 $f'(x)=0$ 在区间 $(-1, 4)$ 内至少有一个根.

例 3　若 $f(x)$ 在区间 $[0, 1]$ 上可导，且 $g(x)=f(x)\sin\pi x$，证明在区间 $(0, 1)$ 内至少有一个点 x_0，使 $g'(x_0)=0$.

证明思路：只要证明函数 $g(x)$ 在区间 $[0, 1]$ 上满足罗尔定理的三个条件即可.

证：因为 $f(x)$ 在区间 $[0, 1]$ 上可导，所以在区间 $[0, 1]$ 上连续，也在区间 $(0, 1)$ 内可导；$\sin\pi x$ 也在区间 $[0, 1]$ 上连续，也在区间 $(0, 1)$ 内可导，从而 $g(x)$ 也在区间 $[0, 1]$ 上连续，在区间 $(0, 1)$ 内可导，且 $g(0)=g(1)=0$，故 $g(x)$ 在区间 $[0, 1]$ 上满足罗尔定理的三个条件，因此，至少存在一点 $x_0\in(0, 1)$，使 $g'(x_0)=0$.

二、拉格朗日中值定理(*Lagrange's mean value theorem*)

若取消罗尔定理中的 $f(a)=f(b)$ 这个条件，而保留其余两个条件，就可得到更一般的结论，这就是应用较广的拉格朗日中值定理.

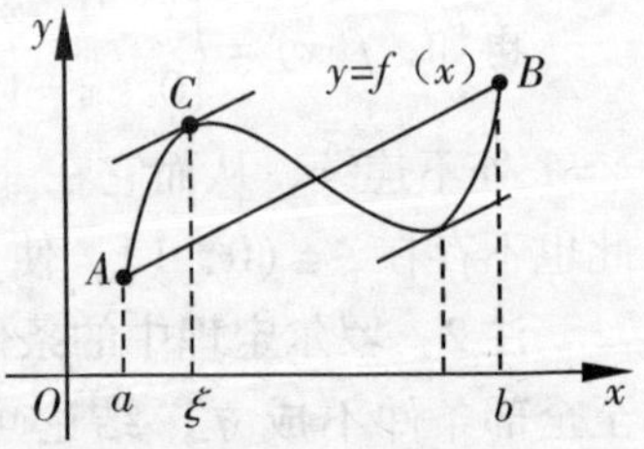

图 4-2

我们首先从几何上理解拉格朗日中值定理的意义，如图 4-2，设函数 $f(x)$ 在闭区间 $[a, b]$ 上连续，在 (a, b) 内可导．连接点 A、B 两点，直线 AB 的斜率是 $\dfrac{f(b)-f(a)}{b-a}$．我们看到函数 $f(x)$ 的图像上点 C 的切线平行于直线 AB．我们知道“平行直线的斜率相等”，而根据导数的几何意义，可知函数 $f(x)$ 的图像上点 $C(\xi, f(\xi))$ 处的切线的斜率就是函数

$f(x)$在该点处的导数$f'(\xi)$，因此，得$f'(\xi)=\dfrac{f(b)-f(a)}{b-a}$. 这就是下面的拉格朗日中值定理.

定理 4.2(拉格朗日中值定理)　若函数$f(x)$满足

(1) 在闭区间$[a, b]$上连续；

(2) 在开区间(a, b)内可导；

则至少存在一点$\xi\in(a, b)$，使得$f'(\xi)=\dfrac{f(b)-f(a)}{b-a}$.

证明思路：要证明$f'(\xi)=\dfrac{f(b)-f(a)}{b-a}$成立，其中$\dfrac{f(b)-f(a)}{b-a}$为常数，只要证$f'(\xi)-\dfrac{f(b)-f(a)}{b-a}=0$，即$f'(\xi)(b-a)-[f(b)-f(a)]=0$成立就可以了.

若令$\varphi'(x)=f'(x)(b-a)-[f(b)-f(a)]$，则有$\varphi'(\xi)=0$，$\xi\in(a, b)$. 这是罗尔定理的结论. 因此，只要借助函数$\varphi(x)=f(x)(b-a)-x[f(b)-f(a)]$，证明函数$\varphi(x)$满足罗尔定理的条件，则至少存在一点$\xi\in(a, b)$，使得$\varphi'(\xi)=0$，即

$$\varphi'(\xi)=f'(\xi)(b-a)-[f(b)-f(a)]=0$$

由上式得出$f'(\xi)=\dfrac{f(b)-f(a)}{b-a}$，这就是拉格朗日中值定理的结论.

拉格朗日中值定理的证明：

引入辅助函数

$$\varphi(x)=f(x)(b-a)-x[f(b)-f(a)].$$

由定理的条件易知$\varphi(x)$满足：(1) 在闭区间$[a, b]$上连续；(2) 在开区间(a, b)内可导；(3) $\varphi(a)=\varphi(b)=bf(a)-af(b)$. 因此，由罗尔定理可知，至少存在一点$\xi\in(a, b)$，使得$\varphi'(\xi)=0$，即

$$f'(\xi)(b-a)-[f(b)-f(a)]=0.$$ 由此得

$$f'(\xi)=\frac{f(b)-f(a)}{b-a}. \tag{4.1.1}$$

$$\text{或}\ f(b)-f(a)=f'(\xi)(b-a). \tag{4.1.2}$$

定理证毕.

如果$f(x)$在区间(a, b)内可导，$x_0\in(a, b)$及$x_0+\Delta x\in(a, b)$，则在以$x_0+\Delta x$与x_0为端点的区间上$f(x)$满足拉格朗日中值定理，因此有

$$f(x_0+\Delta x)-f(x_0)=f'(\xi)\Delta x \tag{4.1.3}$$

其中ξ在x_0与$x_0+\Delta x$之间.

容易看出，若在拉格朗日中值定理中增加了条件$f(a)=f(b)$，则结论(4.1.1)式变成$f'(\xi)=0$，即成为罗尔定理. 因此，罗尔定理是拉格朗日中值定理当$f(a)=f(b)$时的特殊情形.

拉格朗日中值定理是数学分析中最重要的定理之一，它的应用也较广泛.

例4 验证$f(x)=x^2$在区间$[-1, 2]$上满足拉格朗日中值定理的条件，并求出此时定理中的数值ξ.

解题分析：只要具体说明$f(x)=x^2$在区间$[-1, 2]$上连续；在区间$(-1, 2)$内可导即可.

解：因为$f(x)=x^2$是初等函数，且在区间$[-1, 2]$上有定义，所以它在区间$[-1, 2]$上连续；又因为$f'(x)=2x$在区间$(-1, 2)$内有定义，所以$f(x)$在区间$(-1, 2)$内可导，故$f(x)$在区间$[-1, 2]$上满足拉格朗日中值定理的条件. 从而存在一点$\xi\in(-1, 2)$，使

$$f(2)-f(-1)=f'(\xi)[2-(-1)].$$

因为$f(2)=4$，$f(-1)=1$，$f'(x)=2x$，所以上式变为：

$$4-1=2\xi\times 3,$$

解得$\xi=\frac{1}{2}\in(-1, 2)$，因此，此时定理中的数值$\xi=\frac{1}{2}$.

例5 证明不等式：$|\cos x_2-\cos x_1|\leqslant|x_2-x_1|$.

证明思路：只要证当$x_1\neq x_2$时，有$\frac{|\cos x_2-\cos x_1|}{|x_2-x_1|}\leqslant 1$，即$\left|\frac{\cos x_2-\cos x_1}{x_2-x_1}\right|\leqslant 1$即可. 而由拉格朗日中值定理可知：$\frac{\cos x_2-\cos x_1}{x_2-x_1}=-\sin\xi$，因此，只要证$|-\sin\xi|\leqslant 1$，就可以了. 显然，$|-\sin\xi|=|\sin\xi|\leqslant 1$是成立的. 故对函数$f(x)=\cos x$在区间$[x_1, x_2]$上应用拉格朗日中值定理即可得出本题的证明.

证：设$f(x)=\cos x$，x_1与x_2是任取的两个实数.

当$x_1=x_2$时，有$|\cos x_2-\cos x_1|=0=|x_2-x_1|$，即等号成立；

当$x_1\neq x_2$时，不妨设$x_1<x_2$，显然$f(x)$在区间$[x_1, x_2]$上满足拉格朗日中值定理的条件，因此有

$$f(x_2)-f(x_1)=f'(\xi)(x_2-x_1),\ \xi\in(x_1, x_2).$$

即

$$\cos x_2-\cos x_1=(-\sin\xi)(x_2-x_1).$$

由于$|-\sin\xi|\leqslant 1$，所以可得

$$|\cos x_2-\cos x_1|=|-\sin\xi|\cdot|x_2-x_1|\leqslant|x_2-x_1|.$$

由拉格朗日中值定理可得到以后讲积分学时很有用的两个重要推论.

推论4.1 如果函数$f(x)$在区间(a, b)内任意一点的导数恒等于0，则$f(x)=C$（C为常数）.

证明思路：要证明$f(x)$在区间(a, b)内是常数，只要证$f(x)$在区间(a, b)内任意的两个点x_1和x_2处的函数值相等，即$f(x_2)-f(x_1)=0$，而由拉格朗日中值定理可知$f(x_2)-f(x_1)=f'(\xi)(x_2-x_1)$，因此，只要证$f'(\xi)(x_2-x_1)=0$，即$f'(\xi)=0$就可以了，而由条件可知$f'(\xi)=0$成立. 故对函数$f(x)$在区间$[x_1, x_2]$上应用拉格朗日中值定理即可得出本题的证明.

证：设x_1，x_2是区间(a, b)内任意的两个实数，且$x_1<x_2$，显然$f(x)$在区间$[x_1, x_2]$

上满足拉格朗日中值定理的条件，因此有

$$f(x_2)-f(x_1)=f'(\xi)(x_2-x_1),\ \xi\in(x_1,\ x_2).$$

由$f'(\xi)=0$，则$f(x_2)-f(x_1)=0$，即$f(x_2)=f(x_1)$.

因为x_1，x_2是区间$(a,\ b)$内任意的两点，所以函数$f(x)$在区间$(a,\ b)$内恒等于一个常数，即$f(x)=C$（C为常数）.

例 6 证明等式：$\arcsin x+\arccos x=\dfrac{\pi}{2}(-1<x<1)$.

证明思路：本题实质就是要证明$f(x)=\arcsin x+\arccos x$为常数，且该常数就是$\dfrac{\pi}{2}$. 由推论 4.1 可知，只要证$f(x)$的导数$f'(x)=(\arcsin x+\arccos x)'=0$即可.

证：令$f(x)=\arcsin x+\arccos x$，则有

$$f'(x)=(\arcsin x+\arccos x)'=(\arcsin x)'+(\arccos x)'=\frac{1}{\sqrt{1-x^2}}-\frac{1}{\sqrt{1-x^2}}=0.$$

由推论 4.1，可得$f(x)=C$. 又因为$C=f(0)=\arcsin 0+\arccos 0=0+\dfrac{\pi}{2}=\dfrac{\pi}{2}$，所以，得$f(x)=\dfrac{\pi}{2}$，即

$$\arcsin x+\arccos x=\frac{\pi}{2}(-1<x<1).$$

推论 4.2 如果函数$f(x)$与$g(x)$在区间$(a,\ b)$内任意一点都有$f'(x)=g'(x)$，则必有$f(x)=g(x)+C$，其中C为某一常数.

证明思路：要证明$f(x)=g(x)+C$成立，只要证$f(x)-g(x)=C$，即$f(x)-g(x)$为常数，由推论 4.1 可知，只要证$f(x)-g(x)$的导数$[f(x)-g(x)]'=f'(x)-g'(x)=0$即可. 由所给的条件可知$f'(x)-g'(x)=0$是成立的.

证：因为对任一$x\in(a,\ b)$有$f'(x)=g'(x)$，所以

$$[f(x)-g(x)]'=f'(x)-g'(x)=0.$$

由推论 4.1，可得$f(x)-g(x)=C$，即$f(x)=g(x)+C$，其中C为某一常数.

【即学即练】

验证函数$y=\ln x$在区间$[1,\ \mathrm{e}]$上满足拉格朗日中值定理的条件，并求出定理中的数值ξ.（答案：$\xi=\mathrm{e}-1$）.

最后介绍柯西中值定理，我们在下一节将利用柯西中值定理推出洛必达法则.

三、柯西中值定理(*Cauchy's mean value theorem*)

定理 4.3(柯西中值定理) 若函数$f(x)$与$g(x)$满足

（1）在闭区间$[a,\ b]$上连续；

（2）在开区间$(a,\ b)$内可导；

（3）对任一$x\in(a,\ b)$，都有$g'(x)\neq 0$，

则至少存在一点 $\xi\in(a,\ b)$，使得

$$\frac{f(b)-f(a)}{g(b)-g(a)}=\frac{f'(\xi)}{g'(\xi)}. \tag{4.1.4}$$

证明思路：$\frac{f(b)-f(a)}{g(b)-g(a)}=\frac{f'(\xi)}{g'(\xi)}$等价于$f'(\xi)-\frac{f(b)-f(a)}{g(b)-g(a)}g'(\xi)=0$，因此只需证明函数 $F(x)=f(x)-\frac{f(b)-f(a)}{g(b)-g(a)}g(x)$满足罗尔定理的三个条件即可.

证：设 $F(x)=f(x)-\frac{f(b)-f(a)}{g(b)-g(a)}g(x)$. 一方面由题设条件(1)和(2)知，$F(x)$在闭区间 $[a,\ b]$ 上连续，在开区间$(a,\ b)$内可导. 另一方面，我们有

$$F(a)=f(a)-\frac{f(b)-f(a)}{g(b)-g(a)}g(a)=\frac{f(a)g(b)-f(b)g(a)}{g(b)-g(a)}=f(b)-\frac{f(b)-f(a)}{g(b)-g(a)}g(b)=F(b)$$

根据罗尔定理至少存在一点 $\xi\in(a,\ b)$，使得 $F'(\xi)=0$，即$f'(\xi)-\frac{f(b)-f(a)}{g(b)-g(a)}g'(\xi)=0$. 于是得$\frac{f(b)-f(a)}{g(b)-g(a)}=\frac{f'(\xi)}{g'(\xi)}$，定理得证.

容易看出，若在柯西中值定理中取 $g(x)=x$；则结论变成$f'(\xi)=\frac{f(b)-f(a)}{b-a}$，即它成为拉格朗日中值定理了. 因此，拉格朗日中值定理是柯西中值定理当 $g(x)=x$ 时的特殊情形.

§4.1 练习题

1. 验证$f(x)=\sin x$ 在区间 $[0,\ 2\pi]$ 上满足罗尔定理的条件，并求出此时定理中的数值 ξ.

2. 设$f(x)=(x-1)(x^2-5x+6)$，不用求导数，证明方程 $f'(x)=0$ 分别在区间$(1,\ 2)$与$(2,\ 3)$内至少有一个根.

3. 验证$f(x)=\ln x$ 在区间 $[1,\ 2]$ 上满足拉格朗日中值定理的条件，并求出此时定理中的数值 ξ.

4. 证明不等式：$|\sin x_2-\sin x_1|\leqslant|x_2-x_1|$.

5. 证明等式：$\arctan x+\operatorname{arccot} x=\frac{\pi}{2}$.

6. 验证$f(x)=x^2$ 与 $g(x)=x$ 在区间 $[1,\ 2]$ 上满足柯西中值定理的条件，并求出此时定理中的数值 ξ.

§4.2 洛必达法则

一、未定式

在第二章中我们介绍了重要极限：$\lim\limits_{x\to 0}\frac{\sin x}{x}=1$. 它的一个特点是当 $x\to 0$ 时，分子、分母都趋于零，即$\lim\limits_{x\to 0}\sin x=0$，$\lim\limits_{x\to 0}x=0$，前面已经证明了这个极限是存在的；同样，在极限$\lim\limits_{x\to 0}\frac{\sin x}{x^2}$中，当 $x\to 0$ 时，分子、分母也都趋于零，即$\lim\limits_{x\to 0}\sin x=0$，$\lim\limits_{x\to 0}x^2=0$，但极限$\lim\limits_{x\to 0}\frac{\sin x}{x^2}$不存在. 由于两个无穷小量之比的极限，有的存在，有的不存在，因此，我们把这类极限称为“未定式”，并简记为 $\frac{0}{0}$. 同理，两个无穷大量之比的极限有的存在，如$\lim\limits_{x\to\infty}\frac{x+1}{x^2+1}=0$存在；有的不存在，如$\lim\limits_{x\to\infty}\frac{x^2+1}{x+1}$不存在，因此，我们也把这类极限称为“未定式”，并简记为$\frac{\infty}{\infty}$.

这两类极限的计算一般比较复杂，即使它存在也不能用极限商运算法则$\lim\frac{f(x)}{g(x)}=\frac{\lim f(x)}{\lim g(x)}$运算(因为分母的极限$\lim g(x)=0$ 或$\lim g(x)=\infty$). 下面介绍借助导数来求解未定式的一种简便方法——洛必达法则.

二、洛必达法则(*L'Hospital rule*)

首先讨论 $x\to a$ 时的$\frac{0}{0}$型未定式的情形.

定理 4.4(洛必达法则) 若函数$f(x)$与$g(x)$满足

(1) $\lim\limits_{x\to a}f(x)=\lim\limits_{x\to a}g(x)=0$;

(2) 在点 a 的某去心邻域内，$f'(x)$及$g'(x)$都存在且$g'(x)\neq 0$;

(3) $\lim\limits_{x\to a}\frac{f'(x)}{g'(x)}=A$(或$\infty$)，

那么$\lim\limits_{x\to a}\frac{f(x)}{g(x)}=\lim\limits_{x\to a}\frac{f'(x)}{g'(x)}=A$(或$\infty$).

证：(略)

这个定理说明：当我们能够求出$\frac{f'(x)}{g'(x)}$的极限或能够断定它是无穷大时，就解决了 $x\to a$ 时的$\frac{0}{0}$型未定式的极限问题. 但要注意结论中的$\lim\limits_{x\to a}\frac{f(x)}{g(x)}\neq\lim\limits_{x\to a}\left[\frac{f(x)}{g(x)}\right]'$.

例 1 求$\lim\limits_{x\to 2}\frac{x^4-16}{x-2}$($\frac{0}{0}$型).

解题分析：因为分母的极限$\lim\limits_{x\to 2}(x-2)=0$，所以$\lim\limits_{x\to 2}\dfrac{x^4-16}{x-2}\neq\dfrac{\lim\limits_{x\to 2}(x^4-16)}{\lim\limits_{x\to 2}(x-2)}$. 当然可以用下面的方法来计算：

$$\lim_{x\to 2}\frac{x^4-16}{x-2}=\lim_{x\to 2}\frac{(x^2+4)(x+2)(x-2)}{x-2}=\lim_{x\to 2}(x^2+4)(x+2)=(2^2+4)(2+2)=32.$$

但这种解法比较麻烦，下面用洛必达法则来求解这个极限就变得非常简单了.

解：因为$\lim\limits_{x\to 2}(x^4-16)=2^4-16=0$，$\lim\limits_{x\to 2}(x-2)=2-2=0$，所以该极限是$\dfrac{0}{0}$型的未定式，用洛必达法则，得

$$\lim_{x\to 2}\frac{x^4-16}{x-2}=\lim_{x\to 2}\frac{(x^4-16)'}{(x-2)'}=\lim_{x\to 2}\frac{(x^4)'-(16)'}{(x)'-(2)'}=\lim_{x\to 2}\frac{4x^3-0}{1-0}=\lim_{x\to 2}4x^3=4\times 2^3=32.$$

注意：$\lim\limits_{x\to 2}\dfrac{x^4-16}{x-2}\neq\lim\limits_{x\to 2}\left(\dfrac{x^4-16}{x-2}\right)'$. 读者以后应用洛必达法则时要记住，不要犯这样的错误.

例 2　求$\lim\limits_{x\to 0}\dfrac{\ln(1+x)}{x^2}$($\dfrac{0}{0}$型).

解：$$\lim_{x\to 0}\frac{\ln(1+x)}{x^2}=\lim_{x\to 0}\frac{[\ln(1+x)]'}{(x^2)'}=\lim_{x\to 0}\frac{\frac{1}{1+x}\cdot(1+x)'}{2x}=\lim_{x\to 0}\frac{1}{2x(x+1)}=\infty.$$

【即学即练】

1. 求$\lim\limits_{x\to 1}\dfrac{x^5-1}{x-1}$.(答案：5).

2. 求$\lim\limits_{x\to 0}\dfrac{\ln(1+x)}{x^n}$($n$为大于1的正整数).（答案：$\infty$）.

例 3　求$\lim\limits_{x\to 0}\dfrac{e^x-e^{-x}}{x}$($\dfrac{0}{0}$型).

解：$$\lim_{x\to 0}\frac{e^x-e^{-x}}{x}=\lim_{x\to 0}\frac{(e^x-e^{-x})'}{(x)'}=\lim_{x\to 0}\frac{e^x-e^{-x}(-x)'}{1}=\lim_{x\to 0}(e^x+e^{-x})=e^0+e^{-0}=2.$$

例 4　求$\lim\limits_{x\to 2}\dfrac{\sin x-\sin 2}{x-2}$($\dfrac{0}{0}$型).

解：$$\lim_{x\to 2}\frac{\sin x-\sin 2}{x-2}=\lim_{x\to 2}\frac{(\sin x-\sin 2)'}{(x-2)'}=\lim_{x\to 2}\frac{\cos x-0}{1-0}=\lim_{x\to 2}\cos x=\cos 2.$$

可以证明，对于$x\to a$时的$\dfrac{\infty}{\infty}$型未定式有下面的定理.

定理 4.5(洛必达法则)　若函数$f(x)$与$g(x)$满足

（1）$\lim\limits_{x\to a}f(x)=\lim\limits_{x\to a}g(x)=\infty$；

（2）在点a的某去心邻域内，$f'(x)$及$g'(x)$都存在且$g'(x)\neq 0$；

（3）$\lim\limits_{x\to a}\dfrac{f'(x)}{g'(x)}=A$(或$\infty$)，

那么$\lim\limits_{x\to a}\dfrac{f(x)}{g(x)}=\lim\limits_{x\to a}\dfrac{f'(x)}{g'(x)}=A$(或$\infty$).

更进一步，把定理4.4和定理4.5中的$x\to a$改为$x\to a^+$，$x\to a^-$，$x\to\infty$，$x\to+\infty$，$x\to-\infty$之一，这两个定理仍然成立.

例5　求$\lim\limits_{x\to 0^+}\dfrac{\ln x}{\dfrac{1}{x^2}}$($\dfrac{\infty}{\infty}$型).

解：因为$\lim\limits_{x\to 0^+}\ln x=-\infty$，$\lim\limits_{x\to 0^+}\dfrac{1}{x^2}=+\infty$，所以该极限是$\dfrac{\infty}{\infty}$型的未定式，用洛必达法则，得

$$\lim_{x\to 0^+}\frac{\ln x}{\frac{1}{x^2}}=\lim_{x\to 0^+}\frac{(\ln x)'}{\left(\frac{1}{x^2}\right)'}=\lim_{x\to 0^+}\frac{\frac{1}{x}}{-\frac{2}{x^3}}=\lim_{x\to 0^+}\left(-\frac{1}{2}x^2\right)=0.$$

例6　求$\lim\limits_{x\to+\infty}\dfrac{\dfrac{\pi}{2}-\arctan x}{\dfrac{1}{x}}$($\dfrac{0}{0}$型).

解：因为$\lim\limits_{x\to+\infty}\arctan x=\dfrac{\pi}{2}$，$\lim\limits_{x\to+\infty}\dfrac{1}{x}=0$，所以该极限是$\dfrac{0}{0}$型的未定式，用洛必达法则，得

$$\lim_{x\to+\infty}\frac{\frac{\pi}{2}-\arctan x}{\frac{1}{x}}=\lim_{x\to+\infty}\frac{\left(\frac{\pi}{2}-\arctan x\right)'}{\left(\frac{1}{x}\right)'}=\lim_{x\to+\infty}\frac{0-\frac{1}{1+x^2}}{-\frac{1}{x^2}}=\lim_{x\to+\infty}\frac{x^2}{1+x^2}=1.$$

例7　求$\lim\limits_{x\to+\infty}\dfrac{\ln x}{x^\alpha}(\alpha>0)$($\dfrac{\infty}{\infty}$型).

解：$\lim\limits_{x\to+\infty}\dfrac{\ln x}{x^\alpha}=\lim\limits_{x\to+\infty}\dfrac{(\ln x)'}{(x^\alpha)'}=\lim\limits_{x\to+\infty}\dfrac{\frac{1}{x}}{\alpha x^{\alpha-1}}=\lim\limits_{x\to+\infty}\dfrac{1}{\alpha x^\alpha}=0.$

我们指出，洛必达法则是可以连续多次应用的．如果$\lim\limits_{x\to a}\dfrac{f'(x)}{g'(x)}$满足洛必达法则中的条件，则可继续使用洛必达法则，即

$$\lim_{x\to a}\frac{f(x)}{g(x)}=\lim_{x\to a}\frac{f'(x)}{g'(x)}=\lim_{x\to a}\frac{f''(x)}{g''(x)}$$

并且可以依此类推．但需要记住的是在每次使用前必须判别是否可以使用，每次使用后要将结果化简.

例8　求$\lim\limits_{x\to 0}\dfrac{x-\sin x}{x^3}$($\dfrac{0}{0}$型).

解：连续应用2次洛必达法则，得

$$\lim_{x\to 0}\frac{x-\sin x}{x^3}\overset{\frac{0}{0}}{=}\lim_{x\to 0}\frac{(x-\sin x)'}{(x^3)'}=\lim_{x\to 0}\frac{1-\cos x}{3x^2}\overset{\frac{0}{0}}{=}\lim_{x\to 0}\frac{(1-\cos x)'}{(3x^2)'}$$

$$=\lim_{x\to0}\frac{0-(-\sin x)}{6x}=\lim_{x\to0}\frac{\sin x}{6x}=\frac{1}{6}\lim_{x\to0}\frac{\sin x}{x}=\frac{1}{6}\times1=\frac{1}{6}.$$

例 9 求 $\lim\limits_{x\to+\infty}\frac{x^n}{e^x}(n\geqslant1,\frac{\infty}{\infty}型)$.

解： 连续应用 n 次洛必达法则，得

$$\lim_{x\to+\infty}\frac{x^n}{e^x}\overset{\frac{\infty}{\infty}}{=}\lim_{x\to+\infty}\frac{(x^n)'}{(e^x)'}=\lim_{x\to+\infty}\frac{nx^{n-1}}{e^x}\overset{\frac{\infty}{\infty}}{=}\lim_{x\to+\infty}\frac{n(n-1)x^{n-2}}{e^x}=\cdots=\lim_{x\to+\infty}\frac{n!}{e^x}=0.$$

必须注意，有些 $\frac{0}{0}$ 型或 $\frac{\infty}{\infty}$ 型未定式不满足洛必达法则的条件，这时不能使用洛必达法则，需要用其他求极限的方法来求解(参见例 10 和例 11).

例 10 求 $\lim\limits_{x\to+\infty}\frac{x-\sin x}{x}(\frac{\infty}{\infty}型)$.

解题分析：因为 $\lim\limits_{x\to+\infty}\frac{(x-\sin x)'}{(x)'}=\lim\limits_{x\to+\infty}\frac{1-\cos x}{1}=\lim\limits_{x\to+\infty}(1-\cos x)$ 是振荡而无极限，即不满足洛必达法则的第三个条件，所以不能使用洛必达法则．但注意到极限 $\lim\limits_{x\to\infty}\frac{1}{x}\sin x=0$，则原极限是存在的，可用下面的方法来求解.

解： $\lim\limits_{x\to+\infty}\frac{x-\sin x}{x}=\lim\limits_{x\to+\infty}(\frac{x}{x}-\frac{\sin x}{x})=\lim\limits_{x\to+\infty}(1-\frac{1}{x}\sin x)=1-\lim\limits_{x\to+\infty}\frac{1}{x}\sin x=1-0=1.$

例 11 求 $\lim\limits_{x\to0}\frac{x^2\sin\frac{1}{x}}{\sin x}(\frac{0}{0}型)$.

解题分析：

$$因为\lim_{x\to0}\frac{(x^2\sin\frac{1}{x})'}{(\sin x)'}=\lim_{x\to0}\frac{(x^2)'\cdot\sin\frac{1}{x}+x^2\cdot(\sin\frac{1}{x})'}{\cos x}$$

$$=\lim_{x\to0}\frac{2x\sin\frac{1}{x}+x^2\cdot\cos\frac{1}{x}\cdot\left(\frac{1}{x}\right)'}{\cos x}$$

$$=\lim_{x\to0}\frac{2x\sin\frac{1}{x}+x^2\cdot\cos\frac{1}{x}\cdot\left(-\frac{1}{x^2}\right)}{\cos x}$$

$$=\lim_{x\to0}\frac{2x\sin\frac{1}{x}-\cos\frac{1}{x}}{\cos x}.$$

在上式中，$\lim\limits_{x\to0}\cos\frac{1}{x}$ 是振荡而无极限，从而 $\lim\limits_{x\to0}\frac{(x^2\sin\frac{1}{x})'}{(\sin x)'}$ 也是振荡而无极限，即不满足洛必达法则的第三个条件，所以不能使用洛必达法则．但注意到极限 $\lim\limits_{x\to0}\frac{x}{\sin x}=1$，$\lim\limits_{x\to0}x\sin\frac{1}{x}=0$，则原极限是存在的，可用下面的方法来求解.

解：$\lim\limits_{x\to 0}\dfrac{x^2\sin\dfrac{1}{x}}{\sin x}=\lim\limits_{x\to 0}\left(\dfrac{x}{\sin x}\cdot x\sin\dfrac{1}{x}\right)=\lim\limits_{x\to 0}\dfrac{x}{\sin x}\cdot\lim\limits_{x\to 0}x\sin\dfrac{1}{x}=1\times 0=0.$

【即学即练】

求 $\lim\limits_{x\to+\infty}\dfrac{(\ln x)^3}{x}$.（答案：0）.

最后讨论 $0\cdot\infty$ 型和 $\infty-\infty$ 型的未定式．这两种类型的未定式必须通过恒等变形转化为 $\dfrac{0}{0}$ 型或 $\dfrac{\infty}{\infty}$ 型的未定式后，才能应用洛必达法则来计算(参见例 12 和例 13).

例 12 求 $\lim\limits_{x\to 0^+}x\ln x$（$0\cdot\infty$ 型).

解题分析：因为 $\lim\limits_{x\to 0^+}x=0$，$\lim\limits_{x\to 0^+}\ln x=-\infty$，所以这个极限是 $0\cdot\infty$ 型．由于 $x\ln x=\dfrac{\ln x}{\dfrac{1}{x}}$，因此可以通过恒等变形转化为 $\dfrac{\infty}{\infty}$ 型，即 $\lim\limits_{x\to 0^+}x\ln x=\lim\limits_{x\to 0^+}\dfrac{\ln x}{\dfrac{1}{x}}$，然后用洛必达法则.

解：$\lim\limits_{x\to 0^+}x\ln x=\lim\limits_{x\to 0^+}\dfrac{\ln x}{\dfrac{1}{x}}\overset{\frac{\infty}{\infty}}{=}\lim\limits_{x\to 0^+}\dfrac{(\ln x)'}{\left(\dfrac{1}{x}\right)'}=\lim\limits_{x\to 0^+}\dfrac{\dfrac{1}{x}}{-\dfrac{1}{x^2}}=\lim\limits_{x\to 0^+}(-x)=0.$

必须注意，本题是 $0\cdot\infty$ 型的未定式，把它转化为 $\dfrac{\infty}{\infty}$ 型的未定式，应用洛必达法则能够求出结果，但如果将它转化为 $\dfrac{0}{0}$ 型未定式来应用洛必达法则，则有

$$\lim_{x\to 0^+}x\ln x=\lim_{x\to 0^+}\frac{x}{\dfrac{1}{\ln x}}\overset{\frac{0}{0}}{=}\lim_{x\to 0^+}\frac{(x)'}{\left(\dfrac{1}{\ln x}\right)'}=\lim_{x\to 0^+}\frac{1}{-\dfrac{1}{x\ln^2 x}}=\lim_{x\to 0^+}(-x\ln^2 x).$$

使本题的计算变得更复杂，导致洛必达法则失效．因此，$0\cdot\infty$ 型的未定式是转化为 $\dfrac{0}{0}$ 型还是转化为 $\dfrac{\infty}{\infty}$ 型，应注意选择．一般地，复杂的函数应选做分子.

注意：$\lim\limits_{x\to 0^+}x\ln x\neq\lim\limits_{x\to 0^+}(x\ln x)'$. 读者以后应用洛必达法则时要记住，不要犯这样的错误.

【即学即练】

求 $\lim\limits_{x\to 0^+}x^n\cdot\ln x(n>0)$.（答案：0）.

例 13 求$\lim\limits_{x\to1}(\frac{2}{x^2-1}-\frac{1}{x-1})$($\infty-\infty$型).

解题分析：因为$\lim\limits_{x\to1}\frac{2}{x^2-1}=\infty$，$\lim\limits_{x\to1}\frac{1}{x-1}=\infty$，所以这个极限是$\infty-\infty$型．首先通分：$\frac{2}{x^2-1}-\frac{1}{x-1}=\frac{2-(x+1)}{x^2-1}=\frac{1-x}{x^2-1}$，它就转化为$\frac{0}{0}$型的未定式，然后用洛必达法则.

解：$\lim\limits_{x\to1}(\frac{2}{x^2-1}-\frac{1}{x-1})=\lim\limits_{x\to1}\frac{1-x}{x^2-1}\overset{\frac{0}{0}}{=}\lim\limits_{x\to1}\frac{(1-x)'}{(x^2-1)'}=\lim\limits_{x\to1}\frac{0-1}{2x-0}=\lim\limits_{x\to1}\frac{-1}{2x}=-\frac{1}{2}$.

注意：$\lim\limits_{x\to1}(\frac{2}{x^2-1}-\frac{1}{x-1})\neq\lim\limits_{x\to1}\frac{2}{x^2-1}-\lim\limits_{x\to1}\frac{1}{x-1}$.

注：洛必达法则是一种计算未定式极限的简便方法，但在使用时应注意以下几点：

（1）洛必达法则只直接用于$\frac{0}{0}$型或$\frac{\infty}{\infty}$型未定式的定值，而其他类型的未定式的定值只有将它们转化为$\frac{0}{0}$型或$\frac{\infty}{\infty}$型后才能使用.

（2）洛必达法则可连续多次使用，但在每次使用前都要判别是否可以使用，每次使用后要将结果化简.

（3）洛必达法则不是万能的．有些$\frac{0}{0}$型或$\frac{\infty}{\infty}$型的未定式，洛必达法则失效，要用其他的求极限方法(参见例 10 和例 11).

（4）洛必达法则有时不能直接使用，必须把函数进行适当的变形、化简后，再使用或结合其他方法才简便.

【即学即练】

求$\lim\limits_{x\to1}\left(\frac{x}{x-1}-\frac{1}{\ln x}\right)$．（答案：$\frac{1}{2}$).

---

§4.2 练习题

1. 用洛必达法则计算下面的极限.

（1）$\lim\limits_{x\to0}\frac{e^x-1}{x^2-x}$　　（2）$\lim\limits_{x\to0}\frac{\sin2x}{\sin3x}$

（3）$\lim\limits_{x\to0}\frac{\ln(1+2x)}{x}$　　（4）$\lim\limits_{x\to1}\frac{x^n-1}{x-1}$($n$为正整数)

（5）$\lim\limits_{x\to0}\frac{e^x-e^{-x}}{\sin x}$　　（6）$\lim\limits_{x\to\pi}\frac{\sin3x}{\tan5x}$

（7）$\lim\limits_{x\to+\infty}\frac{x^n}{2^x}(n\geqslant1)$　　（8）$\lim\limits_{x\to\infty}\frac{x^2-2x+3}{3x^2+1}$

（9）$\lim\limits_{x\to0^+}x^2\ln x$　　（10）$\lim\limits_{x\to0^+}\sqrt{x}\ln x$

(11) $\lim\limits_{x\to 0}\left(\frac{1}{x}-\frac{1}{e^x-1}\right)$　　(12) $\lim\limits_{x\to 1}\left(\frac{1}{\ln x}-\frac{1}{x-1}\right)$

(13) $\lim\limits_{x\to\infty}x\left(\cos\frac{1}{x}-1\right)$　　(14) $\lim\limits_{x\to+\infty}x\left(\frac{\pi}{2}-\arctan x\right)$

2. 验证极限$\lim\limits_{x\to\infty}\frac{x-\sin x}{x+\cos x}$存在，但不能用洛必达法则得出.

3. 验证极限$\lim\limits_{x\to 0}\frac{3x^2\sin\frac{1}{2x}}{\sin 5x}$存在，但不能用洛必达法则得出.

4. 计算极限$\lim\limits_{x\to+\infty}\frac{e^x-e^{-x}}{e^x+e^{-x}}$.

§4.3　函数的增减性与曲线的凹凸性

一、函数的增减性

在第一章中已经给出了函数在区间上单调增(减)的概念，但从定义来判别函数在某个区间上的单调增(减)是一件不容易的事，现在介绍利用函数的导数判定函数单调增减性的简易方法.

如何判断函数的图像在什么范围内是上升的，在什么范围内是下降的呢？

从几何上看，单调增加的函数其图形是一条沿 x 轴正向上升的曲线，曲线上各点处的切线与 x 轴正向夹角成锐角($\alpha<90°$)，如图 4－3 所示.

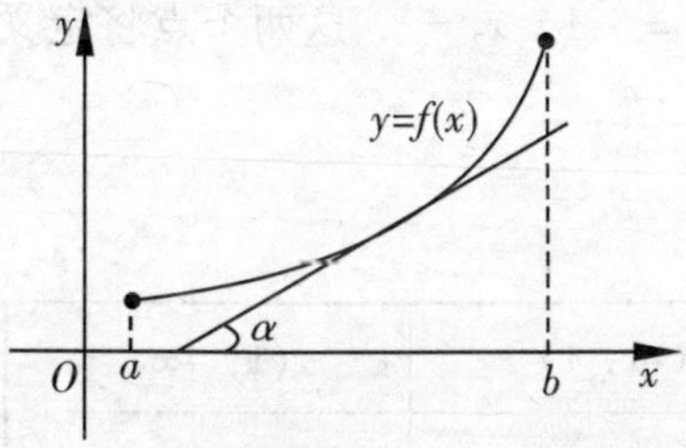

图 4－3

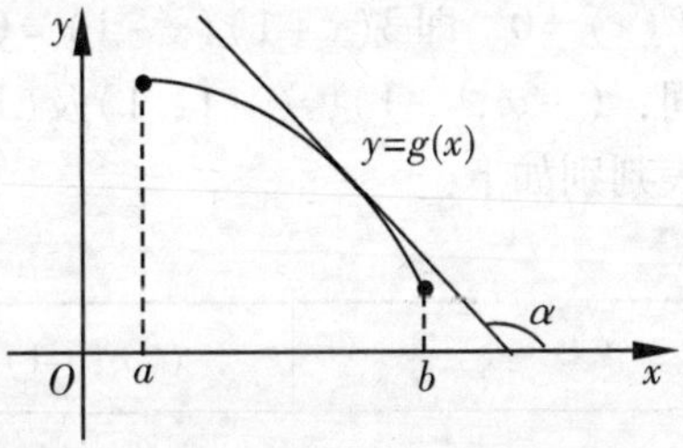

图 4－4

因此，切线的斜率为正，即 $\tan\alpha=f'(x)>0$；反之，单调减少的函数其图形是一条沿 x 轴正向下降的曲线，曲线上各点处的切线与 x 轴正向夹角成钝角($\alpha>90°$)，如图 4－4 所示. 因此，切线的斜率为负，即 $\tan\alpha=f'(x)<0$. 由此可见，函数的单调性与导数的符号有着密切的联系. 两者的关系如下面的定理.

定理 4.6　设函数 $y=f(x)$在(a, b)内可导.

(1) 如果在(a, b)内有 $f'(x)>0$，那么函数 $y=f(x)$在(a, b)上单调增加；

(2) 如果在(a, b)内有 $f'(x)<0$，那么函数 $y=f(x)$在(a, b)上单调减少.

证：在区间(a, b)上任取两点 x_1，$x_2(x_1<x_2)$，由拉格朗日中值定理，有

$$f(x_2)-f(x_1)=f'(\xi)(x_2-x_1)\ (x_1<\xi<x_2)$$

下面分两种情况证明：

(1) 当 $f'(x)>0$ 时，有 $f'(\xi)>0$，又有 $x_2-x_1>0$，故 $f'(\xi)(x_2-x_1)>0$，从而有 $f(x_2)-f(x_1)>0$，即 $f(x_2)>f(x_1)$，因此 $f(x)$ 是单调增加.

(2) 当 $f'(x)<0$ 时，有 $f'(\xi)<0$，又有 $x_2-x_1>0$，故 $f'(\xi)(x_2-x_1)<0$，从而有 $f(x_2)-f(x_1)<0$，即 $f(x_2)<f(x_1)$，因此 $f(x)$ 是单调减少.

如果定理 4.6 中的开区间换成其他各种区间(包括无穷区间)，结论仍然成立.

一般地，求函数 $f(x)$ 的单调区间的步骤为：

(1) 确定函数 $f(x)$ 的定义域；

(2) 求出一阶导数 $f'(x)$，并求出使 $f'(x)=0$ 的点以及使 $f'(x)$ 不存在的点，这两类特殊点由小到大排列，把定义域分成若干子区间；

(3) 判别导数 $f'(x)$ 在每个小区间内的符号，通常的做法是：在该子区间内取一点 x_0，判定 $f'(x_0)$ 的符号，由于 $f(x)$ 在该子区间内单调，故 $f'(x_0)$ 的符号就是 $f'(x)$ 在该子区间内的符号，由定理 4.6 就得到函数 $f(x)$ 在相应区间内的单调性.

例 1 判定函数 $y=e^x$ 在 $(-\infty,\ +\infty)$ 上的单调性.

解：因为在 $(-\infty,\ +\infty)$ 内，函数的导数 $y'=e^x>0$，所以由定理 4.6 可知，函数 $y=e^x$ 在 $(-\infty,\ +\infty)$ 上是单调增加(见图 4-5).

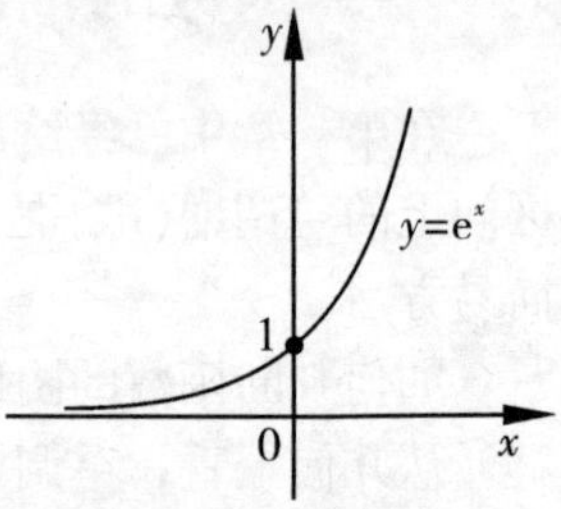

图 4-5

例 2 求函数 $f(x)=x^3-3x+10$ 的单调区间.

解：函数的定义域为 $(-\infty,\ +\infty)$.

因为

$$f'(x)=(x^3-3x+10)'=3x^2-3=3(x+1)(x-1),$$

由 $f'(x)=0$，即 $3(x+1)(x-1)=0$，解得 $x_1=-1$，$x_2=1$. 这两个点将定义域分成三个区间：$(-\infty,\ -1)$，$(-1,\ 1)$ 及 $(1,\ +\infty)$.

列表判别如下：

x	$(-\infty,\ -1)$	$(-1,\ 1)$	$(1,\ +\infty)$
$f'(x)$	+	−	+
$f(x)$	增加	减少	增加

所以区间 $(-\infty,\ -1)$，$(1,\ +\infty)$ 是 $f(x)$ 的单调增区间，区间 $(-1,\ 1)$ 是 $f(x)$ 的单调减区间(见图 4-6).

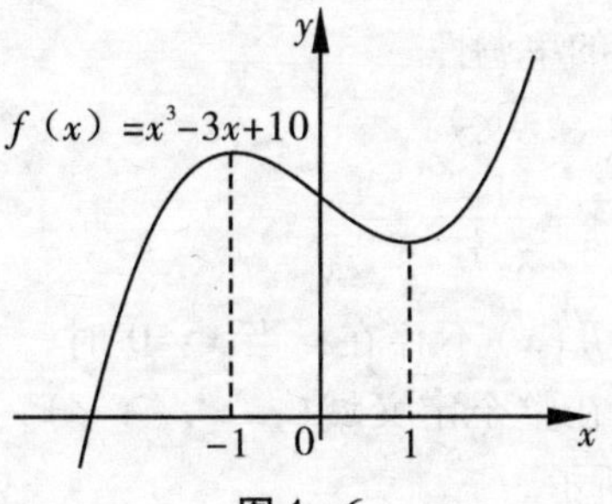

图 4-6

【即学即练】

1. 判别 $f(x)=x^3+1$ 的单调性.（答案：$f(x)$ 在 $(-\infty, +\infty)$ 上单调增加）.

2. 求 $f(x)=2x^3-9x^2+12x-6$ 的单调区间.（答案：单调增加区间为 $(-\infty, 1]$，$[2, +\infty)$；单调减少区间为 $[1, 2]$）.

例 3 求函数 $f(x)=e^{\frac{1}{2}x^2+x}$ 的单调区间.

解：函数 $f(x)$ 的定义域为 $(-\infty, +\infty)$.

因为函数的导数为

$$f'(x)=(e^{\frac{1}{2}x^2+x})'=e^{\frac{1}{2}x^2+x}\cdot(\frac{1}{2}x^2+x)'=e^{\frac{1}{2}x^2+x}\cdot\left[(\frac{1}{2}x^2)'+(x)'\right]=e^{\frac{1}{2}x^2+x}(x+1).$$

令 $f'(x)=0$，即 $e^{\frac{1}{2}x^2+x}(x+1)=0$，解得 $x=-1$.

当 $x<-1$ 时，有 $f'(x)<0$，所以 $f(x)$ 在区间 $(-\infty, -1)$ 上单调递减；当 $x>-1$ 时，有 $f'(x)>0$，所以 $f(x)$ 在区间 $(0, +\infty)$ 上单调递增（见图 4-7）.

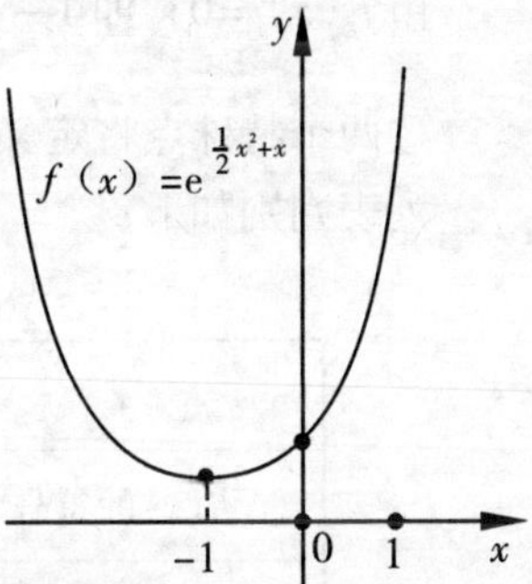

图 4-7

例 4 证明不等式：$x>\ln(x+1)\ (x>0)$.

证明思路：要证明 $x>\ln(x+1)$，只要证 $x-\ln(x+1)>0$. 若令 $f(x)=x-\ln(x+1)$，则只要证 $f(x)>0$ 即可. 因为 $f(0)=0$，所以只要证当 $x>0$ 时，函数 $f(x)$ 单调增加，从而得到 $f(x)>f(0)=0$，因此只要证明当 $x>0$ 时，$f'(x)>0$ 就可以了.

证：令 $f(x)=x-\ln(x+1)$，则

$$f'(x)=[x-\ln(x+1)]'=(x)'-[\ln(x+1)]'=1-\frac{1}{x+1}(x+1)'=1-\frac{1}{x+1}=\frac{x}{x+1}.$$

当 $x>0$ 时，有 $f'(x)>0$，因此 $f(x)$ 在 $(0, +\infty)$ 上单调增加. 从而，当 $x>0$ 时，有 $f(x)>f(0)=0$，即 $x-\ln(x+1)>0$，因此有 $x>\ln(x+1)\ (x>0)$.

最后，还需补充说明，定理 4.6 的条件可以适当放宽，即如果函数在区间 (a, b) 内的个别点 $f'(x)=0$ 或导数不存在，而在其余点 $f'(x)>0$（或 $f'(x)<0$），那么 $f(x)$ 在该区间上是单调增加（或减少）的（参见例 5 和例 6）.

例 5 讨论函数 $f(x)=x^{\frac{1}{3}}$ 的单调性.

解：函数的定义域为 $(-\infty, +\infty)$.

因为 $f'(x)=(x^{\frac{1}{3}})'=\dfrac{1}{3}x^{-\frac{2}{3}}=\dfrac{1}{3x^{\frac{2}{3}}}=\dfrac{1}{3\sqrt[3]{x^2}}$，

且只有当 $x=0$ 时，导数 $f'(x)$ 不存在；当 $x\neq 0$ 时，$f'(x)>0$. 所以函数 $f(x)=x^3$ 在整个定义域 $(-\infty, +\infty)$ 上是单调增加的，如图 4-8 所示.

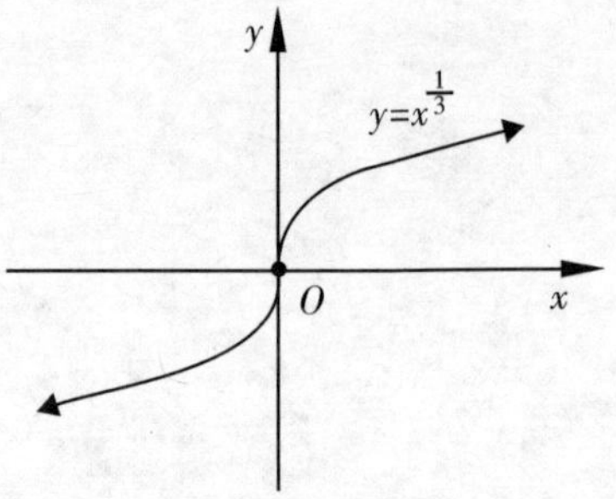

图 4-8

例 6 讨论函数 $f(x)=x^3$ 的单调性.

解：函数的定义域为 $(-\infty, +\infty)$.

因为 $f'(x)=3x^2\geqslant 0$，且只有当 $x=0$ 时，$f'(0)=0$；当 $x\neq 0$ 时，$f'(x)>0$，所以函数 $f(x)=x^3$ 在整个定义域 $(-\infty, +\infty)$ 上是单调增加的. 如图 4-9 所示.

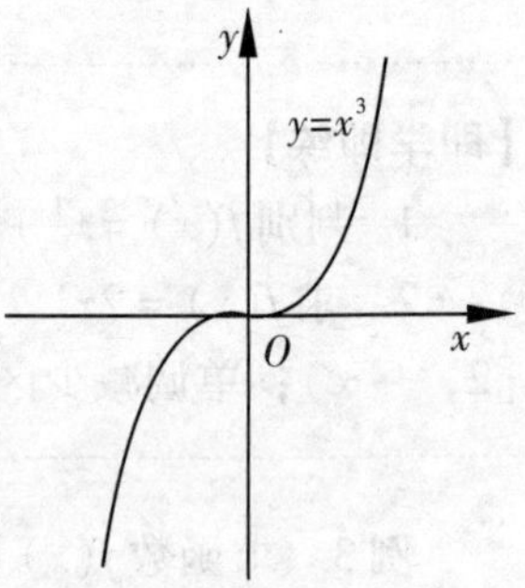

图 4-9

例 7 求函数 $f(x)=x-\dfrac{3}{2}x^{\frac{2}{3}}$ 的单调区间.

解：函数的定义域为 $(-\infty, +\infty)$.

$$f'(x)=(x-\frac{3}{2}x^{\frac{2}{3}})'=(x)'-(\frac{3}{2}x^{\frac{2}{3}})'=1-\frac{3}{2}\times\frac{2}{3}x^{\frac{2}{3}-1}=1-x^{-\frac{1}{3}}=1-\frac{1}{\sqrt[3]{x}}.$$

由 $f'(x)=0$，即 $1-\dfrac{1}{\sqrt[3]{x}}=0$，解得驻点 $x=1$；而 $x=0$ 时，$f'(x)$ 不存在.

这两个特殊点将定义域分成三个区间：$(-\infty, 0)$，$(0, 1)$ 及 $(1, +\infty)$.

列表判别如下：

x	$(-\infty, 0)$	$(0, 1)$	$(1, +\infty)$
$f'(x)$ 的符号	+	−	+
$f(x)$ 的单调性	增加	减少	增加

所以区间 $(-\infty, 0)$，$(1, +\infty)$ 是 $f(x)$ 的单调增区间，区间 $(0, 1)$ 是 $f(x)$ 的单调减区间.

二、曲线的凹凸性与拐点

在研究函数图像的形态时，仅知道单调性还不能完全反映它的变化规律. 例如，函数 $y=x^3$，虽然它的图像(见图 4-9)始终是上升的，却有不同的弯曲状况. 从左向右，曲线先向下弯曲，通过原点 O 后改变了弯曲方向，变为向上弯曲. 因此，在研究函数的图像时，还需要考察它的弯曲方向以及弯曲方向的分界点，即所谓的曲线的凹凸性与拐点.

从几何直观上，我们很容易看出：曲线向上弯曲的弧段是位于这弧段上任意一点的切线的上方，如图 4－10 所示；而向下弯曲的弧段则是位于该弧段上任意一点的切线的下方，如图 4－11 所示．可见，曲线的弯曲方向是由曲线和其切线的相对位置所确定的．一般地，如果在某区间内，曲线位于其上任意一点的切线的上方，则称曲线在这个区间内是凹的；如果在某区间内，曲线位于其上任意一点的切线的下方，则称曲线在这个区间内是凸的.

如何判断曲线的凹凸性呢？我们观察图 4－10 发现，当曲线凹时，曲线的切线的斜率是随 x 的增大而增大的，即 $f'(x)$ 是单调增加的，因此，只要 $f'(x)$ 的导数 $f''(x)>0$ 即可；类似可以讨论曲线凸的情况．可见，曲线的凹凸性可由函数的二阶导数 $f''(x)$ 的符号判定．我们有下面判别曲线凹凸性的定理.

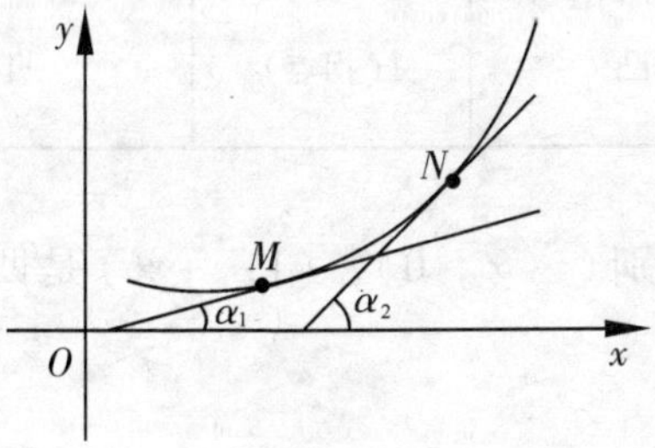

图 4－10

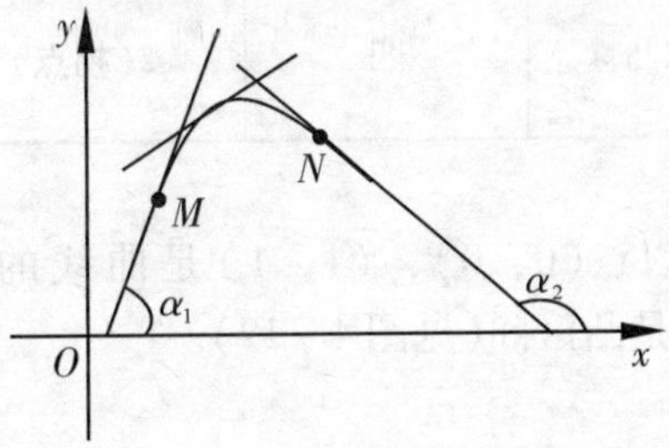

图 4－11

定理 4.7　设函数 $f(x)$ 在 (a, b) 内具有二阶导数，那么

(1) 若在 (a, b) 内 $f''(x)>0$，则曲线 $y=f(x)$ 在 (a, b) 上是凹的(*concave function*)；

(2) 若在 (a, b) 内 $f''(x)<0$，则曲线 $y=f(x)$ 在 (a, b) 上是凸的(*convex function*).

曲线弯曲方向的分界点是一类特别的点，下面我们给出它的名称.

定义 4.1　连续曲线上由凸变凹或者由凹变凸的分界点称为拐点(*inflection point*).

由于拐点是凹凸的分界点，因此，在拐点的左右附近函数的二阶导数 $f''(x)$ 必然异号，而在拐点 $(x_0, f(x_0))$ 处必有 $f''(x_0)=0$ 或 $f''(x_0)$ 不存在.

一般地，求曲线 $y=f(x)$ 的凹凸区间及拐点的步骤为：

(1) 求出函数 $f(x)$ 的定义域；

(2) 求出二阶导数 $f''(x)$，并求出在定义域内使 $f''(x)=0$ 的点以及使 $f''(x)$ 不存在的点，这两类特殊点将定义域分成若干小区间；

(3) 判别二阶导数 $f''(x)$ 在每个小区间内的符号，就可确定曲线 $y=f(x)$ 的凹凸区间及拐点.

例 8　判断曲线 $y=x^3$ 的凹凸性.

解：因为 $y'=3x^2$，$y''=(3x^2)'=6x$.

令 $y''=0$，即 $6x=0$，解得 $x=0$.

当 $x<0$ 时，$y''<0$，所以在 $(-\infty, 0)$ 内，曲线是凸的；

当 $x>0$ 时，$y''>0$，所以在 $(0, +\infty)$ 内，曲线是凹的.

当 $x=0$ 时，$y=0$，点 $(0, 0)$ 是这条曲线的拐点(见图 4－9).

例 9 求曲线 $y=x^4-2x^3+2$ 的拐点及凹凸区间.

解：函数的定义域为 $(-\infty, +\infty)$.

$y'=(x^4-2x^3+2)'=(x^4)'-(2x^3)'+(2)'=4x^3-2\times 3x^2+0=4x^3-6x^2$.

$y''=(4x^3-6x^2)'=(4x^3)'-(6x^2)'=4\times 3x^2-6\times 2x=12x^2-12x=12x(x-1)$.

令 $y''=0$，即 $12x(x-1)=0$，解得 $x_1=0$，$x_2=1$. 这两个点将定义域分成三个区间：$(-\infty, 0)$，$(0, 1)$ 及 $(1, +\infty)$，

列表判别如下：

x	$(-\infty, 0)$	0	$(0, 1)$	1	$(1, +\infty)$
y''的符号	+	0	−	0	+
y 的凹凸性	凹	2(拐点)	凸	1(拐点)	凹

所以点 $(0, 0)$，$(1, 1)$ 是曲线的拐点，区别 $(-\infty, 0)$，$(1, +\infty)$ 是凹区间，$(0, 1)$ 是凸区间(见图 4-12).

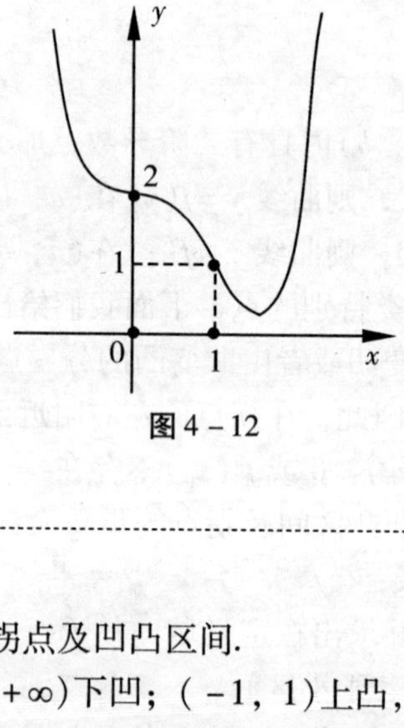

图 4-12

【即学即练】

求曲线 $f(x)=\ln(1+x^2)$ 的拐点及凹凸区间.

(答案：$(-\infty, -1)$，$(1, +\infty)$ 下凹；$(-1, 1)$ 上凸，拐点 $(-1, \ln 2)$，$(1, \ln 2)$).

例 10 求曲线 $f(x)=\frac{1}{\sqrt{2\pi}}e^{-\frac{1}{2}x^2}$ 的拐点及凹凸区间.

解：函数 $f(x)$ 的定义域为 $(-\infty, +\infty)$. 因为

$$f'(x)=\left(\frac{1}{\sqrt{2\pi}}e^{-\frac{1}{2}x^2}\right)'=\frac{1}{\sqrt{2\pi}}(e^{-\frac{1}{2}x^2})'=\frac{1}{\sqrt{2\pi}}e^{-\frac{1}{2}x^2}\cdot\left(-\frac{1}{2}x^2\right)'=\frac{-1}{\sqrt{2\pi}}xe^{-\frac{1}{2}x^2}$$

$$f''(x)=\left(\frac{-1}{\sqrt{2\pi}}xe^{-\frac{1}{2}x^2}\right)'=\frac{-1}{\sqrt{2\pi}}(x\cdot e^{-\frac{1}{2}x^2})'=\frac{-1}{\sqrt{2\pi}}\left[(x)'\cdot e^{-\frac{1}{2}x^2}+x\cdot(e^{-\frac{1}{2}x^2})'\right]$$

$$=\frac{-1}{\sqrt{2\pi}}\left[e^{-\frac{1}{2}x^2}+xe^{-\frac{1}{2}x^2}\cdot\left(-\frac{1}{2}x^2\right)'\right]=\frac{-1}{\sqrt{2\pi}}\left[e^{-\frac{1}{2}x^2}+xe^{-\frac{1}{2}x^2}\cdot(-x)\right]$$

$$=\frac{-1}{\sqrt{2\pi}}(1-x^2)e^{-\frac{1}{2}x^2}=\frac{(x^2-1)}{\sqrt{2\pi}}e^{-\frac{1}{2}x^2}.$$

令$f''(x)=0$，即$\frac{(x^2-1)}{\sqrt{2\pi}}e^{-\frac{1}{2}x^2}=0$，也即$x^2-1=0$，解得$x_1=-1$，$x_2=1$. 这两个点将定义域分成三个区间：$(-\infty, -1)$，$(-1, 1)$及$(1, +\infty)$，判别如下：

当$x<-1$时，$f''(x)>0$，因此$f(x)$在区间$(-\infty, -1)$为凹的；

当$-1<x<1$时，$f''(x)<0$，因此$f(x)$在区间$(-1, 1)$为凸的；

当$x>1$时，$f''(x)>0$，因此$f(x)$在区间$(1, +\infty)$为凹的.

当$x=\pm1$时，$y=\frac{1}{\sqrt{2\pi e}}$，点$A\left(-1, \frac{1}{\sqrt{2\pi e}}\right)$，$B\left(1, \frac{1}{\sqrt{2\pi e}}\right)$是曲线的拐点(见图4-13).

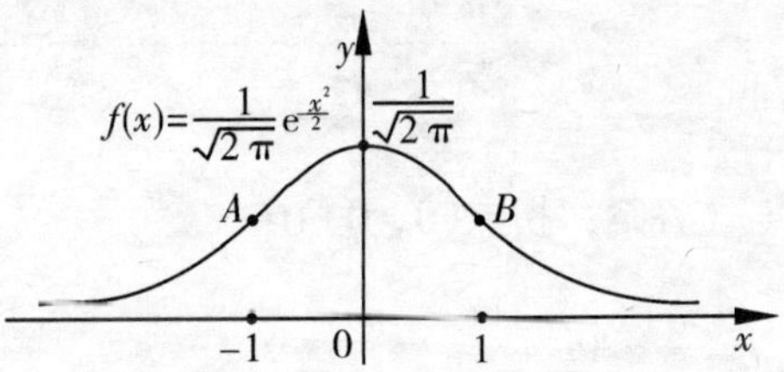

图4-13

例11　求曲线$y=\frac{1}{2}x^2+\frac{9}{2}x^{\frac{1}{3}}$的拐点.

解：函数在$(-\infty, +\infty)$内连续，当$x\neq0$时，有

$$y'=\left(\frac{1}{2}x^2+\frac{9}{2}x^{\frac{1}{3}}\right)'=x+\frac{9}{2}\times\frac{1}{3}x^{\frac{1}{3}-1}=x+\frac{3}{2}x^{-\frac{2}{3}},$$

$$y''=\left(x+\frac{3}{2}x^{-\frac{2}{3}}\right)'=1+\frac{3}{2}\times\left(-\frac{2}{3}\right)x^{-\frac{2}{3}-1}$$

$$=1-x^{-\frac{5}{3}}=1-\frac{1}{x\cdot\sqrt[3]{x^2}}.$$

令$y''=0$，解得$x=1$；当$x=0$时，y'，y''不存在. 这两个点将定义域分成三个区间：$(-\infty, 0)$，$(0, 1)$及$(1, +\infty)$，

列表判别如下：

x	$(-\infty, 0)$	0	$(0, 1)$	1	$(1, +\infty)$
y''的符号	+	不存在	−	0	+
y的凹凸性	凹	0(拐点)	凸	5(拐点)	凹

所以点$A(1, 5)$，$B(0, 0)$是曲线的拐点；区间$(-\infty, 0)$，$(1, +\infty)$是凹区间，区

间(0, 1)是凸区间(见图 4-14).

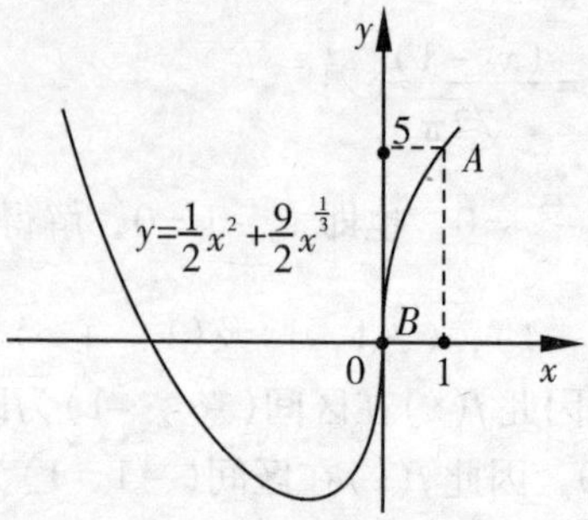

图 4-14

注意：在求曲线的拐点时，除了考虑二阶导数为零的点外，还应考虑二阶导数不存在的点(参见例9)，当然函数在该点要连续.

【即学即练】

求曲线 $y=\frac{9}{2}x^{\frac{1}{3}}$ 的拐点.(答案：拐点(0, 0)).

§4.3 练习题

1. 已知函数 $y=f(x)$ 的导数如下，求函数单调增加区间.

(1) $f'(x)=x(x-2)$　　(2) $f'(x)=(x+1)^2(x+2)$

(3) $f'(x)=x^2(2x-1)$　　(4) $f'(x)=\frac{2}{(x+1)^3}$

2. 求下列函数的单调区间.

(1) $f(x)=x^2-5x+6$　　(2) $f(x)=\frac{1}{x}$

3. 判定函数 $y=x-\sin x$ 在 $[0, 2\pi]$ 上的单调性.
4. 证明函数 $f(x)=3x+\sin x-5$ 为单调增加的函数.
5. 证明：当 $x>0$ 时，$e^x>1+x$.
6. 求函数 $f(x)=2x^3-9x^2+12x-3$ 的单调区间.
7. 求下列函数的单调区间.

(1) $y=x^3+x$　　(2) $y=x-e^x$

(3) $y=x-\ln(x+1)$　　(4) $y=2x+\frac{18}{x}$

(5) $y=2x^3+3x^2-12x$　　(6) $y=3x^4-4x^3+1$

(7) $y=\frac{x}{1+x}$　　(8) $f(x)=x^4-2x^2+2$

(9) $f(x)=\frac{3}{5}x^{\frac{5}{3}}-\frac{3}{2}x^{\frac{2}{3}}+1$

8. 求下列曲线的凹凸区间及拐点.

(1) $y=xe^x$ (2) $y=\ln(1+x^2)$

(3) $y=e^{-x}$ (4) $y=\ln x$

(5) $y=3x^2-x^3$ (6) $y=x^4-2x^3+1$

§4.4 函数的极值

在§4.3节中，我们知道了如何求出曲线上凹凸的分界点（拐点），那么曲线由上升变为下降或由下降变为上升的转折点，即曲线上的局部高点或局部低点，如何确定和计算求出来呢？这是本节要解决的问题.

一、函数的极值定义

定义4.2 设函数$f(x)$在点x_0的某邻域$(x_0-\delta, x_0+\delta)$内有定义，

(1) 如果对于该邻域内的任意点$x(x\neq x_0)$，都有$f(x)<f(x_0)$成立，则称$f(x_0)$是函数$f(x)$的极大值，x_0称为函数$f(x)$的极大值点（见图4-15）；

(2) 如果对于该邻域内的任意点$x(x\neq x_0)$，都有$f(x)>f(x_0)$成立，则称$f(x_0)$是函数$f(x)$的极小值，x_0称为函数$f(x)$的极小值点（见图4-16）.

函数的极大值与极小值统称为极值；极大值点与极小值点统称为极值点.

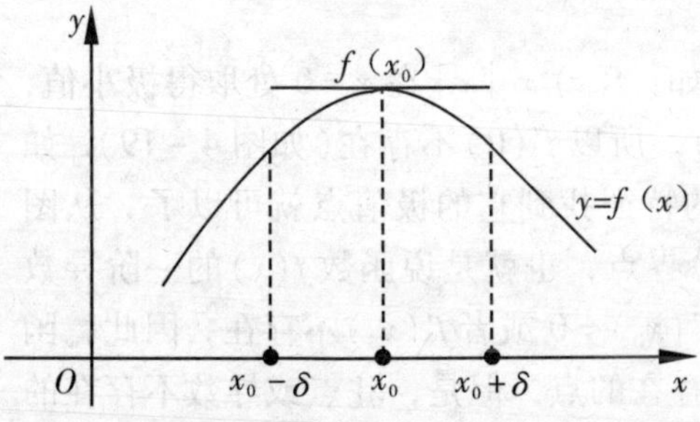

图4-15

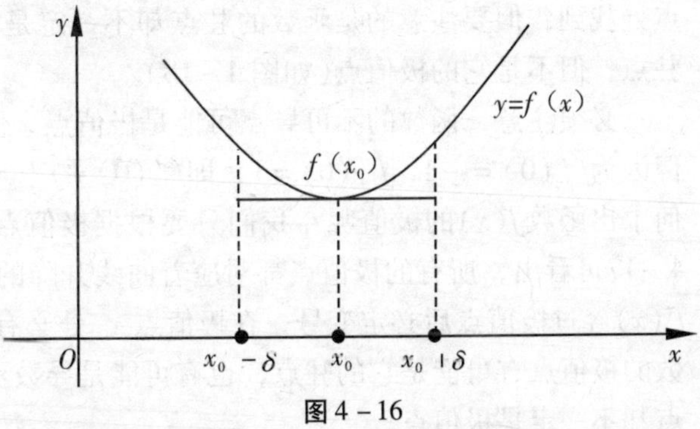

图4-16

由定义4.2可知，极值是一个局部性的概念. 如果$f(x_0)$是函数$f(x)$的一个极小值，则$f(x_0)$只是极小值点x_0左右邻近小范围内全部点的函数值中最小的，但它不一定是$f(x)$在整个定义域内的最小值. 同时，可能出现极小值大于极大值的情况（见图4-17中$f(x_5)>f(x_1)$）. 反之，如果$f(x_0)$是函数$f(x)$的一个极大值，则$f(x_0)$只是极大值点x_0左右邻近小范围内的全部点的函数值中

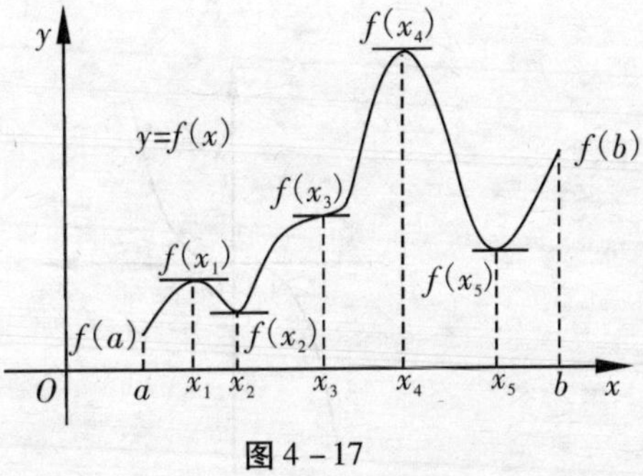

图4-17

最大的，但它不一定是$f(x)$在整个定义域内的最大值．同时，也可能出现极大值小于极小值的情况．如图4－17所示的函数$f(x)$在区间(a, b)内有两个极大值$f(x_1)$、$f(x_4)$；两个极小值：$f(x_2)$、$f(x_5)$，其中极小值$f(x_5)$大于极大值$f(x_1)$．

区间端点的函数值(如图4－17中的$f(a)$与$f(b)$)是不是函数的极值呢？由定义4.2可知，极大值必须比极大值点左右两侧附近的函数值都大，而极小值必须比极小值点左右两侧附近的函数值都小．而端点a的左边没有函数值，端点b的右边也没有函数值，所以它不是极值点．因此，区间端点的函数值不是极值．

从图4－17容易看出，在极值点处，如果曲线有确定斜率的切线，则该切线是水平的．但是，曲线上有水平切线的地方，函数不一定存在极值．例如，图4－17中的点x_3不是极值点，因为找不到一个小范围，使它的函数值成为最大或最小，但曲线在点x_3处有水平切线．由此可得到，若曲线在一点处是较光滑的，而这一点是极值点，那么它的切线一定是水平的，即它的导数为0. 这样我们可得到函数取得极值的必要条件.

二、函数取得极值的必要条件

定理4.8(极值的必要条件)　若函数$f(x)$在点x_0处可导，且在x_0处取得极值，则必有

$$f'(x_0)=0.$$

定义4.3　使得$f'(x_0)=0$的点x_0称为函数$f(x)$的隐定点(*stable point*)或驻点(*stationary point*).

定理4.8说明可导函数的极值点必定是它的驻点，这样，极值点可以在驻点或不可导点处找到，但要注意的是函数的驻点却不一定是极值点．例如：$x=0$是函数$f(x)=x^3$的驻点，但不是它的极值点(如图4－18).

必须注意，函数的不可导点可能是极值点．例如：$f(x)=|x|$在$x=0$处取得极小值，但因为$f'_-(0)=-1$，$f'_+(0)=1$，即$f'_-(0)\neq f'_+(0)$，所以$f'(0)$不存在(如图4－19)．如何求出函数$f(x)$的极值呢？我们只要根据极值点的特征找到它的极值点就可以了．从图4－17可看出，所有的极值点都对应着曲线升降的分界点，也就是说函数$f(x)$的一阶导数$f'(x)$经过极值点后必定变号，在极值点x_0处必有$f'(x_0)=0$或者$f'(x_0)$不存在．因此，函数的极值点有可能是它的驻点，也有可能是导数不存在的点，但是，驻点或导数不存在的点却不一定是极值点.

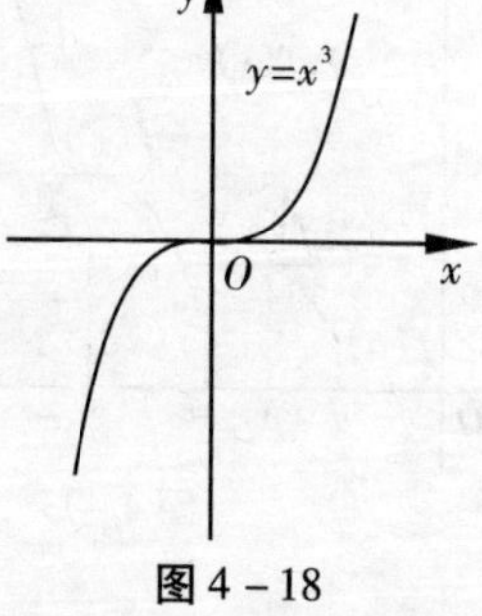

图4－18

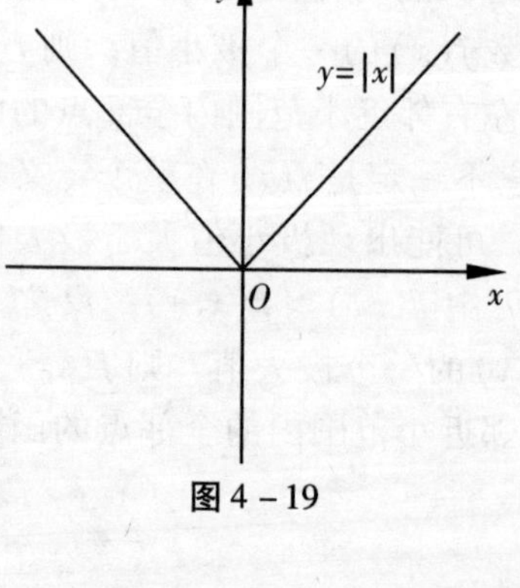

图4－19

如何判别函数的驻点或导数不存在的点是极值点？下面给出两个判别方法.

三、极值的第一判别法

定理 4.9(判别极值的第一充分条件) 设函数 $f(x)$ 在点 x_0 处连续，且在点 x_0 的某去心邻域内可导(x_0 可以是不可导点). 如果在该邻域内

(1) 当 $x<x_0$ 时，$f'(x)>0$；当 $x>x_0$ 时，$f'(x)<0$，则 $f(x_0)$ 是函数 $f(x)$ 的极大值；

(2) 当 $x<x_0$ 时，$f'(x)<0$；当 $x>x_0$ 时，$f'(x)>0$，则 $f(x_0)$ 是函数 $f(x)$ 的极小值；

(3) 当 $f'(x)$ 在 x_0 的左右两侧的符号相同时，则 $f(x_0)$ 不是极值.

定理 4.9 可简单理解为：观察点 x_0 的左右两侧附近 $f'(x)$ 的符号，符号改变，则点 x_0 为极值点. 如果在点 x_0 处，$f'(x)$ 的符号是左正右负，则 $f(x_0)$ 是 $f(x)$ 的极大值(如图 4－20)；

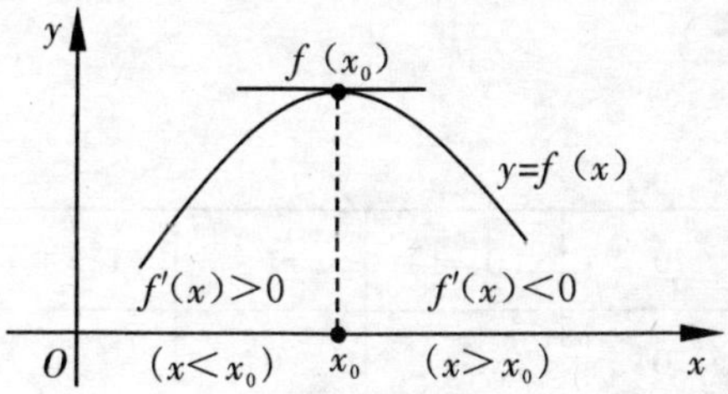

图 4－20

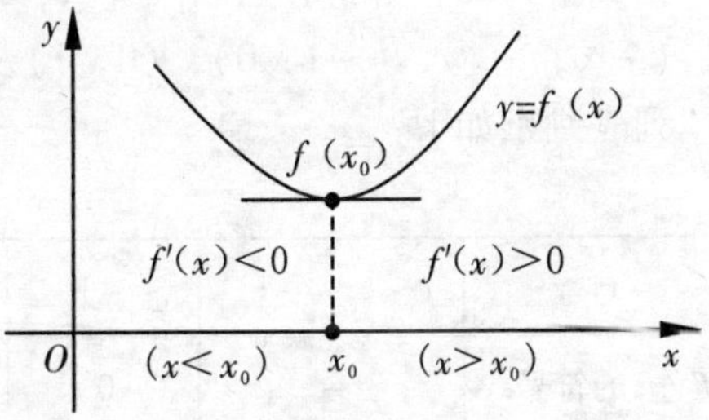

图 4－21

如果 $f'(x)$ 的符号是左负右正，则 $f(x_0)$ 是 $f(x)$ 的极小值(如图 4－21). 如果在点 x_0 的左右两侧附近 $f'(x)$ 的符号相同，则 $f(x_0)$ 不是极值. 如图 4－22 和 4－23 所示.

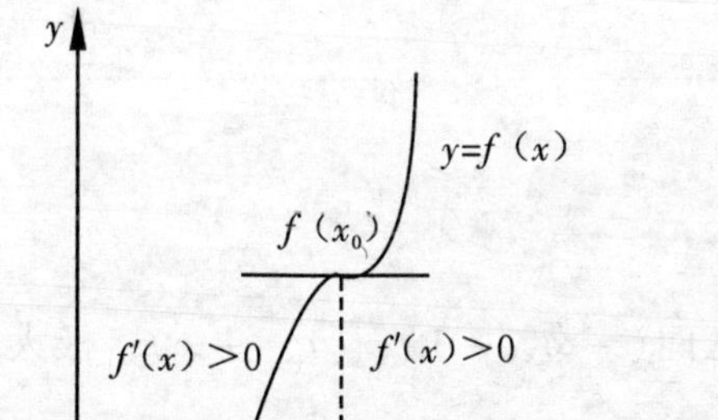

图 4－22

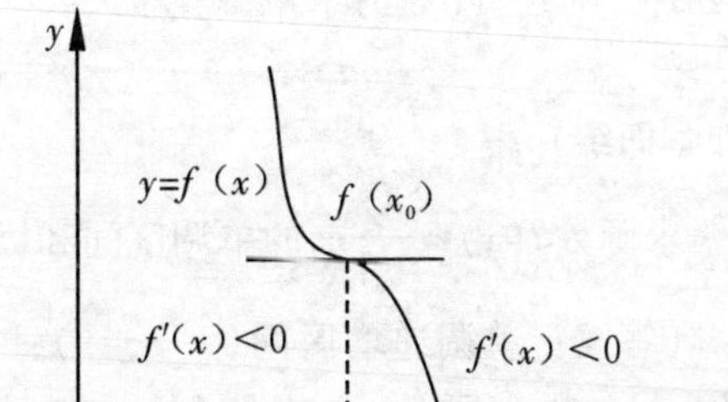

图 4－23

定理 4.9 的证明：(1) 因为在点 x_0 的某去心邻域内，当 $x<x_0$ 时，$f'(x)>0$，所以当 $x<x_0$ 时，$f(x)$ 单调增加，从而有 $f(x)<f(x_0)$；当 $x>x_0$ 时，$f'(x)<0$，所以当 $x>x_0$ 时，$f(x)$ 单调减少，从而也有 $f(x)<f(x_0)$. 即在该邻域内总有 $f(x)<f(x_0)$. 因此，$f(x_0)$ 是 $f(x)$ 的极大值(如图 4－20 所示).

（2）类似地可证（如图 4－21 所示）.

（3）因为在 x_0 的某去心邻域内 $f'(x)$ 的符号相同，所以 $f(x)$ 在 x_0 的左右附近都是单调增加（如图 4－22 所示）或者单调减少（如图 4－23 所示），此时点 x_0 不是曲线升降的分界点，所以 $f(x_0)$ 不是极值.

一般地，求函数 $f(x)$ 的极值的步骤为：

（1）求函数的定义域；

（2）求出导数 $f'(x)$，并求 $f(x)$ 的全部驻点以及使得导数不存在的点；

（3）判别这些点是否为极值点，是极大值点还是极小值点；

（4）求出各极值点的函数值，就得到函数的极值.

例 1　求函数 $f(x)=x^4-2x^2+2$ 的单调区间和极值.

解：函数的定义域为 $(-\infty, +\infty)$.

$f'(x)=(x^4-2x^2+2)'=(x^4)'-(2x^2)'+(2)'=4x^3-4x=4x(x+1)(x-1)$.

由 $f'(x)=0$，解得驻点 $x_1=-1$，$x_2=0$，$x_3=1$. 这三个特殊点将定义域分成四个区间：$(-\infty, -1)$，$(-1, 0)$，$(0, 1)$ 及 $(1, +\infty)$.

列表判别如下：

x	$(-\infty, -1)$	-1	$(-1, 0)$	0	$(0, 1)$	1	$(1, +\infty)$
$f'(x)$ 的符号	$-$	0	$+$	0	$-$	0	$+$
$f(x)$ 的单调性	减少	极小值	增加	极大值	减少	极小值	增加

由上面的表格可以清楚地看出：在 $x=\pm 1$ 处，函数取得极小值 $f(\pm 1)=1$；在 $x=0$ 处，函数取得极大值 $f(0)=2$. 函数在区间 $(-1, 0)$，$(1, +\infty)$ 上单调增加；在区间 $(-\infty, -1)$，$(0, 1)$ 上单调减少.

【即学即练】

求函数 $f(x)=\dfrac{2x}{1+x^2}$ 的单调区间和极值.

（答案：单调递增区间 $(-1, 1)$；单调递减区间 $(-\infty, -1)$，$(1, +\infty)$；极大值 $f(1)=1$；极小值 $f(-1)=-1$）.

例 2　求函数 $f(x)=x-\dfrac{3}{2}x^{\frac{2}{3}}$ 的极值与极值点.

解：函数的定义域为 $(-\infty, +\infty)$.

$f'(x)=\left(x-\dfrac{3}{2}x^{\frac{2}{3}}\right)'=(x)'-\left(\dfrac{3}{2}x^{\frac{2}{3}}\right)'=1-\dfrac{3}{2}\times\dfrac{2}{3}x^{\frac{2}{3}-1}=1-x^{-\frac{1}{3}}=1-\dfrac{1}{\sqrt[3]{x}}$.

由 $f'(x)=0$，即 $1-\dfrac{1}{\sqrt[3]{x}}=0$，解得驻点 $x=1$；而 $x=0$ 时，$f'(x)$ 不存在．这两个特殊点

将定义域分成三个区间：$(-\infty, 0)$，$(0, 1)$及$(1, +\infty)$.

列表判别如下：

x	$(-\infty, 0)$	0	$(0, 1)$	1	$(1, +\infty)$
$f'(x)$的符号	+	不存在	−	0	+
$f(x)$的单调性	增加	极大值	减少	极小值	增加

由上面的表格可知：函数的极大值为$f(0)=0$，点$x=0$是极大值点；函数的极小值为$f(1)=-\frac{1}{2}$，点$x=1$是极小值点.

注意：在求函数的极值时，除了考虑驻点外，还应考虑一阶导数不存在的点(参见例2)，当然函数在该点要连续.

【即学即练】

求函数$f(x)=x(x^2-3)$的极值点与极值.

(答案：极小值点$x=1$，极小值为$y=-2$；极大值点$x=-1$，极大值为$y=2$).

当函数在驻点x_0处具有不为零的二阶导数时，则该驻点一定是极值点，并可以由二阶导数的符号来判别是极大值还是极小值．这是下面要介绍的极值第二判别法.

四、极值的第二判别法

定理 4.10(判别极值的第二充分条件)　如果$f'(x_0)=0$，且$f''(x_0)$存在且不等于零，则

(1) 当$f''(x_0)<0$时，$f(x_0)$是函数$f(x)$的极大值；

(2) 当$f''(x_0)>0$时，$f(x_0)$是函数$f(x)$的极小值.

证：(1) 因为$f'(x_0)=0$，且$f''(x_0)\neq 0$，不妨设$f''(x_0)<0$，由函数导数的定义，得

$$f''(x_0)=\lim_{x\to x_0}\frac{f'(x)-f'(x_0)}{x-x_0}=\lim_{x\to x_0}\frac{f'(x)}{x-x_0}<0.$$

由极限的局部保号性定理，可知在点x_0的某个邻域内有

$$\frac{f'(x)}{x-x_0}<0(x\neq 0),$$

即$f'(x)$与$x-x_0$的符号相反．所以，当$x<x_0$时，$f'(x)>0$；当$x>x_0$时，$f'(x)<0$. 由函数极值的第一判别法可知，$f(x_0)$是极大值.

同理可证 (2).

注：当函数$f(x)$的二阶导数容易求得，并且驻点x_0满足$f''(x_0)\neq 0$时，利用极值的第二判别法判定驻点x_0是否为极值点是比较简便的(参见下面的例3和例4).

例 3 求函数 $f(x)=x^3-3x+2$ 的极值与极值点.

解：函数的定义域为 $(-\infty,\ +\infty)$.

$$f'(x)=(x^3-3x+2)'=(x^3)'-(3x)'+(2)'=3x^2-3=3(x+1)(x-1).$$

$$f''(x)=(3x^2-3)'=(3x^2)'-(3)'=6x.$$

由 $f'(x)=0$，即 $3(x+1)(x-1)=0$，解得驻点 $x_1=-1$，$x_2=1$.

因为 $f''(-1)=-6<0$，所以 $f(-1)=4$ 是函数的极大值，$x=-1$ 是函数的极大值点；又因为 $f''(1)=6>0$，所以 $f(1)=0$ 是函数的极小值，$x=1$ 是极小值点.

例 4 求函数 $f(x)=\frac{2}{3}x^3-x^2$ 的极值与极值点.

解：函数的定义域为 $(-\infty,\ +\infty)$.

$$f'(x)=(\frac{2}{3}x^3-x^2)'=(\frac{2}{3}x^3)'-(x^2)'=2x^2-2x=2x(x-1).$$

$$f''(x)=(2x^2-2x)'=(2x^2)'-(2x)'=4x-2.$$

由 $f'(x)=0$，即 $2x(x-1)=0$，解得驻点 $x_1=0$，$x_2=1$.

因为 $f''(0)=-2<0$，所以 $f(0)=0$ 是函数的极大值，$x=0$ 是函数的极大值点；又因为 $f''(1)=2>0$，所以 $f(1)=-\frac{1}{3}$ 是函数的极小值，$x=1$ 是函数的极小值点.

必须指出：虽然第二判别法使用起来比较方便，但使用时要检查是否满足条件，下面三种情况第二判别法不适用，要用第一判别法：（1）$f'(x_0)$ 不存在；（2）$f''(x_0)=0$ 或 $f''(x_0)$ 不存在；（3）$f''(x)$ 比较复杂烦琐，不容易求出.

例 5 求函数 $f(x)=x^4-\frac{8}{3}x^3+2x^2$ 的极值.

解：函数的定义域为 $(-\infty,\ +\infty)$.

$$f'(x)=(x^4-\frac{8}{3}x^3+2x^2)'=4x^3-8x^2+4x=4x(x^2-2x+1)=4x\ (x-1)^2.$$

$$f''(x)=(4x^3-8x^2+4x)'=12x^2-16x+4.$$

由 $f'(x)=0$，即 $4x\ (x-1)^2=0$，解得驻点 $x_1=0$，$x_2=1$.

因为 $f''(0)=4>0$，所以 $f(0)=0$ 是函数的极小值.

但因为 $f''(1)=0$，故用定理 4.10 无法判别驻点 $x=1$ 是否是极值点，要改用第一判别法来判别．因为当 x 在 $x=1$ 的左侧邻近取值时，有 $f'(x)>0$；而当 x 在 $x=1$ 的右侧邻近取值时，也有 $f'(x)>0$，即在 $x=1$ 的左右侧邻近，$f'(x)$ 的符号没有改变，所以点 $x=1$ 不是函数 $f(x)$ 的极值点.

【即学即练】

用第二判别法求函数 $f(x)=x^3+3x^2-24x-20$ 的极值点.

（答案：极大值点 $x_1=-4$，极小值点 $x_2=2$）.

---

§4.4 练习题

1. 求下列函数的极值.

(1) $f(x)=\frac{3}{4}x^{\frac{4}{3}}-x$　　(2) $f(x)=x^2+\frac{16}{x}$

(3) $f(x)=x^2-\ln(1+x)$　　(4) $f(x)=\frac{x^3}{3}-\frac{x^4}{4}$

2. 求下列函数的极值与极值点.

(1) $f(x)=\frac{\pi}{2}-\frac{3}{2}(x+1)^{\frac{2}{3}}$　　(2) $f(x)=x-\ln(1+x)$

(3) $f(x)=x-e^x$　　(4) $f(x)=3x+\frac{12}{x}$

(5) $f(x)=x^3-9x^2+15x+1$　　(6) $f(x)=x^3-3x^2-9x+5$

(7) $f(x)=2x^3-3x^2$　　(8) $f(x)=2x^2-x^4$

(9) $f(x)=\frac{3}{5}x^{\frac{5}{3}}-\frac{3}{2}x^{\frac{2}{3}}+\frac{3}{2}$　　(10) $f(x)=x\ln^2x$

3. 求函数 $f(x)=\frac{2x}{1+x^2}$ 的单调区间和极值.

§4.5 函数的最大值与最小值

在 §4.4 节中，我们知道了如何求出曲线由上升变为下降或由下降变为上升的分界点，即曲线上的局部高点或局部低点．现在，我们介绍曲线在某个区间上最高的一点或最低的一点的求法.

一、函数的最值

定义 4.4　设函数 $f(x)$ 在区间 I 上有定义，如果有 $x_0\in I$，使得对所有的 $x\in I$ 都有 $f(x)\leqslant f(x_0)$（或 $f(x)\geqslant f(x_0)$），则称 $f(x_0)$ 是函数 $f(x)$ 在区间 I 上的最大值(或最小值).

必须注意，函数的最大(小)值与极大(小)值一般来说是不同的．函数的最大(小)值是整个区间上全部函数值中的最大(小)者，它是全局性的概念．例如，在图 4-24 中，在区间 $[a, b]$ 上，$f(x_4)$ 是函数的最大值，$f(a)$ 是函数的最小值．函数的最大(小)值如果存在，必然是唯一的，并且最小值一定不大于最大值. 同时，区间端点的函数值可能是函数的最大(小)值，例如，在图 4-24 中，$f(a)$ 是函数的最小值．而函数的极大(小)值是局部性的

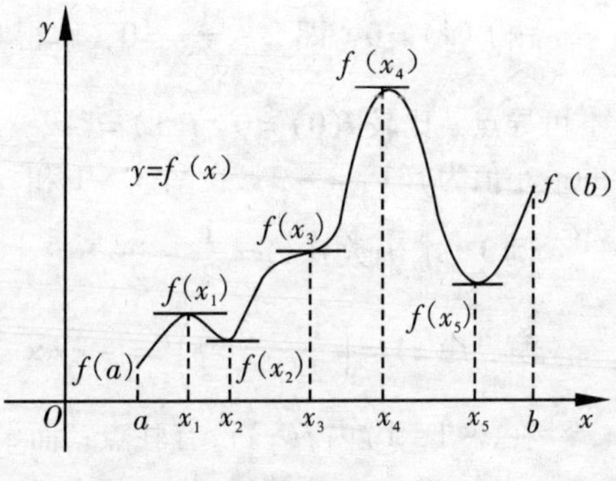

图 4-24

概念．即极大(小)值是函数在极值点的某个邻域中的最大(小)值．函数可以有多个极大值和极小值，并且极小值可能大于极大值，同时，区间端点的函数值一定不是函数的极大(小)值.

二、求函数的最大值与最小值的方法

如果函数$f(x)$在$[a, b]$上连续，那么它在$[a, b]$上必有最大值与最小值．如何求出函数$f(x)$在$[a, b]$上的最大值与最小值呢？显然，函数的最大值与最小值或者在区间的端点处，或者在极值点的地方．因此，函数的最大值与最小值一般可按下面的步骤得到：

(1) 求出函数$f(x)$在指定区间内的驻点和不可导点；

(2) 计算函数$f(x)$在驻点、不可导点及区间端点处的函数值；

(3) 将 (2) 中的函数值进行比较，其中最小的就是最小值，最大的就是最大值.

例 1 求函数$f(x)=x^4-2x^2+2$在$[-2, 2]$上的最大值与最小值.

解：$f'(x)=(x^4-2x^2+2)'=(x^4)'-(2x^2)'+(2)'=4x^3-4x=4x(x-1)(x+1)$.

由$f'(x)=0$，即$4x(x-1)(x+1)=0$，
解得驻点$x_1=-1$，$x_2=0$，$x_3=1$.

因为$f(-1)=1$，$f(0)=2$，$f(1)=1$，$f(-2)=f(2)=10$，

$$\min\{1, 2, 10\}=1, \max\{1, 2, 10\}=10.$$

所以$f(x)$在$[-2, 2]$上的最小值为$f(-1)=f(1)=1$；最大值为$f(-2)=f(2)=10$.

【即学即练】

求函数$f(x)=x^4-2x^2+5$在$[-2, 2]$上的最大值与最小值.

(答案：最大值为$f(-2)=f(2)=13$；最小值为$f(-1)=f(1)=4$).

例 2 求函数$f(x)=x-3x^{\frac{1}{3}}$在$[-1, 8]$上的最大值与最小值.

解：$f'(x)=(x-3x^{\frac{1}{3}})'=(x)'-(3x^{\frac{1}{3}})'=1-3\times\frac{1}{3}x^{\frac{1}{3}-1}=1-x^{-\frac{2}{3}}=1-\frac{1}{\sqrt[3]{x^2}}$.

由$f'(x)=0$，即$1-\frac{1}{\sqrt[3]{x^2}}=0$，解得驻点$x=\pm1$；而$x=0$时，$f'(x)$不存在，即$x=0$是不可导点．比较$f(0)=0$，$f(1)=-2$，$f(-1)=2$，$f(8)=2$，得到$f(x)$在$[-1, 8]$上的最小值为$f(1)=-2$；在$x_1=-1$和$x_2=8$处取得最大值 2.

例 3 求函数$f(x)=\frac{1}{2}-\frac{3}{2}x^{\frac{2}{3}}$在$[-1, 1]$上的最大值与最小值.

解：$f'(x)=\left(\frac{1}{2}-\frac{3}{2}x^{\frac{2}{3}}\right)'=-\frac{3}{2}\times\frac{2}{3}x^{\frac{2}{3}-1}=-x^{-\frac{1}{3}}=-\frac{1}{\sqrt[3]{x}}$.

在$(-1, 1)$内$f(x)$没有驻点；而$x=0$时，$f'(x)$不存在，即$x=0$是不可导点．比较$f(-1)=-1$，$f(0)=\frac{1}{2}$，$f(1)=-1$，得到$f(x)$在$[-1, 1]$上的最小值为$f(\pm1)=-1$；最大值为$f(0)=\frac{1}{2}$.

三、两种特殊情况的最大值与最小值的求法

1. 单调函数最大值、最小值的求法

如果函数$f(x)$在$[a, b]$上单调增加，则$f(b)$就是$[a, b]$上的最大值，$f(a)$就是$[a, b]$上的最小值(见图4－25(a)).

如果函数$f(x)$在$[a, b]$上单调减少，则$f(b)$就是$[a, b]$上的最小值，$f(a)$就是$[a, b]$上的最大值(见图4－25(b)).

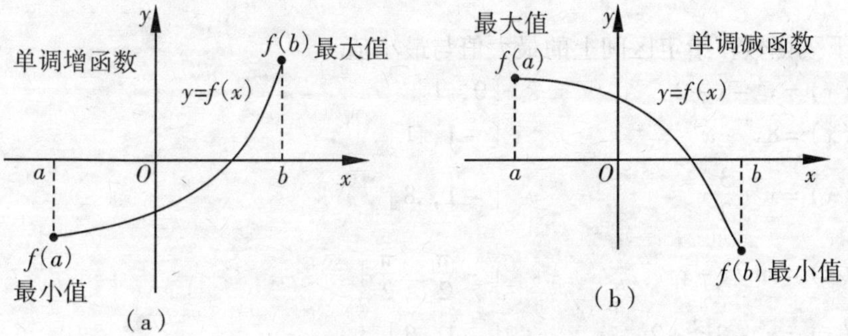

图4－25

例4 求函数$f(x)=\sin x-x$在$[0, \frac{\pi}{2}]$上的最大值与最小值.

解：因为$f'(x)=\cos x-1<0$，$x\in(0, \frac{\pi}{2})$

所以$f(x)$在$[0, \frac{\pi}{2}]$上单调减少，因此$f(0)=0$为最大值，$f(\frac{\pi}{2})=1-\frac{\pi}{2}$为最小值.

2. 函数在区间内最大值、最小值的求法

如果$f(x)$在一个区间(无论何种区间)内可导且仅有一个驻点x_0，那么当$f(x_0)$是极大值时，$f(x_0)$就是$f(x)$在该区间上的最大值(如图4－26所示)；当$f(x_0)$是极小值时，$f(x_0)$就是$f(x)$在该区间上的最小值(如图4－27所示).

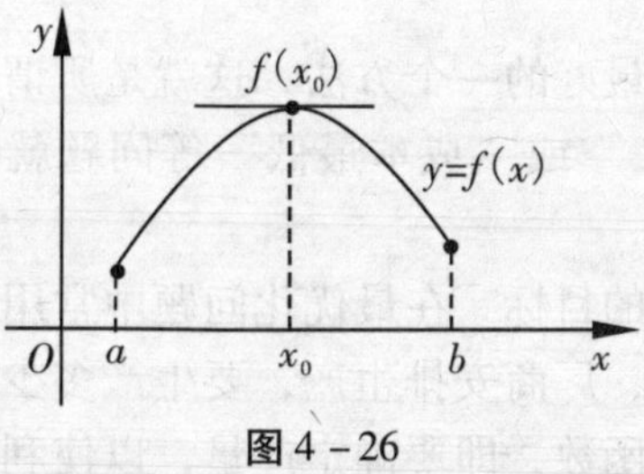

图4－26

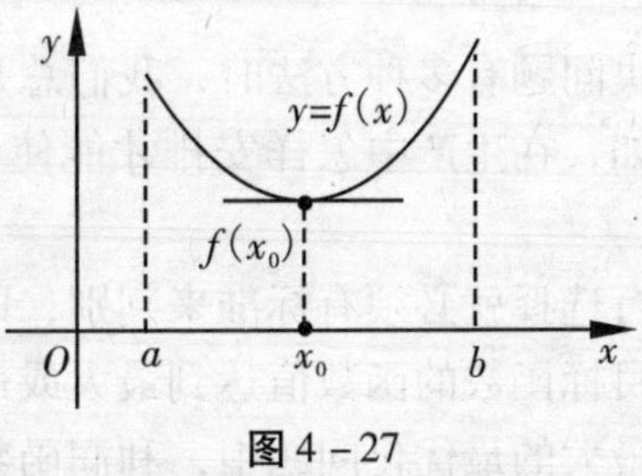

图4－27

注：很多实际问题的最大值或最小值属于此种类型，可用求极值的方法来解决.

例 5 求函数 $f(x)=x^2-6x+15$ 的最大值与最小值.

解： $f'(x)=2x-6$，$f''(x)=2$.

由 $f'(x)=0$，即 $2x-6=0$，解得唯一驻点 $x=3$. 只需检验 $x=3$ 为极值点.

因为 $f''(3)=2>0$，所以 $f(3)=6$ 是函数 $f(x)$ 的极小值，因此函数 $f(x)$ 的最小值为 6，没有最大值.

事实上，在初等函数里，例 5 中的函数 $f(x)=x^2-6x+15$ 就是一个一元二次函数，利用配方的方法也可得到相同的结果.

§4.5 练习题

1. 求下列函数在给定区间上的最大值与最小值.

(1) $f(x)=x^2-x+2$ $[0, 1]$

(2) $f(x)=8x^2-x^4$ $[-1, 1]$

(3) $f(x)=x-\frac{3}{2}x^{\frac{2}{3}}$ $[-1, 8]$

(4) $f(x)=\sin 2x-x$ $\left[-\frac{\pi}{2}, \frac{\pi}{2}\right]$

(5) $f(x)=x^4-8x^2+2$ $[-1, 3]$

(6) $f(x)=x^3-3x^2-9x+5$ $[-4, 4]$

(7) $f(x)=x(x-1)^{\frac{1}{3}}$ $[-2, 2]$

(8) $f(x)=\sin x+\cos x$ $[0, 2\pi]$

2. 设 $f(x)=\ln(1+x^2)$，$x\in(0, +\infty)$

(1) 确定 $f(x)$ 在所给区间的单调增减性；

(2) 求 $f(x)$ 在给定区间上的最小值.

3. 已知 $x_1=2$，$x_2=1$ 都是函数 $f(x)=a\ln x+bx^2+x$ $(a\neq 0)$ 的极值点，求 a，b 的值.

§4.6 导数在最优化问题中的简单应用

一、最优化问题

当解决问题有多种方法时，我们总是希望选择最好的一个方法，这就是所谓的最优化问题．例如，在生产中怎样安排才能使“产量最大”或“成本最低”等问题就属于最优化问题.

要进行选择就必须有标准来判别，即要有明确的目标．在最优化问题中常用的标准就是使某个目标函数的函数值达到最大或最小．例如，厂商安排生产，要生产多少产品，才能使利润最大的最优化问题中，利润函数就是目标函数，即要确定产量，以使利润函数达到最大值．因此，求解最优化问题在数学上可归结为求某一目标函数的最大值(或最小值)问题.

一般地，求解最优化问题有如下的步骤：

（1）分析题意，引进变量，建立目标函数 $f(x)$；

（2）求解目标函数 $f(x)$ 的最大值（或最小值）；

（3）回答问题.

例 1 要设计一个容积为 54π 立方米的圆柱形封闭容器．已知上、下底面及侧面材料的造价都是每平方米 2 元，问应怎样设计才能使容器的总造价最低？

解题分析：一方面，圆柱形容器的容积（即体积）等于底面积乘以高；另一方面，一个圆柱形容器的形状是由它的高和底面半径确定的（如图 4－28 所示），因此，"怎样设计"是指容器的高和底面半径分别是多少．由题意可知容器的总造价包括三部分：上底面材料的造价、下底面材料的造价及侧面材料的造价．题目要求容器的总造价最低，则容器的总造价函数就是这个问题的目标函数．因此，首先建立总造价是底面半径（或高）的函数，然后求出总造价函数的最小值点即可.

解：设容器的底面半径为 r 米，高为 h 米（如图 4－28 所示），则容积 $V=\pi r^2 h$，所以容器的高 $h=\frac{V}{\pi r^2}=\frac{54\pi}{\pi r^2}=\frac{54}{r^2}$，从而总造价函数为：

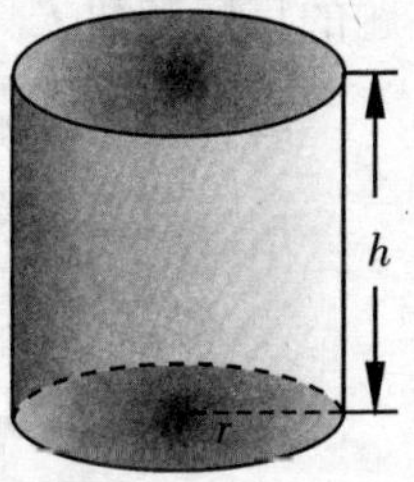

图 4－28

$$
\begin{aligned}
C&=C_{上底}+C_{下底}+C_{侧面}\\
&=2\pi r^2+2\pi r^2+2\times 2\pi rh\\
&=4\pi r^2+4\pi r\cdot\frac{54}{r^2}\\
&=4\pi r^2+\frac{216\pi}{r}\\
&=4\pi\left(r^2+\frac{54}{r}\right)\ (r>0)
\end{aligned}
$$

$$C'_r=4\pi\left(2r-\frac{54}{r^2}\right)=8\pi\left(r-\frac{27}{r^2}\right),$$

由 $C'_r=0$，即 $8\pi\left(r-\frac{27}{r^2}\right)=0$，解得唯一驻点 $r=3$.

因为 $C''_r=\left[8\pi\left(r-\frac{27}{r^2}\right)\right]'=8\pi\left(1+\frac{54}{r^3}\right)>0$，所以 $r=3$ 是极小值点．由于驻点是唯一的，因此 $r=3$ 也是最小值点，此时高 $h=\frac{54}{3^2}=6$.

答：当容器半径为 3 米，高为 6 米时，总造价最低.

在例 1 中，由于目标函数的二阶导数容易求得，因此，用极限的第二判别法来判定是比较简便的.

【即学即练】

用薄铁片冲制圆柱形无盖容器，要求它的容积为 27（立方单位）时，问应如何选择它的半径 r 和高度 h 才能使用料最省？

（答案：$r=\frac{3}{\sqrt[3]{\pi}}$，$h=\frac{3}{\sqrt[3]{\pi}}$）.

由例 1 可知：求解最优化问题的关键是要理解题意，建立正确的目标函数．如果题目中已经给出了目标函数，则问题就简单了，只要求解目标函数的最大值(或最小值)就可以了(参见例 2).

例 2 设某酒厂有一批新酿的好酒，如果现在(假定 $t=0$)就售出，总价值为 R_0(单位：元)，如果窖藏起来等待将来按陈酒价格售出，t 年末总价值为$R(t)=R_0e^{\frac{2}{5}\sqrt{t}-rt}$，其中 R_0，r 为常数，且 $R_0>0$，$r>0$. 试求窖藏多少年售出可使总价值最大；并求当 $r=5\%$ 时的时间 t 值.

解题分析：题目要求酒的总价值最大，则酒的总价值函数 $R(t)=R_0e^{\frac{2}{5}\sqrt{t}-rt}$就是这个问题的目标函数，只要求出使函数 $R(t)=R_0e^{\frac{2}{5}\sqrt{t}-rt}$取得最大值时 t 的值即可.

解：对目标函数 $R(t)=R_0e^{\frac{2}{5}\sqrt{t}-rt}$求导，得

$$R'(t)=(R_0e^{\frac{2}{5}\sqrt{t}-rt})'=R_0e^{\frac{2}{5}\sqrt{t}-rt}\cdot\left(\frac{2}{5}\sqrt{t}-rt\right)'=R_0e^{\frac{2}{5}\sqrt{t}-rt}\left(\frac{1}{5\sqrt{t}}-r\right).$$

由 $R'(t)=R_0e^{\frac{2}{5}\sqrt{t}-rt}\left(\frac{1}{5\sqrt{t}}-r\right)=0$，即$\frac{1}{5\sqrt{t}}-r=0$，解得唯一驻点 $t_0=\frac{1}{25r^2}$.

因为在 $R'(t)=R_0e^{\frac{2}{5}\sqrt{t}-rt}\left(\frac{1}{5\sqrt{t}}-r\right)$中，总有 $R_0e^{\frac{2}{5}\sqrt{t}-rt}>0$，当 $t<t_0$ 时，即 $t<\frac{1}{25r^2}$，有$\frac{1}{5\sqrt{t}}>r$，从而$R'(t)>0$；当 $t>t_0$ 时，即 $t>\frac{1}{25r^2}$，有$\frac{1}{5\sqrt{t}}<r$，从而 $R'(t)<0$. 所以，当 $t_0=\frac{1}{25r^2}$时，$R(t)$取得极大值，也就是最大值，即窖藏$\frac{1}{25r^2}$年售出可使总价值最大．特别地，当 $r=5\%=0.05$ 时，得到$t_0=\frac{1}{25\times0.05^2}=\frac{1}{25}\left(\frac{100}{5}\right)^2=\frac{1}{25}\times20^2=16$(年)，即窖藏 16 年售出可使总价值最大.

在例 2 中，由于函数 $R(t)$的二阶导数不容易求得，因此，不能用极值的第二判别法，而要用极值的第一判别法来判定.

【即学即练】

将边长为 18 米的一块正方形铁皮，四角各截去一个大小相同的小正方形，然后将四边折起做成一个无盖的方盒，问截掉的小正方形边长为多少米时，所得方盒的容积最大?

(答案：边长为 3 米).

二、成本最小化

在第一章及第三章里，我们知道，如果某产品的产量为 x 单位，固定成本为 C_0，变动

成本为 $C_1(x)$，则该产品有：

总成本函数 $TC(x)=C_0+C_1(x)$.

平均成本函数 $AC(x)=\frac{TC(x)}{x}$.

边际成本函数 $MC(x)=TC'(x)$.

在经济和管理行为中经常要考虑成本的最小化问题.

例 3 设某工厂生产某产品 x 件时，总成本函数为 $TC(x)=0.5x^2-2x+8$(元)，(1) 求该产品的边际成本函数；(2) 求产量为 10 件时的边际成本以及生产第 11 件产品的成本；(3) 问产量为多少时，平均成本最小？(4) 验证在平均成本最低点处，边际成本等于平均成本.

解：(1) 产品的边际成本函数为

$$MC(x)=TC'(x)=(0.5x^2-2x+8)'=x-2.$$

(2) 产量为 10 件时的边际成本是 $MC(10)=10-2=8$.

生产第 11 件产品的成本是

$$TC(11)-TC(10)=0.5\times11^2-2\times11+8-(0.5\times10^2-2\times10+8)=8.5.$$

(3) 平均成本函数为 $AC(x)=\frac{TC(x)}{x}=\frac{0.5x^2-2x+8}{x}=0.5x-2+\frac{8}{x}$.

因为 $AC'(x)=(0.5x-2+\frac{8}{x})'=0.5-\frac{8}{x^2}$,

$AC''(x)=(0.5-\frac{8}{x^2})'=\frac{16}{x^3}$.

由 $AC'(x)=0$，即 $0.5-\frac{8}{x^2}=0$，解得驻点 $x_1=4$，$x_2=-4$(无经济意义舍去). 又因为 $AC''(4)=\frac{16}{4^3}=\frac{1}{4}>0$，所以 $x=4$ 是极小值点，它也就是使平均成本函数取得最小值的点. 因此，产品的产量为 4 件时，平均成本最小.

(4) 当 $x=4$ 时，因为 $AC(4)=0.5\times4-2+\frac{8}{4}=2$,

$MC(4)=TC'(4)=4-2=2$,

即 $AC(4)=MC(4)=2$,

所以，在平均成本最低点处，边际成本等于平均成本.

三、收益最大化

总收益是指厂商销售一定数量产品时所得到的货币收入. 它等于销售量与销售价格的乘积.

平均收益是厂商出售一定数量的产品时，卖出每一单位的产品所获得的货币收入.

边际收益是总收益的变化率.

如果某产品的销售价格为 P 时，销售量为 x 单位，则该产品的总收益函数为

$$TR(x)=xP.$$

平均收益函数为 $AR(x)=\dfrac{TR(x)}{x}=P.$

边际收益函数为 $MR(x)=TR'(x)=P+xP'.$

即边际收益函数等于总收益函数的导数.

例4 已知某产品的总收益函数为 $TR(x)=20x-2x^2$，求总收益最大时的产量及最大的总收益.

解：$TR'(x)=(20x-2x^2)'=20-4x$，$TR''(x)=(20-4x)'=-4.$

由 $TR'(x)=0$，即 $20-4x=0$，解得唯一驻点 $x=5$. 因为 $TR''(5)=-4<0$，所以 $x=5$ 是极大值点，它也就是使总收益函数取得最大值的点. 因此，产品的产量为5单位时，总收益最大，最大的总收益为 $TR(5)=20\times5-2\times5^2=50.$

例5 已知某商品的价格 P 与销售量 x 的关系为 $P=20-x$，问为使总收入最大，应如何定价？销售量是多少？

解：因为总收入函数为 $TR(x)=xP=x(20-x)=20x-x^2$，

所以，得 $TR'(x)=(20x-x^2)'=20-2x$，　$TR''(x)=(20-2x)'=-2.$

由 $TR'(x)=0$，即 $20-2x=0$，解得唯一驻点 $x=10$. 又因为 $TR''(10)=-2<0$，所以 $x=10$ 是使总收入函数取得最大值的点，此时，价格为 $P=20-10=10$. 因此，当价格为10，销售量是10时，可使总收入最大.

四、利润最大化

厂商从事生产或出售商品时，不仅要求获取利润，而且要尽可能地获取最大利润，厂商利润最大化原则就是厂商的边际收益等于边际成本的原则. 边际收益是最后增加一单位销售量所增加的收益，边际成本是最后增加一单位产量所增加的成本. 如果最后增加一单位产量的边际收益大于边际成本，就意味着增加产量可以增加总利润，于是厂商会继续增加产量，以实现最大利润目标. 如果最后增加一单位产量的边际收益小于边际成本，那就意味着增加产量不仅不能增加利润，反而会发生亏损，这时厂商为了实现最大利润目标，就不会增加产量，反而会减少产量. 只有在边际收益等于边际成本时，厂商的总利润才能达到极大值. 所以厂商利润最大化原则就是边际收益等于边际成本的原则，即 $MR=MC$ 成为利润最大化的条件，这一利润最大化条件适用于所有类型的市场结构. 下面我们对 $MR=MC$ 这一利润最大化原则，用数学推导加以证明：

如果某商品产量为 x 单位时，设 $TC(x)$ 为总成本，$TR(x)$ 为总收益，那么利润 $L=L(x)=TR(x)-TC(x)$，则 $L'(x)=TR'(x)-TC'(x)=MR-MC.$

当 $MR(x)>MC(x)$，则 $L'(x)=ML(x)>0$，说明 $L(x)$ 是递增函数，此时增加产量能使利润增加；

当 $MR(x)<MC(x)$，则 $L'(x)=ML(x)<0$，说明 $L(x)$ 是递减函数，此时增加产量会使利润减少，而减少产量反而能使利润增加；

令 $L'(x)=TR'(x)-TC'(x)=0$，

从而得到 $TR'(x)=TC'(x)$，即 $MR=MC$，

所以取得最大利润的必要条件是：边际收益等于边际成本 $TR'(x)=TC'(x)$，即 $L'(x)=0$

只是取极值的必要条件，若 $L(x)$ 在此条件下达到最大，应有

$$L''(x)=TR''(x)-TC''(x)<0$$

这是取得最大利润的充分条件，说明此时产量为最优，利润最大．所以，当 $TR'(x)=TC'(x)$ 且 $TR''(x)<TC''(x)$ 时，利润达到最大，这就是最大利润原则．当然，此问题明显存在最值，仅有唯一驻点的情况下，也可以作直接判断．

例 6　某电子公司生产一种 MP3 产品 x 单位时的成本为 $TC(x)=5x+200$，得到的收益是 $TR(x)=10x-0.01x^2$，问为使利润最大，产量应定为多少？

解：利润函数为

$L(x)=TR(x)-TC(x)=(10x-0.01x^2)-(5x+200)=5x-0.01x^2-200.$

因为 $L'(x)=(5x-0.01x^2-200)'=5-0.02x$，　$L''(x)=(5-0.02x)'=-0.02.$

由 $L'(x)=0$，即 $5-0.02x=0$，也即 $0.02x=5$，解得唯一驻点 $x=250$.

又因为 $L''(250)=-0.02<0$，所以 $x=250$ 是使利润函数取得最大值的点．因此，当产量为 250 单位时，可使利润最大．

例 7　已知某种 U 盘产品的价格 P 与销售量 x 的关系为 $P=200-4x$，固定成本为 100 元，总变动成本为 $C_1(x)=x^2$，问为使利润最大，应如何定价？产量是多少？

解：因为总收入函数为 $TR(x)=xP=200x-4x^2$，

总成本函数为 $TC(x)=100+x^2$，所以总利润函数为

$$L(x)=TR(x)-TC(x)=(200x-4x^2)-(100+x^2)=200x-5x^2-100.$$

从而得 $L'(x)=(200x-5x^2-100)'=200-10x$，

$L''(x)=(200-10x)'=-10.$

由 $L'(x)=200-10x=0$，解得唯一驻点 $x=20$. 又因为 $L''(20)=-10<0$，所以 $x=20$ 是使总利润函数取得最大值的点，此时，价格为 $P=200-4\times20=120$. 因此，当价格为 120，销售量是 20 时，可使总利润最大．

例 8　已知某产品的需求函数为 $P=10-\dfrac{Q}{5}$，成本函数为 $C=50+2Q$，问产量为多少时总利润 L 最大？并验证是否符合最大利润原则．

解：已知 $P=10-\dfrac{Q}{5}$，$C=50+2Q$

于是有 $R(Q)=10Q-\dfrac{Q^2}{5}$，$L(Q)=R(Q)-C(Q)=8Q-\dfrac{Q^2}{5}-50.$

$$L'(Q)=8-\frac{2}{5}Q,\ L''(Q)=-\frac{2}{5}.$$

令 $L'(Q)=0$ 得 $Q=20$，$L''(20)=-\dfrac{2}{5}<0$

所以当 $Q=20$ 时总利润最大．

此时 $R'(20)=2$，$C'(20)=2$，有 $R'(20)=C'(20)=2$，$R''(20)=-\dfrac{2}{5}$，$C''(20)=0$，

有 $R''(20)<C''(20)=0$，所以符合最大利润原则．

【即学即练】

已知某工厂生产 x 件产品的成本为 $C(x)=25\,000+200x+\frac{1}{40}x^2$，要使平均成本最小，应生产多少件产品？（答案：1 000 件）.

§4.6　练习题

1. 要设计一个容积为 250π 立方米的圆柱形封闭容器，问应怎样设计才能使所用材料最少？

2. 要设计一个容积为 250π 立方米的无盖圆柱形容器，已知下底面单位造价是周围单位造价的 2 倍. 问容器的底面半径和高分别是多少才能使总造价最低？

3. 要造一个底面为正方形，容积为 108 立方米的开口长方体容器，问应怎样设计才能使所用材料最少？

4. 要设计一个容积为 20π 立方米的圆柱形封闭容器，已知上底材料每平方米的造价是侧面材料单位面积造价的一半，而侧面材料单位面积造价是下底面单位面积造价的一半。问应怎样设计才能使容器的总造价最低？

5. 假设某个林场的树林的价值是时间 t 的函数 $V(t)=2^{\sqrt{t}}e^{-rt}$，又设在树林生长期间保养费用为零，问什么时间树林的价值最大？

6. 已知某产品产量为 x 单位时，总成本函数为 $TC(x)=3x^2-18x+48$，问：（1）产量为多少时，总成本最低？（2）产量为多少时，平均成本最小？

7. 已知某产品的总收益函数为 $TR(x)=10x-2.5x^2$，求总收益最大时的产量及最大的总收益.

8. 已知某商品的价格 P 与销售量 x 的关系为 $P=1\,000-5x$，问为使总收入最大，应如何定价？销售量是多少？

9. 已知某产品产量为 x 个单位时的平均成本函数是 $\overline{C}(x)=5+\frac{200}{x}$，收益函数为 $R(x)=10x-0.01x^2$.（1）求产量为 x 个单位时的总成本函数 $C(x)$ 和边际成本函数 $MC(x)$；（2）产量是多少时利润最大？

10. 设某产品每天生产 x 单位时，平均成本函数为 $AC(x)=0.25x+10$，销售单价为每单位 25 元. 若产品能全部售出，问每天生产多少单位时，才能使利润最大？

11. 已知某商品的价格 P 与销售量 x 的关系为 $P=4\,500-x$，固定成本为 150 000 元，总变动成本为 $C_1(x)=400x$，问为使利润最大，应如何定价？产量是多少？

12. 某工厂生产某产品，其固定成本为 1 000 元，每多生产一单位产品，成本增加 3 元，该产品的价格 P 与销售量 x 的关系为 $x=1\,000-100P$. 求利润最大时的产量和产品的价格.

§4.7　函数几何特性的综合分析与函数的作图

从前面几节的讨论中我们知道，由一阶导数的符号可以确定函数的图形在哪个区间上升、在哪个区间下降、在哪一点处有极值；由二阶导数的符号可以确定函数的图形在哪个区间上是凹的、在哪个区间上是凸的、哪一点是拐点．现在应用这些知识来综合分析函数的几何特性并作出函数的图形．首先介绍曲线的渐近线，它有助于某些函数的作图．

一、曲线的渐近线

我们知道，函数 $y=\frac{1}{x}$ 的图形沿着 x 轴延伸时，越来越接近 x 轴．而函数 $y=e^x$ 的图形沿着 x 轴的负向延伸时，也越来越接近 x 轴．一般地，有些函数的图形向无穷远处延伸时，会呈现出越来越接近某一条固定直线的形态，这条固定的直线就是曲线的渐近线，即当曲线上的一点沿着曲线趋于无穷远处时，这个点与某一固定直线的距离趋于零，则称该直线为曲线的渐近线．

根据渐近线的位置，曲线的渐近线可分为三种：水平渐近线、铅垂渐近线和斜渐近线．

1．水平渐近线

定义 4.5　如果函数 $y=f(x)$ 的定义域是无穷区间，且 $\lim\limits_{x\to-\infty}f(x)=b$ 或 $\lim\limits_{x\to+\infty}f(x)=b$，则直线 $y=b$ 为曲线 $y=f(x)$ 的水平渐近线．如图 4－29 所示．

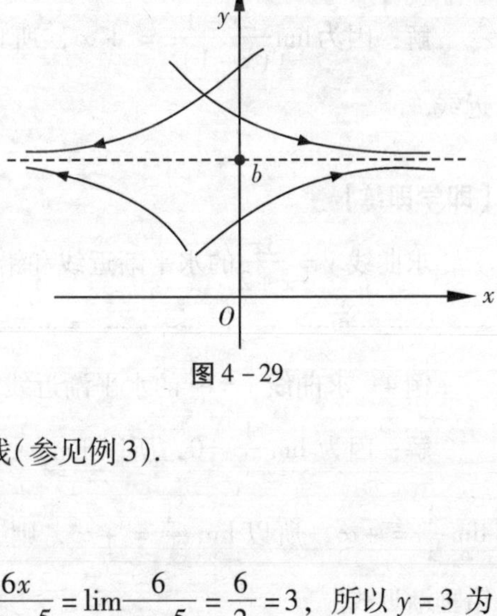

图 4－29

由定义 4.5 可知，求曲线 $y=f(x)$ 的水平渐近线就是求极限 $\lim\limits_{x\to-\infty}f(x)$ 或 $\lim\limits_{x\to+\infty}f(x)$，只要这两个极限中有一个存在，曲线 $y=f(x)$ 即有水平渐近线．例如，因为 $\lim\limits_{x\to-\infty}e^x=0$，所以直线 $y=0$（即 x 轴）是曲线 $y=e^x$ 的水平渐近线．若极限 $\lim\limits_{x\to-\infty}f(x)$ 与 $\lim\limits_{x\to+\infty}f(x)$ 都存在，但不相等，则曲线 $y=f(x)$ 有两条水平渐近线（参见例 3）．

例 1　求曲线 $y=\frac{3x^2+1}{x^2-5x-1}$ 的水平渐近线．

解：因为 $\lim\limits_{x\to\infty}\frac{3x^2+1}{x^2-5x-1}=\lim\limits_{x\to\infty}\frac{(3x^2+1)'}{(x^2-5x-1)'}=\lim\limits_{x\to\infty}\frac{6x}{2x-5}=\lim\limits_{x\to\infty}\frac{6}{2-\frac{5}{x}}=\frac{6}{2}=3$，所以 $y=3$ 为曲线的水平渐近线．

【即学即练】

求曲线 $y=\frac{x^2+3}{5x^2-2x-1}$ 的水平渐近线．（答案：$y=\frac{1}{5}$）．

例2 求曲线 $y=\frac{x-\sin x}{x}$ 的水平渐近线.

解：因为 $\lim\limits_{x\to\infty}\frac{x-\sin x}{x}=\lim\limits_{x\to\infty}(1-\frac{1}{x}\sin x)=1-\lim\limits_{x\to\infty}\frac{1}{x}\sin x=1-0=1$，所以 $y=1$ 为曲线的水平渐近线.

例3 求曲线 $y=\frac{1}{1+e^x}$ 的水平渐近线.

解：因为 $\lim\limits_{x\to+\infty}e^x=+\infty$，从而 $\lim\limits_{x\to+\infty}(1+e^x)=+\infty$，所以有 $\lim\limits_{x\to+\infty}\frac{1}{1+e^x}=0$. 故 $y=0$ 是曲线的水平渐近线.

又因为 $\lim\limits_{x\to-\infty}e^x=0$，所以 $\lim\limits_{x\to-\infty}\frac{1}{1+e^x}=\frac{1}{\lim\limits_{x\to-\infty}(1+e^x)}=\frac{1}{1+\lim\limits_{x\to-\infty}e^x}=\frac{1}{1+0}=1$. 因此，$y=1$ 也是曲线的水平渐近线.

2. **铅垂渐近线**

定义 4.6 如果函数 $y=f(x)$ 有 $\lim\limits_{x\to c^-}f(x)=\infty$ 或 $\lim\limits_{x\to c^+}f(x)=\infty$，则直线 $x=c$ 为曲线 $y=f(x)$ 的铅垂渐近线. 如图 4-30 所示.

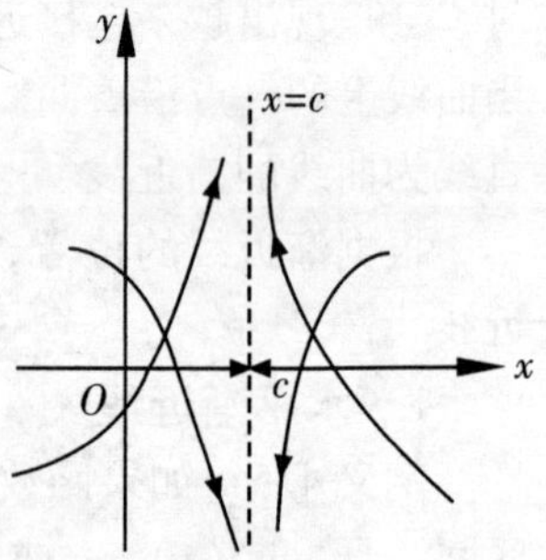

图 4-30

例3 求曲线 $y=\frac{2x-1}{(x-1)^2}$ 的铅垂渐近线.

解：因为 $\lim\limits_{x\to1}\frac{2x-1}{(x-1)^2}=+\infty$，所以 $x=1$ 为曲线的铅垂渐近线.

【即学即练】

求曲线 $y=\frac{3x}{x+2}$ 的水平渐近线和铅垂渐近线.（答案：$y=3$；$x=-2$）.

例4 求曲线 $y=e^{\frac{1}{x}}$ 的水平渐近线和铅垂渐近线.

解：因为 $\lim\limits_{x\to\pm\infty}\frac{1}{x}=0$，所以 $\lim\limits_{x\to\pm\infty}e^{\frac{1}{x}}=e^0=1$. 因此，$y=1$ 为曲线的水平渐近线. 又因为 $\lim\limits_{x\to0^+}\frac{1}{x}=+\infty$，所以 $\lim\limits_{x\to0^+}e^{\frac{1}{x}}=+\infty$，则 $x=0$ 为曲线的铅垂渐近线.

最后，简单介绍斜渐近线.

3. **斜渐近线**

定义 4.7 如果函数 $y=f(x)$ 的定义域是无穷区间，且 $\lim\limits_{x\to\pm\infty}[f(x)-(ax+b)]=0$，则直线 $y=ax+b$ 为曲线 $y=f(x)$ 的斜渐近线($a\neq0$).

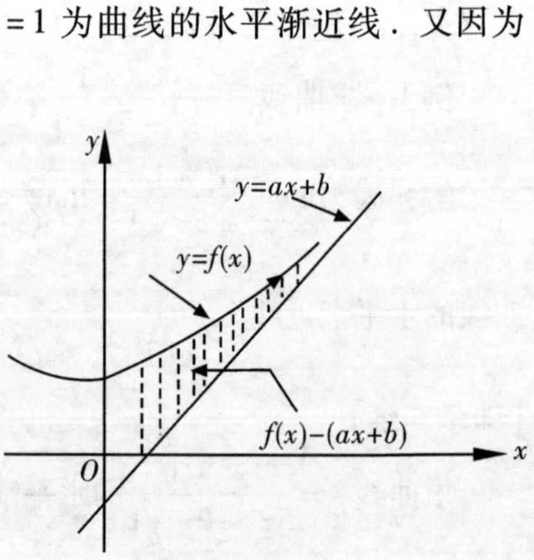

图 4-31

其中 $a=\lim\limits_{x\to\infty}\frac{f(x)}{x}$，$b=\lim\limits_{x\to\infty}[f(x)-ax]$. 如图

4－31 所示.

例 5　求曲线 $y=\dfrac{x^2}{x+1}$ 的渐近线.

解：因为 $\lim\limits_{x\to -1}\dfrac{x^2}{x+1}=\infty$，

所以 $x=-1$ 为曲线的铅垂渐近线.

又有 $a=\lim\limits_{x\to\infty}\dfrac{f(x)}{x}=\lim\limits_{x\to\infty}\dfrac{x}{x+1}=1$，

$b=\lim\limits_{x\to\infty}\left(\dfrac{x^2}{1+x}-x\right)=\lim\limits_{x\to\infty}\dfrac{-x}{x+1}=-1$，则 $y=x-1$ 为曲线的斜渐近线.

【即学即练】

求曲线 $y=\dfrac{4x^3}{x^2+1}$ 的渐近线.（答案：$y=4x$）.

二、函数图形的描绘

在前几节的内容中，我们讨论了函数的各种几何特性，现在将它们综合起来应用于函数的作图．描绘函数图形的一般步骤如下：

（1）确定函数的定义域；

注：这一步是确定函数图形的横向延续范围.

（2）确定函数的特征(如有界性、奇偶性与周期性)；

注：有界性是确定函数图形的纵向范围，描绘函数的图形时不能超出此范围；如果函数是奇函数或偶函数，那么只需讨论 $x\geqslant 0$ 时函数的性质，并作出函数位于 y 轴右侧的图形，而在 y 轴左侧的图形可由对称得出；如果函数是周期函数，那么只需讨论其在一个周期内的性质，并作出函数在该周期内的图形，而其余部分可利用周期性得到.

（3）求出 $f'(x)$，$f''(x)$，并求出函数在定义域内的驻点，二阶导数等于零的点及一阶导数、二阶导数不存在的点，用这些点把函数的定义域分成若干区间；

注：函数的驻点及一阶导数不存在的点可能是增减区间的分界点；函数的二阶导数等于零及二阶导数不存在的点可能是凹凸区间的分界点，求出这些特殊点才能划分增减区间和凹凸区间.

（4）判别每个区间内一、二阶导数的符号，确定单调区间、凹凸区间、极值、拐点；

（5）确定函数的渐近线；

（6）为了把图形描绘得更准确，要计算一些辅助点(如曲线与坐标轴的交点等)，然后根据以上的分析描点作图.

例 6　分析函数 $f(x)=\dfrac{1}{\sqrt{2\pi}}e^{-\frac{1}{2}x^2}$ 的几何特性并画出它的图形.

解：函数的定义域为$(-\infty,\ +\infty)$.

因为 $f(x)>0$，且有 $f(-x)=f(x)$，所以 $f(x)$ 的图形只在 x 轴的上方并且对称于 y 轴.

$$f'(x)=\frac{-x}{\sqrt{2\pi}}e^{-\frac{1}{2}x^2},\ f''(x)=\frac{(x^2-1)}{\sqrt{2\pi}}e^{-\frac{1}{2}x^2}.$$ （参考§4.3节中的例10）

令 $f'(x)=0$，解得 $x=0$；令 $f''(x)=0$，解得 $x=-1$ 和 $x=1$. 以 -1，0，1 为分点，将定义域分成四个区间：$(-\infty,\ -1)$，$(-1,\ 0)$，$(0,\ 1)$ 及 $(1,\ +\infty)$.

判别如下表：

x	$(-\infty,\ -1)$	-1	$(-1,\ 0)$	0	$(0,\ 1)$	1	$(1,\ +\infty)$
$f'(x)$	+	+	+	0	−	−	−
$f''(x)$	+	0	−	−	−	0	+
$f(x)$	增，凹	拐点	增，凸	极大值	减，凸	拐点	减，凹

渐近线：

因为 $\lim\limits_{x\to\pm\infty}f(x)=\lim\limits_{x\to\pm\infty}\frac{1}{\sqrt{2\pi}}e^{-\frac{1}{2}x^2}=0$，所以 $y=0$ 是水平渐近线.

计算出 $f(0)=\frac{1}{\sqrt{2\pi}}\approx 0.4$，$f(\pm 1)=\frac{1}{\sqrt{2\pi e}}\approx 0.24$，拐点是 $A\left(-1,\ \frac{1}{\sqrt{2\pi e}}\right)$，$B\left(1,\ \frac{1}{\sqrt{2\pi e}}\right)$. 根据以上分析可作出函数的图形．如图 4－32 所示.

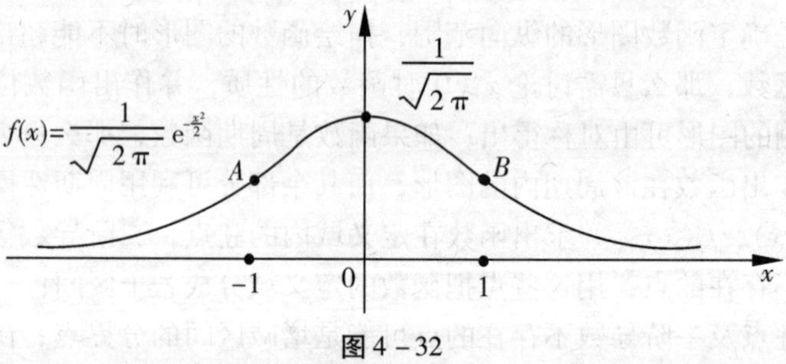

图 4－32

这个函数及其图形在概率论与数理统计课程中有重要应用，应当熟悉.

例 7　描绘 $y=1+\frac{1}{x}$ 的图形.

解：定义域为 $(-\infty,\ 0)\cup(0,\ +\infty)$.

无界函数、非奇非偶函数、非周期函数.

$$y'=-\frac{1}{x^2},\qquad y''=\left(-\frac{1}{x^2}\right)'=\frac{2}{x^3}$$

函数没有驻点，无二阶导数等于零的点；当 $x=0$ 时，y'、y'' 不存在.

列表判别如下：

x	$(-\infty, 0)$	0	$(0, +\infty)$
y'	$-$	不存在	$-$
y''	$-$	不存在	$+$
y	减，凸	不存在	减，凹

因为 $\lim\limits_{x \to 0^+} y = +\infty$，$\lim\limits_{x \to 0^-} y = -\infty$，$\lim\limits_{x \to \pm\infty} y = 1$，

所以函数有一条铅垂渐近线 $x=0$ 和一条水平渐近线 $y=1$.

因此，$y(-2)=\dfrac{1}{2}$，$y(-1)=0$，$y(-\dfrac{1}{2})=-1$，$y(\dfrac{1}{2})=3$，$y(1)=2$，$y(2)=\dfrac{3}{2}$，

根据以上分析可作出函数的图形．如图 4－33 所示.

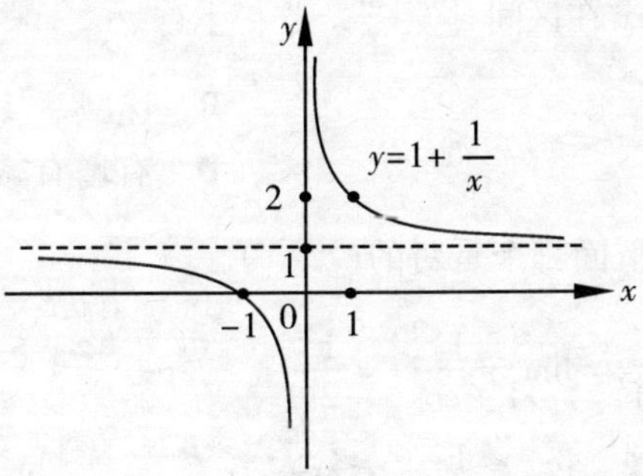

图 4－33

§4.7　练习题

1. 求下列曲线的渐近线.

（1）$y=e^x$　　　　（2）$y=\dfrac{x+3}{x^2-9}$

（3）$y=e^{-\frac{1}{x}}$　　　　（4）$y=\ln x$

2. 描绘下列函数的图形.

（1）$y=x+\dfrac{1}{x}$　　　　（2）$y=\dfrac{1}{1+e^{-x}}$

（3）$y=2x^3-3x^2$　　　　（4）$y=e^{-\frac{x^2}{2}}$

总习题四

1. 单项选择题.

(1) 下列函数在给定区间上满足罗尔定理的有(　　).

A. $y=x^2-5x+6$, $[2, 3]$

B. $y=\dfrac{1}{\sqrt[3]{(x-1)^2}}$, $[0, 2]$

C. $y=x\mathrm{e}^{-x}$, $[0, 1]$

D. $y=|x-1|$, $[0, 2]$

(2) 二次三项式 $f(x)=px^2+qx+r(p\neq0)$ 在 $[a, b]$ 上应用拉格朗日中值定理所得的 ξ 为(　　).

A. $\dfrac{p+q}{2}$

B. $\dfrac{q+r}{2}$

C. $\dfrac{a+b}{2}$

D. $\dfrac{b-a}{2}$

(3) 函数 $f(x)=1-\sin x$ 在区间 $\left[-\dfrac{\pi}{2}, \dfrac{\pi}{2}\right]$ 上(　　).

A. 递增

B. 递减

C. 不增不减

D. 有增有减

(4) 计算 $\lim\limits_{x\to\infty}\dfrac{x}{x+\sin x}$，下面哪个是对的(　　).

A. 原式 $=\lim\limits_{x\to\infty}\dfrac{(x)'}{(x+\sin x)'}=\lim\limits_{x\to\infty}\dfrac{1}{1+\cos x}=\dfrac{1}{2}$

B. 原式 $=\lim\limits_{x\to\infty}\dfrac{(x)'}{(x+\sin x)'}=\lim\limits_{x\to\infty}\dfrac{1}{1+\cos x}$ 不存在

C. 原式 $=\lim\limits_{x\to\infty}\dfrac{1}{1+\dfrac{\sin x}{x}}=\dfrac{1}{1+0}=1$

D. 原式 $=\lim\limits_{x\to\infty}\dfrac{1}{1+\dfrac{\sin x}{x}}=\dfrac{1}{1+1}=\dfrac{1}{2}$

(5) 下列极限中能使用洛必达法则的有(　　).

A. $\lim\limits_{x\to0}\dfrac{x^2\sin\dfrac{1}{x}}{\sin x}$

B. $\lim\limits_{x\to+\infty}x\left(\dfrac{\pi}{2}-\arctan x\right)$

C. $\lim\limits_{x\to\infty}\dfrac{x-\sin x}{x+\sin x}$

D. $\lim\limits_{x\to\infty}\dfrac{x\sin x}{x^2}$

(6) 函数 $y=ax^2+c$ 在区间 $(0, +\infty)$ 内单调增加，则 a 和 c 应满足(　　).

A. $a<0$ 且 $c=0$

B. $a>0$ 且 c 是任意实数

C. $a<0$ 且 $c\neq0$

D. $a<0$ 且 c 是任意实数

(7) 设函数 $y=\dfrac{2x}{1+x^2}$，在(　　).

A. $(-\infty, +\infty)$单调增加

B. $(-\infty, +\infty)$单调减少

C. $(-1, 1)$单调增加，其余区间单调减少

D. $(-1, 1)$单调减少，其余区间单调增加

(8) 函数 $y=f(x)$在点 x_0 处取得极大值，则必有(　　).

A. $f'(x_0)=0$　　　　B. $f''(x_0)<0$

C. $f'(x_0)=0$ 且$f''(x_0)<0$　　　　D. $f'(x_0)=0$ 或$f'(x_0)$不存在

(9) 已知$f(x)$在 $[a, b]$ 上连续，在(a, b)内可导，且当$x\in(a, b)$时，有 $f'(x)<0$，又已知$f(a)<0$，则(　　).

A. $f(x)$在区间 $[a, b]$ 上单调增加，且$f(b)<0$

B. $f(x)$在区间 $[a, b]$ 上单调减少，且$f(b)>0$

C. $f(x)$在区间 $[a, b]$ 上单调减少，且$f(b)<0$

D. $f(x)$在区间 $[a, b]$ 上单调减少，但$f(b)$正负号无法确定

(10) 设函数 $y=f(x)$在 $x=x_0$ 处有 $f'(x_0)=0$，在 $x=x_1$ 处有 $f'(x_1)$不存在，则(　　).

A. $x=x_0$ 及 $x=x_1$ 一定都是极值点

B. 只有 $x=x_0$ 是极值点

C. $x=x_0$ 与 $x=x_1$ 都可能不是极值点

D. $x=x_0$ 与 $x=x_1$ 至少有一个点是极值点

(11) 函数 $y=e^{\frac{5}{x^2}}\arctan\dfrac{x^2+x+1}{(x-3)(x+4)}$的渐近线的条数为(　　).

A. 1 条　　B. 2 条　　C. 3 条　　D. 4 条

2. 填空题.

(1) 函数$f(x)=x\sqrt{2-x}$在 $[0, 2]$ 上满足罗尔定理条件，则定理中的$\xi=$______.

(2) 函数 $y=x-\ln(x+1)$在区间______内单调下降，在区间______内单调上升.

(3) 设 a 是常数，则当函数 $f(x)=a\sin x+\dfrac{1}{3}\sin 3x$ 在 $x=\dfrac{\pi}{3}$处取得极值时，必有$a=$________.

(4) 函数 $y=x^4-2x^2+5$ 在区间 $[-2, 2]$ 上的最小值是________.

(5) $\lim\limits_{x\to 1}\dfrac{x^2-1}{\ln x}=$________.

(6) $\lim\limits_{x\to\infty}\left(\dfrac{x-1}{x}\right)^x=$________.

(7) $\lim\limits_{x\to+\infty}\dfrac{e^x}{x^2}=$________，$\lim\limits_{x\to-\infty}\dfrac{e^x}{x^2}=$________.

(8) $f(x)=x^5$ 在 $[-1, 5]$ 上的最大值为________.

(9) 函数 $y=x^3-9x^2+15x+3$ 的驻点为________.

(10) 已知点$(1, 3)$是曲线 $y=ax^3+bx^2$ 的拐点，则常数 $a=$________；$b=$________.

3. 验证$f(x)=x^3-x^2-2x$ 在区间 $[0, 2]$ 上满足罗尔定理的条件，并求出罗尔定理

结论中的 ξ 值.

4. 验证 $f(x)=x^3-6x^2+11x-6$ 在区间 $[0,3]$ 上满足拉格朗日中值定理的条件，并求出拉格朗日中值定理结论中的 ξ 值.

5. 讨论函数 $f(x)=\arctan x-x$ 的单调性，并用其证明 $\arctan x<x(x>0)$.

6. 证明不等式：当 $0<x<\dfrac{\pi}{2}$ 时，$\sin x>\dfrac{2}{\pi}x$.

7. 求函数的单调区间.

(1) $f(x)=2x^3-9x^2+12x-13$　　(2) $f(x)=x-e^x$

(3) $f(x)=\dfrac{x^2}{1+x}$　　(4) $y=2x^2-\ln x$

8. 计算下面的极限.

(1) $\lim\limits_{x\to0}\dfrac{e^x-e^{-x}}{x}$　　(2) $\lim\limits_{x\to1}\dfrac{x^3-3x^2+2}{x^3-x^2-x+1}$

(3) $\lim\limits_{x\to\frac{\pi}{2}^+}\dfrac{\ln(x-\frac{\pi}{2})}{\tan x}$　　(4) $\lim\limits_{x\to+\infty}\dfrac{x^n}{e^{3x}}$

(5) $\lim\limits_{x\to+\infty}(\sqrt[3]{x^3+x^2+x+1}-x)$　　(6) $\lim\limits_{x\to0}\dfrac{x-\tan x}{x^2}$

(7) $\lim\limits_{x\to+\infty}x(\dfrac{\pi}{2}-\arctan x)$

9. 求函数的极值.

(1) $f(x)=x^3-3x$　　(2) $f(x)=x^3-3x^2-9x+5$

(3) $y=2e^x+e^{-x}$　　(4) $y=(x-6)^2(x-2)$

(5) $f(x)=\dfrac{1}{\sqrt{\pi}}e^{-\frac{x2-5x+6}{2}}$　　(6) $y=(x-1)x^{\frac{2}{3}}$

10. 求函数 $f(x)=x^{\frac{1}{x}}$ 的极大值点.

11. 求下列曲线的凹凸区间及拐点.

(1) $y=xe^{-x}$　　(2) $y=\sqrt{1+x^2}$

(3) $y=x-\sin x$　　(4) $y=(x-5)\sqrt[7]{x^3}$

12. 求最大值与最小值:

(1) 求 $f(x)=x^4-2x^2+5$ 在区间 $[-2,2]$ 上的最大值与最小值.

(2) 求 $f(x)=x^2\ln x$ 在区间 $[1,e]$ 上的最大值与最小值.

(3) 求 $f(x)=\sqrt[3]{(x^2-2x)^2}$ 在区间 $[0,3]$ 上的最大值与最小值.

13. 生产某产品的总成本函数为 $C(Q)=5Q^2+60Q+500$(元)，其中 Q 是需求量(20 件 $\leqslant Q\leqslant$ 1 000 件)，每件产品售价为 10 元，求利润最大时的产量和利润.

14. 已知生产某种商品 x 单位时的成本为 $TC(x)=x^3-9x^2+36x+6$，得到的收益是 $TR(x)=33x-4x^2$，问为使利润最大，产量应定为多少？

15. 某企业的总成本函数和总收益函数分别为 $C(Q)=0.3Q^2+9Q+30$ 与 $R(Q)=30Q-$

$0.75Q^2$，求相应的需求量 Q，使得

（1）总收益最大；

（2）平均成本最低；

（3）利润最大；

（4）当政府对产品征收税率为 8.4 时，利润最大.

第一章至第四章综合测试练习题一

一、填空题(将题目的正确答案填写在相应题目画线空白处)

1. 函数 $f(x)=\dfrac{1}{\sqrt{3-x}}+\ln(x-2)$ 的定义域是____________.

2. 设 $f(x)=\begin{cases}x-3 & x\geqslant 1\\ 2+x & x<1\end{cases}$，则 $\lim\limits_{x\to 1^-}f(x)=$______；$\lim\limits_{x\to 1^+}f(x)=$______.

3. 函数 $y=e^{\sin\frac{1}{x}}$ 是由简单函数________________复合而成的.

4. $\lim\limits_{x\to 0}x\sin\dfrac{1}{2x}=$__________.

5. $\lim\limits_{x\to\infty}\left(1-\dfrac{1}{x}\right)^{x}=$__________.

6. 已知 $y=x^3+3x^2$，则 y 的凸区间(下凹区间)是______；拐点是______.

7. 曲线 $y=\sin x$ 上点 $(\pi, 0)$ 处的切线方程是____________.

8. 设 $y=\sqrt{x}$，则 $dy=$____________.

9. 曲线 $y=e^{-x^2}$ 的水平渐近线是__________.

二、单选题(在每小题的备选答案中选出一个正确的答案，并将正确答案的号码填在题干的括号内)

1. 当 $x\to 0$ 时，下列无穷小量与 x 等价的是(　　).

A. x^2+2x　　B. $\sin x$　　C. $x+\sin x$　　D. x^3

2. $\lim\limits_{x\to\infty}\dfrac{\sin x}{x}=$(　　).

A. 1　　B. 不存在　　C. ∞　　D. 0

3. $\lim\limits_{x\to 0}\dfrac{\sin 3x}{x}=$(　　).

A. $\dfrac{1}{3}$　　B. 1　　C. 0　　D. 3

4. 曲线 $y=\dfrac{3}{x+1}$ 的铅垂渐近线为(　　).

A. $y=0$　　B. $y=1$　　C. $x=-1$　　D. $x=0$

5. 设 $f(x)=e^{-x^2}$，若 $f'(\xi)=0$，则 $\xi=$(　　).

A. 0　　B. -2　　C. 1　　D. 2

6. 设 $f(x)=\begin{cases}x+1 & x\neq 1\\ 1 & x=1\end{cases}$，则函数 $f(x)$ 在点 $x=1$ 处(　　).

A. 极限不存在　　B. 连续　　C. 间断　　D. 可导

7. 函数 $y=x^3+10x^2+1$ 的三阶导数 $y'''=$(　　).

A. 6　　B. $6x$　　C. $3x$　　D. $3x^2$

8. 若 $f'(x_0)=0$，$f''(x_0)<0$，则 $f(x_0)$ 是函数 $f(x)$ 的(　　).

A. 极小值　　B. 极大值　　C. 最小值　　D. 最大值

9. 已知某商品生产 Q 个单位产品的成本函数是 $C(Q)=3+\frac{Q^2}{4}$，则生产 10 个单位产品时的边际成本是(　　).

A. 5　　B. 28　　C. 2.8　　D. 3

三、计算题

1. 求极限 $\lim\limits_{x\to 2}\frac{x^4-16}{x-2}$.

2. 求极限 $\lim\limits_{x\to 1}\left(\frac{1}{\ln x}-\frac{1}{x-1}\right)$.

3. 求极限 $\lim\limits_{n\to\infty}\left(1-\frac{1}{n^2}\right)^n$.

4. 已知 $y=x^3+\ln x-2^x+\arctan x$，求导数 $\frac{dy}{dx}$.

5. 已知 $y=x^2(\sin 3x+\cos 3x)$，求一阶导数 y' 和二阶导数 y''.

6. 已知 $y=\frac{x}{\sqrt{1+x^2}}$，求导数 $\frac{dy}{dx}$.

7. 已知由 $x-\ln x+\ln y-y=0$ 确定 y 是 x 的可导函数，求导数 $\frac{dy}{dx}$ 和微分 dy.

8. 求函数 $f(x)=x+\frac{9}{x}$ 的单调区间和极值.

四、应用题

1. 某工厂生产某产品，其固定成本为 1 000 元，每多生产一单位产品，成本增加 3 元，该产品的价格 P 与销售量 x 的关系为 $x=1\,000-100P$，求利润最大时的销售量和产品的价格.

2. 将边长为 18 米的一块正方形铁皮，四角各截去一个大小相同的小正方形，然后将四边折起做成一个无盖的方盒，问截掉的小正方形边长为多少米时，所得方盒的容积最大?

五、证明题

证明不等式：$x>\ln(x+1)\ (x>0)$.

第一章至第四章综合测试练习题一答案

一、填空题

1. (2，3)；　2. 3，−2；　3. $y=e^u$，$u=\sin v$，$v=\frac{1}{x}$；　4. 0；

5. e^{-1}；　6. $(-\infty,-1)$，$(-1,2)$；　7. $x+y=\pi$；　8. $\frac{1}{2\sqrt{x}}dx$；

9. $y=0$.

二、单选题

1. B; 2. D; 3. D; 4. C; 5. A; 6. C; 7. A; 8. B; 9. A.

三、计算题

1. 解：$\lim\limits_{x\to2}\dfrac{x^4-16}{x-2}=\lim\limits_{x\to2}\dfrac{(x^4-16)'}{(x-2)'}=\lim\limits_{x\to2}\dfrac{4x^3}{1}=4\times2^3=32.$

2. 解：$\lim\limits_{x\to1}(\dfrac{1}{\ln x}-\dfrac{1}{x-1})=\lim\limits_{x\to1}\dfrac{x-1-\ln x}{(x-1)\ln x}=\lim\limits_{x\to1}\dfrac{1-\dfrac{1}{x}}{\ln x+1-\dfrac{1}{x}}=\lim\limits_{x\to1}\dfrac{\dfrac{1}{x^2}}{\dfrac{1}{x}+\dfrac{1}{x^2}}=\dfrac{1}{2}.$

3. 解：$\lim\limits_{n\to\infty}(1-\dfrac{1}{n^2})^n=\lim\limits_{n\to\infty}(1-\dfrac{1}{n})^n(1+\dfrac{1}{n})^n=\lim\limits_{n\to\infty}(1-\dfrac{1}{n})^n\cdot\lim\limits_{n\to\infty}(1+\dfrac{1}{n})^n=e^{-1}\times e=1.$

4. 解：$y'=(x^3)'+(\ln x)'-(2^x)'+(\arctan x)'$

$$=3x^2+\frac{1}{x}-2^x\ln2+\frac{1}{1+x^2}.$$

5. 解：$y'=(x^2)'(\sin3x+\cos3x)+x^2(\sin3x+\cos3x)'$

$$=2x(\sin3x+\cos3x)+3x^2(\cos3x-\sin3x);$$

$$y''=(2x)'(\sin3x+\cos3x)+2x(\sin3x+\cos3x)'+(3x^2)'(\cos3x-\sin3x)+3x^2(\cos3x-\sin3x)'$$
$$=(\sin3x+\cos3x)(2-9x^2)+12x(\cos3x-\sin3x).$$

6. 解：$y'=(\dfrac{x}{\sqrt{1+x^2}})'=\dfrac{x'\cdot\sqrt{1+x^2}-x(\sqrt{1+x^2})'}{1+x^2}$

$$=\frac{\sqrt{1+x^2}-x^2(1+x^2)^{-\frac{1}{2}}}{1+x^2}=\frac{1}{(1+x^2)^{\frac{3}{2}}}.$$

7. 解：方程 $x-\ln x+\ln y-y=0$ 两边对 x 求导数，得

$$1-\frac{1}{x}+\frac{1}{y}y'-y'=0,$$

由上式得 $y'=\dfrac{y(x-1)}{x(y-1)}$，于是 $dy=\dfrac{y(1-x)}{x(1-y)}dx.$

8. 解：函数的定义域为$(-\infty,0)\cup(0,+\infty)$.

$$f'(x)=(x+\frac{9}{x})'=1-\frac{9}{x^2}=\frac{x^2-9}{x^2}=\frac{(x+3)(x-3)}{x^2},$$

由 $f'(x)=0$，解得 $x_1=-3$，$x_2=3$.

列表判别如下：

x	$(-\infty,-3)$	-3	$(-3,0)$	$(0,3)$	3	$(3,+\infty)$
$f'(x)$	+	0	−	−	0	+
$f(x)$	增加	极大值 −6	减少	减少	极小值 6	增加

所以区间 $(-\infty, -3)$ 与 $(3, +\infty)$ 是 $f(x)$ 的单调增区间，区间 $(-3, 0)$ 与 $(0, 3)$ 是 $f(x)$ 的单调减区间. 在 $x=3$ 处有极小值 $f(3)=6$；在 $x=-3$ 处有极大值 $f(-3)=-6$.

四、应用题

1. **解：** 由 $x=1\,000-100P$，得 $P=10-0.01x$，因此，总收入函数为

$$TR(x)=xP=x(10-0.01x)=10x-0.01x^2.$$

因为总成本函数为 $TC(x)=1\,000+3x$，所以总利润函数为

$$L(x)=TR(x)-TC(x)=(10x-0.01x^2)-(1\,000+3x)=7x-0.01x^2-1\,000.$$

从而得 $L'(x)=(7x-0.01x^2-1\,000)'=7-0.02x$，$L''(x)=(7-0.02x)'=-0.02$.

由 $L'(x)=7-0.02x=0$，解得唯一驻点 $x=350$. 又因为 $L''(350)=-0.02<0$，所以 $x=350$ 是使总利润函数取得最大值的点，此时，价格为 $P=10-0.01\times350=6.5$.

答：当价格为 6.5，销售量是 350 单位时，可使总利润最大.

2. **解：** 设截掉的小正方形边长为 x 米，则方盒底的边长为 $18-2x$ 米，从而方盒的容积为：

$$V=x(18-2x)^2=324x-72x^2+4x^3,\ (9>x>0)$$

$$V'=324-144x+12x^2=12(9-x)(3-x),$$

由 $V'=0$，得 $x_1=3$，$x_2=9$（舍去）.

因为 $V''=-144+24x$，当 $x=3$ 时，$V''<0$，所以 $x=3$ 是唯一的极大值点. 从而 $x=3$ 也就是最大值点.

答：当截掉的小正方形边长为 3 米时，所得方盒的容积最大.

五、证明题

证： 令 $f(x)=x-\ln(x+1)$，则

$$f'(x)=[x-\ln(x+1)]'=(x)'-[\ln(x+1)]'=1-\frac{1}{x+1}(x+1)'=1-\frac{1}{x+1}=\frac{x}{x+1}.$$

当 $x>0$ 时，有 $f'(x)>0$，因此 $f(x)$ 在 $(0, +\infty)$ 上单调增加. 从而，当 $x>0$ 时，有 $f(x)>f(0)=0$，即 $x-\ln(x+1)>0$，因此有 $x>\ln(x+1)\ (x>0)$.

第一章至第四章综合测试练习题二

一、填空题（将题目的正确答案填写在相应题目画线空白处）

1. 集合 $\{x \mid |x-1|>2\}$ 可表示为区间________.

2. 函数 $f(x)=\dfrac{1}{\ln(2x-1)}$ 的定义域为________.

3. $\lim\limits_{x\to1}\dfrac{x^2-1}{x-1}=$________.

4. 已知函数 $y=x^6$，则 $y^{(3)}=$________.

5. 已知参数方程 $\begin{cases}x=2\arctan t\\ y=\ln(1+t^2)\end{cases}$ 确定 y 是 x 的函数，则 $\dfrac{dy}{dx}=$________.

6. 设 $y=x\sin x$，则 $dy=$________.

7. 极限$\lim\limits_{x\to 1}[\sin(x^2-x)+\sqrt{x+3}]=$____________.

8. 曲线$y=\sqrt[3]{x^4}$在点(1, 1)处的切线方程为____________.

9. 函数$y=6+2x$在$x=3$处的弹性为____________.

10. 当$x\to$______时，$\dfrac{e^x}{x^2+1}$为无穷大量.

二、单选题(在每小题的备选答案中选出一个正确的答案，并将正确答案的号码填在题干的括号内)

1. 以下各组函数中，两函数相同的是(　　).

A. $y=x$与$y=\dfrac{x^2}{x}$　　B. $y=\ln(x-x^2)$与$y=\ln x+\ln(1-x)$

C. $y=x$与$y=\sqrt{x^2}$　　D. $y=\sqrt{x(x-3)}$与$y=\sqrt{x}\sqrt{x-3}$

2. 设函数$f(x)=\begin{cases}x+1 & x>0\\ 0 & x<0\\ x-1 & x<0\end{cases}$，则$f(x)$是(　　).

A. 奇函数　　B. 偶函数

C. 既是奇函数又是偶函数　　D. 既不是奇函数也不是偶函数

3. 极限$\lim\limits_{n\to\infty}\left(1-\dfrac{1}{n}\right)^n=$(　　).

A. 1　　B. e　　C. $\dfrac{1}{e}$　　D. ∞

4. 点$x=0$为函数$f(x)=\sin x\cdot\cos\dfrac{1}{x}$的(　　).

A. 连续点　　B. 振荡间断点　　C. 跳跃间断点　　D. 可去间断点

5. 方程$x^3-3x-1=0$在(　　)区间内没有实根.

A. [−2, −1]　　B. [−1, 0]　　C. [0, 1]　　D. [1, 2]

6. 函数$f(x)$在点$x=x_0$处可微，是$f(x)$在点$x=x_0$处连续的(　　).

A. 充分且必要条件　　B. 充分非必要条件

C. 必要非充分条件　　D. 既非充分也非必要条件

三、计算题

1. 计算极限$\lim\limits_{x\to -1}\left(\dfrac{1}{1+x}-\dfrac{3}{1+x^3}\right)$.

2. 计算极限$\lim\limits_{x\to 0}\dfrac{\sqrt{1+x^2}-1}{\tan x\cdot\sin x}$.

3. 计算极限$\lim\limits_{x\to 0}\dfrac{x-\sin x}{x^3}$.

4. 求函数$f(x)=\ln(\cos^2x)+2x\cdot\tan x-x^2$的导数.

5. 方程$y-x\sin y-\cos x=0$确定y是x的函数，求y'及$y'|_{x=0}$.

6. 设$f(x)=\begin{cases}ax+b & x\geqslant 0\\ e^{-x}+1 & x<0\end{cases}$，问$a$，$b$为何值时，函数$f(x)$在$x=0$处可导，并求其在

$x=0$时的导函数.

7. 求曲线 $y=\dfrac{x^2-2x-1}{x+1}$的渐近线.

四、应用题

1. 某厂每日生产某种产品 x 件的固定成本为 500 元，每生产一单位产品，成本增加 100 元. 其日总收益 R 与日产量 x 的关系为

$$R=R(x)=250x-5x^2(\text{元}).$$

问每日生产多少件产品可使总利润达到最大？并求最大利润.

2. 求函数 $f(x)=-x^3+3x+2$ 的单调区间、极值、凹凸区间与拐点.

五、证明题

证明方程 $x^3-3x^2=-6x+1$ 在区间$(0, 1)$内只有唯一的实根.

第一章至第四章综合测试练习题二答案

一、填空题

1. $\{x\mid x>3 \text{ 或 } x<-1\}$　　2. $\left(\dfrac{1}{2}, 1\right)\cup(1, +\infty)$　　3. 2　　4. $120x^3$

5. t　　6. $(\sin x+x\cos x)\mathrm{d}x$　　7. 2　　8. $4x-3y-1=0$　　9. $\dfrac{1}{2}$　　10. $+\infty$

二、单选题

1. B; 2. A; 3. C; 4. D; 5. C; 6. B

三、计算题

1. **解**：$\lim\limits_{x\to-1}\left(\dfrac{1}{1+x}-\dfrac{3}{1+x^3}\right)$

$$=\lim_{x\to-1}\left[\frac{1-x+x^2}{(1+x)(1-x+x^2)}-\frac{3}{(1+x)(1-x+x^2)}\right]$$

$$=\lim_{x\to-1}\frac{x^2-x-2}{(1+x)(1-x+x^2)}$$

$$=\lim_{x\to-1}\frac{(x+1)(x-2)}{(1+x)(1-x+x^2)}=\lim_{x\to-1}\frac{x-2}{1-x+x^2}=-1.$$

2. **解**：注意到当 $x\to0$ 时，$\tan x\sim x$，$\sin x\sim x$，$\sqrt{1+x^2}-1\sim\dfrac{x^2}{2}$，故有

$$\lim_{x\to0}\frac{\sqrt{1+x^2}-1}{\tan x\cdot\sin x}=\lim_{x\to0}\frac{\frac{x^2}{2}}{x\cdot x}=\frac{1}{2}.$$

3. **解**：待求极限为$\dfrac{0}{0}$型，利用洛必达法则得

$$\lim_{x\to0}\frac{x-\sin x}{x^3}=\lim_{x\to0}\frac{1-\cos x}{3x^2}=\lim_{x\to0}\frac{\sin x}{6x}=\frac{1}{6}.$$

4. **解**：$f'(x)=\dfrac{-2\cos x\cdot\sin x}{\cos^2 x}+2\tan x+2x\cdot\sec^2 x-2x$

$$= -2\tan x + 2\tan x + 2x(\sec^2 x - 1)$$
$$= 2x \cdot \tan^2 x.$$

5. **解**：方程两边同时求导得

$$y' - \sin y - x\cos y \cdot y' + \sin x = 0.$$

整理，得

$$y' = \frac{\sin y - \sin x}{1 - x\cos y}.$$

当 $x=0$ 时，$y=1$，故

$$y'|_{x=0} = \frac{\sin 1 - \sin 0}{1 - 0 \cdot \cos 1} = \sin 1.$$

6. **解**：函数 $f(x)$ 在 $x=0$ 处可导，从而 $f(x)$ 在 $x=0$ 处连续．注意到

$$f(0) = b \text{ 且} \lim_{x\to 0^-} f(x) = \lim_{x\to 0^-}(e^{-x}+1) = 2,$$

由 $f(0) = \lim\limits_{x\to 0^-} f(x)$，得 $b=2$.

在连续性的基础上，函数 $f(x)$ 在 $x=0$ 处的左右导数分别为

$$f'_+(0) = (ax+b)'|_{x=0} = a,$$
$$f'_-(0) = (e^{-x}+1)'|_{x=0} = (-e^{-x})|_{x=0} = -1.$$

由 $f'_-(0) = f'_+(0)$，得 $a=-1$，从而 $f'(0) = -1$.

7. **解**：函数有唯一间断点 $x=-1$，且

$$\lim_{x\to -1} y = \lim_{x\to -1} \frac{x^2-2x-1}{x+1} = \infty.$$

故函数有铅垂渐近线 $x=-1$.

其次，由于

$$k = \lim_{x\to\infty} \frac{y}{x} = \lim_{x\to\infty} \frac{x^2-2x-1}{x^2+x} = 1,$$

$$b = \lim_{x\to\infty}(y-kx) = \lim_{x\to\infty}\left(\frac{x^2-2x-1}{x+1} - x\right) = \lim_{x\to\infty}\left[\frac{x^2-2x-1-(x^2+x)}{x+1}\right] = \lim_{x\to\infty}\frac{-3x-1}{x+1} = -3.$$

故函数有斜渐近线 $y=x-3$.

四、应用题

1. 解：根据题意，总成本函数为

$$C(x) = 500 + 100x.$$

从而可得总利润函数为

$$L = L(x) = R(x) - C(x) = 150x - 5x^2 - 500.$$

求导可得

$$L'(x) = 150 - 10x.$$

令 $L'(x)=0$，得 $x=15$.

因为二阶导数 $L''(x) = -10 < 0$，所以 $x=15$ 时 L 达到最大，此时 $L(15)=625$. 即当日产量为 15 件时，总利润最大，此时总利润为 625 元.

2. 解：对函数求一阶及二阶导数得

$$f'(x) = -3x^2+3,\ f''(x) = -6x.$$

令 $f'(x) = -3x^2+3=0$，得函数的驻点 $x=\pm1$；再由 $f''(x) = -6x=0$，得二阶导数为零的点 $x=0$.

列表讨论如下：

x	$(-\infty, -1)$	-1	$(-1, 0)$	0	$(0, 1)$	1	$(1, +\infty)$
$f'(x)$	$-$	0	$+$	$+$	$+$	0	$-$
$f''(x)$	$+$	$+$	$+$	0	$-$	$-$	$-$
$f(x)$	$\searrow\cup$	0 极小值	$\nearrow\cup$	2 （拐点）	$\nearrow\cap$	4 极大值	$\searrow\cap$

故函数的单调增区间为 $(-1, 1)$，单调减区间为 $(-\infty, -1)$ 和 $(1, +\infty)$；函数在 $x=1$ 处达到极大值4，在 $x=-1$ 处达到极小值0；函数的上凹区间为 $(-\infty, 0)$，下凹区间为 $(0, +\infty)$，拐点为 $(0, 2)$.

五、证明题

证：设 $f(x)=x^3-3x^2+6x-1$，则 $f(x)$ 在闭区间 $[0, 1]$ 上连续，而且

$$f(0)=0^3-3\times0^2+6\times0-1=-1<0,$$

$$f(1)=1^3-3\times1^2+6\times1-1=3>0.$$

由零点定理，可知在区间 $(0, 1)$ 内至少存在一点 x_0，使 $f(x_0)=0$. 即原方程至少有一根. 又因为

$$f'(x)=(x^3-3x^2+6x-1)'=3x^2-6x+6=3(x-1)^2+3>0,$$

所以 $f(x)$ 在区间 $[0, 1]$ 上单调递增，从而 $f(x)$ 在区间 $(0, 1)$ 内只有唯一零点，即原方程在区间 $(0, 1)$ 内只有唯一的实根.

附录一　初等数学常用公式

1. **绝对值公式**

(1) $|x| = \sqrt{x^2}$　　(2) $|-x| = |x|$

(3) $-|x| \leqslant x \leqslant |x|$　　(4) $|xy| = |x||y|$

(5) $\dfrac{|x|}{|y|} = \left|\dfrac{x}{y}\right|$　　(6) $|x+y| \leqslant |x| + |y|$

2. **因式分解公式**

(1) $(x+a)(x+b) = x^2 + (a+b)x + ab$

(2) $(a \pm b)^2 = a^2 \pm 2ab + b^2$　　(完全平方公式)

(3) $a^2 - b^2 = (a+b)(a-b)$　　(平方差公式)

(4) $(a \pm b)^3 = a^3 \pm 3a^2b + 3ab^2 \pm b^3$　　(完全立方公式)

(5) $a^3 \pm b^3 = (a \pm b)(a^2 \mp ab + b^2)$　　(立方和差公式)

3. **一元二次方程 $ax^2 + bx + c = 0 (a \neq 0)$ 的解集**

讨论 $\Delta = b^2 - 4ac$，这是因为方程经过配方，可得

$$ax^2 + bx + c = a\left(x + \frac{b}{2a}\right)^2 - \frac{b^2 - 4ac}{4a} = 0.$$

即

$$\left(x + \frac{b}{2a}\right)^2 = \frac{b^2 - 4ac}{4a^2}$$

所以，有

(1) 当 $\Delta = b^2 - 4ac > 0$，那么方程有两个不同的实根 x_1，x_2：

$$x_1 = \frac{-b + \sqrt{b^2 - 4ac}}{2a}, \quad x_2 = \frac{-b - \sqrt{b^2 - 4ac}}{2a}.$$

根与系数的关系是：

$$x_1 + x_2 = -\frac{b}{a}, \qquad x_1 x_2 = \frac{c}{a}.$$

(2) 当 $\Delta = b^2 - 4ac = 0$，那么方程只有一个实根 $x_1 = -\dfrac{b}{2a}$.

(3) 当 $\Delta = b^2 - 4ac < 0$，那么方程没有实根.

4. **阶乘**

(1) $n! = 1 \cdot 2 \cdot 3 \cdots n$，规定 n 为自然数，且 $0! = 1$.

(2) $(2n-1)!! = 1 \cdot 3 \cdot 5 \cdots (2n-1)$

(3) $(2n)!! = 2 \cdot 4 \cdot 6 \cdots (2n)$

5. 求和公式

(1) $\sum_{i=1}^{n} i = 1 + 2 + \cdots + n = \frac{n(n+1)}{2}$;

(2) $\sum_{i=1}^{n} q^i = q + q^2 + \cdots + q^n = \frac{1 - q^{n+1}}{1 - q}$, $q \neq 1$.

6. 二项式展开式

$$(a+b)^n = C_n^0 a^n + C_n^1 a^{n-1} b + C_n^2 a^{n-2} b^2 + \cdots + C_n^n b^n$$
$$= a^n + n a^{n-1} b + \frac{n(n-1)}{2!} a^{n-2} b^2 + \cdots + n a b^{n-1} + b^n$$

其中 $C_n^k = \frac{n!}{(n-k)!\ k!} = \frac{n \cdot (n-1) \cdots (n-k+1)}{k!}$,

而且 $C_n^k = C_n^{n-k}$, $C_n^0 = C_n^n = 1$.

7. 初等几何公式

(1) 半径为 r 的圆的周长 $L = 2\pi r$;

(2) 面积为 $S = \pi r^2$.

(3) 圆心角为 α，半径为 r 的扇形面积为 $S = \frac{1}{2} r^2 \alpha$.

(4) 弧长为 $L = \alpha \cdot r$.

(5) 半径为 r 的球体积为 $V = \frac{4}{3}\pi r^3$，表面积为 $S = 4\pi r^2$.

(6) 底半径 r，高为 h 的圆柱的体积是 $V = \pi r^2 h$.

8. 指数运算公式

(1) $a^0 = 1\ (a \neq 0)$

(2) $a^{-n} = \frac{1}{a^n}$

(3) $(a^n)^m = a^{nm}$

(4) $a^{\frac{n}{m}} = \sqrt[m]{a^n}$

(5) $a^n \cdot a^m = a^{n+m}$

(6) $\frac{a^n}{a^m} = a^{n-m}$

(7) $(ab)^n = a^n b^n$

(8) $\left(\frac{a}{b}\right)^n = \frac{a^n}{b^n}$

9. 对数运算公式($a > 0$，且 $a \neq 1$)

(1) $\log_e x = \ln x$

(2) $\log_a 1 = 0$ 特别有 $\ln 1 = 0$

(3) $\log_a a = 1$ 特别有 $\ln e = 1$

(4) $a^{\log_a x} = x$ 特别有 $e^{\ln x} = x$(对数恒等式)

(5) $\log_a x = \frac{\log_b x}{\log_b a}$ 特别有 $\log_a x = \frac{\ln x}{\ln a}$(换底公式)

(6) $\log_a x^b = b \cdot \log_a x$ 特别有 $\ln x^b = b \cdot \ln x$

(7) $\log_a (xy) = \log_a x + \log_a y$ 特别有 $\ln xy = \ln x + \ln y$

(8) $\log_a \frac{x}{y} = \log_a x - \log_a y$ 特别有 $\ln \frac{x}{y} = \ln x - \ln y$

10. 对数与指数互化

$$y=a^x \Leftrightarrow x=\log_a y \quad \text{特别有} \quad y=\mathrm{e}^x \Leftrightarrow x=\ln y.$$

11. 有关三角函数公式

(1) 同角的三角函数公式.

$\sin^2 x+\cos^2 x=1$; $\tan^2 x=\sec^2 x-1$; $\cot^2 x=\csc^2 x-1$;

$\tan x=\dfrac{\sin x}{\cos x}$; $\cot x=\dfrac{\cos x}{\sin x}$; $\tan x\cdot\cot x=1$;

$\sec x=\dfrac{1}{\cos x}$; $\csc x=\dfrac{1}{\sin x}$.

(2) 半角与倍角的三角函数公式和降幂公式.

$\sin 2x=2\sin x\cos x$;

$$\begin{aligned}\cos 2x&=\cos^2 x-\sin^2 x\\&=1-2\sin^2 x\\&=2\cos^2 x-1;\end{aligned}$$

$\tan 2x=\dfrac{2\tan x}{1-\tan^2 x}$;

$\sin^2 x=\dfrac{1}{2}-\dfrac{1}{2}\cos 2x$;

$\cos^2 x=\dfrac{1}{2}+\dfrac{1}{2}\cos 2x=\dfrac{1+\cos 2x}{2}$.

(3) 两角和(差)的三角函数公式.

$\sin(x+y)=\sin x\cos y+\cos x\sin y$;

$\sin(x-y)=\sin x\cos y-\cos x\sin y$;

$\cos(x+y)=\cos x\cos y-\sin x\sin y$;

$\cos(x-y)=\cos x\cos y+\sin x\sin y$.

(4) 和(差)化积的三角函数公式.

$\sin x+\sin y=2\sin\dfrac{x+y}{2}\cos\dfrac{x-y}{2}$;

$\sin x-\sin y=2\cos\dfrac{x+y}{2}\sin\dfrac{x-y}{2}$;

$\cos x+\cos y=2\cos\dfrac{x+y}{2}\cos\dfrac{x-y}{2}$;

$\cos x-\cos y=-2\sin\dfrac{x+y}{2}\sin\dfrac{x-y}{2}$.

(5) 积化和(差)的三角函数公式.

$\sin x\cdot\cos y=\dfrac{1}{2}\left[\sin(x+y)+\sin(x-y)\right]$;

$\cos x\cdot\sin y=\dfrac{1}{2}\left[\sin(x+y)-\sin(x-y)\right]$;

$\cos x\cdot\cos y=\dfrac{1}{2}\left[\cos(x+y)+\cos(x-y)\right]$;

$\sin x \cdot \sin y = -\dfrac{1}{2}\left[\cos(x+y) - \cos(x-y)\right].$

（6）特殊角三角函数值表(第一象限).

三角函数值 \ 角 / 弧度	0°	30°	45°	60°	90°
三角函数	0	π/6	π/4	π/3	π/2
$\sin\alpha$	0	$\frac{1}{2}$	$\frac{\sqrt{2}}{2}$	$\frac{\sqrt{3}}{2}$	1
$\cos\alpha$	1	$\frac{\sqrt{3}}{2}$	$\frac{\sqrt{2}}{2}$	$\frac{1}{2}$	0
$\tan\alpha$	0	$\frac{\sqrt{3}}{2}$	1	$\sqrt{3}$	不存在
$\cot\alpha$	不存在	$\sqrt{3}$	1	$\frac{\sqrt{3}}{2}$	0

借助于下面三个图形也可得以下 8 个特殊角三角函数值:

$\sin 30° = \cos 60° = \dfrac{1}{2}$　　　$\sin 45° = \cos 45° = \dfrac{\sqrt{2}}{2}$

$\tan 30° = \cot 60° = \dfrac{\sqrt{3}}{3}$　　　$\tan 45° = \cot 45° = 1$

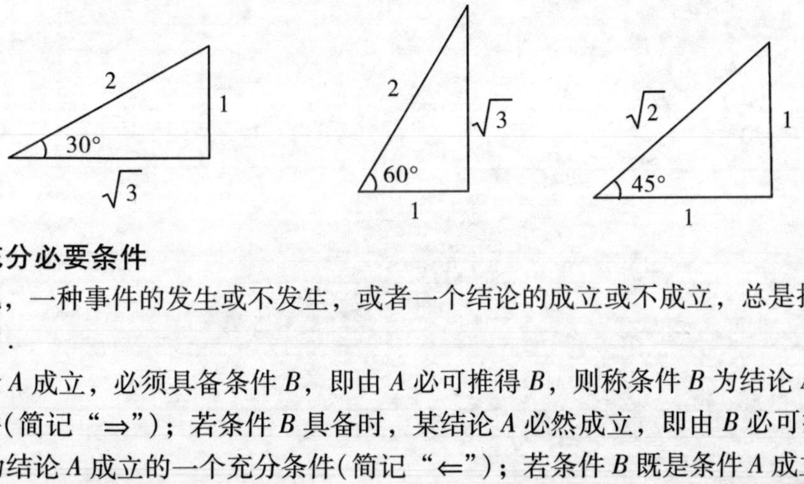

12. **充分必要条件**

我们说，一种事件的发生或不发生，或者一个结论的成立或不成立，总是指在一定的条件下说的.

若结论 A 成立，必须具备条件 B，即由 A 必可推得 B，则称条件 B 为结论 A 成立的一个必要条件(简记“⇒”)；若条件 B 具备时，某结论 A 必然成立，即由 B 必可推出 A，则称条件 B 为结论 A 成立的一个充分条件(简记“⇐”)；若条件 B 既是条件 A 成立的充分条件，又是结论 A 成立的必要条件，即由 B 可推出 A，由 A 也可推出 B，则称条件 B 是结论 A 的成立的充分必要条件(简称充要条件记为“⇔”). 这时结论 A 与条件 B 是互为充要条件，或称结论 A 与条件 B 是互相等价的.

例如，两个三角形全等，则一定相似；反之三角形相似，则不一定全等. 我们说两个三角形相似是两个三角形全等的一个必要条件，但不是全等的充分条件；或者说两个三角形全等是相似的一个充分条件，但不是相似的必要条件.

又例如两个三角形全等，则它们的对应边一定分别相等；反之，两个三角形的对应边分别相等，则三角形必定全等. 此时就说，两个三角形的对应边分别相等是两个三角形全等的充要条件.

13. 证明一个等式的思路(参考)

(1) 从一边到另一边，即是消除左右差异；

(2) 先证明另一个等式成立，从而推出需要证明的等式成立，即从要证的恒等式入手，假定结论成立，由此推出一个成立的式子，从而找到解题途径，即沿着此式子逆推直到结论成立；

(3) 证明左右等于同一个式子，出发点是证明两个式子相等即证明它们的差为零.

附录二　数学术语中英文对照及希腊字母表

（按字母顺序排列）

Absolute value：绝对值
Absolute value function：绝对值函数
Arc length：弧长
Area：面积
Average speed：平均速率
Average velocity：平均速度
Axes coordinate：坐标轴
Calculus：微积分
Cartesian coordinates：笛卡儿坐标（一般指直角坐标）
Cartesian coordinates system：笛卡儿坐标系
Cauchy's mean value theorem：柯西中值定理
Chain rule：连锁律
Change of variables：坐标变换
Circle：圆
Circular cylinder：圆柱
Closed interval：闭区间
Coefficient：系数
Composite function：复合函数
Compound interest：复利
Concave：凹的
Cone：圆锥
Constant function：常数函数
Continuity：连续性
Continuous function：连续函数
Convergence：收敛
Convergent sequence：收敛数列
Convex：凸的
Coordinate：坐标
Coordinate axes：坐标轴
Coordinate planes：坐标平面

Cosine function：余弦函数
Critical point：临界点
Cubic function：三次函数
Curve：曲线
Decreasing function：递减函数
Decreasing sequence：递减数列
Degree of a polynomial：多项式之次数
Derivative：导数
Differentiable function：可导函数
Differential：微分
Discontinuity：不连续性
Distance：距离
Divergence：发散
Domain：定义域
Equation：方程式
Even function：偶函数
Exponential function：指数函数
Extreme value：极值
Extreme value theorem：极值定理
Factorial：阶乘
Fractions：分式
Function：函数
Graph：图形
Higher order derivative：高阶导数
Horizontal asymptote：水平渐近线
Implicit differentiation：隐求导法
Implicit function：隐函数
Increasing function：增函数
Increment：增量
Independent variable：自变量
Inequality：不等式
Infinite point：无穷极限
Inflection point：拐点
Instantaneous velocity：瞬时速度
Integer：整数
Intercepts：截距
Intermediate value of theorem：介值定理
Interval：区间

Inverse function：反函数
Inverse trigonometric function：反三角函数
Law of Cosines：余弦定理
Least upper bound：最小上界
Left - hand derivative：左导数
Left - hand limit：左极限
Length：长度
L'Hospital rule：洛必达法则
Limit：极限
Linear equation：线性方程式
Linear function：线性函数
Linearity：线性
Linearization：线性化
Line in the plane：平面上之直线
Line in space：空间之直线
Local extremum：局部极值
Local maximum and minimum：局部极大值与极小值
Logarithm：对数
Logarithmic function：对数函数
Maximum and minimum values：极大值与极小值
Mean value theorem：中值定理
Natural number：自然数
Normal line：法线
Number：数
Odd function：奇函数
One - sided limit：单边极限
Open interval：开区间
Optimization problems：最优化问题
Order：阶
Origin：原点
Orthogonal：正交的
Parabola：抛物线
Period：周期
Periodic function：周期函数
Perpendicular lines：垂直线
Piecewise defined function：分段函数
Plane：平面
Point - slope form：点斜式

Polynomial：多项式
Positive angle：正角
Power function：幂函数
Product：积
Quadrant：象限
Quotient law of limit：极限的商定律
Quotient rule：商定律
Range of a function：函数的值域
Rate of change：变化率
Rational function：有理函数
Rational number：有理数
Real number：实数
Rectangular coordinates：直角坐标
Rectangular coordinate system：直角坐标系
Revenue function：收入函数
Right - hand derivative：右导数
Right - hand limit：右极限
Root：根
Secant line：割线
Second order derivative：二阶导数
Sector：扇形
Sequence：数列
Set：集合
Sine function：正弦函数
Singularity：奇点
Slope：斜率
Slope - intercept equation of a line：直线的斜截式
Smooth curve：平滑曲线
Squeeze theorem：夹逼准则
Stationary point：驻点
Strictly decreasing：严格递减
Strictly increasing：严格递增
Sum：和
Tangent function：正切函数
Tangent line：切线
Trigonometric function：三角函数
Value of function：函数值
Variable：变数

Velocity：速度

Vertical asymptote：铅垂渐近线

Volume：体积

X - axis：*x* 轴

X - coordinate：*x* 坐标

X - intercept：*x* 截距

Zero vector：函数的零点

Zero point theorem：零点

Zeros of a polynomial：多项式的零点

希腊字母表

大写	小写	读音	中文注音	大写	小写	读音	中文注音
Α	α	Alpha	阿尔法	Ν	ν	Nu	纽
Β	β	Beta	贝塔	Ξ	ξ	Xi	克西
Γ	γ	Gamma	伽马	Ο	ο	Omicron	奥密克戎
Δ	δ	Delta	德尔塔	Π	π	Pi	派
Ε	ε	Epsilon	伊普西龙	Ρ	ρ	Rho	柔
Ζ	ζ	Zeta	截塔	Σ	σ	Sigma	西格马
Η	η	Eta	艾塔	Τ	τ	Tau	套
Θ	θ	Theta	西塔	Φ	φ	Upsilon	宇普西龙
Ι	ι	Iota	约塔	Χ	χ	Phi	佛爱
Κ	κ	Kappa	卡帕	Τ	υ	Chi	西
Λ	λ	Lambda	兰布达	Ψ	ψ	Psi	普西
Μ	μ	Mu	缪	Ω	ω	Omega	欧米伽